软件开发视频大讲堂

Python 从入门到精通

（第 2 版）

明日科技　编著

清华大学出版社

北　京

内 容 简 介

《Python 从入门到精通（第 2 版）》从初学者角度出发，通过通俗易懂的语言、丰富多彩的实例，详细介绍了使用 Python 进行程序开发应该掌握的各方面技术。全书共分 23 章，包括初识 Python、Python 语言基础、运算符与表达式、流程控制语句、列表和元组、字典和集合、字符串、Python 中使用正则表达式、函数、面向对象程序设计、模块、异常处理及程序调试、文件及目录操作、操作数据库、GUI 界面编程、Pygame 游戏编程、网络爬虫开发、使用进程和线程、网络编程、Web 编程、Flask 框架、e 起去旅行网站、AI 图像识别工具等内容。所有知识都结合具体实例进行介绍，涉及的程序代码都给出了详细的注释，读者可轻松领会 Python 程序开发的精髓，快速提升开发技能。除此之外，本书还附配了 243 集高清教学微视频及 PPT 电子教案。

本书可作为软件开发入门者的学习用书，也可作为高等院校相关专业的教学参考用书，还可供开发人员查阅、参考使用。

图书在版编目（CIP）数据

Python 从入门到精通 / 明日科技编著. —2 版. —北京：清华大学出版社，2021.7（2022.3 重印）
（软件开发视频大讲堂）
ISBN 978-7-302-58123-9

Ⅰ．①P… Ⅱ．①明… Ⅲ．①软件工具—程序设计 Ⅳ．①TP311.561

中国版本图书馆 CIP 数据核字（2021）第 080539 号

责任编辑：贾小红
封面设计：刘 超
版式设计：文森时代
责任校对：马军令
责任印制：宋 林

出版发行：清华大学出版社
　　　　网　　址：http://www.tup.com.cn，http://www.wqbook.com
　　　　地　　址：北京清华大学学研大厦 A 座　　　　　　邮　　编：100084
　　　　社 总 机：010-83470000　　　　　　　　　　　　邮　　购：010-62786544
　　　　投稿与读者服务：010-62776969，c-service@tup.tsinghua.edu.cn
　　　　质量反馈：010-62772015，zhiliang@tup.tsinghua.edu.cn
印 装 者：三河市东方印刷有限公司
经　　销：全国新华书店
开　　本：203mm×260mm　　　　印　　张：28.75　　　　字　　数：786 千字
版　　次：2018 年 9 月第 1 版　2021 年 7 月第 2 版　　印　　次：2022 年 3 月第 9 次印刷
定　　价：79.80 元

产品编号：089828-02

前 言

Preface

丛书说明："软件开发视频大讲堂"丛书（第 1 版）于 2008 年 8 月出版，因其编写细腻、易学实用、配备海量学习资源和全程视频等，在软件开发类图书市场上产生了很大反响，绝大部分品种在全国软件开发零售图书排行榜中名列前茅，2009 年多个品种被评为"全国优秀畅销书"。

"软件开发视频大讲堂"丛书（第 2 版）于 2010 年 8 月出版，第 3 版于 2012 年 8 月出版，第 4 版于 2016 年 10 月出版，第 5 版于 2019 年 3 月出版。丛书连续畅销 12 年，迄今累计重印 620 次，销售 400 多万册。不仅深受广大程序员的喜爱，还被百余所高校选为计算机、软件等相关专业的教学参考用书。

"软件开发视频大讲堂"丛书（第 6 版）在继承前 5 版优点的基础上，将开发环境和工具更新为目前最新版本，并且重新录制了教学微课视频。并结合目前市场需要，进一步对丛书品种进行完善，对相关内容进行了更新优化，使之更适合读者学习。同时，为了方便教学使用，还提供了教学课件 PPT。

Python 被称为"胶水"语言，能够把用其他语言制作的各种模块（尤其是 C/C++）很轻松地联结在一起。它是 1989 年由荷兰人 Guido van Rossum 发明的一种面向对象的解释型高级编程语言。由于 Python 语言简洁、易读，非常适合编程入门，现在很多学校都开设了这门课程，甚至有些小学也开设了 Python 课程。连小学生都能学会的语言，您还在等什么呢？快快加入 Python 开发者的阵营吧！

当前，关于 Python 的书籍有很多，但是真正适合初学者学习的书籍并不是很多。本书从初学者的角度出发，循序渐进地讲解使用 Python 开发应用项目和游戏时应该掌握的各项技术。

本书内容

本书提供了从 Python 入门到编程高手所必需的各类知识，共分 4 篇，大体结构如下图所示。

第 1 篇：基础知识。本篇包括 Python 简介、搭建 Python 开发环境、Python 开发工具、Python 语法特点、Python 中的变量、基本数据类型、基本输入和输出、运算符与表达式、流程控制语句、列表和元组、字典和集合，以及字符串等语言基础方面的知识。介绍时结合大量的图示、举例、视频，使读者能够快速掌握 Python 语言，并为以后编程奠定坚实的基础。

第 2 篇：进阶提高。本篇包括 Python 中使用正则表达式、函数、面向对象程序设计、模块、异常处理及程序调试、文件及目录操作、操作数据库等内容。学习完本篇，读者将可以掌握更深一层的 Python 开发技术。

第 3 篇：高级应用。本篇包括 GUI 界面编程、Pygame 游戏编程、网络爬虫开发、使用进程和线程、网络编程、Web 编程、Flask 框架等内容。学习完本篇，读者将能够开发 GUI 界面程序、简单的游戏、网络爬虫、网络及 Web 程序等。

第 4 篇：项目实战。本篇介绍两个完整项目——e 起去旅行网站和 AI 图像识别工具。通过两个不同类型的项目，让读者快速掌握 Python 项目开发的精髓，以将学习到的 Python 技术应用到实践开发中，并为以后的开发积累经验。

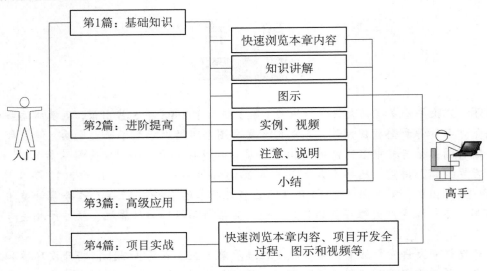

本书特点

☑ **由浅入深，循序渐进**。本书以零基础入门读者和初、中级程序员为对象，先从 Python 语言基础学起，然后学习 Python 的进阶与提高技术，接下来学习 Pyhton 的高级应用，最后学习开发两个完整项目。在讲解过程中，其步骤详尽，版式新颖，在操作的内容图片上以❶❷❸……编号+内容的方式进行标注，让读者在阅读中一目了然，从而快速掌握书中内容。

☑ **微课视频，讲解详尽**。为便于读者直观感受程序开发的全过程，书中重要章节配备了视频讲解（共 243 集，39 小时），使用手机扫描小节标题一侧的二维码，即可观看学习。初学者可轻松入门，感受编程的快乐和成就感，进一步增强学习的信心。

☑ **基础示例+综合练习+项目案例，实战为王**。通过例子学习是最好的学习方式，本书核心知识讲解通过"一个知识点、一个示例、一个结果、一段评析、一个综合应用"的模式，详尽透彻地讲述了实际开发中所需的各类知识。全书共计有 102 个应用示例，42 个综合练习，2 个项目案例，为初学者打造"学习 1 小时，训练 10 小时"的强化实战学习环境。

☑ **精彩栏目，贴心提醒**。本书根据需要在各章使用了很多"注意""说明""误区警示"等小栏目，有助于读者在学习过程中能够轻松地理解相关知识点及概念，进而快速掌握相应技术的应用技巧。

读者对象

☑ 初学编程的自学者　　　　　　　　☑ 编程爱好者

☑ 大中专院校的老师和学生　　　　　☑ 相关培训机构的老师和学员

☑ 做毕业设计的学生　　　　　　　　☑ 初、中级程序开发人员

☑ 程序测试及维护人员　　　　　　　☑ 参加实习的"菜鸟"程序员

学习资源获取方式

本书提供了大量的辅助学习资源，读者可扫描图书封底的"文泉云盘"二维码，或登录清华大学出版社网站（www.tup.com.cn），在对应图书页面下查阅各类学习资源的获取方式。

☑　视频讲解资源

读者可先扫描图书封底的权限二维码（需要刮开涂层），获取学习权限，然后扫描各章节知识点、案例旁的二维码，观看对应的视频讲解。

☑　拓展学习资源

读者可扫码登录清大文森学堂，获取本书的源代码、微课视频等资源，可参加辅导答疑直播课。同时，还可以获得更多的 Python 进阶学习资源、职业成长知识图谱等，技术上释疑解惑，职业上交流成长。

清大文森学堂

致读者

本书由明日科技 Python 程序开发团队组织编写。明日科技是一家专业从事软件开发、教育培训以及软件开发教育资源整合的高科技公司，其编写的教材非常注重选取软件开发中的必需、常用内容，同时也很注重内容的易学、方便性以及相关知识的拓展性，深受读者喜爱。其教材多次荣获"全行业优秀畅销品种""全国高校出版社优秀畅销书"等奖项，多个品种长期位居同类图书销售排行榜的前列。

在编写本书的过程中，我们始终本着科学、严谨的态度，力求精益求精，但错误、疏漏之处在所难免，敬请广大读者批评指正。

感谢您购买本书，希望本书能成为您编程路上的领航者。

"零门槛"编程，一切皆有可能。

祝读书快乐！

编　者
2021 年 5 月

目 录

Contents

第1篇 基础知识

第 2 篇　进 阶 提 高

第 3 篇　高 级 应 用

第 4 篇 项 目 实 战

第 1 篇

基础知识

本篇主要介绍初始 Python、Python 语言基础、运算符与表达式、流程控制语句、列表与元组、字典与集合、字符串等内容，并结合大量的图示、举例、视频等进行讲解。通过学习本篇，读者可快速掌握 Python 语言，为以后编程奠定坚实的基础。

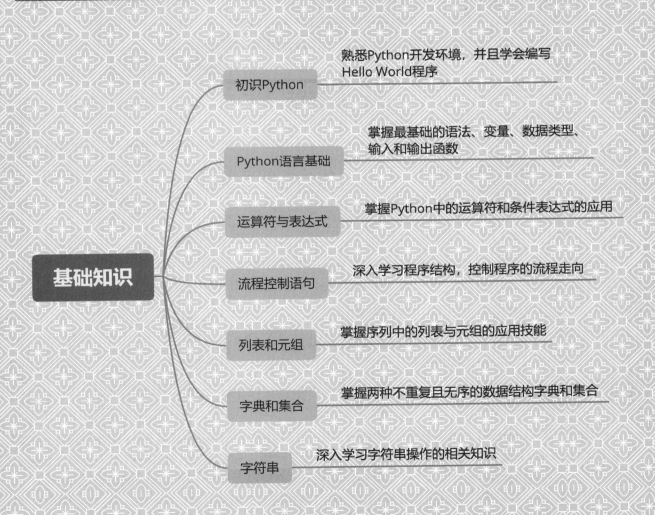

基础知识

初识Python —— 熟悉Python开发环境，并且学会编写 Hello World程序

Python语言基础 —— 掌握最基础的语法、变量、数据类型、输入和输出函数

运算符与表达式 —— 掌握Python中的运算符和条件表达式的应用

流程控制语句 —— 深入学习程序结构，控制程序的流程走向

列表和元组 —— 掌握序列中的列表与元组的应用技能

字典和集合 —— 掌握两种不重复且无序的数据结构字典和集合

字符串 —— 深入学习字符串操作的相关知识

第 1 章

初识 Python

Python 是一种跨平台的、开源的、免费的、解释型的高级编程语言。近几年 Python 发展势头迅猛，在 2020 年 12 月的 TIOBE 编程语言排行榜中已经晋升到第 3 名，而在 IEEE Spectrum 发布的 2020 年度编程语言排行榜中，Python 连续 4 年夺冠。另外，Python 的应用领域非常广泛，如 Web 编程、图形处理、黑客编程、大数据处理、网络爬虫和科学计算等，Python 都可以实现。

作为 Python 开发的起步，本章将先对学习 Python 需要了解的一些基础内容进行简要介绍，然后重点介绍如何搭建 Python 开发环境，最后介绍常见的几种 Python 的开发工具。

本章知识架构及重难点如下。

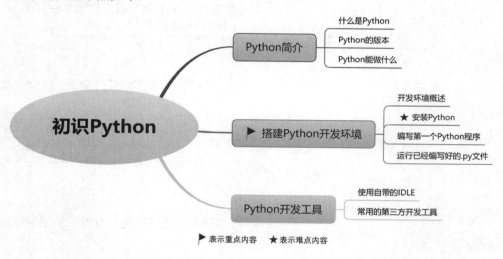

▶ 表示重点内容　★表示难点内容

1.1　Python 简介

1.1.1　什么是 Python

Python（发音[ˈpaɪθən]）本义是指"蟒蛇"（这里需要说明的是，Python 并不是以蟒蛇命名，而是以电视节目 Monty Python's Flying Circus 来命名的），标志如图 1.1 所示。它的设计哲学为优雅、明确、简单。实际上，Python 也是按照这个理念做的，以至于现在网络上流传着"人生苦短，我用 Python"的说法。可见 Python 有着简单、开发速度快、节省时间和精力等特点。

Python 本身并非所有的特性和功能都集成到语言核心，而是被设计为可扩充的。它具有丰富和强大的库，能够把用其他语言（尤其是 C/C++）制作的各种模块很轻松地联结在一起。为此，Python 常被称为"胶水"语言。

　　在 1991 年 Python 的第一个公开发行版问世之后，Python 的发展并不突出。自从 2004 年以后，Python 的使用率呈线性增长。在 2010 年时，Python 赢得 TIOBE 2010 年度语言大奖。直到 2020 年，IEEE Spectrum 发布的年度编程语言排行榜中，Python 已经连续 4 年夺冠，如图 1.2 所示。

图 1.1　Python 标志

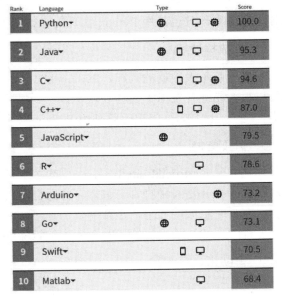

图 1.2　2020 年度编程语言排行榜前 10 名

1.1.2　Python 的版本

　　Python 自发布以来，主要经历了 3 个版本，分别是 1994 年发布的 Python 1.0 版本（已过时），2000 年发布的 Python 2.0 版本（已停止更新）和 2008 年发布的 Python 3.0 版本（现在已更新到 3.9.x）。

说明

　　Python 版本更新较快，几乎两个月就升级一次，这也导致很多扩展库的发行总是滞后于 Python 的发行版本。因此，在选择 Python 时，一定要先考虑清楚自己的学习目的。例如，打算做哪方面的开发，需要用到哪些扩展库，以及扩展库支持的最高 Python 版本等。明确这些问题后，再做出选择。

1.1.3　Python 能做什么

　　Python 是一种功能强大，并且简单易学的编程语言，因而广受好评，那么 Python 能做什么呢？概括起来有以下几个方面。

1．Web 开发

使用 Python 的一个基本应用就是进行 Web 开发。在国内，大一些的使用 Python 做基础设施的公司有豆瓣、知乎、美团、饿了么，以及搜狐等。在国外，Google 在其网络搜索系统中广泛应用了 Python，并且聘用了 Python 之父。另外，YouTube 视频分享服务大部分也是用 Python 编写的，如图 1.3 所示。

图 1.3　Web 开发应用 Python 的公司

2．大数据处理

随着近几年大数据的兴起，Python 也得到了前所未有的爆发。Python 借助第三方的大数据处理框架可以很容易地开发出大数据处理平台。到目前为止，Python 是金融分析、量化交易领域里使用最多的语言之一。例如，美国银行就利用 Python 语言开发出了新产品和基础设施接口，用于处理金融数据。

3．人工智能

人工智能（artificial intelligence），英文缩写为 AI。Python 之所以这么火，主要是借助于人工智能的发展。Python 是一种脚本语言，它更适合做人工智能领域，因为在人工智能领域使用 Python 比其他编程语言具有更大的优势。主要的优势在于，它简单、快速、可扩展（主要体现在可以应用多个优秀的人工智能框架）等。另外，Python 中的机器学习可以实现人工智能领域中的大多数需求。

4．自动化运维开发

掌握一种开发语言已经成为高级运维工程师的必备技能。Python 是一种简单、易学的脚本语言，它能满足绝大部分自动化运维的需求。对于通常不会开发的运维工程师来说，想学习一种开发语言，Python 则是首选。

5．云计算

Python 可以广泛地在科学计算领域发挥独特的作用。Python 通过强大的支持模块可以在计算大型数据、矢量分析、神经网络等方面高效率地完成工作，尤其是在教育科研方面，可以发挥出独特的优势。从 1997 年开始，NASA 就在大量使用 Python 进行各种复杂的科学运算。现在终于发明了一套云计算软件，取名为 OpenStack（开放协议栈），并且对外公开发布。

6．网络爬虫

网络爬虫（也称为 spider）始于也发展于百度、谷歌。但随着近几年大数据的兴起，爬虫应用被提升到前所未有的高度。多数分析挖掘公司都以爬虫的方式得到不同来源的数据集合，最后为其所用，进而构建属于自己的大数据综合平台。在爬虫领域，Python 几乎是霸主地位，通过它提供的标准支持库基本上可以做到随意获取想要的数据。

7．游戏开发

通过 Python 完全可以编写出非常棒的游戏程序，例如，知名的游戏《文明 6》就是用 Python 编写的。另外，在网络游戏开发中 Python 也有很多应用。它作为游戏脚本被内嵌在游戏中，这样做的好处是既可以利用游戏引擎的高性能，又可以受益于脚本化开发等优点。

 说明

　　Python 的应用领域远比上面提到的多得多。例如，使用 Python 对图形/图像进行处理、编程控制机器人、数据库编程、编写可移植的维护操作系统的工具，以及进行自然语言分析等。

1.2　搭建 Python 开发环境

1.2.1　开发环境概述

　　所谓"工欲善其事，必先利其器"。在正式学习 Python 开发前，需要先搭建 Python 开发环境。由于 Python 是跨平台的，因此可以在多个操作系统上进行编程，并且编写好的程序可以在不同系统上运行。常用的操作系统及其说明如表 1.1 所示。

表 1.1　进行 Python 开发常用的操作系统及其说明

操 作 系 统	说　　明
Windows	推荐使用 Windows 10。另外，Python 3.9 及以上版本不能在 Windows 7 系统上使用
Mac OS	从 Mac OS X 10.3（Panther）开始已经包含 Python
Linux	推荐 Ubuntu 版本

 说明

　　在个人开发学习阶段推荐使用 Windows 操作系统。本书采用的就是 Windows 操作系统。

1.2.2　安装 Python

　　要进行 Python 开发，需要先安装 Python 解释器。因为 Python 是解释型编程语言，所以需要一个解释器，这样才能运行我们写的代码。这里说的安装 Python 实际上就是安装 Python 解释器。下面将以 Windows 操作系统为例介绍如何安装 Python。

1. 下载 Python 安装包

　　在 Python 的官方网站中，可以很方便地下载 Python 的开发环境，具体下载步骤如下。

　　（1）打开浏览器（如 Google Chrome 浏览器），进入 Python 官方网站，地址是 https://www.python.org/，如图 1.4 所示。

 说明

　　如果选择 Windows 菜单项时，没有显示右侧的下载按钮，则应该是页面没有加载完全，在加载完成后就会显示，请耐心等待。

图 1.4　Python 官方网站首页

（2）将鼠标移动到 Downloads 菜单上，将显示与下载有关的菜单项。如果使用的是 64 位的 Windows 操作系统，那么直接单击 Python 3.9.x 按钮下载 64 位的安装包；否则，单击 Windows 菜单项，进入详细的下载列表中。在下载列表中，将列出 Python 不同版本的下载连接，读者可以根据需要下载。这里单击 Windows 菜单项，进入如图 1.5 所示的下载列表。

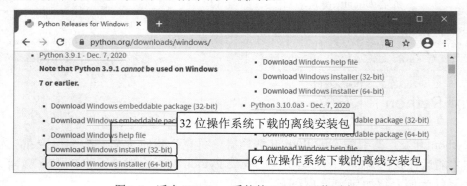

图 1.5　适合 Windows 系统的 Python 下载列表

 说明

　　在如图 1.5 所示的列表中，带(32-bit)的，表示是在 Windows 32 位操作系统上使用的；而带(64-bit)的，则表示是在 Windows 64 位操作系统上使用的。另外，标记为 embeddable package 的，表示嵌入式安装；标记为 installer 的，表示通过可执行文件（*.exe）方式离线安装；标记为 embeddable zip file 的，表示嵌入式版本，可以集成到其他应用中。

（3）在 Python 下载列表页面中，将列出 Python 提供的各个版本的下载链接。读者可以根据需要下载。当前 Python 3.x 的最新稳定版本是 3.9.1，所以找到如图 1.5 所示的位置，单击 Download Windows installer (64-bit)超链接，下载适用于 Windows 64 位操作系统的离线安装包，如图 1.6 所示。

图 1.6　正在下载 Python

注意

Python 3.9.x 版本需要在 Windows 10 及以上操作系统上安装，如果您的操作系统是 Windows 10 以下版本，那么可以在下载列表页面中下载 Python 3.8.x 版本。

（4）下载完成后，浏览器会自动提示"此类型的文件可能会损害您的计算机。您仍然要保留 python-3.9.1-am…exe 吗？"，此时，单击"保留"按钮，保留该文件即可。

（5）下载完成后，将得到一个名称为 python-3.9.1-amd64.exe 的安装文件。

2．Windows 64 位系统上安装 Python

在 Windows 系统上安装 Python 3.x 的步骤如下。

（1）双击安装文件 python-3.9.1-amd64.exe，将显示安装向导对话框，选中 Add Python 3.9 to PATH 复选框，表示将自动配置环境变量，如图 1.7 所示。

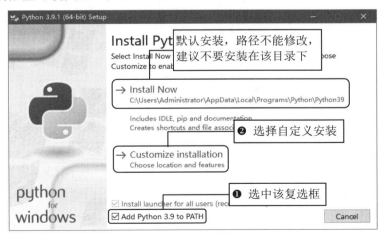

图 1.7　Python 安装向导

误区警示

一定要选中 Add Python 3.9 to PATH 复选框，否则在后面学习中会出现"XXX 不是内部或外部命令"的错误。

（2）单击 Customize installation 按钮，进行自定义安装（自定义安装可以修改安装路径），这里采用默认设置，如图 1.8 所示。

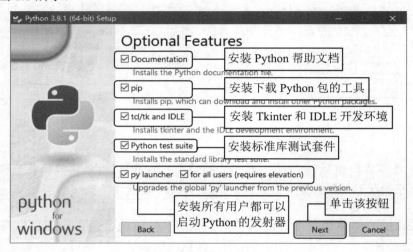

图 1.8　设置要安装选项对话框

（3）单击 Next 按钮，在打开的高级选项对话框中，设置安装路径为 C:\Python\Python39，其他采用默认设置，如图 1.9 所示。

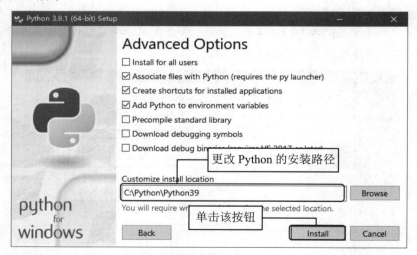

图 1.9　高级选项对话框

（4）单击 Install 按钮，将开始安装 Python，并且显示安装进度。在安装完成后，将显示如图 1.10 所示的对话框。

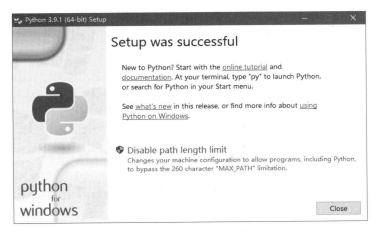

图 1.10　安装完成对话框

3. 测试 Python 是否安装成功

　　Python 安装成功后，需要检测 Python 是否真的安装成功。例如，在 Windows 10 系统中检测 Python 是否真的安装成功，可以在"开始"菜单右侧的"在这里输入你要搜索的内容"文本框中输入 cmd 命令，然后按 Enter 键，启动"命令提示符"窗口，再在当前的命令提示符后面输入 python，并按 Enter 键，如果出现如图 1.12 所示的信息，则说明 Python 已安装成功，同时也进入交互式 Python 解释器中。

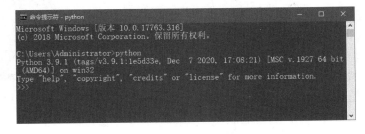

图 1.12　在"命令提示符"窗口中运行的 Python 解释器

　　图 1.12 中的信息是笔者计算机中安装的 Python 的相关信息，其中包括 Python 的版本、该版本发行的时间、安装包的类型等信息。所以如果与此信息不完全相同也没关系，只要命令提示符变为>>>，就说明 Python 已经准备就绪，正在等待用户输入 Python 命令。这也表示 Python 已安装成功。

注意

　　如果输入 python 后，没有出现如图 1.12 所示的信息，而是显示"'python'不是内部或外部命令，也不是可运行的程序或批处理文件。"，那么需要在环境变量中配置 Python。

1.2.3　编写第一个 Python 程序

作为程序开发人员，学习新语言的第一步就是输出 Hello World。学习 Python 开发也不例外，我们也是从 Hello World 开始。在 Python 中，可以通过以下两种方法编写 Hello World 程序。

1. 在"命令提示符"窗口启动的 Python 解释器中实现

【例 1.1】在"命令提示符"窗口中启动的 Python 解释器中实现第一个 Python 程序。（实例位置：资源包\TM\sl\01\01）

在"命令提示符"窗口中启动的 Python 解释器中编写 Python 程序非常简单方便，下面是编写第一个程序 Hello World 的具体步骤。

（1）在"开始"菜单右侧的"在这里输入你要搜索的内容"文本框中输入 cmd 命令，并按 Enter 键，启动"命令提示符"窗口，然后在当前的 Python 提示符后面输入 python，并按 Enter 键，进入 Python 解释器中。

（2）在当前的 Python 提示符>>>的右侧输入以下代码，并按 Enter 键：

```
print("Hello World")
```

注意

在上述代码中，一对小括号()和双引号""都必须在英文（即半角）状态下输入，并且 print 全部为小写字母。因为 Python 的语法是区分字母大小写的。

运行结果如图 1.13 所示。

2. 在 Python 自带的 IDLE 中实现

通过例 1.1 可以看出，在"命令提示符"窗口的 Python 解释器中，编写 Python 代码时，代码颜色是纯色的，不方便阅读。实际上，在安装 Python 时，会自动安装一个开发

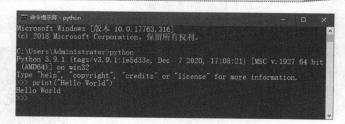

图 1.13　在"命令提示符"窗口中输出 Hello World

工具 IDLE，通过它编写 Python 代码时，将会用不同的颜色显示代码。这样代码将更容易阅读。下面将通过一个具体的例子演示如何打开 IDLE，并编写 Hello World 程序。

【例 1.2】在 IDLE 中实现第一个 Python 程序。（实例位置：资源包\TM\sl\01\02）

在 Python 自带的 IDLE 中编写 Python 程序同样非常简单方便，下面是编写第一个程序 Hello World 的具体步骤。

（1）单击 Windows 10 系统的"开始"菜单，然后依次选择"所有程序"→Python 3.9→IDLE（Python 3.9 64-bit）菜单项，即可打开 IDLE 窗口，如图 1.14 所示。

（2）在当前的 Python 提示符>>>的右侧输入以下代码，并按 Enter 键：

```
print("Hello World")
```

运行结果如图 1.15 所示。

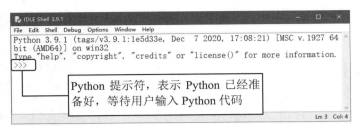

图 1.14　IDLE 窗口

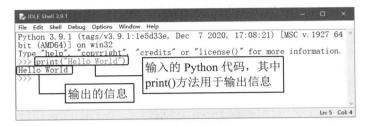

图 1.15　在 IDLE 中输出 Hello World

误区警示

如果在中文（即全角）状态下输入代码中的小括号()或者双引号""，那么将产生语法错误。例如，在 IDLE 开发环境中输入下列代码（其中括号()和双引号""在中文状态下输入）：

print（"Hello World"）

按 Enter 键运行后，将会出现如图 1.16 所示的错误提示。

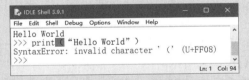

图 1.16　在中文状态下输入小括号和双引号时出现的错误

1.2.4　运行已经编写好的.py 文件

在 1.2.3 节中已经介绍了如何在 Python 交互模式中直接编写并运行 Python 代码。这里，如果已经编写好一个.py 的 Python 文件，那么应该如何运行它呢？

要运行一个已经编写好的.py 文件，可以在"开始"菜单右侧的"在这里输入你要搜索的内容"文本框中输入 cmd 命令，并按 Enter 键，启动"命令提示符"窗口，然后按照以下格式输入代码：

python 完整的文件名（包括路径）

例如，要运行 D:\demo.py 文件，可以使用以下代码：

python D:\demo.py

运行结果如图 1.17 所示。

说明

在运行 .py 文件时，如果文件名或者路径比较长，可先在"命令提示符"窗口中输入 python 加一个空格，然后直接把文件拖曳到空格的位置上，这时文件的完整路径将显示在空格的右侧，再按 Enter 键运行。

图 1.17　在 Python 交互模式下运行 .py 文件

1.3　Python 开发工具

通常情况下，为了提高开发效率，需要使用相应的开发工具。进行 Python 开发也可以使用开发工具。下面将详细介绍 Python 自带的 IDLE 和其他常用的第三方开发工具。

1.3.1　使用自带的 IDLE

在安装 Python 后，会自动安装一个 IDLE。它是一个 Python Shell（可以在打开的 IDLE 窗口的标题栏上看到），也就是一个通过输入文本与程序交互的途径，程序开发人员可以利用 Python Shell 与 Python 交互。下面将详细介绍如何使用 IDLE 开发 Python 程序。

1. 打开 IDLE 并编写代码

打开 IDLE 时，在"开始"菜单中选择"所有程序"→Python 3.9→IDLE（Python 3.9 64-bit）菜单项，即可打开 IDLE 主窗口，如图 1.18 所示。

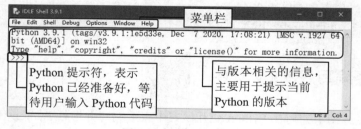

图 1.18　IDLE 主窗口

在 1.2.3 节中，我们已经应用 IDLE 输出了 Hello World，但是在实际开发时，通常不能只包含一行代码，如果需要编写多行代码，可以单独创建一个文件保存这些代码，然后在全部编写完毕后，可一起执行。具体方法如下。

（1）在 IDLE 主窗口的菜单栏上，选择 File→New File 菜单项，将打开一个新窗口，在该窗口中，可以直接编写 Python 代码，并且在输入一行代码后按 Enter 键，将自动换到下一行，等待继续输入，如图 1.19 所示。

（2）在代码编辑区中，编写多行代码。例如，输出古诗《长歌行》，代码如下：

```
01    print("            "+"长歌行")
02    print("青青园中葵，朝露待日晞。")
03    print("阳春布德泽，万物生光辉。")
04    print("常恐秋节至，焜黄华叶衰。")
05    print("百川东到海，何时复西归。")
06    print("少壮不努力，老大徒伤悲。")
```

编写代码后的 Python 文件窗口如图 1.20 所示。

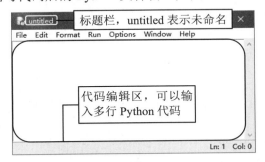

图 1.19　新创建的 Python 文件窗口

图 1.20　编写代码后的 Python 文件窗口

（3）按 Ctrl+S 快捷键保存文件，这里将其保存为 demo.py。其中，.py 是 Python 文件的扩展名。

（4）运行程序。在菜单栏中选择 Run→Run Module 菜单项，如图 1.21 所示。

运行程序后，将在 Python Shell 窗口中显示执行结果，如图 1.22 所示。

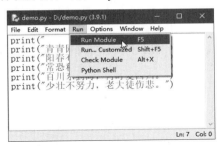

图 1.21　运行程序

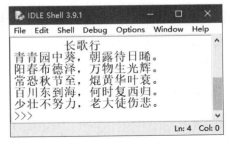

图 1.22　运行结果

 说明

当需要运行程序时，也可以直接按 F5 键。

2．IDLE 常用的快捷键

在程序开发过程中，合理地使用快捷键不仅可以减少代码的错误率，还可以提高开发效率。因此，掌握一些常用的快捷键是必需的。在 IDLE 中，可通过选择 Options→Configure IDLE 菜单项，在打开的 Settings 对话框的 Keys 选项卡中查看，但是该界面是英文的，不便于查看，所以笔者将一些常用的快捷键通过表 1.2 列出，可方便大家查看。

表 1.2　IDLE 提供的常用快捷键

快 捷 键	说　　明	适 用 于
F1	打开 Python 帮助文档	Python 文件窗口和 Shell 窗口均可用
Alt+P	浏览历史命令（上一条）	仅 Python Shell 窗口可用
Alt+N	浏览历史命令（下一条）	仅 Python Shell 窗口可用
Alt+/	自动补全前面曾经出现过的单词，如果之前有多个单词具有相同的前缀，则可以连续按该快捷键，在多个单词中循环来选择	Python 文件窗口和 Shell 窗口均可用
Alt+3	注释代码块	仅 Python 文件窗口可用
Alt+4	取消代码块注释	仅 Python 文件窗口可用
Alt+g	转到某一行	仅 Python 文件窗口可用
Ctrl+Z	撤销一步操作	Python 文件窗口和 Shell 窗口均可用
Shift+Ctrl+Z	恢复上一次的撤销操作	Python 文件窗口和 Shell 窗口均可用
Ctrl+S	保存文件	Python 文件窗口和 Shell 窗口均可用
Ctrl+]	缩进代码块	仅 Python 文件窗口可用
Ctrl+[	取消代码块缩进	仅 Python 文件窗口可用
Ctrl+F6	重新启动 Python Shell	仅 Python Shell 窗口可用

　说明

> 由于 IDLE 简单、方便，很适合练习，因此本书将以 IDLE 作为开发工具。

1.3.2　常用的第三方开发工具

除 Python 自带的 IDLE 外，还有很多能够进行 Python 编程的开发工具。下面将对几个常用的第三方开发工具进行简要介绍。

1. PyCharm

PyCharm 是由 JetBrains 公司开发的一款 Python 开发工具。在 Windows、Mac OS 和 Linux 操作系统中都可以使用。它具有语法高亮显示、Project（项目）管理代码跳转、智能提示、自动完成、调试、单元测试和版本控制等一般开发工具都具有的功能。另外，它还支持在 Django（Python 的 Web 开发框架）框架中进行 Web 开发。PyCharm 的主窗口如图 1.23 所示。

　说明

> PyCharm 的官方网站为 http://www.jetbrains.com/pycharm/，在该网站中提供了两个版本的 PyCharm：一个是社区版（免费并且提供源程序）；另一个是专业版（免费试用）。读者可以根据需要选择下载版本。

2. Visual Studio Code

Visual Studio Code，简称 VSCode，是 Microsoft（微软）公司开发的一款免费开源的现代化轻量级代码编辑器。它可以在 Windows、OS X 和 Linux 等操作系统上使用。它具有语法高亮显示、智能代码补全、自定义快捷键、括号匹配、代码对比等特性。它内置支持 JavaScript、TypeScript 和 Node.js。通过安装 Python 扩展，便可以将其作为 Python 开发工具。开发界面如图 1.24 所示。

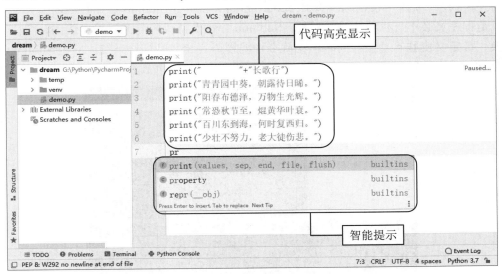

图 1.23　PyCharm 的主窗口

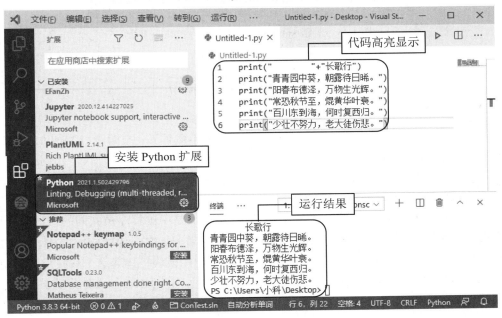

图 1.24　应用 Visual Studio Code 开发 Python 项目

说明

Visual Studio Code 的 Python 扩展支持 Python 语言的智能提示、Linting、调试、代码导航、代码格式化、重构，以及结合 Jupyter Notebook 一起开发等。

15

3. Sublime Text

Sublime Text 是一款跨平台代码编辑器（code editor）软件。Sublime Text 既可以编写代码，又可以编辑文本，是程序员必不可少的工具。另外，Sublime Text 支持代码高度显示、代码补全、多窗口、即时项目切换、自定义皮肤等功能，同时也支持多种编程语言和多种操作系统。应用 Sublime Text3 开发的 Python 界面如图 1.25 所示。

图 1.25　应用 Sublime Text3 开发的 Python 界面

1.4　实践与练习

（答案位置：资源包\TM\sl\01\实践与练习\）

综合练习 1：输出金一南教授的话　国防大学教授金一南在《我们的时代，我们的奋斗》演讲中说："数十年走来，我今天跟大家分享三点体会：做有心人，干困难事，立大格局。"那么现在我们就在 PyCharm 中输出金一南教授的这三点体会。

综合练习 2：输出程序员节"1024"的含义　10 月 24 日，是中国程序员共同的节日——程序员节。1024 是一个很特殊的数字，在计算机操作系统里，1024 Byte（字节）=1 KB，1024 KB=1 MB，1024 MB= 1 GB 等。程序员就像是一个个 1024，以最低调、踏实、核心的功能模块搭建起这个科技世界。请大家开动脑筋，输出 1024 也就是程序员节的核心含义。参考以下形式，也可以自创其他形式。

1024（程序员之日）寓意：

　　低调、踏实、核心

1024 MB=1 GB，谐音一级棒

第 2 章

Python 语言基础

熟练掌握一种编程语言，最好的方法就是充分了解它，并掌握其基础知识，另外，还需要亲自体验，多编写代码，方可熟能生巧。

从本章开始，我们将正式踏上 Python 开发之旅，体验 Python 带给我们的简单、快乐。本章将先对 Python 的语法特点进行详细介绍，然后介绍 Python 中的保留字、标识符、变量、基本数据类型，以及数据类型间的转换，最后介绍如何通过输入和输出函数进行交互。

本章知识架构及重难点如下。

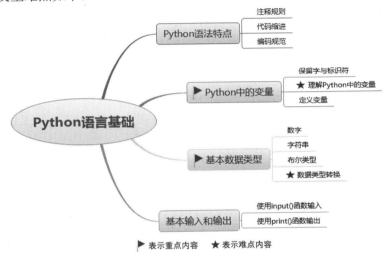

2.1 Python 语法特点

学习 Python 需要了解它的语法特点，如注释规则、代码缩进、编码规范等。下面将对学习 Python 时首先需要了解的这些语法特点进行详细介绍。

2.1.1 注释规则

注释类似于语文课本中古诗文的注释，如图 2.1 所示。据此，所谓注释，就是在代码中添加标注性的文字，进而帮助程序员更好地阅读代码。注释的内容将被 Python 解释器忽略，并不会在执行结果中体现出来。

在 Python 中，通常包括 3 种类型的注释，分别是单行注释、多行注释和文件编码声明注释。这些注释在 IDLE 中的效果如图 2.2 所示。

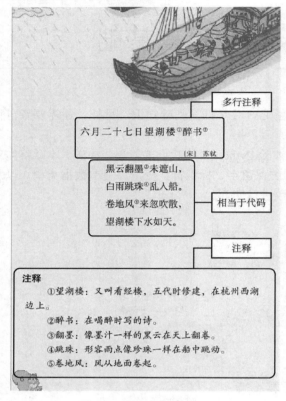

图 2.1 古诗文的注释

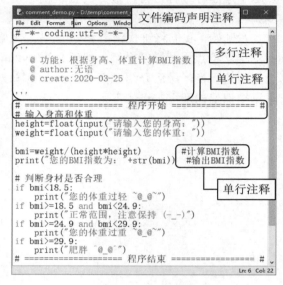

图 2.2 Python 中的注释

1. 单行注释

在 Python 中，使用#作为单行注释的符号。从符号#开始直到换行为止，其后面所有的内容都作为注释的内容而被 Python 编译器忽略。

语法如下：

```
# 注释内容
```

单行注释可以放在要注释的代码的前一行，也可以放在要注释的代码的右侧。例如，下面的两种注释形式都是正确的。

第一种形式：

```
01    # 要求输入身高，单位为 m，如 1.70
02    height=float(input("请输入您的身高："))
```

第二种形式：

```
height=float(input("请输入您的身高："))          # 要求输入身高，单位为 m，如 1.70
```

上述两种形式的代码，其运行结果都将如图 2.3 所示。

请输入您的身高：1.70
>>>

图 2.3　运行结果

说明

在添加注释时，一定要有意义，即注释能充分体现代码的作用。例如，图 2.4 中的注释就是冗余的注释。如果将其注释修改为如图 2.5 所示的注释，则可很清楚地知道代码的作用。

bmi=weight/(height*height)　　　　#Magic，请勿改动

图 2.4　冗余的注释

bmi=weight/(height*height)　　　　# 用于计算BMI指数，公式为"体重/(身高×身高)"

图 2.5　推荐的注释

单行注释可以出现在代码的任意位置，但是不能分隔关键字和标识符。例如，下列代码注释是错误的：

```
height=float(#要求输入身高 input("请输入您的身高："))
```

说明

在 IDLE 开发环境中，可以通过选择主菜单中的 Format→Comment Out Region 菜单项（也可直接使用快捷键 Alt+3），将选中的代码注释掉；也可通过选择主菜单中的 Format→UnComment Region 菜单项（也可直接使用快捷键 Alt+4），取消添加的单行注释。

2．多行注释

在 Python 中并没有一个单独的多行注释标记，而是将包含在一对三引号（即'''……'''或者"""……"""）中，并且不属于任何语句的内容则认为是注释。对于这样的代码，将被解释器忽略。由于这样的代码可以分为多行编写，因此也作为多行注释。

语法格式如下：

```
'''
    注释内容 1
    注释内容 2
    ……
'''
```

或者

```
"""
    注释内容 1
    注释内容 2
    ……
"""
```

在使用三引号作为注释时，需要注意，三引号必须成对出现，如果只写一半三引号，那么当程序运行时，将会提示 EOF while scanning triple-quoted string literal 错误。

多行注释通常用来为 Python 文件、模块、类或者函数等添加版权、功能等信息。例如，下列代码将使用多行注释为 demo.py 文件添加版权、功能及修改日志等信息：

```
01    '''
02    @ 版权所有：吉林省明日科技有限公司©版权所有
03    @ 文件名：demo.py
04    @ 文件功能描述：根据身高、体重计算 BMI 指数
05    @ 创建日期：2021 年 1 月 31 日
06    @ 创建人：无语
07    @ 修改标识：2021 年 2 月 2 日
08    @ 修改描述：增加根据 BMI 指数判断体重是否合理的功能代码
09    @ 修改日期：2021 年 2 月 2 日
10    '''
```

注意

如果三引号'''……'''或者"""……"""出现在语句中，那么就不是注释，而是字符串，这一点要注意区分。例如，图 2.6 中的代码即为多行注释，而图 2.7 中的代码即为字符串。

```
'''
@ 功能：根据身高、体重计算BMI指数
@ author:无语
@ create:2021-03-25
'''
```

图 2.6　三引号为多行注释

```
print('''根据身高、体重计算BMI指数''')
```

图 2.7　三引号为字符串

3．文件编码声明注释

在 Python 3 中，默认采用的文件编码是 UTF-8。这种编码支持世界上大多数语言的字符，也包括中文。如果不想使用默认编码，就需要在文件的第一行声明文件的编码，也就是需要使用文件编码声明注释。

语法格式如下：

```
# -*- coding:编码 -*-
```

或者

```
#coding=编码
```

在上述语法中，编码为文件所使用的字符编码类型，如果采用 GBK，则设置为 gbk 或 cp936。例如，指定编码为 GBK，可以使用以下中文注释：

```
# -*- coding:gbk -*-
```

说明

在上述代码中，"-*-"没有特殊的作用，只是为了美观才加上的。所以上述代码也可以使用"# coding:gbk"代替。

另外，以下代码也是正确的中文注释：

```
#coding=gbk
```

2.1.2　代码缩进

Python 不像其他程序设计语言（如 Java 或者 C 语言）那样采用大括号"{ }"分隔代码块，而是采用代码缩进和冒号"："区分代码之间的层次。

说明

缩进可以使用空格或者 Tab 键实现。其中，如果使用空格，则通常情况下采用 4 个空格作为一个缩进量；而如果使用 Tab 键，则采用一个 Tab 键作为一个缩进量。通常情况下建议采用空格进行缩进。

在 Python 中，对于类定义、函数定义、流程控制语句，以及异常处理语句等，行尾的冒号和下一行的缩进表示一个代码块的开始；而缩进结束，则表示一个代码块的结束。

例如，以下代码中的缩进即为正确的缩进。

```
01    height=float(input("请输入您的身高："))          # 输入身高
02    weight=float(input("请输入您的体重："))          # 输入体重
03    bmi=weight/(height*height)                        # 计算 BMI 指数
04
05    # 判断体重是否合理
06    if bmi<18.5:
07        print("您的 BMI 指数为："+str(bmi))           # 输出 BMI 指数
08        print("体重过轻 ~@_@~")
09    if bmi>=18.5 and bmi<24.9:
10        print("您的 BMI 指数为："+str(bmi))           # 输出 BMI 指数
11        print("正常范围，注意保持 (-_-)")
12    if bmi>=24.9 and bmi<29.9:
13        print("您的 BMI 指数为："+str(bmi))           # 输出 BMI 指数
14        print("体重过重 ~@_@~")
15    if bmi>=29.9:
16        print("您的 BMI 指数为："+str(bmi))           # 输出 BMI 指数
17        print("肥胖 ^@_@^")
```

Python 对代码的缩进要求非常严格，同一个级别的代码块的缩进量必须相同。如果不采用合理的代码缩进，将抛出 SyntaxError 异常。例如，代码中有的缩进量是 4 个空格，还有的是 2 个空格，这样就会导致出现 SyntaxError 错误，如图 2.8 所示。

在 IDLE 开发环境中，一般以 4 个空格作为代码的基本缩进单位。不过也可以选择 Options→Configure IDLE 菜单项，在打开的 Settings 对话框的 Fonts/Tabs 选项卡中修改代码的基本缩进量，如图 2.9 所示。

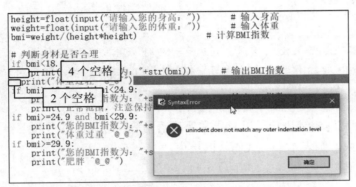

图 2.8　缩进量不同导致的 SyntaxError 错误　　　　图 2.9　修改基本缩进量

2.1.3　编码规范

下面给出两段实现同样功能的代码，如图 2.10 所示。

```
'''@ 功能：根据身高、体重计算BMI指数
   @ author:无语
   @ create:2021-03-25'''
# 输入身高和体重
height=float(input("请输入您的身高："))
weight=float(input("请输入您的体重："))
bmi=weight/(height*height)# 计算BMI指数
print("您的BMI指数为："+str(bmi))# 输出BMI指数
# 判断体重是否合理
if bmi<18.5:
    print("您的体重过轻 ~@_@~")
if bmi>=18.5 and bmi<24.9:
    print("正常范围，注意保持（-_-)")
if bmi>=24.9 and bmi<29.9:
    print("您的体重过重 @_@~")
if bmi>=29.9:
    print("肥胖 ^@_@^")
```

```
'''
   @ 功能：根据身高、体重计算BMI指数
   @ author:无语
   @ create:2021-03-25
'''
# 输入身高和
height=float(input("请输入您的身高："))
weight=float(input("请输入您的体重："))
bmi=weight/(height*height)        # 计算BMI指数
print("您的BMI指数为："+str(bmi))   # 输出BMI指数
# 判断体重是否合理
if bmi<18.5:
    print("您的体重过轻 ~@_@~")
if bmi>=18.5 and bmi<24.9:
    print("正常范围，注意保持（-_-)")
if bmi>=24.9 and bmi<29.9:
    print("您的体重过重 @_@~")
if bmi>=29.9:
    print("肥胖 ^@_@^")
```

图 2.10　两段功能相同的 Python 代码

大家在学习时，愿意看到图 2.10 中的左侧代码还是右侧代码？答案应该是一致的，大家肯定都喜

欢阅读图 2.10 中右侧的代码，因为它看上去更加规整，这是一种最基本的代码编写规范。遵循一定的代码编写规则和命名规范可以使代码更加规范化，对代码的理解与维护起到至关重要的作用。

本节将对 Python 代码的编写规则以及命名规范进行介绍。

1. 编写规则

Python 中采用 PEP 8 作为编码规范，其中 PEP 是 Python Enhancement Proposal 的缩写，翻译过来是 Python 增强建议书，而 PEP 8 表示版本，它是 Python 代码的样式指南。下面给出 PEP 8 编码规范中的一些应该严格遵守的条目。

☑　每个 import 语句只导入一个模块，尽量避免一次导入多个模块。图 2.11 为推荐的写法，而图 2.12 为不推荐的写法。

☑　不要在行尾添加分号 ";"，也不要用分号将两条命令放在同一行。例如，图 2.13 中的代码为不规范的写法。

```
import os
import sys
```

```
import os,sys
```

```
height = float(input("请输入您的身高："));
weight = float(input("请输入您的体重："));
```

图 2.11　推荐的写法　　图 2.12　不推荐的写法　　　　图 2.13　不规范的写法

☑　建议每行不超过 80 个字符，如果超过，建议使用小括号 "()" 将多行内容隐式地连接起来，而不推荐使用反斜杠 "\" 进行连接。例如，如果一个字符串文本在一行上显示不下，那么可以使用小括号 "()" 将其分行显示，代码如下：

```
01  print("我一直认为我是一只蜗牛。我一直在爬，也许还没有爬到金字塔的顶端。"
02      "但是只要你在爬，就足以给自己留下令生命感动的日子。")
```

例如，以下通过反斜杠 "\" 进行连接的做法是不推荐使用的。

```
01  print("我一直认为我是一只蜗牛。我一直在爬，也许还没有爬到金字塔的顶端。\
02  但是只要你在爬，就足以给自己留下令生命感动的日子。")
```

不过以下两种情况除外：导入模块的语句过长；注释里的 URL。

☑　使用必要的空行可以增加代码的可读性。一般在顶级定义（如函数或者类的定义）之间空两行，而方法定义之间空一行。另外，在用于分隔某些功能的位置也可以空一行。

☑　通常情况，运算符两侧、函数参数之间、逗号 "," 两侧建议使用空格进行分隔。

☑　应该避免在循环中使用+和+=操作符累加字符串。这是因为字符串是不可变的，这样做会创建不必要的临时对象。推荐的做法是将每个子字符串加入列表中，然后在循环结束后使用 join() 方法连接列表。

☑　适当使用异常处理结构提高程序容错性，但不能过多依赖异常处理结构，适当的显式判断还是必要的。

说明

在编写 Python 程序时，建议严格遵循 PEP 8 编码规范。完整的 Python 编码规范请参考 PEP 8。

2．命名规范

命名规范在编写代码中起到很重要的作用，虽然不遵循命名规范，程序也可以运行，但是使用命名规范可以更加直观地了解代码所代表的含义。下面将介绍 Python 中常用的一些命名规范。

- ☑ 模块名尽量短小，并且使用全部小写字母，可以使用下画线分隔多个字母。例如，game_main、game_register、bmiexponent 都是推荐使用的模块名称。
- ☑ 包名尽量短小，并且使用全部小写字母，不推荐使用下画线。例如，com.mingrisoft、com.mr、com.mr.book 都是被推荐使用的包名称，而 com_mingrisoft 则是不被推荐使用的。
- ☑ 类名采用单词首字母大写形式（即 Pascal 风格）。例如，定义一个借书类，可以命名为 BorrowBook。

说明

Pascal 是以纪念法国数学家 Blaise Pascal 而命名的一种编程语言，Python 中的 Pascal 命名法就是根据该语言的特点总结出来的一种命名方法。

- ☑ 模块内部的类采用下画线"_"+Pascal 风格的类名组成。例如，在 BorrowBook 类中的内部类，可以使用_BorrowBook 命名。
- ☑ 函数、类的属性和方法的命名规则同模块类似，也是全部采用小写字母，多个字母间用下画线"_"分隔。
- ☑ 常量命名时采用全部大写字母，可以使用下画线。
- ☑ 使用双下画线"__"开头的实例变量或方法是类私有的。

2.2 Python 中的变量

2.2.1 保留字与标识符

在学习变量之前，先了解什么是保留字和标识符。

1．保留字

保留字是 Python 中已经被赋予特定意义的一些单词，开发程序时，不可以把这些保留字作为变量、函数、类、模块和其他对象的名称来使用。Python 中的保留字如表 2.1 所示。

表 2.1　Python 中的保留字

and	as	assert	break	class	continue
def	del	elif	else	except	finally
for	from	False	global	if	import
in	is	lambda	nonlocal	not	None
or	pass	raise	return	try	True
while	with	yield			

注意

Python 中所有保留字是区分字母大小写的。例如，if 是保留字，但是 IF 就不属于保留字，如图 2.14 所示。

```
>>> true="真"
>>> True="真"
SyntaxError: can't assign to keyword
>>>
```

```
>>> if █ "守得云开见月明"
SyntaxError: invalid syntax
>>> IF = "守得云开见月明"
>>>
```

图 2.14　Python 中的保留字区分字母大小写

Python 中的保留字可以通过在 IDLE 中输入以下两行代码予以查看：

```
01   import keyword
02   keyword.kwlist
```

执行结果如图 2.15 所示。

```
>>> import keyword
>>> keyword.kwlist
['False', 'None', 'True', 'and', 'as', 'assert', 'break', 'class', 'continue', '
def', 'del', 'elif', 'else', 'except', 'finally', 'for', 'from', 'global', 'if',
 'import', 'in', 'is', 'lambda', 'nonlocal', 'not', 'or', 'pass', 'raise', 'retu
rn', 'try', 'while', 'with', 'yield']
>>>
```

图 2.15　查看 Python 中的保留字

误区警示

如果在开发程序时，使用 Python 中的保留字作为模块、类、函数或者变量等的名称，如下面代码为使用 Python 保留字 if 作为变量的名称：

```
01   if = "坚持下去不是因为我很坚强，而是因为我别无选择"
02   print(if)
```

运行时则会出现如图 2.16 所示的错误提示信息。

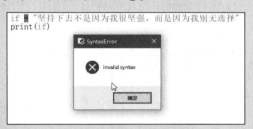

图 2.16　使用 Python 保留字作为变量名时的错误信息

2．标识符

标识符可以简单地理解为一个名字，比如每个人都有自己的名字，它主要用来标识变量、函数、类、模块和其他对象的名称。

Python 语言标识符命名规则如下。

（1）由字母、下画线"_"和数字组成，并且第一个字符不能是数字。当前 Python 中只允许使用

ISO-Latin 字符集中的字符 A~Z 和 a~z。

（2）不能使用 Python 中的保留字。

例如，下面是合法的标识符：

```
USERID
name
model2
user_age
```

下面是非法的标识符：

```
4word            # 以数字开头
try              # Python 中的保留字
$money           # 不能使用特殊字符$
```

注意

Python 的标识符中不能包含空格、@、%和$等特殊字符。

（3）区分字母大小写。在 Python 中，标识符中的字母是严格区分大小写的，两个同样的单词，如果大小写格式不一样，那么所代表的意义是完全不同的。例如，下面 3 个变量是完全独立、毫无关系的，就像 3 个长得比较像的人，彼此之间都是独立的个体。

```
01   number = 0      # 全部小写
02   Number = 1      # 部分大写
03   NUMBER = 2      # 全部大写
```

（4）Python 中以下画线开头的标识符有特殊意义，一般应避免使用相似的标识符。

☑ 以单下画线开头的标识符（如_width）表示不能直接访问的类属性。另外，也不能通过 from xxx import *导入。

☑ 以双下画线开头的标识符（如__add）表示类的私有成员。

☑ 以双下画线开头和结尾的是 Python 中专用的标识。例如，__init__()表示构造函数。

说明

在 Python 中允许使用汉字作为标识符，如"我的名字="明日科技""，在程序运行时并不会出现错误，如图 2.17 所示。但建议读者尽量不要使用汉字作为标识符。

```
>>> 我的名字="明日科技"
>>> print(我的名字)
明日科技
>>>
```

图 2.17　使用汉字作为标识符

2.2.2　理解 Python 中的变量

在 Python 中，严格意义上变量应该称为"名字"，也可以理解为标签。当把一个值赋给一个名字（如把值"学会 Python 还可以飞"赋给 python）时，python 就称为变量。在大多数编程语言中，都将其称为"把值存储在变量中"。意思是在计算机内存中的某个位置，字符串序列"学会 Python 还可以飞"已经存在。你不需要准确地知道它们到底在哪里，只需要告诉 Python 这个字符串序列的名字是 python，然后就可以通过这个名字来引用这个字符串序列。这个过程就像上门取快递一样，内存就像一个巨大的货物架，在 Python 中使用变量就像是给快递盒子加标签，如图 2.18 所示。

你的快递存放在货物架上，上面附着写有你名字的标签。当你来取快递时，并不需要知道它们存放在这个大型货架的具体哪个位置，只需要提供你的名字，快递员就会把你的快递交还给你。实际上，你的快递可能并不在原先所放的位置。不过快递员会为你记录快递的位置。要取回你的快递，只需要提供你的名字。变量也一样，你不需要准确地知道信息存储在内存中的哪个位置，只需要记住存储变量时所用的名字，再使用这个名字即可。

图 2.18　货物架中贴着标签的快递

2.2.3　定义变量

在 Python 中，不需要先声明变量名及其类型，直接赋值即可创建各种类型的变量。需要注意的是，对于变量的命名并不是任意的，应遵循以下几条规则。

- ☑　变量名必须是一个有效的标识符。
- ☑　变量名不能使用 Python 中的保留字。
- ☑　慎用小写字母 l 和大写字母 O。
- ☑　应选择有意义的单词作为变量名。

为变量赋值可以通过等号"="来实现。语法格式如下：

```
变量名 = value;
```

例如，创建一个整型变量，并为其赋值为 1024，可以使用下列语句：

```
number = 1024                          # 创建变量 number 并赋值为 1024，该变量为数值型
```

这样创建的变量就是数值型的变量。如果直接为变量赋值一个字符串值，那么该变量即为字符串类型，如下列语句：

```
nickname = "碧海苍梧"                    # 字符串类型的变量
```

误区警示

在 Python 中，输入代码时，除非在字符串中有全角空格，否则一定不要用全角空格。这个错误比较隐蔽，不容易被发现，所以我们要养成好的编码习惯。

另外，Python 是一种动态类型的语言，也就是说，变量的类型可以随时变化。例如，在 IDLE 中，创建变量 nickname，并赋值为字符串"碧海苍梧"，然后输出该变量的类型，可以看到该变量为字符串类型，再为变量赋值为数值 1024，并输出该变量的类型，可以看到该变量为整型。执行过程如下：

```
01    >>> nickname = "碧海苍梧"          # 字符串类型的变量
02    >>> print(type(nickname))
03    <class 'str'>
04    >>> nickname = 1024               # 整型的变量
05    >>> print(type(nickname))
06    <class 'int'>
```

说明

在 Python 语言中，使用内置函数 type() 可以返回变量类型。

在 Python 中，允许多个变量指向同一个值。将两个变量都赋值为数字 2048，再分别应用内置函数 id() 获取变量的内存地址，将得到相同的结果。执行过程如下：

```
01    >>> no = number = 2048
02    >>> id(no)
03    50766992
04    >>> id(number)
05    50766992
```

在上述代码中，id() 为 Python 的内置函数，使用它可以返回变量所指的内存地址。

注意

常量就是在程序运行过程中，值不能改变的量，诸如现实生活中的居民身份证号码、数学运算中的 π 值等，这些都是不会发生改变的，它们都可以定义为常量。在 Python 中，并没有提供定义常量的保留字。不过在 PEP 8 规范中定义了常量的命名规范由大写字母和下画线组成，但是在实际项目中，常量首次赋值后，还是可以被其他代码修改。

2.3　基本数据类型

在内存中可以使用多种类型存储数据。例如，一个人的姓名可以用字符型存储，年龄可以使用数值型存储，而婚否可以使用布尔类型存储。这些都是 Python 中提供的基本数据类型。下面将对这些基本数据类型进行详细介绍。

2.3.1　数字

在程序开发时，经常使用数字记录游戏的得分、网站的销售数据和网站的访问量等信息。在 Python 中，提供了数字类型用于保存这些数值，并且它们是不可改变的数据类型。如果修改数字类型变量的值，那么会先把该值存储到内容中，然后修改变量让其指向新的内存地址。

在 Python 中，数字类型主要包括整数、浮点数和复数。下面分别介绍。

1. 整数

整数用来表示整数数值，即没有小数部分的数值。在 Python 中，整数包括正整数、负整数和 0，并且它的位数是任意的（当超过计算机自身的计算功能时，会自动转用高精度计算），如果要指定一个非常大的整数，只需要写出其所有位数即可。

整数类型包括十进制整数、八进制整数、十六进制整数和二进制整数。下面分别进行介绍。

（1）十进制整数。十进制整数的表现形式大家都很熟悉。例如，以下数值都是有效的十进制整数：

31415926535897932384626

66666666666666666666666666666666666666666666666666666666666666666666666666666
6666666666666666666666666666666666666

-2017

0

在 IDLE 中，执行的结果如图 2.19 所示。

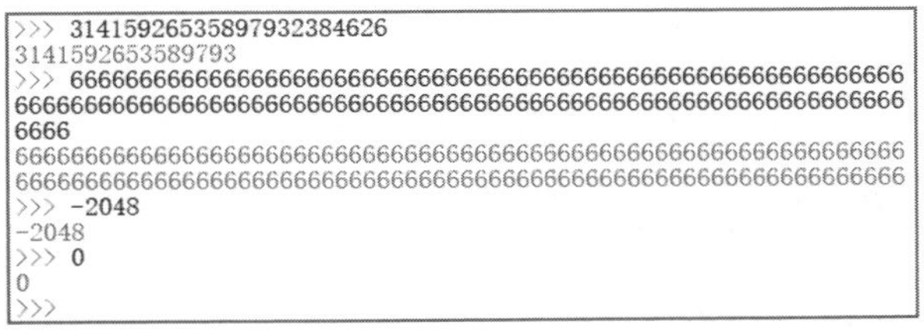

注意

> 不能以 0 作为十进制数的开头（0 除外）。

（2）八进制整数。由 0～7 组成，进位规则是"逢八进一"，并且以 0o/0O 开头的数，如 0o123（转换成十进制数为 83）、−0o123（转换成十进制数为−83）。

图 2.19　有效的整数

（3）十六进制整数。由 0～9、A～F 组成，进位规则是"逢十六进一"，并且以 0x/0X 开头的数，如 0x25（转换成十进制数为 37）、0Xb01e（转换成十进制数为 45086）。

（4）二进制整数。只有 0 和 1 两个基数，进位规则是"逢二进一"，如 101（转换为十制数为 5）、1010（转换为十进制为 10）。

2. 浮点数

浮点数由整数部分和小数部分组成，主要用于处理包括小数的数，如 1.414、0.5、−1.732、3.1415926535897932384626 等。浮点数也可以使用科学记数法表示，如 2.7e2、−3.14e5 和 6.16e−2 等。

注意

> 在使用浮点数进行计算时，可能会出现小数位数不确定的情况。例如，计算 0.1+0.1 时，将得到想要的 0.2，而计算 0.1+0.2 时，将得到 0.30000000000000004（想要的结果为 0.3），执行过程如下：
>
> ```
> 01  >>> 0.1+0.1
> 02  0.2
> 03  >>> 0.1+0.2
> 04  0.30000000000000004
> ```
>
> 对于这种情况，所有语言都存在这个问题，暂时忽略多余的小数位数即可。

【例 2.1】根据身高、体重计算 BMI 指数。（实例位置：资源包\TM\sl\02\01）

在 IDLE 中创建一个名称为 bmiexponent.py 的文件，然后在该文件中定义两个变量：一个用于记录身高，单位为 m；另一个用于记录体重，单位为 kg。根据公式"BMI=体重/（身高×身高）"计算 BMI 指数，代码如下：

```
01  height = 1.70                          # 保存身高的变量，单位为 m
02  print("您的身高： " + str(height))
03  weight = 48.5                          # 保存体重的变量，单位为 kg
04  print("您的体重： " + str(weight))
05  bmi=weight/(height*height)            # 用于计算 BMI 指数，公式为"体重/（身高×身高）"
06  print("您的 BMI 指数为： "+str(bmi))    # 输出 BMI 指数
07  # 判断体重是否合理
```

```
08    if bmi<18.5:
09        print("您的体重过轻 ~@_@~")
10    if bmi>=18.5 and bmi<24.9:
11        print("正常范围，注意保持 (-_-)")
12    if bmi>=24.9 and bmi<29.9:
13        print("您的体重过重 ~@_@~")
14    if bmi>=29.9:
15        print("肥胖 ^@_@^")
```

说明

在上述代码中，str()函数用于将数值转换为字符串；if 语句用于进行条件判断，将在 4.2 节中进行详细介绍。

运行结果如图 2.20 所示。

3．复数

Python 中的复数与数学中的复数的形式完全一致，都是由实部和虚部组成，并且使用 j 或 J 表示虚部。当表示一个复数时，可以将其实部和虚部相加。例如，一个复数实部为 3.14，虚部为 12.5j，那么这个复数为 3.14+12.5j。

```
您的身高：1.7
您的体重：48.5
您的BMI指数为：16.782006920415228
您的体重过轻 ~@_@~
>>>
```

图 2.20 根据身高、体重计算 BMI 指数

2.3.2 字符串

字符串就是连续的字符序列，可以是计算机所能表示的一切字符的集合。在 Python 中，字符串属于不可变序列，通常使用单引号（''）、双引号（""）或者三引号（''''''或""" """）括起来。这 3 种引号形式在语义上没有差别，只是在形式上有些差别。其中，单引号和双引号中的字符序列必须在一行上；而三引号中的字符序列可以分布在连续的多行上。例如，定义 3 个字符串类型变量，并且应用 print()函数输出，代码如下：

```
01    title = '我喜欢的名言警句'                              # 使用单引号，其中的字符序列必须在一行上
02    mot_cn = "命运给予我们的不是失望之酒，而是机会之杯。"   # 使用双引号，其中的字符序列必须在一行上
03    # 使用三引号，其中的字符序列可以分布在多行上
04    mot_en = '''Our destiny offers not the cup of despair,
05    but the chance of opportunity.'''
06    print(title)
07    print(mot_cn)
08    print(mot_en)
```

执行结果如图 2.21 所示。

误区警示

字符串开始和结尾使用的引号形式必须一致。另外，当需要表示复杂的字符串时，还可以进行引号的嵌套。例如，下面的字符串也都是合法的。

'在 Python 中也可以使用双引号（""）定义字符串'

"'(··)nnn'也是字符串"

"""'__'｀ "｀" "***"""

【例2.2】输出字符画——坦克。（实例位置：资源包\TM\sl\02\02）

在 IDLE 中创建一个名称为 ascii_art.py 的文件，然后在该文件中输出一个表示字符画的字符串，由于该字符画有多行，所以需要使用三引号作为字符串的定界符。关键代码如下：

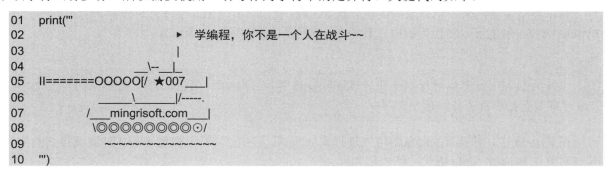

运行结果如图 2.22 所示。

我喜欢的名言警句
命运给予我们的不是失望之酒，而是机会之杯。
Our destiny offers not the cup of despair,
but the chance of opportunity.
>>>

图 2.21　使用 3 种形式定义字符串　　　　　图 2.22　输出字符画

Python 中的字符串还支持转义字符。所谓转义字符，是指使用反斜杠"\"对一些特殊字符进行转义。常用的转义字符及其说明如表 2.2 所示。

表 2.2　常用的转义字符及其说明

转 义 字 符	说　　明	转 义 字 符	说　　明
\	续行符	\'	单引号
\n	换行符	\\	一个反斜杠
\0	空	\f	换页
\t	水平制表符，用于横向跳到下一制表位	\0dd	八进制数，dd 代表字符，如\012 代表换行
\"	双引号	\xhh	十六进制数，hh 代表字符，如\x0a 代表换行

注意

在字符串定界符引号的前面加上字母 r（或 R），那么该字符串将原样输出，其中的转义字符将不进行转义输出。例如，输出字符串""失望之酒\x0a 机会之杯""将转义字符换行输出；而输出字符串"r"失望之酒\x0a 机会之杯""，则原样输出，执行结果如图 2.23 所示。

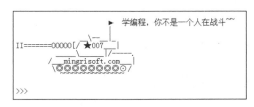

图 2.23　转义输出和原样输出的对比

2.3.3　布尔类型

布尔类型主要用来表示真或假的值。在 Python 中，标识符 True 和 False 被解释为布尔值。另外，Python 中的布尔值可以转换为数值，其中 True 表示 1，而 False 则表示 0。

📖 **说明**

在 Python 中，可以对布尔类型的值进行数值运算，例如，"False + 1"的结果为 1。但是不建议对布尔类型的值进行数值运算。

在 Python 中，对所有的对象都可以进行真值测试。其中，只有下面列出的 4 种情况得到的值为假，其他对象在 if 或者 while 语句中都表现为真。

☑ False 或 None。
☑ 数值中的零，包括 0、0.0、虚数 0。
☑ 空序列，包括字符串、空元组、空列表、空字典。
☑ 自定义对象的实例，该对象的__bool__方法返回 False，或者__len__方法返回 0。

2.3.4　数据类型转换

Python 是动态类型的语言（也称为弱类型语言），不需要像 Java 或者 C 语言一样在使用变量前必须先声明变量的类型。虽然 Python 不需要先声明变量的类型，但有时仍然需要用到类型转换。例如，在例 2.1 中，要想通过一个 print()函数输出提示文字"您的身高："和浮点型变量 height 的值，就需要将浮点型变量 height 转换为字符串；否则将显示如图 2.24 所示的错误。

```
Traceback (most recent call last):
  File "D:\demo.py", line 11, in <module>
    print("您的身高: " + height)
TypeError: can only concatenate str (not "float") to str
>>>
```

图 2.24　字符串和浮点型变量连接时出错

在 Python 中，提供了如表 2.3 所示的函数进行各数据类型间的转换。

表 2.3　常用的数据类型转换函数及其作用

函　　数	作　　用
int(x)	将 x 转换成整数类型
float(x)	将 x 转换成浮点数类型
complex(real [,imag])	创建一个复数
str(x)	将 x 转换为字符串
repr(x)	将 x 转换为表达式字符串
eval(str)	计算在字符串中的有效 Python 表达式，并返回一个对象
chr(x)	将整数 x 转换为一个字符
ord(x)	将一个字符 x 转换为它对应的整数值
hex(x)	将一个整数 x 转换为一个十六进制的字符串
oct(x)	将一个整数 x 转换为一个八进制的字符串
bin(x)	将一个整数 x 转换为一个二进制字符串

【例 2.3】 模拟超市的抹零结账。（实例位置：资源包\TM\sl\02\03）

假设某超市因为找零麻烦，特设抹零行为。现编写一段 Python 代码，实现模拟超市的这种带抹零的结账行为。

在 IDLE 中创建一个名称为 erase_zero.py 的文件，然后在该文件中，首先将各个商品金额累加，计算出商品总金额，并转换为字符串输出；然后再应用 int()函数将浮点型的变量转换为整型，从而实现抹零，并转换为字符串输出。关键代码如下：

```
01   money_all = 56.7 + 72.9 + 88.5 + 26.6 + 68.8          # 累加总计金额
02   money_all_str = str(money_all)                        # 转换为字符串
03   print("商品总金额为：" + money_all_str)
04   money_real = int(money_all)                           # 进行抹零处理
05   money_real_str = str(money_real)                      # 转换为字符串
06   print("实收金额为：" + money_real_str)
```

运行结果如图 2.25 所示。

```
商品总金额为：313.5
实收金额为：313
>>>
```

图 2.25　模拟超市抹零结账行为

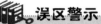**误区警示**

在进行数据类型转换时，如果把一个非数字字符串转换为整型，将产生如图 2.26 所示的错误。

```
>>> int("17天")
Traceback (most recent call last):
  File "<pyshell#1>", line 1, in <module>
    int("17天")
ValueError: invalid literal for int() with base 10: '17天'
```

图 2.26　将非数字字符串转换为整型产生的错误

2.4　基本输入和输出

从第 1 章的 Hello World 程序开始，我们一直在使用 print()函数向屏幕上输出一些字符，这就是 Python 的基本输出函数。除了 print()函数，Python 还提供了一个用于进行标准输入的函数，即 input()。input()函数用于接收用户通过键盘输入的内容。下面将对这两个函数进行详细介绍。

2.4.1　使用 input()函数输入

在 Python 中，使用内置的函数 input()可以接收用户通过键盘输入的内容。input()函数的基本用法如下：

```
variable = input("提示文字")
```

其中，variable 为保存输入结果的变量，双引号内的文字是用于提示用户要输入的内容的。例如，想要接收用户输入的内容，并保存到变量 tip 中，可以使用以下代码：

```
tip = input("请输入文字：")
```

在 Python 3.x 中，无论输入的是数字还是字符都将被作为字符串读取。如果想要接收数值，需要把接收到的字符串进行类型转换。例如，想要接收整型的数字并保存到变量 age 中，可以使用以下代码：

```
age = int(input("请输入数字："))
```

【例 2.4】根据身高、体重计算 BMI 指数（改进版）。（**实例位置：资源包\TM\sl\02\04**）

在 2.3.1 节的例 2.1 中，实现根据身高、体重计算 BMI 指数时，身高和体重是固定的，下面将其修改为使用 input()函数进行输入，修改后的代码如下：

```
01  height = float(input("请输入您的身高（单位为 m）："))    # 输入身高，单位为 m
02  weight = float(input("请输入您的体重（单位为 kg）："))    # 输入体重，单位为 kg
03  bmi=weight/(height*height)                          # 用于计算 BMI 指数，公式为"体重/（身高×身高）"
04  print("您的 BMI 指数为："+str(bmi))                     # 输出 BMI 指数
05  # 判断体重是否合理
06  if bmi<18.5:
07      print("您的体重过轻 ~@_@~")
08  if bmi>=18.5 and bmi<24.9:
09      print("正常范围，注意保持 (-_-)")
10  if bmi>=24.9 and bmi<29.9:
11      print("您的体重过重 ~@_@~")
12  if bmi>=29.9:
13      print("肥胖 ^@_@^")
```

运行结果如图 2.27 所示。

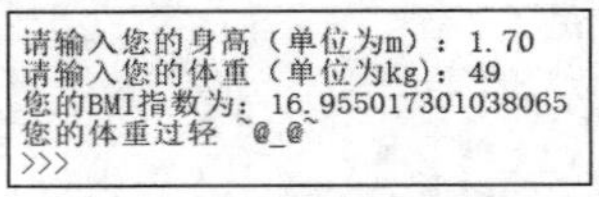

2.4.2 使用 print()函数输出

```
请输入您的身高（单位为m）：1.70
请输入您的体重（单位为kg）：49
您的BMI指数为：16.955017301038065
您的体重过轻 ~@_@~
>>>
```

图 2.27　根据身高和体重计算 BMI 指数

在 Python 中，默认情况下，使用内置的函数 print()可以将结果输出到 IDLE 中或者标准控制台上。其基本语法格式如下：

```
print(输出内容)
```

其中，输出内容可以是数字和字符串（使用引号括起来），此类内容将直接输出；也可以是包含运算符的表达式，此类内容将计算结果输出。例如：

```
01  a = 10                          # 变量 a，值为 10
02  b = 6                           # 变量 b，值为 6
03  print(6)                        # 输出数字 6
04  print(a*b)                      # 输出变量 a*b 的结果 60
05  print(a if a>b else b)          # 输出条件表达式的结果 10
06  print("做对的事情比把事情做对重要")    # 输出字符串"做对的事情比把事情做对重要"
```

说明

在 Python 中，默认情况下，一条 print()语句输出后会自动换行，如果想要一次输出多个内容，而且不换行，可以将要输出的内容使用英文的逗号分隔。例如，以下代码将在一行中输出变量 a 和 b 的值。

```
print(a,b)                         # 输出变量 a 和 b，结果为 10 6
```

在输出时，也可以把结果输出到指定文件中。例如，将一个字符串"命运给予我们的不是失望之酒，而是机会之杯。"输出到 D:\mot.txt 中，代码如下：

```
01   fp = open(r'D:\mot.txt','a+')                    # 打开文件
02   print("命运给予我们的不是失望之酒，而是机会之杯。",file=fp)   # 输出到文件中
03   fp.close()                                       # 关闭文件
```

说明

在上述代码中应用了打开和关闭文件等文件操作的内容，关于这部分内容的详细介绍请参见本书第 13 章，这里了解即可。

执行上述代码后，将在 D:\目录下生成一个名称为 mot.txt 的文件，该文件的内容为文字，即"命运给予我们的不是失望之酒，而是机会之杯。"，如图 2.28 所示。

图 2.28　文件 mot.txt 中的内容

2.5　实践与练习

（答案位置：资源包\TM\sl\02\实践与练习\）

综合练习 1：程序员计算器　作为程序员，经常与二进制数、十进制数、八进制数和十六进制数打交道，例如将十进制数分别转换为对应的二进制数、八进制数和十六进制数。本任务要求编写 Python 代码，实现将输入的十进制数分别转换为对应的二进制数、八进制数和十六进制数。（提示：可以使用 bin()、oct()和 hex()函数实现）

综合练习 2：给电影打分　《肖申克的救赎》是一部经典的影片，在国内外评价均很高。编写一个程序，对该部电影进行评价。评分只能输入数字 1～9，输出根据用户打分形成的星级（★）评价，打几分就输出几个星（★）。（提示：输出多个相同字符时，可以使用*号，如想要输出 3 个 A，可以使用 print('A'*3)）参考输出结果如下：

请您为一部名为《肖申克的救赎》的电影打分（只能输入数字 1～9）：5

您为《肖申克的救赎》电影的评价是 ★★★★★

第 3 章

运算符与表达式

在进行数学运算或逻辑判断时，需要应用算术运算符、比较运算符，以及逻辑运算符等。因此，在 Python 中也提供了这些运算符。另外，Python 还提供了一个可以根据条件确定返回值的条件表达式。这些内容都是 Python 开发必备的基础知识，需要读者掌握。

本章将先对 Python 中的运算符进行详细讲解，然后再介绍运算符的优先级，最后介绍 Python 中的条件表达式。

本章知识架构及重难点如下。

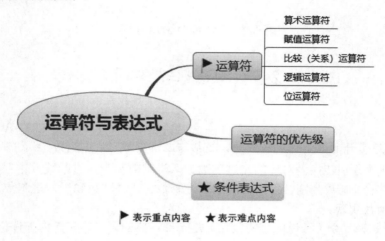

▶ 表示重点内容　　★ 表示难点内容

3.1　运　算　符

运算符是一些特殊的符号，主要用于数学计算、比较大小和逻辑运算等。Python 的运算符主要包括算术运算符、赋值运算符、比较（关系）运算符、逻辑运算符和位运算符。使用运算符将不同类型的数据按照一定的规则连接起来的式子，称为表达式。例如，使用算术运算符连接起来的式子，称为算术表达式；使用逻辑运算符连接起来的式子，称为逻辑表达式。下面将对一些常用的运算符进行介绍。

3.1.1　算术运算符　

算术运算符是处理四则运算的符号，它们在数字的处理中被应用得最多。常用的算术操作符如表 3.1 所示。

表 3.1　常用的算术运算符

运　算　符	说　　明	实　　例	结　　果
+	加	12.45+15	27.45
−	减	4.56−0.26	4.3
*	乘	5*3.6	18.0
/	除	7/2	3.5
%	求余，即返回除法的余数	7%2	1
//	取整除，即返回商的整数部分	7//2	3
**	幂，即返回 x 的 y 次方	2**4	16，即 2^4

使用除法（/或//）运算符和求余运算符时，除数不能为 0；否则，程序将会出现异常，如图 3.1 所示。

```
>>> 5//0
Traceback (most recent call last):
  File "<pyshell#5>", line 1, in <module>
    5//0
ZeroDivisionError: integer division or modulo by zero
>>> 5/0
Traceback (most recent call last):
  File "<pyshell#6>", line 1, in <module>
    5/0
ZeroDivisionError: division by zero
>>> 5%0
Traceback (most recent call last):
  File "<pyshell#7>", line 1, in <module>
    5%0
ZeroDivisionError: integer division or modulo by zero
```

图 3.1　除数为 0 时出现的错误提示

说明

在算术操作符中使用%求余，如果除数（第二个操作数）是负数，那么取得的结果也是一个负值。

【例 3.1】计算学生成绩的分数之差及平均分。（实例位置：资源包\TM\sl\03\01）

某学员 3 门课程的成绩如图 3.2 所示，编程实现以下计算。

☑　Python 课程和 C 语言课程的分数之差。

☑　3 门课程的平均分。

在 IDLE 中创建一个名称为 score_handle.py 的文件，然后在该文件中，首先定义 3 个变量，分别用于存储各门课程的分数，然后应用减法运算符计算分数差，再应用加法运算符和除法运算符计算平均成绩，最后输出计算结果。代码如下：

```
01  python = 95                          # 定义变量，存储 Python 的分数
02  english = 92                         # 定义变量，存储 English 的分数
03  c = 89                               # 定义变量，存储 C 语言的分数
04  sub = python − c                     # 计算 Python 和 C 语言的分数差
05  avg = (python + english + c) / 3     # 计算平均成绩
06  print("Python 课程和 C 语言课程的分数之差：" + str(sub) + " 分\n")
07  print("3 门课的平均分：" + str(avg) + " 分")
```

运行结果如图 3.3 所示。

课程	分数
Python	95
English	92
C语言	89

图 3.2　某学员的成绩表

```
Python课程和C语言课程的分数之差： 6 分
3门课的平均分： 92.0 分
>>>
```

图 3.3　计算学生成绩的分数之差及平均分

3.1.2　赋值运算符

赋值运算符主要用来为变量等赋值。当使用时，可以直接把基本赋值运算符"="右边的值赋给左边的变量，也可以进行某些运算后再赋值给左边的变量。在 Python 中常用的赋值运算符如表 3.2 所示。

表 3.2　常用的赋值运算符

运 算 符	说 明	举 例	展 开 形 式
=	简单的赋值运算	$x=y$	$x=y$
+=	加法赋值	$x+=y$	$x=x+y$
−=	减法赋值	$x−=y$	$x=x−y$
*=	乘法赋值	$x*=y$	$x=x*y$
/=	除法赋值	$x/=y$	$x=x/y$
%=	取模赋值	$x\%=y$	$x=x\%y$
**=	幂赋值	$x**=y$	$x=x**y$
//=	取整除赋值	$x//=y$	$x=x//y$

误区警示

混淆"="和"=="是编程中最常见的错误之一。很多语言（而不只是 Python）都使用了这两个符号，另外每天都有很多程序员用错这两个符号。

3.1.3　比较（关系）运算符

比较运算符，也称为关系运算符，用于对变量或表达式的结果进行大小、真假等比较。如果比较结果为真，则返回 True；如果为假，则返回 False。比较运算符通常用在条件语句中以作为判断的依据。Python 中的比较运算符如表 3.3 所示。

表 3.3　Python 中的比较运算符

运 算 符	作 用	举 例	结 果
>	大于	'a' > 'b'	False
<	小于	156 < 456	True
==	等于	'c' == 'c'	True
!=	不等于	'y' != 't'	True
>=	大于或等于	479 >= 426	True
<=	小于或等于	62.45 <= 45.5	False

【例 3.2】 使用比较运算符比较大小关系。（**实例位置：资源包\TM\sl\03\02**）

在 IDLE 中创建一个名称为 comparison_operator.py 的文件，然后在该文件中定义 3 个变量，并分别使用 Python 中的各种比较运算符对它们的大小关系进行比较，代码如下：

```
01   python = 95                                                    # 定义变量，存储 Python 的分数
02   english = 92                                                   # 定义变量，存储 English 的分数
03   c = 89                                                         # 定义变量，存储 C 语言的分数
04   # 输出 3 个变量的值
05   print("python = " + str(python) + "english = " +str(english) + "c = " +str(c) + "\n")
06   print("python < english 的结果: " + str(python < english))        # 小于操作
07   print("python > english 的结果: " + str(python > english))        # 大于操作
08   print("python == english 的结果: " + str(python == english))      # 等于操作
09   print("python != english 的结果: " + str(python != english))      # 不等于操作
10   print("python <= english 的结果: " + str(python <= english))      # 小于或等于操作
11   print("english >= c 的结果: " + str(python >= c))                 # 大于或等于操作
```

运行结果如图 3.4 所示。

```
python = 95english = 92c = 89

python < english的结果: False
python > english的结果: True
python == english的结果: False
python != english的结果: True
python <= english的结果: False
english >= c的结果: True
>>>
```

图 3.4　使用关系运算符比较大小关系

3.1.4　逻辑运算符

假定某面包店，在每周二的下午 7:00～8:00 和每周六的下午 5:00～6:00 时，对生日蛋糕商品进行折扣让利活动，那么想参加折扣活动的顾客，就要在时间上满足"周二并且 7:00 PM～8:00 PM"或者"周六并且 5:00 PM～6:00 PM"，这里就用到了逻辑关系，Python 中也提供了这样的逻辑运算符来进行逻辑运算。

逻辑运算符是对真和假两种布尔值进行运算，运算后的结果仍是一个布尔值，Python 中的逻辑运算符主要包括 and（逻辑与）、or（逻辑或）、not（逻辑非）。表 3.4 列出了逻辑运算符的用法和说明。

表 3.4　逻辑运算符

运　算　符	含　义	用　法	结　合　方　向
and	逻辑与	op1 and op2	左到右
or	逻辑或	op1 or op2	左到右
not	逻辑非	not op	右到左

使用逻辑运算符进行逻辑运算时，其运算结果如表 3.5 所示。

表 3.5　使用逻辑运算符进行逻辑运算的结果

表达式 1	表达式 2	表达式 1 and 表达式 2	表达式 1 or 表达式 2	not 表达式 1
True	True	True	True	False
True	False	False	True	False
False	False	False	False	True
False	True	False	True	True

【例 3.3】 参加面包店的打折活动。（**实例位置：资源包\TM\sl\03\03**）

在 IDLE 中创建一个名称为 sale.py 的文件，然后在该文件中使用代码实现本节开始描述的场景，

代码如下：

```
01    print("面包店正在打折，活动进行中……")                                    # 输出提示信息
02    strWeek = input("请输入中文星期（如星期一）：")                            # 输入星期，如星期一
03    intTime = int(input("请输入时间中的小时（范围：0~23）："))                 # 输入时间
04    # 判断是否满足活动参与条件（使用了 if 条件语句）
05    if (strWeek == "星期二" and  (intTime >= 19 and intTime <= 20)) or (strWeek == "星期六" and (intTime >=
17 and intTime <= 18)):
06        print("恭喜您，获得了折扣活动参与资格，尽情选购吧！")                 # 输出提示信息
07    else:
08        print("对不起，您来晚一步，期待下次活动……")                          # 输出提示信息
```

说明

（1）第 2 行代码中，input()方法用于接收用户输入的字符序列。

（2）第 3 行代码中，由于 input()方法返回的结果为字符串类型，因此需要进行类型转换。

（3）第 5 行和第 7 行代码使用了 if...else 条件判断语句，该语句主要用来判断是否满足某种条件，该语句将在第 4 章进行详细讲解，这里只需要了解即可。

（4）第 5 行代码中对条件进行判断时，使用了逻辑运算符 and、or 和关系运算符==、>=、<=。

按 F5 键运行上述代码，首先输入星期为"星期一"，然后输入时间为 8，将显示如图 3.5 所示的结果；再次运行程序，输入星期为"星期六"，时间为 18，将显示如图 3.6 所示的结果。

```
面包店正在打折，活动进行中……
请输入中文星期（如星期一）：星期一
请输入时间中的小时（范围：0~23）：8
对不起，您来晚一步，期待下次活动……
>>>
```

```
面包店正在打折，活动进行中……
请输入中文星期（如星期一）：星期六
请输入时间中的小时（范围：0~23）：18
恭喜您，获得了折扣活动参与资格，尽情选购吧！
>>>
```

图 3.5　不符合条件的运行效果　　　　图 3.6　符合条件的运行效果

说明

例 3.3 未对输入错误信息进行校验，所以为保证程序的正确性，请输入合法的星期和时间。另外，有兴趣的读者可以自己试着添加校验功能。

3.1.5　位运算符

位运算符是把数字看作二进制数来进行计算的，因此需要先将要执行运算的数据转换为二进制，然后才能执行运算。Python 中的位运算符有按位与（&）、按位或（|）、按位异或（^）、按位取反（~）、左移位（<<）和右移位（>>）运算符。

说明

整型数据在内存中以二进制的形式表示，如整型变量 7 的 32 位二进制表示 00000000 00000000 00000000 00000111，其中，左边最高位是符号位，最高位为 0 表示正数，若为 1 则表示负数。负数采用补码表示，如–7 的 32 位二进制表示为 11111111 11111111 11111111 11111001。

1."按位与"运算

"按位与"运算的运算符为"&",它的运算法则是,两个操作数的二进制表示,只有对应位都为 1,结果位才为 1,否则为 0。如果两个操作数的精度不同,则结果的精度与精度高的操作数相同,如图 3.7 所示。

	0000	0000	0000	1100
&	0000	0000	0000	1000
	0000	0000	0000	1000

图 3.7 12&8 的运算过程

2."按位或"运算

"按位或"运算的运算符为"|",它的运算法则是,两个操作数的二进制表示,只有对应位都为 0,结果位才为 0,否则为 1。如果两个操作数的精度不同,则结果的精度与精度高的操作数相同,如图 3.8 所示。

	0000	0000	0000	0100
|	0000	0000	0000	1000
	0000	0000	0000	1100

图 3.8 4|8 的运算过程

3."按位异或"运算

"按位异或"运算的运算符是"^",它的运算法则是,当两个操作数的二进制表示相同(同时为 0 或同时为 1)时,结果为 0,否则为 1。如果两个操作数的精度不同,则结果数的精度与精度高的操作数相同,如图 3.9 所示。

4."按位取反"运算

"按位取反"运算也称"按位非"运算,运算符为"~"。"按位取反"运算就是将操作数对应二进制中的 1 修改为 0,0 修改为 1,图 3.10 所示。

	0000 0000 0001 1111
^	0000 0000 0001 0110
	0000 0000 0000 1001

~	0000 0000 0111 1011
	1111 1111 1000 0100

图 3.9 31^22 的运算过程   图 3.10 ~123 的运算过程

在 Python 中使用 print()函数输出图 3.7~图 3.10 的运算结果,代码如下:

```
01    print("12&8 = "+str(12&8))        # 按位与计算整数的结果
02    print("4|8 = "+str(4|8))          # 按位或计算整数的结果
03    print("31^22 = "+str(31^22))      # 按位异或计算整数的结果
04    print("~123 = "+str(~123))        # 按位取反计算整数的结果
```

运算结果如图 3.11 所示。

5."左移位"运算

"左移位"运算符为"<<",它的运算法则是将一个二进制操作数向左移动指定的位数,左边(高位端)溢出的位被丢弃,右边(低位端)的空位用 0 补充。左移位运算相当于乘以 2^n。

例如,int 类型数据 48 对应的二进制数为 00110000,将其左移 1 位,根据左移位运算符的运算规则可以得出(00110000<<1)=01100000,所以转换为十进制数就是 96(48×2);将其左移 2 位,根据左移位运算符的运算规则可以得出(00110000<<2)=11000000,所以转换为十进制数就是 192($48×2^2$),其执行过程如图 3.12 所示。

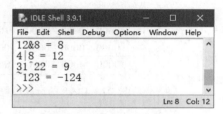

图 3.11　图 3.7～图 3.10 的运算结果

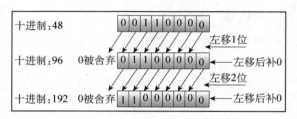

图 3.12　左移位运算

6. "右移位" 运算

"右移位" 的运算符为 ">>"，它的运算法则是将一个二进制操作数向右移动指定的位数，右边（低位端）溢出的位被丢弃，而当填充左边（高位端）的空位时，如果最高位是 0（正数），则左侧空位填入 0；如果最高位是 1（负数），则左侧空位填入 1。右移位运算相当于除以 2^n。

正数 48 右移 1 位的运算过程如图 3.13 所示。

负数-80 右移 2 位的运算过程如图 3.14 所示。

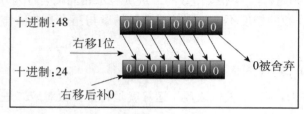

图 3.13　正数的右移位运算过程

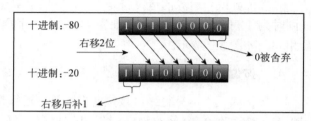

图 3.14　负数的右移位运算过程

说明

由于移位运算的速度很快，因此当程序中遇到表达式乘以或除以 2^n 的情况时，一般采用移位运算来代替。

【例 3.4】使用位移运算符对密码进行加密。（**实例位置：资源包\TM\sl\03\04**）

在 IDLE 中创建一个名称为 encryption.py 的文件，然后在该文件中定义两个变量：一个用于保存密码；另一个用于保存加密参数。然后应用左移位运算符实现加密，并输出结果，最后应用右移位运算符实现解密，并输出结果，代码如下：

```
01    password = 87654321          # 密码
02    key = 7                      # 加密参数
03    print("\n 原密码：",password)    # 输出原密码
04    password = password << key   # 将原密码左移，生成新的数字
05    print("\n 加密后：",password)    # 输出加密后的密码
06    password = password >> key   # 将新密码右移，还原密码
07    print("\n 解密后：",password)    # 输出解密后的密码
```

运行上述代码，将显示如图 3.15 所示的运行结果。

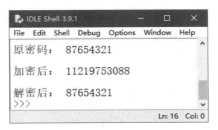

图 3.15 对密码进行加密和解密的结果

3.2 运算符的优先级

所谓运算符的优先级，是指在应用中哪一个运算符先计算，哪一个后计算，与数学的四则运算应遵循的"先乘除，后加减"是一个道理。

Python 的运算符的运算规则是，优先级高的运算先执行，优先级低的运算后执行，同一优先级的操作按照从左到右的顺序进行。也可以像四则运算那样使用小括号，括号内的运算最先执行。表 3.6 按从高到低的顺序列出了运算符的优先级。同一行中的运算符具有相同优先级，此时它们的结合方向决定求值顺序。

表 3.6 运算符的优先级

类 型	说 明	优 先 级
**	幂	高
~、+、−	取反、正号和负号	
*、/、%、//	算术运算符	
+、−	算术运算符	
<<、>>	位运算符中的左移和右移	
&	位运算符中的按位与	
^	位运算符中的按位异或	
|	位运算符中的按位或	
<、<=、>、>=、!=、==	比较运算符	低

 说明

在编写程序时尽量使用括号"()"来限定运算次序，以免运算次序发生错误。

3.3 条件表达式

在程序开发时，经常会根据表达式的结果有条件地进行赋值。例如，要返回两个数中较大的数，可以使用下面的 if 语句：

```
01    a = 10
02    b = 6
03    if a>b:
04        r = a
05    else:
06        r = b
```

上述代码可以使用条件表达式进行简化，代码如下：

```
01    a = 10
02    b = 6
03    r = a if a > b else b
```

使用条件表达式时，先计算中间的条件（a>b），如果结果为 True，则返回 if 语句左边的值，否则返回 else 右边的值。例如，上述表达式的结果，即 r 的值为 10。

【例 3.5】使用条件表达式判断是否为闰年。（**实例位置：资源包\TM\sl\03\05**）

在 IDLE 中创建一个名称为 leapyear.py 的文件，然后在该文件中定义一个保存要判断的年份的变量，然后应用条件表达式判断该年份是否为闰年，最后输出判断结果，代码如下：

```
01    year = 2022                                              # 年份
02    result = "是闰年" if (year%4==0 and year % 100 !=0) or (year%400 == 0) else "不是闰年"
03    print("\n"+str(year) + "年" + result + "!")               # 输出结果
```

运行上述代码，将显示如图 3.16 所示的运行结果。

```
2022年不是闰年!
>>>
```

图 3.16   判断是否为闰年的结果

说明

判断一个年份是否为闰年的条件是，能被 4 整除，但不能被 100 整除，或者能被 400 整除。

3.4   实践与练习

（**答案位置：资源包\TM\sl\03\实践与练习**）

综合练习 1：计算汽车平均油耗   晓可最近的轿车里程表显示百公里的油耗比平常低很多，他怀疑数据不准，请帮他编写一个程序，输入加油的总金额以及加油后运行的公里数，算出车辆的油耗（假设使用 95#汽油，平均价格为 6.27 元）

综合练习 2：华氏温度转换为摄氏温度   我们国家温度采用摄氏温度进行表示，而西欧、英国、美国等其他英语国家普遍使用华氏度进行表示。将华氏温度换算为摄氏温度的公式为 C=(F-32)*5/9，而将摄氏温度换算为华氏温度的公式则为 F=(C*9/5)+32。请编写一个程序，将用户输入的华氏温度转换成摄氏温度（保留整数）。

第 4 章

流程控制语句

做任何事情都要遵循一定的原则。例如，到图书馆去借书，就必须要有借书证，并且借书证不能过期，这两个条件缺一不可。程序设计也是如此，需要利用流程控制实现与用户的交流，并根据用户的需求决定程序"做什么""怎么做"。

流程控制对于任何一种编程语言来说都是至关重要的，它提供了控制程序如何执行的方法。如果没有流程控制语句，整个程序将按照线性顺序来执行，而不能根据用户的需求决定程序执行的顺序。本章将对 Python 中的流程控制语句进行详细讲解。

本章知识架构及重难点如下。

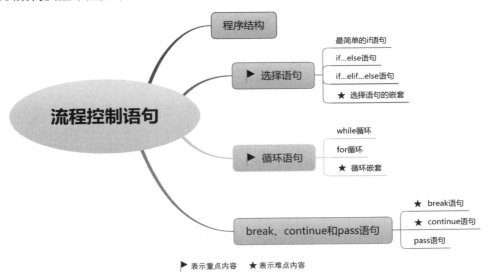

▶ 表示重点内容　★ 表示难点内容

4.1　程序结构

计算机在解决某个具体问题时，主要有 3 种情形，分别是顺序执行所有的语句、选择执行部分语句和循环执行部分语句。对应程序设计中的 3 种基本结构是顺序结构、选择结构和循环结构。这 3 种基本结构的执行流程图如图 4.1 所示。

其中，第一幅图是顺序结构的流程图，编写完毕的语句按照编写顺序依次被执行；第二幅图是选择结构的流程图，它主要根据条件语句的结果选择执行不同的语句；第三幅图是循环结构的流程图，它是在一定条件下反复执行某段程序的流程结构，其中，被反复执行的语句称为循环体，而决定循环是否终止的判断条件称为循环条件。

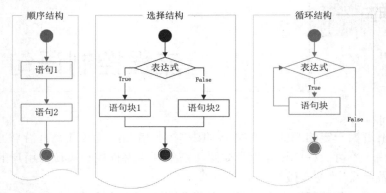

图 4.1　结构化程序设计的 3 种基本结构的执行流程图

本章之前编写的多数例子采用的都是顺序结构。例如，定义一个字符串类型的变量，然后输出该变量，代码如下：

```
01    mot_cn = "命运给予我们的不是失望之酒，而是机会之杯。"    # 使用双引号，字符串内容必须在一行上
02    print(mot_cn)
```

选择结构和循环结构的应用场景，例如，看过《射雕英雄传》的人可能会记得，黄蓉与瑛姑见面时曾出过这样一道数学题：今有物不知其数，三三数之剩二，五五数之剩三，七七数之剩二，问几何？

解决这道题，有以下两个要素。

☑　需要满足的条件是一个数，除以三余二，除以五余三，除以七余二。这就涉及条件判断，需要通过选择语句实现。

☑　依次尝试符合条件的数。这就需要循环执行，可通过循环语句实现。

4.2　选 择 语 句

在生活中，我们总是要做出许多选择，程序也是一样。下面给出几个常见的例子。

☑　如果购买成功，则用户余额减少，用户积分增多。

☑　如果输入的用户名和密码正确，则提示登录成功，进入网站；否则，提示登录失败。

☑　如果用户使用微信登录，则使用微信扫一扫；如果使用 QQ 登录，则输入 QQ 号和密码；如果使用微博登录，则输入微博账号和密码；如果使用手机号登录，则输入手机号和密码。

以上例子中的判断就是程序中的选择语句，也称为条件语句。即按照条件选择执行不同的代码片段。Python 中选择语句主要有 3 种形式，分别为 if 语句、if…else 语句和 if…elif…else 多分支语句，下面将分别对它们进行详细讲解。

> **说明**
>
> 在其他语言（如 C、C++、Java 等）中，选择语句还包括 switch 语句，也可以实现多重选择。但是，在 Python 中却没有 switch 语句，所以实现多重选择的功能时，只能使用 if…elif…else 多分支语句或者 if 语句的嵌套。

4.2.1　最简单的 if 语句

Python 中使用 if 保留字来组成选择语句，其最简单的语法形式如下：

```
if 表达式:
    语句块
```

其中，表达式可以是一个单纯的布尔值或变量，也可以是比较表达式或逻辑表达式（例如，a > b and a != c），如果表达式的值为真，就执行"语句块"；如果表达式的值为假，就跳过"语句块"，继续执行后面的语句。这种形式的 if 语句相当于汉语里的"如果……就……"。其流程图如图 4.2 所示。

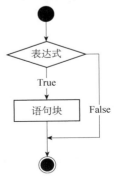

图 4.2　最简单 if 语句的执行流程

> **说明**
>
> 在 Python 中，当表达式的值为非零的数或者非空的字符串时，if 语句也认为是条件成立（即为真值）。具体都有哪些值才是假，可以参见 2.3.3 节。

下面通过一个具体的例子来解决 4.1 节给出的应用场景中的第一个要素：判断一个数，除以三余二，除以五余三，除以七剩二。

【例 4.1】判断输入的是不是黄蓉所说的数。（实例位置：**资源包\TM\sl\04\01**）

使用 if 语句判断用户输入的数字是不是黄蓉所说的除以三余二，除以五余三，除以七余二的数，代码如下：

```
01   print("今有物不知其数，三三数之剩二，五五数之剩三，七七数之剩二，问几何？\n")
02   number = int(input("请输入您认为符合条件的数："))              # 输入一个数
03   if number%3 ==2 and number%5 ==3 and number%7 ==2:          # 判断是否符合条件
04       print(number,"符合条件：三三数之剩二，五五数之剩三，七七数之剩二")
```

运行程序，当输入 23 时，效果如图 4.3 所示；当输入 45 时，效果如图 4.4 所示。

```
今有物不知其数，三三数之剩二，五五数之剩三，七七数之剩二，问几何？
请输入您认为符合条件的数：23
23 符合条件：三三数之剩二，五五数之剩三，七七数之剩二
>>>
```

图 4.3　输入的是符合条件的数

```
今有物不知其数，三三数之剩二，五五数之剩三，七七数之剩二，问几何？
请输入您认为符合条件的数：45
>>>
```

图 4.4　输入的是不符合条件的数

使用 if 语句时，如果只有一条语句，语句块可以直接写到冒号"："的右侧。例如，下列代码：

```
if a > b:max = a
```

但是，为了程序代码的可读性，建议不要这么做。

误区警示

使用 if 语句时，初学者特别容易犯下面两个错误。

（1）if 语句后面未加冒号。例如：

```
01    number = 5
02    if number == 5
03        print("number 的值为5")
```

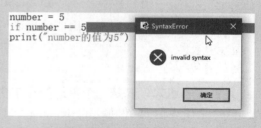

图 4.5　语法错误

运行后，将产生如图 4.5 所示的语法错误。解决的方法是在第 2 行代码的结尾处添加英文的冒号。正确代码如下：

```
04    number = 5
05    if number == 5:
06        print("number 的值为5")
```

（2）本意是符合条件时执行多个语句，但未做合理缩进。例如，程序的真正意图如下：

```
01    if bmi<18.5:
02        print("您的 BMI 指数为："+str(bmi))          # 输出 BMI 指数
03        print("您的体重过轻 ~@_@~")
```

但在第二个输出语句位置未做缩进，代码如下：

```
04    if bmi<18.5:
05        print("您的 BMI 指数为："+str(bmi))          # 输出 BMI 指数
06    print("您的体重过轻 ~@_@~")
```

执行程序时，无论 bmi 的值是否小于 18.5，都会输出"您的体重过轻 ~@_@~"。这显然与程序的本意是不符的，但程序并不会报告异常，因此这种 Bug 很难被发现。

4.2.2　if…else 语句

如果遇到只能二选一的条件，例如，某家公司在发展过程中遇到了"扩张"和"求稳"的抉择，示意图如图 4.6 所示。

Python 中提供了 if…else 语句解决类似问题，其语法格式如下：

```
if 表达式:
    语句块 1
else:
    语句块 2
```

使用 if…else 语句时，表达式可以是一个单纯的布尔值或变量，也可以是比较表达式或逻辑表达式，如果满足条件，则执行 if 后面的语句块；否则，执行 else 后面的语句块。这种形式的选择语句相当于汉语里的"如果……否则……"。其流程图如图 4.7 所示。

图 4.6 公司发展面临的抉择

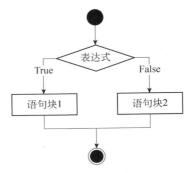

图 4.7 if…else 语句流程图

技巧

if…else 语句可以使用条件表达式进行简化，例如下面的代码：

```
01  a = -9
02  if a > 0:
03      b = a
04  else:
05      b = -a
06  print(b)
```

可以简写成如下形式：

```
01  a = -9
02  b = a if a>0 else -a
03  print(b)
```

上述代码段主要实现求绝对值的功能，如果 a>0，则把 a 的值赋值给变量 b，否则将-a 赋值给变量 b。使用条件表达式的好处是可以使代码简洁，并且有一个返回值。

下面对例 4.1 进行改进，加入如果输入的数不符合条件，则给出提示的功能。

【例 4.2】 判断输入的是不是黄蓉所说的数（续）。（**实例位置：资源包\TM\sl\04\02**）

使用 if…else 语句判断用户输入的数字是不是黄蓉说的除以三余二，除以五余三，除以七余二的数，并给予相应的提示，代码如下：

```
01  print("今有物不知其数，三三数之剩二，五五数之剩三，七七数之剩二，问几何？\n")
02  number = int(input("请输入您认为符合条件的数："))      # 输入一个数
03  if number%3 ==2 and number%5 ==3 and number%7 ==2:     # 判断是否符合条件
04      print(number,"符合条件")
05  else:                                                   # 不符合条件
06      print(number,"不符合条件")
```

运行程序，当输入 23 时，效果如图 4.8 所示；当输入 32 时，效果如图 4.9 所示。

```
今有物不知其数，三三数之剩二，五五数之剩三，七七数之剩二，问几何？
请输入您认为符合条件的数：23
23 符合条件
>>>
```

图 4.8 输入的是符合条件的数

```
今有物不知其数，三三数之剩二，五五数之剩三，七七数之剩二，问几何？
请输入您认为符合条件的数：32
32 不符合条件
>>>
```

图 4.9 输入的是不符合条件的数

else 不可以单独使用，它必须和保留字 if 一起使用。例如，下面的代码是错误的：

```
01    else:
02        print(number,"不符合条件")
```

在程序中使用 if...else 语句时，如果出现 if 语句多于 else 语句的情况，那么该 else 语句将会根据缩进确定该 else 语句是属于哪个 if 语句的。例如下面的代码：

```
01    a = -1
02    if a >= 0:
03        if a > 0:
04            print("a 大于零")
05        else:
06            print("a 等于零")
```

上述代码将不输出任何提示信息，这是因为 else 语句属于第 3 行的 if 语句，所以当 a 小于零时，else 语句将不执行。而如果将上面的代码修改为以下内容：

```
01    a = -1
02    if a >= 0:
03        if a > 0:
04            print("a 大于零")
05    else:
06        print("a 小于零")
```

将输入提示信息"a 小于零"。此时，else 语句属于第 2 行的 if 语句。

4.2.3 if…elif…else 语句

大家在网上购物时，通常都有多种付款方式以供选择。图 4.10 提供了 3 种付款方式，这时用户就需要从多个选项中选择一个。

开发程序时，如果遇到多选一的情况，可以使用 if…elif…else 语句，该语句是一个多分支选择语句，通常表现为"如果满足某种条件，则进行某种处理；否则，如果满足另一种条件，则执行另一种处理……"。if…elif…else 语句的语法格式如下：

```
if 表达式 1:
    语句块 1
elif 表达式 2:
    语句块 2
elif 表达式 3:
    语句块 3
...
else:
    语句块 n
```

图 4.10 购物时的付款页面

使用 if…elif…else 语句时，表达式可以是一个单纯的布尔值或变量，也可以是比较表达式或逻辑表达式。如果表达式为真，则执行语句；如果表达式为假，则跳过该语句，进行下一个 elif 判断；只有在所有表达式都为假的情况下，才会执行 else 中的语句。if…elif…else 语句流程图如图 4.11 所示。

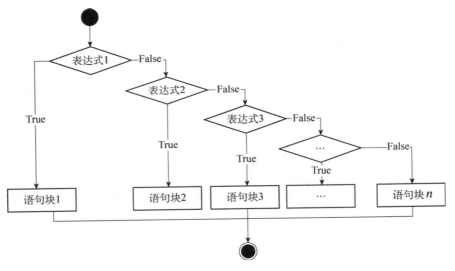

图 4.11 if…elif…else 语句的流程图

注意

if 和 elif 都需要判断表达式的真假，而 else 则不需要判断；另外，elif 和 else 都必须跟 if 一起使用，不能单独使用。

【例 4.3】根据年龄输出不同的提示。（实例位置：资源包\TM\sl\04\03）

使用 if…elif…else 多分支语句实现根据用户输入的年龄输出相应的提示信息的功能，代码如下：

```
01   your_age = int(input("请输入您的年龄："))          # 获取用户输入的年龄，并转换为整型
02   if your_age <= 18:                                # 调用 if 语句判断输入的数据是否小于或等于 18
03       # 如果小于或等于 18，则输出提示信息
04       print("您的年龄还小，要努力学习哦！")
05   elif 18 < your_age <= 30:                         # 判断是否大于 18 岁，并且小于或等于 30 岁
06       # 如果输入的年龄大于 18 岁而小于或等于 30 岁，则输出提示信息
```

```
07        print("您现在的阶段正是努力奋斗的黄金阶段！")
08    elif 30 < your_age <= 50:                              # 判断输入的年龄是否大于 30 岁且小于或等于 50 岁
09        # 如果输入的年龄大于 30 岁而小于或等于 50 岁，则输出提示信息
10        print("您现在的阶段正是人生的黄金阶段！")
11    else:
12        print("最美不过夕阳红！")
```

说明

第 1 行代码中的 int()函数用于将用户的输入强制转换成整型。

运行程序，输入一个年龄值，并按 Enter 键，即可显示相应的提示信息，效果如图 4.12 所示。

```
请输入您的年龄：27
您现在的阶段正是努力奋斗的黄金阶段！
>>>
```

图 4.12　if…elif…else 多分支语句的使用

说明

使用 if 选择语句时，尽量遵循以下原则。

（1）当使用布尔型变量作为判断条件时，假设布尔型变量为 flag，以下为较为规范的书写：

```
if flag:              # 表示为真
if not flag:          # 表示为假
```

以下为不符合规范的书写：

```
if flag == True:
if flag == False:
```

（2）使用 "if 1 == a:" 这样的书写格式可以防止错写成 "if a = 1:"，因而不会出现逻辑上的错误。

4.2.4　选择语句的嵌套

前面介绍了 3 种形式的选择语句，这 3 种形式的选择语句之间都可以互相嵌套。

例如，在最简单的 if 语句中嵌套 if…else 语句，形式如下：

```
if 表达式 1:
    if 表达式 2:
        语句块 1
    else:
        语句块 2
```

例如，在 if…else 语句中嵌套 if…else 语句，形式如下：

```
if 表达式 1:
    if 表达式 2:
        语句块 1
    else:
```

```
            语句块 2
else:
        if 表达式 3:
            语句块 3
        else:
            语句块 4
```

📝 **说明**

选择语句可以有多种嵌套方式，当开发程序时，可以根据自身需要选择合适的嵌套方式，但一定要严格控制好不同级别代码块的缩进量。

【例 4.4】 判断输入的年份是不是闰年。（**实例位置：资源包\TM\sl\04\04**）

通过使用嵌套的 if...else 语句实现判断用户输入的年份是不是闰年的功能，代码如下：

```
01    year = int(input("请输入一个年份："))        # 获取用户输入的年份，并转换为整型
02    if year % 4 == 0:                          # 四年一闰
03        if year % 100 == 0:
04            if year % 400 == 0:                # 四百年再闰
05                print(year,"年是闰年")
06            else:                              # 百年不闰
07                print(year,"年不是闰年")
08        else:
09            print(year,"年是闰年")
10    else:
11        print(year,"年不是闰年")
12
```

📝 **说明**

判断闰年的方法是"四年一闰，百年不闰，四百年再闰"。程序使用嵌套的 if...else 语句对这 3 个条件逐一判断，第 2 行代码首先判断年份能否被 4 整除，如果不能整除，则输出字符串"yyyy 年不是闰年"；如果能整除，则第 3 行代码将继续判断能否被 100 整除，如果不能整除，则输出字符串"yyyy 年是闰年"；如果能整除，则第 4 行代码将继续判断能否被 400 整除，如果能整除，则输出字符串"yyyy 年是闰年"，如果不能整除，则输出字符串"yyyy 年不是闰年"。

运行程序，当输入一个闰年年份（如 2020）时，效果如图 4.13 所示；当输入一个非闰年年份（如 2022）时，效果如图 4.14 所示。

```
请输入一个年份：2020
2020 年是闰年
>>>
```

```
请输入一个年份：2022
2022 年不是闰年
>>>
```

图 4.13　输入闰年年份的结果　　　　图 4.14　输入非闰年年份的结果

4.3　循 环 语 句

日常生活中有很多问题都无法一次解决，如盖楼，所有高楼都是一层一层建起来的。此外，还有

些事物必须周而复始地运转才能保证其存在的意义，例如，公交车、地铁等交通工具必须每天在同样的时间往返于始发站和终点站之间。类似这样反复做同一件事的情况，称为循环。循环主要有以下两种类型。

☑ 重复一定次数的循环，称为计次循环，如 for 循环。

☑ 一直重复，直到条件不满足时才结束的循环，称为条件循环。只要条件为真，这种循环会一直持续下去，如 while 循环。

下面将对这两种类型的循环分别进行介绍。

说明

在其他语言（如 C、C++、Java 等）中，条件循环还包括 do…while 循环。但是，在 Python 中没有 do…while 循环。

4.3.1　while 循环

while 循环是通过一个条件来控制是否要继续反复执行循环体中的语句。其语法格式如下：

```
while  条件表达式:
    循环体
```

说明

循环体是指一组被重复执行的语句。

当条件表达式的返回值为真时，将执行循环体中的语句，执行完毕后，重新判断条件表达式的返回值，直到表达式返回的结果为假时，退出循环。while 循环语句的执行流程图如图 4.15 所示。

我们以现实生活中的例子来理解 while 循环的执行流程。在体育课上，体育老师要求同学们沿着环形操场跑圈。要求当听到老师吹的哨子声时就停下来。同学们每跑一圈，可能会请求一次老师吹哨子。如果老师吹哨子，则停下来，即循环结束；否则继续跑步，即执行循环。

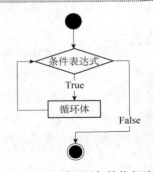

图 4.15　while 循环语句的执行流程图

下面通过一个具体的例子来解决 4.1 节给出的应用场景中的第二个要素，即依次尝试符合条件的数。此时，需要用到第一个要素确定是否符合条件。

【**例 4.5**】解决黄蓉难倒瑛姑的数学题（while 循环版）。（**实例位置：资源包\TM\sl\04\05**）

使用 while 循环语句实现从 1 开始依次尝试符合条件的数，直到找到符合条件的数时，才退出循环。具体的实现方法是，首先定义一个用于计数的变量 number 和一个作为循环条件的变量 none（默认值为真），然后编写 while 循环语句，在循环体中，将变量 number 的值加 1，并且判断 number 的值是否符合条件，当符合条件时，将变量 none 设置为假，从而退出循环。具体代码如下：

```
01  print("今有物不知其数，三三数之剩二，五五数之剩三，七七数之剩二，问几何？\n")
02  none = True                                        # 作为循环条件的变量
```

```
03    number = 0                                          # 计数的变量
04    while none:
05        number += 1                                     # 计数加 1
06        if number%3 ==2 and number%5 ==3 and number%7 ==2:   # 判断是否符合条件
07            print("答曰：这个数是",number)                # 输出符合条件的数
08            none = False                                 # 将循环条件的变量赋值为否
```

运行程序，将显示如图 4.16 所示的效果。

今有物不知其数，三三数之剩二，五五数之剩三，七七数之剩二，问几何？
答曰：这个数是 23
>>>

图 4.16　解决黄蓉难倒瑛姑的数学题（while 循环版）

从图 4.16 中可以看出第一个符合条件的数是 23，这就是黄蓉想要的答案。

误区警示

在使用 while 循环语句时，一定不要忘记添加将循环条件改变为 False 的代码（例如，例 4.5 中的第 8 行代码一定不能少）；否则，将产生死循环。

4.3.2　for 循环

for 循环是一个计次循环，一般应用在循环次数已知的情况下。通常适用于枚举或遍历序列，以及迭代对象中的元素。其语法格式如下：

```
for 迭代变量 in 对象:
    循环体
```

其中，迭代变量用于保存读取出的值；对象为要遍历或迭代的对象，该对象可以是任何有序的序列对象，如字符串、列表和元组等；循环体为一组被重复执行的语句。

for 循环语句的执行流程图如图 4.17 所示。

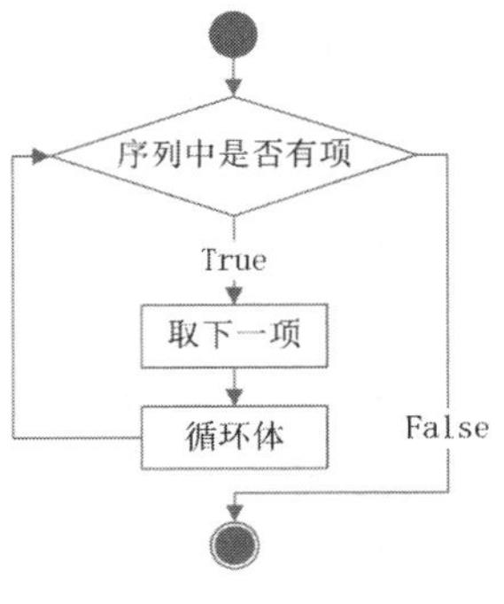

我们通过现实生活中的例子来理解 for 循环的执行流程。在体育课上，体育老师要求同学们排队进行踢毽球测试，每名同学有一次机会，如果毽球落地，则换另一名同学，直到全部同学都踢毽球测试完毕，即循环结束。

图 4.17　for 循环语句的执行流程图

1．进行数值循环

在使用 for 循环时，最基本的应用就是进行数值循环。例如，想要实现从 1～100 的累加，可以通过下列代码实现：

```
01    print("计算 1+2+3+…+100 的结果为：")
02    result = 0                # 保存累加结果的变量
03    for i in range(101):
```

```
04          result += i                                          # 实现累加功能
05      print(result)                                            # 在循环结束时输出结果
```

在上述代码中使用了 range()函数，该函数是 Python 中的内置函数，用于生成一系列连续的整数，多用于 for 循环语句中。其语法格式如下：

```
range(start,end,step)
```

各参数说明如下。

☑ start：用于指定计数的起始值，可以省略，如果省略则从 0 开始。

☑ end：用于指定计数的结束值（但不包括该值，如 range(7)，则得到的值为 0~6，不包括 7），不能省略。当 range()函数中只有一个参数时，即表示指定计数的结束值。

☑ step：用于指定步长，即两个数之间的间隔，可以省略，如果省略则表示步长为 1。例如，range(1,7)将得到 1、2、3、4、5、6。

注意

在使用 range()函数时，如果只有一个参数，那么表示指定的是 end；如果有两个参数，则表示指定的是 start 和 end；只有 3 个参数都存在时，最后一个参数 step 才表示步长。

例如，使用下列 for 循环语句，将输出 10 以内的所有奇数：

```
01  for i in range(1,10,2):
02      print(i,end = ' ')
```

得到的结果如下：

```
1 3 5 7 9
```

说明

在 Python 3.x 中，使用 print()函数时，如果想要实现输出的内容在一行上显示，就需要加上 ",end = ' 分隔符'"，在上述代码中使用的分隔符为一个空格。

下面通过一个具体的例子来演示使用 for 循环语句进行数值循环的具体应用。

【例 4.6】解决黄蓉难倒瑛姑的数学题（for 循环版）。（**实例位置：资源包\TM\sl\04\06**）

使用 for 循环语句实现从 1 循环到 100（不包含 100），并且记录符合黄蓉要求的数。具体的实现方法是，应用 for 循环语句从 1 迭代到 100，在循环体中，判断迭代变量 number 是否符合"三三数之剩二，五五数之剩三，七七数之剩二"的要求，如果符合，则应用 print()函数输出，否则继续循环。具体代码如下：

```
01  print("今有物不知其数，三三数之剩二，五五数之剩三，七七数之剩二，问几何？\n")
02  for number in range(100):
03      if number%3 ==2 and number%5 ==3 and number%7 ==2:     # 判断是否符合条件
04          print("答曰：这个数是",number)                      # 输出符合条件的数
```

运行程序，将显示和例 4.5 一样的效果，也是如图 4.16 所示的效果。

误区警示

for 循环语句后面未加冒号。例如下列代码：

```
01    for number in range(100)
02        print(number)
```

运行后，将产生如图 4.18 所示的语法错误。解决的方法是在第 1 行代码的结尾处添加一个冒号。

图 4.18　for 循环语句的常见错误

2. 遍历字符串

使用 for 循环语句除了可以循环数值，还可以逐个遍历字符串，例如，下列代码可以将横向显示的字符串转换为纵向显示。

```
01    string = '不要再说我不能'
02    print(string)                                    # 横向显示
03    for ch in string:
04        print(ch)                                    # 纵向显示
```

上述代码的运行结果如图 4.19 所示。

说明

for 循环语句还可以用于迭代（遍历）列表、元组等，具体方法将在第 5 章中介绍。

4.3.3　循环嵌套

图 4.19　将字符串转换为纵向显示

在 Python 中，允许在一个循环体中嵌入另一个循环，这称为循环嵌套。在 Python 中，for 循环和 while 循环都可以进行循环嵌套。

例如，在 while 循环中套用 while 循环的格式如下：

```
while  条件表达式 1:
    while  条件表达式 2:
        循环体 2
    循环体 1
```

在 for 循环中套用 for 循环的格式如下：

```
for  迭代变量 1 in  对象 1:
    for  迭代变量 2 in  对象 2:
        循环体 2
    循环体 1
```

在 while 循环中套用 for 循环的格式如下：

```
while  条件表达式:
    for  迭代变量  in  对象:
```

```
        循环体 2
        循环体 1
```

在 for 循环中套用 while 循环的格式如下：

```
for 迭代变量 in 对象:
    while 条件表达式:
            循环体 2
        循环体 1
```

除了上述介绍的 4 种嵌套格式，还可以实现更多层的嵌套，方法类似，这里不再一一给出。

【例 4.7】打印九九乘法表。（实例位置：资源包\TM\sl\04\07）

使用嵌套的 for 循环打印九九乘法表，代码如下：

```
01   for i in range(1, 10):                  # 输出 9 行
02       for j in range(1, i + 1):           # 输出与行数相等的列
03           print(str(j) + "×" + str(i) + "=" + str(i * j) + "\t", end='')
04       print('')                           # 换行
```

上述代码使用了双层 for 循环，第一个 for 循环可以看成是对乘法表的行数的控制，同时也是每个乘法公式的第二个因子；第二个 for 循环控制乘法表的列数，列数的最大值应该等于行数，因此第二个循环的条件应该是在第一个循环的基础上建立的。

程序运行结果如图 4.20 所示。

```
1×1=1
1×2=2    2×2=4
1×3=3    2×3=6    3×3=9
1×4=4    2×4=8    3×4=12   4×4=16
1×5=5    2×5=10   3×5=15   4×5=20   5×5=25
1×6=6    2×6=12   3×6=18   4×6=24   5×6=30   6×6=36
1×7=7    2×7=14   3×7=21   4×7=28   5×7=35   6×7=42   7×7=49
1×8=8    2×8=16   3×8=24   4×8=32   5×8=40   6×8=48   7×8=56   8×8=64
1×9=9    2×9=18   3×9=27   4×9=36   5×9=45   6×9=54   7×9=63   8×9=72   9×9=81
>>>
```

图 4.20　使用嵌套的 for 循环打印九九乘法表

4.4　break、continue 和 pass 语句

当循环条件一直满足时，程序将会一直执行下去，就像一辆迷路的车，在某个地方不停地转圆圈。如果希望在中间离开循环，也就是 for 循环结束计数之前，或者 while 循环找到结束条件之前，则有以下两种方法可以做到。

☑　使用 continue 语句直接跳到循环的下一次迭代。

☑　使用 break 语句完全中止循环。

另外，在 Python 中还有一个用于保持程序结构完整性的 pass 语句。下面将对 break、continue 和 pass 语句分别进行详细介绍。

4.4.1　break 语句

break 语句可以终止当前的循环，包括 while 和 for 在内的所有控制语句。以独自一人沿着操场跑

步为例，原计划跑 10 圈，然而当跑到第 2 圈时，遇到自己的女神或者男神，于是果断停下来，中止跑步，这就相当于使用了 break 语句提前中止了循环。break 语句的语法比较简单，只需要在相应的 while 或 for 语句中加入即可。

> **说明**
>
> 　　break 语句一般会结合 if 语句进行搭配使用，表示在某种条件下跳出循环。如果使用嵌套循环，则 break 语句将跳出最内层的循环。

在 while 语句中使用 break 语句的形式如下：

```
while 条件表达式 1：
    执行代码
    if 条件表达式 2：
        break
```

其中，条件表达式 2 用于判断何时调用 break 语句跳出循环。在 while 语句中使用 break 语句的流程图如图 4.21 所示。

在 for 语句中使用 break 语句的形式如下：

```
for 迭代变量 in 对象：
    if 条件表达式：
        break
```

其中，条件表达式用于判断何时调用 break 语句跳出循环。在 for 语句中使用 break 语句的流程图如图 4.22 所示。

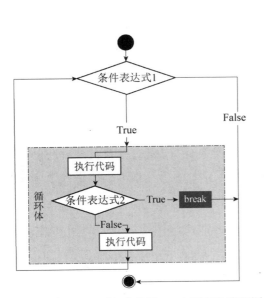

图 4.21　在 while 语句中使用 break 语句的流程图

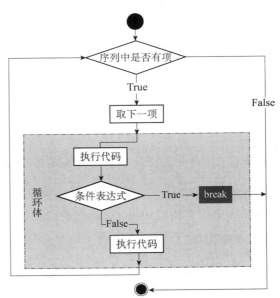

图 4.22　在 for 语句中使用 break 语句的流程图

在例 4.6 中，使用 for 循环语句解决了黄蓉难倒瑛姑的数学题。但是，在该例子中，for 要从 0 一直循环到 99，尽管在循环到 23 时，已经找到了符合要求的数。下面将例 4.6 进行改进，实现当找到第一个符合条件的数后，就跳出循环。这样可以提高程序的执行效率。

【例 4.8】 解决黄蓉难倒瑛姑的数学题（for 循环改进版）。（**实例位置：资源包\TM\sl\04\08**）

在例 4.6 的最后一行代码下方再添加一个 break 语句，即可以实现找到符合要求的数后直接退出 for 循环。修改后的代码如下：

```
01   print("今有物不知其数，三三数之剩二，五五数之剩三，七七数之剩二，问几何？\n")
02   for number in range(100):
03       if number%3 ==2 and number%5 ==3 and number%7 ==2:      # 判断是否符合条件
04           print("答曰：这个数是",number)                       # 输出符合条件的数
05           break                                              # 跳出 for 循环
```

运行程序，将显示和例 4.5 一样的效果，也是如图 4.16 所示的效果。如果想要看出例 4.8 和例 4.6 的区别，可以分别在例 4.6 和例 4.8 的第 2 行和第 3 行代码之间添加"print(number)"语句来输出 number 的值。这时，例 4.8 的执行效果如图 4.23 所示；例 4.6 的执行效果如图 4.24 所示。

```
......
21
22
23
答曰：这个数是 23
```

图 4.23 例 4.8 的执行效果

```
......
21
22
23
答曰：这个数是 23
24
25
26
......
99
```

图 4.24 例 4.6 的执行效果

4.4.2 continue 语句

continue 语句的作用没有 break 语句强大，它只能中止本次循环而提前进入下一次循环中。仍然以独自一人沿着操场跑步为例，原计划跑步 10 圈。当跑到第 2 圈时，遇到自己的女神或者男神也在跑步，于是果断停下来，跑回起点等待，制造一次完美邂逅，然后从第 3 圈开始继续。

continue 语句的语法比较简单，只需要在相应的 while 或 for 语句中加入即可。

 说明

> continue 语句一般会结合 if 语句进行搭配使用，表示在某种条件下，跳过当前循环的剩余语句，然后继续进行下一轮循环。如果使用嵌套循环，则 continue 语句将只跳过最内层循环中的剩余语句。

在 while 语句中使用 continue 语句的形式如下：

```
while  条件表达式 1:
    执行代码
    if 条件表达式 2:
        continue
```

其中，条件表达式 2 用于判断何时调用 continue 语句跳出循环。在 while 语句中使用 continue 语句的流程图如图 4.25 所示。

在 for 语句中使用 continue 语句的形式如下：

```
for 迭代变量 in 对象:
    if 条件表达式:
        continue
```

其中，条件表达式用于判断何时调用 continue 语句跳出循环。在 for 语句中使用 continue 语句的流程图如图 4.26 所示。

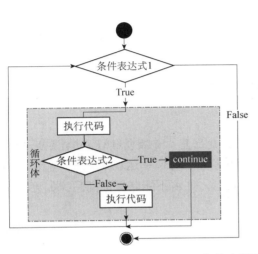

图 4.25 在 while 语句中使用 continue 语句的流程图

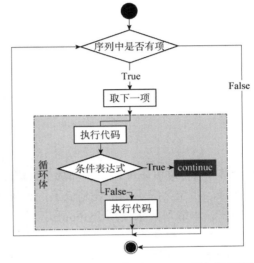

图 4.26 在 for 语句中使用 continue 语句的流程图

【例 4.9】 计算 100 以内所有偶数的和。（**实例位置：资源包\TM\sl\04\09**）

通过在 for 循环中使用 continue 语句实现 1～100（不包括 100）的偶数和，代码如下：

```
01    total = 0                              # 用于保存累加和的变量
02    for number in range(1,100):
03        if number%2 == 1:                  # 判断是否符合条件
04            continue                       # 继续下一次循环
05        total += number                    # 累加偶数的和
06    print("1～100（不包括 100）的偶数和为",total)   # 输出累加结果
```

说明

第 3 行代码实现的是，当所判断的数字是奇数时，会执行第 4 行的 continue 语句，跳过后面的累加操作，直接进入下一次循环。

程序运行结果如下：

1～100（不包括 100）的偶数和为 2450

4.4.3 pass 语句

在 Python 中还有一个 pass 语句，表示空语句。它不做任何事情，一般起到占位作用。例如，当应用 for 循环输出 1～10（不包括 10）的偶数时，如果不是偶数，则应用 pass 语句占个位置，以方便以

后对不是偶数的数进行处理。代码如下：

```
01    for i in range(1,10):
02        if i%2 == 0:                   # 判断是否为偶数
03            print(i,end = ' ')
04        else:                          # 不是偶数
05            pass                       # 占位符，不做任何事情
```

程序运行结果如下：

```
2 4 6 8
```

4.5　实践与练习

（答案位置：资源包\TM\sl\04\实践与练习\）

综合练习 1：猜商品价格　某商场搞促销，让顾客猜商品价格。每位幸运观众有 5 次机会。当输入一个价格时，系统会提示高了还是低了，如果 5 次都没有猜对，则将不能获得该商品；如果猜中，则奖品带回家。本练习要求使用 Python 实现这个竞猜程序。

综合练习 2：输出星号（*）阵列　采用两种方法输出 10 行递阶星号（*），第 1 行为一个星号，第 2 行为两个星号，以此类推，直到第 10 行为 10 个星号为止。

第 5 章

列表和元组

在数学里，序列也称为数列，是指按照一定顺序排列的一列数，而在程序设计中，序列是一种常用的数据存储方式，几乎每种程序设计语言都提供了类似的数据结构，如 C 语言或 Java 语言中的数组等。

在 Python 中，序列是最基本的数据结构。Python 中内置了 5 个常用的序列结构，分别是列表、元组、集合、字典和字符串。本章将对列表和元组进行详细介绍，集合和字典将在第 6 章进行介绍，而字符串将在第 7 章进行详细介绍。

本章知识架构及重难点如下。

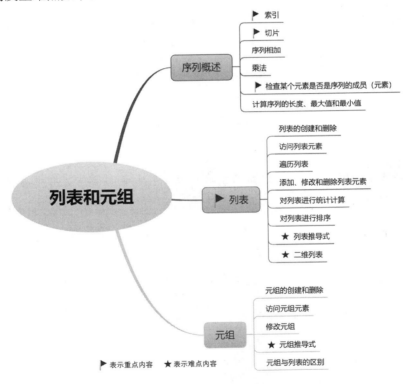

5.1 序 列 概 述

序列是一块用于存储多个值的连续内存空间，并且按一定顺序排列，每个值（称为元素）都分配一个数字，称为索引或位置。通过该索引可以取出相应的值。例如，我们可以把一家酒店看作一个序列，那么酒店里的每个房间都可以看作是这个序列的元素，而房间号就相当于索引，可以通过房间号找到对应的房间。

在 Python 中，序列结构主要有列表、元组、集合、字典和字符串。对于这些序列结构有以下几个通用的操作。其中，集合和字典不支持索引、切片、相加和相乘操作。

5.1.1　索引

序列中的每个元素都有一个编号，也称为索引（index）。这个索引是从 0 开始编号的，即下标为 0 表示第一个元素，而下标为 1 则表示第二个元素，以此类推，如图 5.1 所示。

图 5.1　序列的正数索引

Python 比较神奇，它的索引可以是负数。这个索引从右向左计数，也就是从最后一个元素开始计数，即最后一个元素的索引为-1，而倒数第二个元素的索引则为-2，以此类推，如图 5.2 所示。

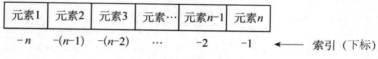

图 5.2　序列的负数索引

 注意

在采用负数作为索引时，是从-1 开始编号的，而不是从 0 开始的，即最后一个元素的下标为-1，这是为了防止与第一个元素重合。

通过索引可以访问序列中的任何元素。例如，定义一个包括 4 个元素的列表，要访问它的第三个元素和最后一个元素，可以使用下列代码：

```
01    verse = ["自古逢秋悲寂寥","我言秋日胜春朝","晴空一鹤排云上","便引诗情到碧霄"]
02    print(verse[2])         # 输出第三个元素
03    print(verse[-1])        # 输出最后一个元素
```

输出的结果为显示下列文字：

```
晴空一鹤排云上
便引诗情到碧霄
```

 说明

关于列表的详细介绍请参见 5.2 节。

5.1.2　切片

切片（slice）操作是访问序列中元素的另一种方法，它可以访问一定范围内的元素。通过切片操作可以生成一个新的序列。实现切片操作的语法格式如下：

```
sname[start : end : step]
```

参数说明如下。

- ☑　sname：表示序列的名称。
- ☑　start：表示切片的开始位置（包括该位置），如果不指定，则默认为 0。
- ☑　end：表示切片的截止位置（不包括该位置），如果不指定，则默认为序列的长度。
- ☑　step：表示切片的步长，如果省略，则默认为 1，当省略该步长时，最后一个冒号也可以省略。

说明

在进行切片操作时，如果指定了步长，那么将按照该步长遍历序列的元素；否则将一个一个遍历序列。

例如，通过切片获取列表中的第 2～6 个元素，以及获取第 2 个、第 4 个和第 6 个元素，可以使用下列代码：

```
01   verse = ["青青园中葵","朝露待日晞","阳春布德泽","万物生光辉","常恐秋节至","焜黄华叶衰",
02           "百川东到海","何时复西归","少壮不努力","老大徒伤悲"]
03   print(verse[1:6])          # 获取第 2～6 个元素
04   print(verse[1:6:2])        # 获取第 2 个、第 4 个和第 6 个元素
```

运行上述代码，将输出以下内容：

```
['朝露待日晞', '阳春布德泽', '万物生光辉', '常恐秋节至', '焜黄华叶衰']
['朝露待日晞', '万物生光辉', '焜黄华叶衰']
```

说明

如果想要复制整个序列，可以将 start 和 end 参数都省略，但是中间的冒号需要保留。例如，verse[:] 就表示复制整个名称为 verse 的序列。

5.1.3　序列相加

在 Python 中，支持两种相同类型的序列相加（addition）操作，即将两个序列进行连接，不会去除重复的元素，使用加（+）运算符实现。例如，将两个列表相加，可以使用下列代码：

```
01   verse1 = ["自古逢秋悲寂寥","我言秋日胜春朝","晴空一鹤排云上","便引诗情到碧霄"]
02   verse2 = ["青青园中葵","朝露待日晞","阳春布德泽","万物生光辉","常恐秋节至","焜黄华叶衰",
03           "百川东到海","何时复西归","少壮不努力","老大徒伤悲"]
04   print(verse1+verse2)
```

运行上述代码，将输出以下内容：

['自古逢秋悲寂寥', '我言秋日胜春朝', '晴空一鹤排云上', '便引诗情到碧霄', '青青园中葵', '朝露待日晞', '阳春布德泽', '万物生光辉', '常恐秋节至', '焜黄华叶衰', '百川东到海', '何时复西归', '少壮不努力', '老大徒伤悲']

从上述输出结果中可以看出，两个列表已被合为一个列表。

误区警示

在进行序列相加时，相同类型的序列是指，同为列表、元组、字符串等，序列中的元素类型可以不同。例如，下列代码也是正确的：

```
01    num = [7,14,21,28,35,42,49,56,63]
02    verse = ["自古逢秋悲寂寥","我言秋日胜春朝","晴空一鹤排云上","便引诗情到碧霄"]
03    print(num + verse)
```

但是，不能是列表和元组相加，也不能是列表和字符串相加。例如，下列代码就是错误的：

```
01    num = [7,14,21,28,35,42,49,56,63]
02    print(num + "输出是 7 的倍数的数")
```

运行上述代码，将产生如图 5.3 所示的异常信息。

```
Traceback (most recent call last):
  File "E:\program\Python\Code\datatype_test.py", line 2, in <module>
    print(num + "输出是7的倍数的数")
TypeError: can only concatenate list (not "str") to list
>>>
```

图 5.3　将列表和字符串相加产生的异常信息

5.1.4　乘法

在 Python 中，使用数字 n 乘以一个序列会生成新的序列。新序列的内容为原来序列被重复 n 次的结果。例如，下列代码将实现把一个序列乘以 3 后生成一个新的序列并输出，从而达到重要事情说 3 遍的效果：

```
01    verse = ["自古逢秋悲寂寥","我言秋日胜春朝"]
02    print( verse * 3)
```

运行上述代码，将显示以下内容：

['自古逢秋悲寂寥', '我言秋日胜春朝', '自古逢秋悲寂寥', '我言秋日胜春朝', '自古逢秋悲寂寥', '我言秋日胜春朝']

在进行序列的乘法（multipliction）运算时，还可以实现初始化指定长度列表的功能。例如，下列代码将创建一个长度为 5 的列表，列表的每个元素都是 None，表示什么都没有：

```
01    emptylist = [None]*5
02    print(emptylist)
```

运行上述代码，将显示以下内容：

[None, None, None, None, None]

5.1.5　检查某个元素是否是序列的成员（元素）

在 Python 中，可以使用 in 关键字检查某个元素是否是序列的成员，即检查某个元素是否包含在该序列中。语法格式如下：

```
value in sequence
```

其中，value 表示要检查的元素；sequence 表示指定的序列。

例如，要检查名称为 verse 的序列中，是否包含元素"晴空一鹤排云上"，可以使用下列代码：

```
01    verse = ["自古逢秋悲寂寥","我言秋日胜春朝","晴空一鹤排云上","便引诗情到碧霄"]
02    print("晴空一鹤排云上" in verse)
```

运行上述代码，将显示 True，表示在序列中存在指定的元素。

另外，在 Python 中，也可以使用 not in 关键字实现检查某个元素是否不包含在指定的序列中。例如下列代码，将显示 False：

```
01    verse = ["自古逢秋悲寂寥","我言秋日胜春朝","晴空一鹤排云上","便引诗情到碧霄"]
02    print("晴空一鹤排云上"   not in verse)
```

5.1.6　计算序列的长度、最大值和最小值

在 Python 中，提供了内置函数计算序列的长度、最大值和最小值。分别是使用 len()函数计算序列的长度，即返回序列包含多少个元素；使用 max()函数返回序列中的最大元素；使用 min()函数返回序列中的最小元素。

例如，定义一个包括 9 个元素的列表，并通过 len()函数计算列表的长度，可以使用下列代码：

```
01    num = [7,14,21,28,35,42,49,56,63]
02    print("序列 num 的长度为",len(num))
```

运行上述代码，将显示以下结果：

```
序列 verse 的长度为 9
```

例如，定义一个包括 9 个元素的列表，并通过 max()函数计算列表中的最大元素，可以使用下列代码：

```
01    num = [7,14,21,28,35,42,49,56,63]
02    print("序列",num,"中最大值为",max(num))
```

运行上述代码，将显示以下结果：

```
序列 [7, 14, 21, 28, 35, 42, 49, 56, 63] 中最大值为 63
```

例如，定义一个包括 9 个元素的列表，并通过 min()函数计算列表中的最小元素，可以使用下列代码：

```
01    num = [7,14,21,28,35,42,49,56,63]
02    print("序列",num,"中最小值为",min(num))
```

运行上述代码，将显示以下结果：

序列 [7, 14, 21, 28, 35, 42, 49, 56, 63] 中最小值为 7

除了上面介绍的 3 个内置函数，Python 还提供了如表 5.1 所示的内置函数。

表 5.1　Python 提供的内置函数及其说明

函　　数	说　　明	函　　数	说　　明
list()	将序列转换为列表	sorted()	对元素进行排序
str()	将序列转换为字符串	reversed()	反向序列中的元素
sum()	计算元素和	enumerate()	将序列组合为一个索引序列，多用在 for 循环中

5.2　列　　表

对于歌曲列表（list）大家一定很熟悉，在列表中记录着要播放歌曲的名称，如图 5.4 所示。它为手机 App 的歌曲列表页面。

Python 中的列表和歌曲列表类似，也是由一系列按特定顺序排列的元素组成的。它是 Python 中内置的可变序列。在形式上，列表的所有元素都放在一对中括号"[]"中，两个相邻元素间使用逗号","分隔。在内容上，可以将整数、实数、字符串、列表、元组等任何类型的内容放入列表中，并且同一个列表中，元素的类型可以不同，因为它们之间没有任何关系。由此可见，Python 中的列表是非常灵活的，这一点与其他语言是不同的。

图 5.4　歌曲列表

5.2.1　列表的创建和删除

在 Python 中提供了多种创建列表的方法，下面分别进行介绍。

1. 使用赋值运算符直接创建列表

同其他类型的 Python 变量一样，创建列表时，也可以使用赋值运算符"="直接将一个列表赋值给变量。具体的语法格式如下：

```
listname = [element 1,element 2,element 3,...,element n]
```

其中，listname 表示列表的名称，可以是任何符合 Python 命名规则的标识符；element 1、element 2、element 3、element n 表示列表中的元素，个数没有限制，并且只要是 Python 支持的数据类型就可以。

例如，下列创建的都是合法的列表：

```
01   num = [7,14,21,28,35,42,49,56,63]
02   verse = ["自古逢秋悲寂寥","我言秋日胜春朝","晴空一鹤排云上","便引诗情到碧霄"]
03   untitle = ['Python',28,"人生苦短，我用 Python",["爬虫","自动化运维","云计算","Web 开发"]]
04   python = ['优雅',"明确",'"简单"']
```

说明

　　在使用列表时，虽然可以将不同类型的数据放入同一个列表中，但是通常情况下，我们不这样做，而是在一个列表中只放入一种类型的数据。这样可以提高程序的可读性。

2．创建空列表

在 Python 中，也可以创建空列表。例如，要创建一个名称为 emptylist 的空列表，可以使用下列代码：

```
emptylist = []
```

3．创建数值列表

在 Python 中，数值列表很常用。例如，在考试系统中记录学生的成绩，或者在游戏中记录每个角色的位置，各个玩家的得分情况等。在 Python 中，可以使用 list() 函数直接将 range() 函数循环出来的结果转换为列表。

说明

　　关于 range() 函数的详细介绍请参见 4.3.2 节。

list() 函数的基本语法如下：

```
list(data)
```

其中，data 表示可以转换为列表的数据，其类型可以是 range 对象、字符串、元组或者其他可迭代类型的数据。

例如，创建一个 10～20（不包括 20）的所有偶数的列表，可以使用下列代码：

```
list(range(10, 20, 2))
```

运行上述代码，将得到下面的列表：

```
[10, 12, 14, 16, 18]
```

说明

　　使用 list() 函数不仅能通过 range 对象创建列表，还可以通过其他对象创建列表。

4．删除列表

对于已经创建的列表，当不再使用时，可以使用 del 语句将其删除。语法格式如下：

```
del listname
```

其中，listname 为要删除列表的名称。

说明

　　del 语句在实际开发时，并不常用。因为 Python 自带的垃圾回收机制会自动销毁不用的列表，所以即使我们不手动将其删除，Python 也会自动将其回收。

例如，定义一个名称为 verse 的列表，然后再应用 del 语句将其删除，可以使用下列代码：

```
01    verse = ["自古逢秋悲寂寥","我言秋日胜春朝","晴空一鹤排云上","便引诗情到碧霄"]
02    del verse
```

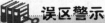**误区警示**

在删除列表前，一定要保证输入的列表名称是已经存在的，否则将出现如图 5.5 所示的错误。

```
>>> del verse
Traceback (most recent call last):
  File "<pyshell#0>", line 1, in <module>
    del verse
NameError: name 'verse' is not defined
>>>
```

图 5.5　删除的列表不存在产生的异常信息

5.2.2　访问列表元素

在 Python 中，如果想将列表的内容输出也比较简单，可以直接使用 print()函数。例如，要想打印 5.2.1 节中创建的 untitle 列表，可以使用下列代码：

```
print(untitle)
```

执行结果如下：

```
['Python', 28, '人生苦短，我用 Python', ['爬虫', '自动化运维', '云计算', 'Web 开发', '游戏']]
```

从上述执行结果中可以看出，在输出列表时，是包括左右两侧的中括号的。如果不想输出全部的元素，也可以通过列表的索引获取指定的元素。例如，要获取列表 untitle 中索引为 2 的元素，可以使用下列代码：

```
print(untitle[2])
```

执行结果如下：

```
人生苦短，我用 Python
```

从上述执行结果中可以看出，在输出单个列表元素时，不包括中括号，如果是字符串，还不包括左右的引号。

【例 5.1】输出每日一帖。（实例位置：资源包\TM\sl\05\01）

在 IDLE 中创建一个名称为 tips.py 的文件，然后在该文件中导入日期时间类，然后定义一个列表（保存 7 条励志文字作为每日一帖的内容），再获取当前的星期，最后将当前的星期作为列表的索引，输出元素内容，代码如下：

```
01    import datetime                                    # 导入日期时间类
02    # 定义一个列表
03    mot = ["坚持下去不是因为我很坚强，而是因为我别无选择",
04         "含泪播种的人一定能笑着收获",
05         "做对的事情比把事情做对重要",
06         "命运给予我们的不是失望之酒，而是机会之杯",
```

```
07        "明日永远新鲜如初，纤尘不染",
08        "求知若饥，虚心若愚",
09        "成功将属于那些从不说"不可能"的人"]
10    day=datetime.datetime.now().weekday()           # 获取当前星期
11    print(mot[day])                                  # 输出每日一帖
```

说明

在上述代码中，datetime.datetime.now()方法用于获取当前日期，而 weekday()方法则是从日期时间对象中获取星期，其值为 0～6 的一个，为 0 时代表星期一，为 1 时代表星期二，以此类推，为 6 时代表星期日。

运行结果如图 5.6 所示。

坚持下去不是因为我很坚强，而是因为我别无选择
>>>

图 5.6　根据星期输出每日一帖

说明

上述介绍的是访问列表中的单个元素。实际上，列表还可以通过切片操作实现处理列表中的部分元素。关于切片的详细介绍请参见 5.1.2 节。

5.2.3　遍历列表

遍历列表中的所有元素是常用的一种操作，在遍历的过程中可以完成查询、处理等功能。在生活中，如果想要去商场买一件衣服，就需要在商场中逛一遍，看是否有想要的衣服，逛商场的过程就相当于列表的遍历操作。在 Python 中，遍历列表的方法有多种，下面介绍两种常用的方法。

1. 直接使用 for 循环实现

直接使用 for 循环遍历列表，只能输出元素的值。其语法格式如下：

```
for item in listname:
    # 输出 item
```

其中，item 用于保存获取到的元素值，要输出元素内容时，直接输出该变量即可；listname 为列表名称。

例如，定义一个保存一首古诗的列表，然后通过 for 循环遍历该列表，并输出各个诗句，代码如下：

```
01    print(" "*2,"秋词")
02    verse = ["自古逢秋悲寂寥","我言秋日胜春朝","晴空一鹤排云上","便引诗情到碧霄"]
03    for item in verse:
04        print(item)
```

执行上述代码，将显示如图 5.7 所示的结果。

2. 使用 for 循环和 enumerate()函数实现

使用 for 循环和 enumerate()函数可以实现同时输出索引值和元素内

图 5.7　通过 for 循环遍历列表

容。其语法格式如下：

```
for index,item in enumerate(listname):
    # 输出 index 和 item
```

参数说明如下。

☑ index：用于保存元素的索引。

☑ item：用于保存获取到的元素值，要输出元素内容时，直接输出该变量即可。

☑ listname：列表名称。

例如，定义一个保存一首古诗的列表，然后通过 for 循环和 enumerate()函数遍历该列表，并输出索引和诗句，代码如下：

```
01  print(" "*3,"秋词")
02  verse = ["自古逢秋悲寂寥","我言秋日胜春朝","晴空一鹤排云上","便引诗情到碧霄"]
03  for index,item in enumerate(verse):
04      print(index,item)
```

执行上述代码，将显示下列结果：

```
    秋词
0 自古逢秋悲寂寥
1 我言秋日胜春朝
2 晴空一鹤排云上
3 便引诗情到碧霄
```

如果想实现两句一行输出各个诗句，请看下面的例子。

【例 5.2】每两句一行输出古诗《长歌行》。（实例位置：资源包\TM\sl\05\02）

在 IDLE 中创建一个名称为 printverse.py 的文件，并且在该文件中先输出古诗标题，然后定义一个列表（保存古诗内容），再应用 for 循环和 enumerate()函数遍历列表，在循环体中通过 if…else 语句判断是否为偶数，如果为偶数，则不换行输出，否则换行输出。代码如下：

```
01  print(" "*7,"长歌行")
02  verse = ["青青园中葵","朝露待日晞","阳春布德泽","万物生光辉","常恐秋节至","焜黄华叶衰",
03          "百川东到海","何时复西归","少壮不努力","老大徒伤悲"]
04  for index,item in enumerate(verse):
05      if index%2 == 0:                        # 判断是否为偶数，为偶数时不换行
06          print(item+",  ", end='')
07      else:
08          print(item+"。")                      # 换行输出
```

说明

在上述代码中，在 print()函数中使用"，end=''"表示不换行输出，即下一条 print()函数的输出内容会和这个内容在同一行输出。注意，等号后面是两个单引号，不是一半双引号。

运行结果如图 5.8 所示。

```
          长歌行
青青园中葵，朝露待日晞。
阳春布德泽，万物生光辉。
常恐秋节至，焜黄华叶衰。
百川东到海，何时复西归。
少壮不努力，老大徒伤悲。
>>>
```

图 5.8　每两行一句输出古诗《长歌行》

5.2.4　添加、修改和删除列表元素

添加、修改和删除列表元素也称为更新列表。在实际开发时，经常需要对列表进行更新。下面分别介绍如何实现列表元素的添加、修改和删除。

1．添加元素

在 5.1 节"序列概述"中介绍了可以通过"+"号将两个序列连接，通过该方法也可以实现为列表添加元素。但是这种方法的执行速度要比直接使用列表对象的 append()方法慢，所以建议在实现添加元素时，使用列表对象的 append()方法实现。列表对象的 append()方法用于在列表的末尾追加元素，其语法格式如下：

```
listname.append(obj)
```

其中，listname 为要添加元素的列表名称；obj 为要添加到列表末尾的对象。

例如，定义一个包括 4 个元素的列表，然后应用 append()方法向该列表的末尾再添加一个元素，可以使用下列代码：

```
01   verse = ["自古逢秋悲寂寥","我言秋日胜春朝","晴空一鹤排云上","便引诗情到碧霄"]
02   len(verse)              # 获取列表的长度
03   verse.append("此诗句为刘禹锡的《秋词》")
04   len(verse)              # 获取列表的长度
05   print(verse)
```

上述代码在 IDEL 中的执行过程如图 5.9 所示。

```
>>> verse = ["自古逢秋悲寂寥","我言秋日胜春朝","晴空一鹤排云上","便引诗情到碧霄"]
>>> len(verse)
4
>>> verse. append("此诗句为刘禹锡的《秋词》")
>>> len(verse)
5
>>> print(verse)
['自古逢秋悲寂寥', '我言秋日胜春朝', '晴空一鹤排云上', '便引诗情到碧霄', '此诗句为刘禹锡的《秋词》']
>>>
```

图 5.9　向列表中添加元素

下面通过一个具体的例子演示为列表添加元素的应用。

场景模拟：在 20 世纪 50 年代早期，Bryan Thwaites（史威兹）担任教师时，要求学生计算一组数列，其规则为当某数是偶数时，将其除以 2；如果是奇数，则先乘以 3 再加 1。根据当时学生的探讨及史威兹本人的研究，这个序列最后必定会是数字 1，并且出现 1 以后，又会按照"4→2→1"进行循环，所以将 1 视为这个序列的终点。本例将创建一个列表，用于存储符合这个条件的序列。

【例 5.3】 创建符合 Bryan Thwaites 要求的列表。（**实例位置：资源包\TM\sl\05\03**）

在 IDLE 中创建一个名称为 numberlist.py 的文件，首先在该文件中定义一个空列表，并定义一个表示初始值的变量 a，让其等于 6；然后创建一个无限循环，在该循环中，判断 a 是否为偶数，如果为偶数，则让其除以 2，结果再赋值给 a，否则让其乘以 3 再加 1，结果也赋值给 a，直到 a 等于 1 时，使用 break 语句跳出循环，另外在每次循环时，还需要把 a 的值添加到列表中，最后输出列表。具体代码如下：

```
01    numberlist=[]                        # 定义一个空列表
02    a=6                                  # 设置初始值
03    while True:
04        if a%2==0:                       # 如果为偶数
05            a=a//2
06        else:                            # 如果为奇数
07            a=a*3+1
08        numberlist.append(a)             # 将生成的数添加到列表中
09        if a==1:
10            break;                       # 跳出循环
11    print("这个列表是",numberlist)        # 输出列表
```

说明

在上述代码中，之所以使用 a//2，是因为这样代表整除，可以得到整数。

运行结果如图 5.10 所示。

在例 5.3 中，设置的初始值是 6，有兴趣的读者可以换为其他的数字试试。

```
这个列表是 [3, 10, 5, 16, 8, 4, 2, 1]
>>>
```

图 5.10　创建符合 Bryan Thwaites 要求的列表

说明

列表对象除了提供 append() 方法向列表中添加元素，还提供了 insert() 方法向列表中添加元素。该方法用于向列表的指定位置插入元素。但是由于该方法的执行效率没有 append() 方法高，所以不推荐使用这种方法。

上述介绍的是向列表中添加一个元素，如果想要将一个列表中的全部元素添加到另一个列表中，可以使用列表对象的 extend() 方法实现。extend() 方法的具体语法格式如下：

```
listname.extend(seq)
```

其中，listname 为原列表；seq 为要添加的列表。语句执行后，seq 的内容将追加到 listname 的后面。例如，创建两个列表，然后应用 extend() 方法将第一个列表添加到第二个列表中，具体代码如下：

```
01    verse1 = ["常记溪亭日暮","沉醉不知归路","兴尽晚回舟","误入藕花深处","争渡","争渡","惊起一滩鸥鹭"]
02    verse2 = ["李清照","如梦令"]
03    verse2.extend(verse1)
04    print(verse2)
```

运行上述代码，将显示下列内容：

```
['李清照', '如梦令', '常记溪亭日暮', '沉醉不知归路', '兴尽晚回舟', '误入藕花深处', '争渡', '争渡', '惊起一滩鸥鹭']
```

2．修改元素

修改列表中的元素只需要通过索引获取该元素，然后为其重新赋值即可。例如，定义一个保存 3 个元素的列表，然后修改索引值为 2 的元素，代码如下：

```
01    verse = ["长亭外","古道边","芳草碧连天"]
02    print(verse)
03    verse[2] = "一行白鹭上青天"            # 修改列表中的第 3 个元素
04    print(verse)
```

上述代码在 IDEL 中的执行过程如图 5.11 所示。

```
>>> verse = ["长亭外","古道边","芳草碧连天"]
>>> print(verse)
['长亭外', '古道边', '芳草碧连天']
>>> verse[2] = "一行白鹭上青天"
>>> print(verse)
['长亭外', '古道边', '一行白鹭上青天']
>>>
```

图 5.11　修改列表的指定元素

3．删除元素

删除元素主要有两种情况：一种是根据索引删除；另一种是根据元素值进行删除。下面分别进行介绍。

（1）根据索引删除。

删除列表中的指定元素和删除列表类似，也可以使用 del 语句实现。所不同的就是在指定列表名称时，换为列表元素。例如，定义一个保存 3 个元素的列表，删除最后一个元素，可以使用下列代码：

```
01    verse = ["长亭外","古道边","芳草碧连天"]
02    del verse[-1]
03    print(verse)
```

上述代码在 IDLE 中的执行过程如图 5.12 所示。

（2）根据元素值删除。

如果想要删除一个不确定其位置的元素（即根据元素值删除），可以使用列表对象的 remove()方法实现。例如，要删除列表中内容为"古道边"的元素，可以使用下列代码：

```
01    verse = ["长亭外","古道边","芳草碧连天"]
02    verse.remove("古道边")
```

使用列表对象的 remove()方法删除元素时，如果指定的元素不存在，则将会抛出 ValueError 异常。例如，下列代码：

```
01    verse = ["常记溪亭日暮","沉醉不知归路","兴尽晚回舟","误入藕花深处","争渡","争渡","惊起一滩鸥鹭"]
02    value = "争渡 1"                     # 指定要移除的元素
03    verse.remove(value)
```

运行上述代码，将出现如图 5.13 所示的异常信息。

```
>>> verse = ["长亭外","古道边","芳草碧连天"]
>>> del verse[-1]
>>> print(verse)
['长亭外', '古道边']
>>>
```

图 5.12　删除列表的指定元素

```
Traceback (most recent call last):
  File "E:\program\Python\Code\test.py", line 3, in <module>
    verse.remove("争渡1")
ValueError: list.remove(x): x not in list
>>>
```

图 5.13　删除不存的元素时出现的异常信息

所以在使用 remove()方法删除元素前，最好先判断该元素是否存在，改进后的代码如下：

```
01    verse = ["常记溪亭日暮","沉醉不知归路","兴尽晚回舟","误入藕花深处","争渡","争渡","惊起一滩鸥鹭"]
02    value = "争渡 1"                     # 指定要移除的元素
03    if verse.count(value)>0:            # 判断要删除的元素是否存在
```

```
04      verse.remove(value)          # 移除指定的元素
05   print(verse)
```

说明

列表对象的 count()方法用于判断指定元素出现的次数，返回结果为 0 时，表示不存在该元素。关于 count()方法的详细介绍请参见 5.2.5 节。

执行上述代码，将显示下列列表的原有内容：

['常记溪亭日暮', '沉醉不知归路', '兴尽晚回舟', '误入藕花深处', '争渡', '争渡', '惊起一滩鸥鹭']

5.2.5 对列表进行统计计算

Python 中的列表提供了内置的一些函数来实现统计计算方面的功能。下面介绍常用的功能。

1．获取指定元素出现的次数

使用列表对象的 count()方法可以获取指定元素在列表中的出现次数。其语法格式如下：

listname.count(obj)

其中，listname 表示列表的名称；obj 表示要被判断出现次数的对象，这里只能进行精确匹配，即不能是元素值的一部分。

例如，创建一个列表，内容为李清照的《如梦令》中的诗句，然后应用列表对象的 count()方法判断元素"争渡"出现的次数，代码如下：

```
01   verse = ["常记溪亭日暮","沉醉不知归路","兴尽晚回舟","误入藕花深处","争渡","争渡","惊起一滩鸥鹭"]
02   num = verse.count("争渡")
03   print(num)
```

运行上述代码，将显示 2，表示在列表 verse 中"争渡"出现了两次。

2．获取指定元素首次出现的下标

使用列表对象的 index()方法可以获取指定元素在列表中首次出现的位置（即索引）。其语法格式如下：

listname.index(obj)

参数说明如下。

☑ listname：表示列表的名称。

☑ obj：表示要查找的对象，这里只能进行精确匹配。如果指定的对象不存在，则抛出如图 5.14 所示的异常。

```
Traceback (most recent call last):
  File "<pyshell#15>", line 1, in <module>
    print(verse.index("归"))
ValueError: '归' is not in list
```

图 5.14　查找对象不存在时抛出的异常

☑ 返回值：首次出现的索引值。

例如，创建一个列表，内容为李清照的《如梦令》中的诗句，然后应用列表对象的 index()方法判断元素"争渡"在列表中首次出现的位置，代码如下：

```
01   verse = ["常记溪亭日暮","沉醉不知归路","兴尽晚回舟","误入藕花深处","争渡","争渡","惊起一滩鸥鹭"]
02   position = verse.index("争渡")
```

```
03    print(position)
```

运行上述代码，将显示 4，表示"争渡"在列表 verse 中首次出现的索引位置是 4。

3．统计数值列表的元素和

在 Python 中，提供了 sum() 函数用于统计数值列表中各元素的和。其语法格式如下：

```
sum(iterable[,start])
```

参数说明如下。

- ☑ iterable：表示要统计的列表。
- ☑ start：表示统计结果是从哪个数开始（即将统计结果加上 start 所指定的数），是可选参数，如果没有指定，则默认值为 0。

例如，首先定义一个保存 10 名学生语文成绩的列表，然后应用 sum() 函数统计列表中元素的和，即统计总成绩，最后输出。其对应的代码如下：

```
01    grade = [98,99,97,100,100,96,94,89,95,100]        # 10 名学生语文成绩列表
02    total = sum(grade)                                # 计算总成绩
03    print("语文总成绩为",total)
```

执行上述代码，将显示"语文总成绩为 968"。

误区警示

如果将上述第 2 行代码修改为"total = sum(grade,5)"，则结果为 973。但这里并不是从第 5 个元素开始统计，这里一定要注意。

5.2.6　对列表进行排序

在实际开发时，经常需要对列表进行排序。Python 中提供了两种常用的对列表进行排序的方法。下面分别进行介绍。

1．使用列表对象的 sort() 方法实现

列表对象提供了 sort() 方法用于对原列表中的元素进行排序。排序后，原列表中的元素顺序将发生改变。列表对象的 sort() 方法的语法格式如下：

```
listname.sort(key=None, reverse=False)
```

参数说明如下。

- ☑ listname：表示要进行排序的列表。
- ☑ key：表示指定一个从每个列表元素中提取一个比较键（例如，设置"key=str.lower"表示在排序时不区分字母大小写）。
- ☑ reverse：可选参数，如果将其值指定为 True，则表示降序排列；如果将其值指定为 False，则表示升序排列。默认为升序排列。

例如，定义一个保存 10 名学生语文成绩的列表，然后应用 sort() 方法对其进行排序，代码如下：

```
01    grade = [98,99,97,100,100,96,94,89,95,100]          # 10 名学生语文成绩列表
02    print("原列表：",grade)
03    grade.sort()                                          # 进行升序排列
04    print("升  序：",grade)
05    grade.sort(reverse=True)                              # 进行降序排列
06    print("降  序：",grade)
```

执行上述代码，将显示以下内容：

```
原列表：[98, 99, 97, 100, 100, 96, 94, 89, 95, 100]
升  序：[89, 94, 95, 96, 97, 98, 99, 100, 100, 100]
降  序：[100, 100, 100, 99, 98, 97, 96, 95, 94, 89]
```

使用 sort()方法进行数值列表的排序比较简单，但是使用 sort()方法对字符串列表进行排序时，采用的规则是先对大写字母进行排序，然后再对小写字母进行排序。如果想要对字符串列表进行排序（不区分大小写时），则需要指定其 key 参数。例如，定义一个保存英文字符串的列表，然后应用 sort()方法对其进行升序排列，可以使用下列代码：

```
01    char = ['cat','Tom','Angela','pet']
02    char.sort()                                           # 默认区分字母大小写
03    print("区分字母大小写：",char)
04    char.sort(key=str.lower)                              # 不区分字母大小写
05    print("不区分字母大小写：",char)
```

运行上述代码，将显示以下内容：

```
区分字母大小写：  ['Angela', 'Tom', 'cat', 'pet']
不区分字母大小写：  ['Angela', 'cat', 'pet', 'Tom']
```

说明

采用 sort()方法对列表进行排序时，对于中文支持不好。排序的结果与我们常用的按拼音或者笔画都不一致。如果想要实现对中文内容的列表排序，那么还需要重新编写相应的方法进行处理，不能直接使用 sort()方法。

2. 使用内置的 sorted()函数实现

在 Python 中，提供了一个内置的 sorted()函数，用于对列表进行排序。使用该函数进行排序后，原列表的元素顺序不变。sorted()函数的语法格式如下：

```
sorted(iterable, key=None, reverse=False)
```

参数说明如下。

☑ iterable：表示要进行排序的列表名称。

☑ key：表示指定从每个元素中提取一个用于比较的键（例如，设置 "key=str.lower" 表示在排序时不区分字母大小写）。

☑ reverse：可选参数，如果将其值指定为 True，则表示降序排列；如果将其值指定为 False，则表示升序排列。默认为升序排列。

例如，定义一个保存 10 名学生语文成绩的列表，然后应用 sorted()函数对其进行排序，代码如下：

```
01    grade = [98,99,97,100,100,96,94,89,95,100]        # 10 名学生语文成绩列表
02    grade_as = sorted(grade)                          # 进行升序排列
03    print("升序： ",grade_as)
04    grade_des = sorted(grade,reverse = True)          # 进行降序排列
05    print("降序： ",grade_des)
06    print("原序列： ",grade)
```

执行上述代码，将显示以下内容：

```
升序： [89, 94, 95, 96, 97, 98, 99, 100, 100, 100]
降序： [100, 100, 100, 99, 98, 97, 96, 95, 94, 89]
原序列： [98, 99, 97, 100, 100, 96, 94, 89, 95, 100]
```

说明

列表对象的 sort()方法和内置 sorted()函数的作用基本相同，所不同的就是使用 sort()方法时，会改变原列表的元素排列顺序，但是使用 sorted()函数时，会建立一个原列表的副本，该副本为排序后的列表。

5.2.7　列表推导式

使用列表推导式可以快速生成一个列表，或者根据某个列表生成满足指定需求的列表。列表推导式通常有以下几种常用的语法格式。

（1）生成指定范围的数值列表，语法格式如下：

```
list = [Expression for var in range]
```

参数说明如下。

☑　list：表示生成的列表名称。

☑　Expression：表达式，用于计算新列表的元素。

☑　var：循环变量。

☑　range：采用 range()函数生成的 range 对象。

例如，要生成一个包括 10 个随机数的列表，要求数的范围为 10～100（包括 100），具体代码如下：

```
01    import random                                     # 导入 random 标准库
02    randomnumber = [random.randint(10,100) for i in range(10)]
03    print("生成的随机数为",randomnumber)
```

执行结果如下：

```
生成的随机数为[38, 12, 28, 26, 58, 67, 100, 41, 97, 15]
```

（2）根据列表生成指定需求的列表，语法格式如下：

```
newlist = [Expression for var in list]
```

参数说明如下。

☑　newlist：表示新生成的列表名称。

☑　Expression：表达式，用于计算新列表的元素。

☑ var：变量，值为后面列表的每个元素值。

☑ list：用于生成新列表的原列表。

例如，定义一个记录商品价格的列表，然后应用列表推导式生成一个将全部商品价格打五折的列表，具体代码如下：

```
01  price = [1200,5330,2988,6200,1998,8888]
02  sale = [int(x*0.5) for x in price]
03  print("原价格：",price)
04  print("打五折的价格：",sale)
```

执行结果如下：

```
原价格：  [1200, 5330, 2988, 6200, 1998, 8888]
打五折的价格：  [600, 2665, 1494, 3100, 999, 4444]
```

（3）从列表中选择符合条件的元素组成新的列表，语法格式如下：

```
newlist = [Expression for var in list if condition]
```

参数说明如下。

☑ newlist：表示新生成的列表名称。

☑ Expression：表达式，用于计算新列表的元素。

☑ var：变量，值为后面列表的每个元素值。

☑ list：用于生成新列表的原列表。

☑ condition：条件表达式，用于指定筛选条件。

例如，定义一个记录商品价格的列表，然后应用列表推导式生成一个商品价格高于 5000 的列表，具体代码如下：

```
01  price = [1200,5330,2988,6200,1998,8888]
02  sale = [x for x in price if x>5000]
03  print("原列表：",price)
04  print("价格高于 5000 的：",sale)
```

执行结果如下：

```
原列表：  [1200, 5330, 2988, 6200, 1998, 8888]
价格高于 5000 的：  [5330, 6200, 8888]
```

5.2.8 二维列表

在 Python 中，由于列表元素可以是列表，因此它也支持二维列表的概念。那么什么是二维列表呢？前文提到一家酒店有很多房间，这些房间都可以构成一个列表，如果这家酒店有 49 个房间，那么拿到 499 号房钥匙的旅客可能会不高兴，其原因在于，他/她从 1 号房走到 49 号房将要花很长时间，因此酒店设置了很多楼层，每个楼层都会有很多房间，形成一个立体的结构，把大量的房间均摊到每个楼层，这种结构就是二维列表结构。使用二维列表结构表示酒店每个楼层的房间号的效果如图 5.15 所示。

二维列表中的信息以行和列的形式表示，第一个下标代表元素所在的行，第二个下标代表元素所在的列。

楼层	房间号						
一楼	1101	1102	1103	1104	1105	1106	1107
二楼	2101	2102	2103	2104	2105	2106	2107
三楼	3101	3102	3103	3104	3105	3106	3107
四楼	4101	4102	4103	4104	4105	4106	4107
五楼	5101	5102	5103	5104	5105	5106	5107
六楼	6101	6102	6103	6104	6105	6106	6107
七楼	7101	7102	7103	7104	7105	7106	7107

图 5.15　二维列表结构的楼层房间号

在 Python 中，创建二维列表有以下 3 种常用的方法。

1. 直接定义二维列表

在 Python 中，二维列表就是包含列表的列表。即一个列表的每个元素又都是一个列表。例如，下列列表就是二维列表：

```
[['ID001','无语',100,99,99],
['ID002','明日',99,100,97],
['ID003','冷一',98,99,98]]
```

所以在创建二维列表时，可以直接使用下列语法格式进行定义：

```
listname = [[元素 11, 元素 12, 元素 13, ..., 元素 1n],
            [元素 21, 元素 22, 元素 23, ..., 元素 2n],
            ...,
            [元素 n1, 元素 n2, 元素 n3, ..., 元素 nn]]
```

参数说明如下。

☑　listname：表示生成的列表名称。

☑　[元素 11, 元素 12, 元素 13, ..., 元素 1n]：表示二维列表的第 1 行，也是一个列表。其中，元素 11、元素 12……代表第 1 行中的列。

☑　[元素 21, 元素 22, 元素 23, ..., 元素 2n]：表示二维列表的第 2 行。

☑　[元素 n1, 元素 n2, 元素 n3, ..., 元素 nn]：表示二维列表的第 n 行。

例如，定义一个包含 3 行 5 列的二维列表，可以使用下列代码：

```
01   students =[['ID001','无语',100,99,99],
02              ['ID002','明日',99,100,97],
03              ['ID003','冷一',98,99,98]]
```

执行上述代码，将创建以下二维列表：

```
[['ID001', '无语', 100, 99, 99], ['ID002', '明日', 99, 100, 97], ['ID003', '冷一', 98, 99, 98]]
```

2. 使用嵌套的 for 循环创建

创建二维列表，可以使用嵌套的 for 循环实现。例如，创建一个包含 4 行 5 列的二维列表，可以使用下列代码：

```
01    arr = []                                          # 创建一个空列表
02    for i in range(4):
03        arr.append([])                                # 在空列表中再添加一个空列表
04        for j in range(5):
05            arr[i].append(j)                          # 为内层列表添加元素
```

执行上述代码，将创建以下二维列表：

[[0, 1, 2, 3, 4], [0, 1, 2, 3, 4], [0, 1, 2, 3, 4], [0, 1, 2, 3, 4]]

3．使用列表推导式创建

使用列表推导式也可以创建二维列表，而且这种方法也是被推荐的方法，因为它比较简洁。例如，要使用列表推导式创建一个包含 4 行 5 列的二维列表，可以使用下列代码：

arr = [[j for j in range(5)] for i in range(4)]

执行上述代码，将创建以下二维列表：

[[0, 1, 2, 3, 4], [0, 1, 2, 3, 4], [0, 1, 2, 3, 4], [0, 1, 2, 3, 4]]

创建二维数组后，可以通过以下语法格式访问列表中的元素：

listname[下标 1][下标 2]

参数说明如下。

☑ listname：表示列表名称。

☑ 下标 1：表示列表中第几行。下标值从 0 开始，即第 1 行的下标为 0。

☑ 下标 2：表示列表中第几列。下标值从 0 开始，即第 1 列的下标为 0。

例如，要访问二维列表中的第 2 行、第 4 列，可以使用下列代码：

verse[1][3]

下面通过一个具体的例子演示二维列表的应用。

【例 5.4】使用二维列表输出不同版式的古诗《宿建德江》。（**实例位置：资源包\TM\sl\05\04**）

在 IDLE 中创建一个名称为 printverse.py 的文件，首先在该文件中定义 4 个字符串，内容为古诗《宿建德江》的诗句，并定义一个二维列表，然后应用嵌套的 for 循环将古诗以横版方式输出，再将二维列表进行逆序排列，最后应用嵌套的 for 循环将古诗以竖版方式输出，代码如下：

```
01    str1 = "移舟泊烟渚"
02    str2 = "日暮客愁新"
03    str3 = "野旷天低树"
04    str4 = "江清月近人"
05    verse = [list(str1), list(str2), list(str3), list(str4)]    # 定义一个二维列表
06    print("\n-- 横版 --\n")
07    for i in range(4):                                          # 循环古诗的每一行
08        for j in range(5):                                      # 循环每一行的每个字（列）
09            if j == 4:                                          # 如果是一行中的最后一个字
10                print(verse[i][j])                              # 换行输出
```

```
11              else:
12                  print(verse[i][j], end="")                      # 不换行输出
13
14      verse.reverse()                                             # 对列表进行逆序排列
15      print("\n-- 竖版 --\n")
16      for i in range(5):                                          # 循环每一行的每个字（列）
17          for j in range(4):                                      # 循环新逆序排列后的第 1 行
18              if j == 3:                                          # 如果是最后一行
19                  print(verse[j][i])                              # 换行输出
20              else:
21                  print(verse[j][i], end="")                      # 不换行输出
```

说明

在上述代码中，list()函数用于将字符串转换为列表；列表对象的 reverse()方法用于对列表进行逆序排列，即将列表的最后一个元素移到第一个，倒数第二个元素移到第二个，以此类推。

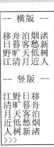

运行结果如图 5.16 所示。

图 5.16　使用二维列表输出古诗《宿建德江》

5.3　元　　组

元组（tuple）是 Python 中另一个重要的序列结构，与列表类似，也是由一系列按特定顺序排列的元素组成。但是，它为不可变序列。因此，元组也可以称为不可变的列表。在形式上，元组的所有元素都放在一对小括号"()"中，两个相邻元素间使用逗号","分隔；在内容上，可以将整数、实数、字符串、列表、元组等任何类型的内容放入元组中，并且同一个元组中，元素的类型可以不同，因为它们之间没有任何关系。通常情况下，元组用于保存程序中不可修改的内容。

说明

从元组和列表的定义上看，这两种结构比较相似，那么它们之间有哪些区别呢？它们之间的主要区别就是，元组为不可变序列，而列表则为可变序列。也就是说，元组中的元素不可以单独修改，而列表则可以任意修改。

5.3.1　元组的创建和删除

在 Python 中提供了多种创建元组的方法，下面分别进行介绍。

1．使用赋值运算符直接创建元组

同其他类型的 Python 变量一样，创建元组时，也可以使用赋值运算符"="直接将一个元组赋值

给变量。具体的语法格式如下：

```
tuplename = (element 1,element 2,element 3,...,element n)
```

其中，tuplename 表示元组的名称，可以是任何符合 Python 命名规则的标识符；element 1、element 2、element 3、element n 表示元组中的元素，个数没有限制，并且只要是 Python 支持的数据类型就可以。

注意

创建元组的语法与创建列表的语法类似，只是创建列表时使用的是中括号"[]"，而创建元组时使用的是小括号"()"。

例如，下列创建的都是合法的元组：

```
01    num = (7,14,21,28,35,42,49,56,63)
02    ukguzheng = ("渔舟唱晚","高山流水","出水莲","汉宫秋月")
03    untitle = ('Python',28,("人生苦短","我用 Python"),["爬虫","自动化运维","云计算","Web 开发"])
04    python = ('优雅','明确','"简单"')
```

在 Python 中，虽然元组是使用一对小括号将所有的元素括起来的。但是实际上，小括号并不是必需的，只要将一组值用逗号分隔开，Python 就可以认为它是元组。例如，下列代码定义的也是元组：

```
ukguzheng = "渔舟唱晚","高山流水","出水莲","汉宫秋月"
```

在 IDLE 中输出该元组后，将显示以下内容：

```
('渔舟唱晚', '高山流水', '出水莲', '汉宫秋月')
```

如果要创建的元组只包括一个元素，则需要在定义元组时，在元素的后面加一个逗号","。例如，下述代码定义的就是包括一个元素的元组。

```
verse = ("一片冰心在玉壶",)
```

在 IDLE 中输出 verse，将显示以下内容：

```
('一片冰心在玉壶',)
```

而下述代码，则表示定义一个字符串：

```
verse = ("一片冰心在玉壶")
```

在 IDLE 中输出 verse，将显示以下内容：

```
一片冰心在玉壶
```

说明

在 Python 中，可以使用 type()函数测试变量的类型。例如，下列代码：

```
01    verse1 = ("一片冰心在玉壶",)
02    print("verse1 的类型为",type(verse1))
03    verse2 = ("一片冰心在玉壶")
04    print("verse2 的类型为",type(verse2))
```

在 IDLE 中执行上述代码，将显示以下内容：

```
verse1 的类型为 <class 'tuple'>
verse2 的类型为 <class 'str'>
```

2．创建空元组

在 Python 中，也可以创建空元组。例如，要创建一个名称为 emptytuple 的空元组，可以使用下列代码：

```
emptytuple = ()
```

空元组可以应用在为函数传递一个空值或者返回空值时。例如，定义一个函数必须传递一个元组类型的值，而我们还不想为它传递一组数据，那么就可以创建一个空元组传递给它。

3．创建数值元组

在 Python 中，可以使用 tuple()函数直接将 range()函数循环出来的结果转换为数值元组。

说明

关于 range()函数的详细介绍请参见 4.3.2 节。

tuple()函数的基本语法如下：

```
tuple(data)
```

其中，data 表示可以转换为元组的数据，其类型可以是 range 对象、字符串、元组或者其他可迭代类型的数据。

例如，创建一个 10～20（不包括 20）的所有偶数的元组，可以使用下列代码：

```
tuple(range(10, 20, 2))
```

运行上述代码，将得到下列列表：

```
(10, 12, 14, 16, 18)
```

说明

使用 tuple()函数不仅能通过 range 对象创建元组，还可以通过其他对象创建元组。

4．删除元组

对于已经创建的元组，不再使用时，可以使用 del 语句将其删除。其语法格式如下：

```
del tuplename
```

其中，tuplename 为要删除元组的名称。

说明

del 语句在实际开发时，并不常用。因为 Python 自带的垃圾回收机制会自动销毁不用的元组，所以即使我们不手动将其删除，Python 也会自动将其回收。

例如，定义一个名称为 verse 的元组，然后应用 del 语句将其删除，可以使用下列代码：

```
01    verse = ("自古逢秋悲寂寥","我言秋日胜春朝","晴空一鹤排云上","便引诗情到碧霄")
02    del verse
```

场景模拟： 假设有一家伊米咖啡馆，只提供 6 种咖啡，并且不会改变。请使用元组保存该咖啡馆里提供的咖啡名称。

【例 5.5】 使用元组保存咖啡馆里提供的咖啡名称。（**实例位置：资源包\TM\sl\05\05**）

在 IDLE 中创建一个名称为 cafe_coffeename.py 的文件，然后在该文件中定义一个包含 6 个元素的元组，内容为伊米咖啡馆里的咖啡名称，并且输出该元组，代码如下：

```
01    coffeename = ('蓝山','卡布奇诺','曼特宁','摩卡','巴西','哥伦比亚')          # 定义元组
02    print(coffeename)                                               # 输出元组
```

运行结果如图 5.17 所示。

```
('蓝山','卡布奇诺','曼特宁','摩卡','巴西','哥伦比亚')
>>>
```

图 5.17   使用元组保存咖啡馆里提供的咖啡名称

5.3.2   访问元组元素

在 Python 中，如果想将元组的内容输出也比较简单，可以直接使用 print() 函数。例如，要想打印 5.3.1 节中创建的 untitle 元组，可以使用下列代码：

```
print(untitle)
```

执行结果如下：

```
('Python', 28, ('人生苦短', '我用 Python'), ['爬虫', '自动化运维', '云计算', 'Web 开发'])
```

从上述执行结果中可以看出，在输出元组时，是包括左右两侧的小括号的。如果不想输出全部元素，也可以通过元组的索引获取指定的元素。例如，要获取元组 untitle 中索引为 0 的元素，可以使用下列代码：

```
print(untitle[0])
```

执行结果如下：

```
Python
```

从上述执行结果中可以看出，在输出单个元组元素时，不包括小括号，如果是字符串，还不包括左右的引号。

另外，对于元组也可以采用切片方式获取指定的元素。例如，要访问元组 untitle 中前 3 个元素，可以使用下列代码：

```
print(untitle[:3])
```

执行结果如下：

```
('Python', 28, ('人生苦短', '我用 Python'))
```

同列表一样，元组也可以使用 for 循环进行遍历。下面通过一个具体的例子演示如何通过 for 循环遍历元组。

场景模拟： 仍然是伊米咖啡馆，这时有客人到了，服务员向客人介绍本店提供的咖啡。

【例 5.6】使用 for 循环列出咖啡馆里的咖啡名称。（实例位置：资源包\TM\sl\05\06）

在 IDLE 中创建一个名称为 cafe_coffeename.py 的文件，首先在该文件中定义一个包含 6 个元素的元组，内容为伊米咖啡馆里的咖啡名称，然后应用 for 循环语句输出每个元组元素的值，即咖啡名称，并且在后面加上"咖啡"二字，代码如下：

```
01    coffeename = ('蓝山','卡布奇诺','曼特宁','摩卡','巴西','哥伦比亚')    # 定义元组
02    print("您好，欢迎光临 ~ 伊米咖啡馆 ~\n\n 我店有：\n")
03    for name in coffeename:                                          # 遍历元组
04        print(name + "咖啡",end = " ")
```

运行结果如图 5.18 所示。

另外，元组还可以使用 for 循环和 enumerate()函数结合进行遍历。下面通过一个具体的例子演示如何通过 for 循环和 enumerate()函数结合遍历元组。

> **说明**
>
> enumerate()函数用于将一个可遍历的数据对象（如列表或元组）组合为一个索引序列，同时列出数据和数据下标，一般在 for 循环中使用。

【例 5.7】使用元组实现每两行一句输出古诗《长歌行》。（实例位置：资源包\TM\sl\05\07）

本例将在例 5.2 的基础上进行修改，将列表修改为元组，其他内容不变，修改后的代码如下：

```
01    print("            长歌行")
02    verse = ("青青园中葵","朝露待日晞","阳春布德泽","万物生光辉","常恐秋节至","焜黄华叶衰",
03            "百川东到海","何时复西归","少壮不努力","老大徒伤悲")
04    for index,item in enumerate(verse):
05        if index%2 == 0:                                        # 判断是否为偶数，为偶数时不换行
06            print(item+"，", end="")
07        else:
08            print(item+"。")                                    # 换行输出
```

> **说明**
>
> 在上述代码中，在 print()函数中使用 "，end="" 表示不换行输出，即下一条 print()函数的输出内容会和这个内容在同一行输出。

运行结果如图 5.19 所示。

```
您好，欢迎光临 ~ 伊米咖啡馆 ~

我店有：

蓝山咖啡 卡布奇诺咖啡 曼特宁咖啡 摩卡咖啡 巴西咖啡 哥伦比亚咖啡
>>>
```

图 5.18　使用元组保存咖啡馆里提供的咖啡名称

```
            长歌行
青青园中葵，朝露待日晞。
阳春布德泽，万物生光辉。
常恐秋节至，焜黄华叶衰。
百川东到海，何时复西归。
少壮不努力，老大徒伤悲。
>>>
```

图 5.19　两行一句输出《长歌行》

5.3.3 修改元组

场景模拟： 仍然是伊米咖啡馆，因为巴西咖啡断货，所以店长想要把它换成土耳其咖啡。

【**例 5.8**】将巴西咖啡替换为土耳其咖啡。（实例位置：资源包\TM\sl\05\08）

在 IDLE 中创建一个名称为 cafe_replace.py 的文件，首先在该文件中定义一个包含 6 个元素的元组，内容为伊米咖啡馆里的咖啡名称，然后修改其中的第 5 个元素的内容为"土耳其"，代码如下：

```
01    coffeename = ('蓝山','卡布奇诺','曼特宁','摩卡','巴西','哥伦比亚')        # 定义元组
02    coffeename[4] = '土耳其'                                          # 将"巴西"替换为"土耳其"
03    print(coffeename)
```

运行结果如图 5.20 所示。

```
Traceback (most recent call last):
  File "E:/program/Python/Code/cafe_replace.py", line 2, in <module>
    coffeename[4] = '土耳其'
TypeError: 'tuple' object does not support item assignment
>>>
```

图 5.20　将巴西咖啡替换为土耳其咖啡出现异常

元组是不可变序列，所以我们不能对它的单个元素值进行修改，但是元组也并不是完全不能被修改的。我们可以对元组进行重新赋值。例如，下列代码是允许的：

```
01    coffeename = ('蓝山','卡布奇诺','曼特宁','摩卡','巴西','哥伦比亚')        # 定义元组
02    coffeename = ('蓝山','卡布奇诺','曼特宁','摩卡','土耳其','哥伦比亚')       # 对元组进行重新赋值
03    print("新元组",coffeename)
```

执行结果如下：

```
新元组 ('蓝山', '卡布奇诺', '曼特宁', '摩卡', '土耳其', '哥伦比亚')
```

从上述执行结果中可以看出，元组 coffeename 的值已经改变。

另外，还可以对元组进行连接组合。例如，可以使用下列代码实现在已经存在的元组结尾处添加一个新元组：

```
01    ukguzheng = ('蓝山','卡布奇诺','曼特宁','摩卡')
02    print("原元组：",ukguzheng)
03    ukguzheng = ukguzheng + ('巴西','哥伦比亚')
04    print("组合后：",ukguzheng)
```

执行结果如下：

```
原元组：  ('蓝山', '卡布奇诺', '曼特宁', '摩卡')
组合后：  ('蓝山', '卡布奇诺', '曼特宁', '摩卡', '土耳其', '哥伦比亚')
```

需要注意的是，在进行元组连接时，连接的内容必须都是元组。不能将元组和字符串或者列表进行连接。例如，下列代码就是错误的：

```
01    ukguzheng = ('蓝山','卡布奇诺','曼特宁','摩卡')
02    ukguzheng = ukguzheng + ['巴西','哥伦比亚']
```

误区警示

在进行元组连接时，如果要连接的元组只有一个元素，一定不要忘记后面的逗号。例如，使用下列代码：

```
01    ukguzheng = ('蓝山','卡布奇诺','曼特宁','摩卡')
02    ukguzheng = ukguzheng + ('巴西')
```

运行上述代码，将产生如图 5.21 所示的错误。

```
Traceback (most recent call last):
  File "E:\program\Python\Code\test.py", line 2, in <module>
    ukguzheng = ukguzheng + ("巴西")
TypeError: can only concatenate tuple (not "str") to tuple
>>>
```

图 5.21　在进行元组连接时产生的异常

5.3.4　元组推导式

使用元组推导式可以快速生成一个元组，它的表现形式和列表推导式类似，只是将列表推导式中的中括号"[]"修改为小括号"()"。例如，我们可以使用下列代码生成一个包含 10 个随机数的元组：

```
01    import random                                          # 导入 random 标准库
02    randomnumber = (random.randint(10,100) for i in range(10))
03    print("生成的元组为",randomnumber)
```

执行结果如下：

生成的元组为<generator object <genexpr> at 0x0000000003056620>

从上述执行结果中可以看出，使用元组推导式生成的结果并不是一个元组或者列表，而是一个生成器对象，这一点和列表推导式是不同的。要使用该生成器对象，可以将其转换为元组或者列表。其中，转换为元组使用 tuple()函数，而转换为列表则使用 list()函数。

例如，使用元组推导式生成一个包含 10 个随机数的生成器对象，然后将其转换为元组并输出，可以使用下列代码：

```
01    import random                                          # 导入 random 标准库
02    randomnumber = (random.randint(10,100) for i in range(10))
03    randomnumber = tuple(randomnumber)                     # 转换为元组
04    print("转换后：",randomnumber)
```

执行结果如下：

转换后：　(76, 54, 74, 63, 61, 71, 53, 75, 61, 55)

要使用通过元组推导器生成的生成器对象，还可以直接通过 for 循环遍历，或者直接使用__next__()方法进行遍历。

例如，通过生成器推导式生成一个包含 3 个元素的生成器对象 number，然后调用 3 次__next__()方法输出每个元素，最后将生成器对象 number 转换为元组输出，代码如下：

```
01    number = (i for i in range(3))
02    print(number.__next__())                                    # 输出第 1 个元素
03    print(number.__next__())                                    # 输出第 2 个元素
04    print(number.__next__())                                    # 输出第 3 个元素
05    number = tuple(number)                                      # 转换为元组
06    print("转换后： ",number)
```

运行上述代码，将显示以下结果：

```
0
1
2
转换后：   ()
```

再如，通过生成器推导式生成一个包括 4 个元素的生成器对象 number，然后应用 for 循环遍历该生成器对象，并输出每个元素的值，最后将其转换为元组输出，代码如下：

```
01    number = (i for i in range(4))                              # 生成生成器对象
02    for i in number:                                            # 遍历生成器对象
03        print(i,end=" ")                                        # 输出每个元素的值
04    print(tuple(number))                                        # 转换为元组输出
```

执行结果如下：

```
0 1 2 3 ()
```

从上述两个示例中可以看出，无论通过哪种方法遍历，如果还想再使用该生成器对象，都必须重新创建一个生成器对象。因为遍历后，原生成器对象已经不存在。

5.3.5 元组与列表的区别

元组和列表都属于序列，而且它们又都可以按照特定顺序存储一组元素，类型又不受限制，只要是 Python 支持的类型都可以。那么它们之间有什么区别呢？

简单理解：列表类似于我们用铅笔在纸上写下自己喜欢的歌曲名字，当写错时用橡皮擦可以擦掉；而元组则类似于用钢笔写下的歌曲名字，当写错时用橡皮擦无法擦掉，除非换一张纸重写。

列表和元组的区别主要体现在以下 5 个方面。

（1）列表属于可变序列，它的元素可以随时被修改或者删除；而元组属于不可变序列，其中的元素不可以被修改，除非整体替换。

（2）列表可以使用 append()、extend()、insert()、remove() 和 pop() 等方法实现添加和修改列表元素；而元组则没有这几个方法，因为不能向元组中添加和修改元素。同样，也不能删除元组中的元素。

（3）列表可以使用切片访问和修改列表中的元素。元组也支持切片，但是它只支持通过切片访问元组中的元素，不支持修改。

（4）元组比列表的访问和处理速度快。所以如果只需要对其中的元素进行访问，而不进行任何修改，建议使用元组而不使用列表。

（5）列表不能作为字典的键，而元组可以。

5.4　实践与练习

（答案位置：资源包\TM\sl\05\实践与练习\）

综合练习 1：编写英文月份词典　小琦的英语不好，总是记不住 1～12 月的英文单词。请为他编写一个小工具，输入月份，就能输出对应的单词。（提示：可以使用列表和索引）

综合练习 2：验证用户名是否被占用　在进行用户注册时，通常需要保证用户名是唯一的，所以需要验证用户名是否被占用。那么，本练习要求，将已经注册的用户名保存在列表中，然后要求用户输入要注册的用户名，程序进行判断该用户名是否在用户名列表中。

第 6 章

字典和集合

在 Python 中，除前面章节中介绍的序列数据结构外，还包括字典和集合。其中，字典可以看作是"键-值对"的集合，就像电话通讯录，可以将联系人姓名和电话号码关联起来，在需要时可以直接通过姓名找到对应的电话；而集合就像是收集了很多表情的表情包，里面的所有表情都是唯一的。

本章知识架构及重难点如下。

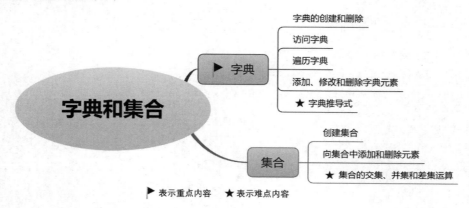

6.1 字 典

字典（dictionary）是无序、可变的，保存的内容是以"键-值对"的形式存储的。这类似于《新华字典》，它可以把拼音和汉字关联起来。通过音节表可以快速找到想要的汉字。其中，《新华字典》里的音节表相当于键（key），而对应的汉字则相当于值（value）。键是唯一的，而值可以有多个。字典在定义一个包含多个命名字段的对象时，很有用。

> **说明**
>
> Python 中的字典相当于 Java 或者 C++中的 Map 对象。

字典的主要特征如下。

- ☑ 通过键而不是通过索引来读取。字典有时也被称为关联数组或者散列表（hash table）。它是通过键将一系列的值联系起来的，这样就可以通过键从字典中获取指定项，但不能通过索引来获取。
- ☑ 字典是任意对象的无序集合。字典是无序的，各项是从左到右随机排序的，即保存在字典中的项没有特定的顺序。这样可以提高查找顺序。

- ☑ 字典是可变的，并且可以任意嵌套。字典可以在原处增长或者缩短（无须生成一个副本），并且它支持任意深度的嵌套（即它的值可以是列表或者其他的字典）。
- ☑ 字典中的键必须唯一。不允许同一个键出现两次，如果出现两次，则后一个值会被记住。
- ☑ 字典中的键必须不可变。字典中的键是不可变的，所以可以使用数字、字符串或者元组，但不能使用列表。

6.1.1　字典的创建和删除

定义字典时，每个元素都包含两个部分——"键"和"值"，并且在"键"和"值"之间使用冒号分隔，相邻两个元素使用逗号分隔，所有元素放在一个大括号"{}"中。语法格式如下：

```
dictionary = {'key1':'value1', 'key2':'value2', ..., 'keyn':'valuen',}
```

参数说明如下。

- ☑ dictionary：表示字典名称。
- ☑ key1, key2, ..., keyn：表示元素的键，必须是唯一的，并且不可变，例如可以是字符串、数字或者元组。
- ☑ value1, value2, ..., valuen：表示元素的值，可以是任何数据类型，不是必须唯一。

例如，创建一个保存通讯录信息的字典，可以使用下列代码：

```
01    dictionary = {'qq':'84978981','明日科技':'84978982','无语':'0431-84978981'}
02    print(dictionary)
```

执行结果如下：

```
{'qq': '84978981', '明日科技': '84978982', '无语': '0431-84978981'}
```

同列表和元组一样，也可以创建空字典。在 Python 中，可以使用下列两种方法创建空字典：

```
dictionary = {}
```

或者

```
dictionary = dict()
```

Python 的 dict()方法除了可以创建一个空字典，还可以通过已有数据快速创建字典。主要表现为以下两种形式。

1. 通过映射函数创建字典

语法格式如下：

```
dictionary = dict(zip(list1,list2))
```

参数说明如下。

- ☑ dictionary：表示字典名称。
- ☑ zip()函数：用于将多个列表或元组对应位置的元素组合为元组，并返回包含这些内容的 zip 对象。如果想得到元组，可以使用 tuple()函数将 zip 对象转换为元组；如果想得到列表，可以使用 list()函数将其转换为列表。

☑ list1：表示一个列表，用于指定要生成字典的键。

☑ list2：表示一个列表，用于指定要生成字典的值。如果 list1 和 list2 的长度不同，则与最短的列表长度相同。

场景模拟：某大学的寝室里住着 4 位清秀可人的美女，她们的名字保存在一个列表中；相应地，她们每个人的星座保存在另一个列表中。

【例 6.1】根据名字和星座创建一个字典。（实例位置：资源包\TM\sl\06\01）

在 IDLE 中创建一个名称为 sign_create.py 的文件，然后在该文件中定义两个均包括 4 个元素的列表，再应用 dict()函数和 zip()函数将前两个列表转换为对应的字典，并且输出该字典，代码如下：

```
01    name = ['绮梦','冷伊一','香凝','黛兰']              # 作为键的列表
02    sign = ['水瓶座','射手座','双鱼座','双子座']         # 作为值的列表
03    dictionary = dict(zip(name,sign))                # 转换为字典
04    print(dictionary)                                # 输出转换后字典
```

运行代码后，将显示如图 6.1 所示的结果。

```
{'绮梦'：'水瓶座'，'冷伊一'：'射手座'，'香凝'：'双鱼座'，'黛兰'：'双子座'}
>>>
```

图 6.1   创建字典

2. 通过给定的"键-值对"创建字典

语法格式如下：

```
dictionary = dict(key1=value1,key2=value2,...,keyn=valuen)
```

参数说明如下。

☑ dictionary：表示字典名称。

☑ key1, key2, ..., keyn：表示元素的键，必须是唯一的，并且不可变，例如可以是字符串、数字或者元组。

☑ value1, value2, ..., valuen：表示元素的值，可以是任何数据类型，不是必须唯一。

例如，将例 6.1 中的名字和星座通过"键-值对"的形式创建一个字典，可以使用下列代码：

```
01    dictionary =dict(绮梦 = '水瓶座', 冷伊一 = '射手座', 香凝 = '双鱼座', 黛兰 = '双子座')
02    print(dictionary)
```

在 Python 中，还可以使用 dict 对象的 fromkeys()方法创建值为空的字典，语法格式如下：

```
dictionary = dict.fromkeys(list1)
```

参数说明如下。

☑ dictionary：表示字典名称。

☑ list1：作为字典的键的列表。

例如，创建一个仅包括名字的字典，可以使用下列代码：

```
01    name_list = ['绮梦','冷伊一','香凝','黛兰']          # 作为键的列表
02    dictionary = dict.fromkeys(name_list)
03    print(dictionary)
```

94

执行结果如下：

{'绮梦': None, '冷伊一': None, '香凝': None, '黛兰': None}

另外，还可以通过已经存在的元组和列表创建字典。例如，创建一个保存名字的元组和保存星座的列表，然后通过它们创建一个字典，可以使用下列代码：

```
01    name_tuple = ('绮梦','冷伊一', '香凝', '黛兰')        # 作为键的元组
02    sign = ['水瓶座','射手座','双鱼座','双子座']          # 作为值的列表
03    dict1 = {name_tuple:sign}                          # 创建字典
04    print(dict1)
```

执行结果如下：

{('绮梦', '冷伊一', '香凝', '黛兰'): ['水瓶座', '射手座', '双鱼座', '双子座']}

如果将作为键的元组修改为列表，再创建一个字典，代码如下：

```
01    name_list = ['绮梦','冷伊一', '香凝', '黛兰']        # 作为键的元组
02    sign = ['水瓶座','射手座','双鱼座','双子座']          # 作为值的列表
03    dict1 = {name_list:sign}                           # 创建字典
04    print(dict1)
```

执行结果如图 6.2 所示。

```
Traceback (most recent call last):
  File "E:\program\Python\Code\test.py", line 16, in <module>
    dict1 = {name_list:sign}        # 创建字典
TypeError: unhashable type: 'list'
>>>
```

图 6.2　将列表作为字典的键时所产生的异常

同列表和元组一样，对于不再需要的字典，也可以使用 del 语句将其删除。例如，通过下列代码即可将已经定义的字典删除：

del dictionary

另外，如果只是想删除字典的全部元素，可以使用字典对象的 clear()方法。执行 clear()方法后，原字典将变为空字典。例如，下列代码可将清除字典的全部元素：

dictionary.clear()

除上述介绍的方法可以删除字典元素外，还可以使用字典对象的 pop()方法删除并返回指定"键"的元素，以及使用字典对象的 popitem()方法删除并返回字典中的一个元素。

6.1.2　访问字典

在 Python 中，如果想将字典的内容输出也比较简单，可以直接使用 print()函数。例如，要想打印例 6.1 中定义的 dictionary 字典，可以使用下列代码：

print(dictionary)

执行结果如下：

{'绮梦': '水瓶座', '冷伊一': '射手座', '香凝': '双鱼座', '黛兰': '双子座'}

然而，在使用字典时，很少会直接输出它的内容。一般需要根据指定的键得到相应的结果。在 Python 中，访问字典的元素可以通过下标的方式实现，与列表和元组不同，这里的下标不是索引号，而是键。例如，想要获取"冷伊一"的星座，可以使用下列代码：

print(dictionary['冷伊一'])

执行结果如下：

射手座

在使用上述方法获取指定键的值时，如果指定的键不存在，将抛出如图 6.3 所示的异常。

```
{'绮梦': '水瓶座', '冷伊一': '射手座', '香凝': '双鱼座', '黛兰': '双子座'}
Traceback (most recent call last):
  File "E:/program/Python/Code/test.py", line 10, in <module>
    print("冷伊的星座是：",dictionary['冷伊'])
KeyError: '冷伊'
>>>
```

图 6.3　获取指定的键不存在时抛出异常

在实际开发中，很可能我们不知道当前存在什么键，所以需要避免上述异常的产生。具体的解决方法是使用 if 语句对不存在的情况进行处理，即给一个默认值。例如，可以将上述代码修改为以下内容：

print("冷伊的星座是：",dictionary['冷伊'] if '冷伊' in dictionary else '我的字典里没有此人')

当"冷伊"不存在时，将显示以下内容：

冷伊的星座是：我的字典里没有此人

另外，Python 中推荐的方法是使用字典对象的 get()方法获取指定键的值。其语法格式如下：

dictionary.get(key[,default])

其中，dictionary 为字典对象，即要从中获取值的字典；key 为指定的键；default 为可选项，用于当指定的键不存在时，返回一个默认值，如果省略，则返回 None。

例如，通过 get()方法获取"冷伊一"的星座，可以使用下列代码：

print("冷伊一的星座是：",dictionary.get('冷伊一'))

执行结果如下：

冷伊一的星座是：　射手座

说明

为了解决在获取指定键的值时，因不存在该键而导致抛出异常，可以为 get()方法设置默认值，这样当指定的键不存在时，得到结果就是所指定的默认值。例如，将上述代码修改为以下内容：

print("冷伊的星座是：",dictionary.get('冷伊','我的字典里没有此人'))

将得到以下结果：

冷伊的星座是：我的字典里没有此人

场景模拟：仍然是某大学寝室里的 4 位美女，这次将她们的名字和星座均保存在一个字典里，然后再定义一个保存各个星座的性格特点的字典，再根据这两个字典取出某位美女的性格特点。

【例 6.2】根据星座测试性格特点。（**实例位置：资源包\TM\sl\06\02**）

在 IDLE 中创建一个名称为 sign_get.py 的文件，然后在该文件中创建两个字典：一个保存名字和星座；另一个保存星座的性格特点。最后从这两个字典中取出相应的信息组合出想要的结果，并输出，代码如下：

```
01  name = ['绮梦','冷伊一','香凝','黛兰']                                    # 作为键的列表
02  sign_person = ['水瓶座','射手座','双鱼座','双子座']                        # 作为值的列表
03  person_dict = dict(zip(name,sign_person))                          # 转换为个人字典
04  sign_all =['白羊座', '金牛座', '双子座', '巨蟹座', '狮子座', '处女座', '天秤座', '天蝎座', '射手座', '摩羯座', '水瓶
            座', '双鱼座']
05  nature = ['有一种让人看见就觉得开心的感觉，阳光、乐观、坚强，性格直来直往，就是有点小脾气。',
06            '很保守，喜欢稳定，一旦有什么变动就会觉得心里不踏实，性格比较慢热，是个理财高手。',
07            '喜欢追求新鲜感，有点小聪明，耐心不够，因你的可爱性格会让很多人喜欢和你做朋友。',
08            '情绪容易敏感，缺乏安全感，做事情有坚持到底的毅力，为人重情重义，对朋友和家人特别忠实。',
09            '有着宏伟的理想，总想靠自己的努力成为人上人，向往高高在上的优越感，  ',
10            '也期待被仰慕被崇拜的感觉。坚持追求自己的完美主义者。',
11            '追求平等、和谐，擅于察言观色，交际能力很强，因此真心的朋友不少。',
12            '最大的缺点就是面对选择总是犹豫不决。精力旺盛，占有欲强，对于生活很有目标，  ',
13            '不达目的誓不罢休，复仇心重。崇尚自由，勇敢、果断、独立，身上有一股勇往直前的劲儿，  ',
14            '只要想做，就能做。是最有耐心的，为事最小心，也是最善良的星座。',
15            '做事脚踏实地，也比较固执，不达目的不放手，而且非常勤奋。',
16            '人很聪明，最大的特点是创新，追求独一无二的生活，个人主义色彩很浓重的星座。',
17            '集所有星座的优缺点于一身。最大的优点是有一颗善良的心，愿意帮助别人。']
18  sign_dict = dict(zip(sign_all,nature))                            # 转换为星座字典
19  print("【香凝】的星座是",person_dict.get("香凝"))                       # 输出星座
20  print("\n 她的性格特点是：\n\n",sign_dict.get(person_dict.get("香凝")))   # 输出性格特点
```

运行上述代码，将显示如图 6.4 所示的结果。

【香凝】的星座是 双鱼座

她的性格特点是：

集所有星座的优缺点于一身。最大的优点是有一颗善良的心，愿意帮助别人。
>>>

图 6.4　输出某人的星座和性格特点

6.1.3　遍历字典

字典是以"键-值对"的形式存储数据的，所以就可能需要对这些"键-值对"进行获取。Python 提供了遍历字典的方法，通过遍历可以获取字典中的全部"键-值对"。

使用字典对象的 items()方法可以获取字典的"键-值对"列表。其语法格式如下：

dictionary.items()

其中，dictionary 为字典对象；返回值为可遍历的"键-值对"元组列表。想要获取具体的"键-值

对"，可以通过 for 循环遍历该元组列表。

例如，定义一个字典，然后通过 items()方法获取"键–值对"的元组列表，并输出全部"键–值对"，代码如下：

```
01    dictionary = {'qq':'84978981','明日科技':'84978982','无语':'0431-84978981'}
02    for item in dictionary.items():
03        print(item)
```

执行结果如下：

```
('qq', '84978981')
('明日科技', '84978982')
('无语', '0431-84978981')
```

上述示例得到的是元组中的各个元素，如果想要获取具体的每个键和值，可以使用下列代码进行遍历：

```
01    dictionary = {'qq':'4006751066','明日科技':'0431-84978982','无语':'0431-84978981'}
02    for key,value in dictionary.items():
03        print(key,"的联系电话是",value)
```

执行结果如下：

```
qq 的联系电话是 4006751066
明日科技 的联系电话是 0431-84978982
无语 的联系电话是 0431-84978981
```

 说明

在 Python 中，字典对象还提供了 values()和 keys()方法，用于返回字典的"值"和"键"列表，它们的使用方法同 items()方法类似，也需要通过 for 循环遍历该字典列表，获取对应的值和键。

6.1.4 添加、修改和删除字典元素

由于字典是可变序列，因此可以随时在其中添加"键–值对"，这和列表类似。向字典中添加元素的语法格式如下：

```
dictionary[key] = value
```

参数说明如下。

☑ dictionary：表示字典名称。

☑ key：表示要添加的元素的键，必须是唯一的，并且不可变，例如可以是字符串、数字或者元组。

☑ value：表示元素的值，可以是任何数据类型，不是必须唯一。

例如，仍然以之前保存的 4 位美女星座的场景为例，在创建的字典中添加一个元素，并显示添加后的字典，代码如下：

```
01    dictionary =dict((('绮梦', '水瓶座'),('冷伊一','射手座'), ('香凝','双鱼座'), ('黛兰','双子座')))
```

```
02    dictionary["碧琦"] = "巨蟹座"                                    # 添加一个元素
03    print(dictionary)
```

执行结果如下：

`{'绮梦': '水瓶座', '冷伊一': '射手座', '香凝': '双鱼座', '黛兰': '双子座', '碧琦': '巨蟹座'}`

从上述结果中可以看出，又添加了一个键为"碧琦"的元素。

由于在字典中，"键"必须是唯一的，因此如果新添加元素的"键"与已经存在的"键"重复，那么将使用新的"值"替换原来该"键"的值，这也相当于修改字典的元素。例如，再添加一个"键"为"香凝"的元素，这次设置她为"天蝎座"。可以使用下列代码：

```
01    dictionary =dict((('绮梦', '水瓶座'),('冷伊一','射手座'), ('香凝','双鱼座'), ('黛兰','双子座')))
02    dictionary["香凝"] = "天蝎座"    # 添加一个元素，当元素存在时，则相当于修改功能
03    print(dictionary)
```

执行结果如下：

`{'绮梦': '水瓶座', '冷伊一': '射手座', '香凝': '天蝎座', '黛兰': '双子座'}`

从上述结果中可以看出，并没有添加一个新的"键"为"香凝"的元素，而是直接对"香凝"进行了修改。

当字典中的某个元素不需要时，可以使用 del 语句将其删除。例如，要删除字典 dictionary 的键为"香凝"的元素，可以使用下列代码：

```
01    dictionary =dict((('绮梦', '水瓶座'),('冷伊一','射手座'), ('香凝','双鱼座'), ('黛兰','双子座')))
02    del dictionary["香凝"]        # 删除一个元素
03    print(dictionary)
```

执行结果如下：

`{'绮梦': '水瓶座', '冷伊一': '射手座', '黛兰': '双子座'}`

从上述执行结果中可以看到，在字典 dictionary 中只剩下 3 个元素。

误区警示

当删除一个不存在的键时，将抛出如图 6.5 所示的异常。

```
Traceback (most recent call last):
  File "E:\program\Python\Code\test.py", line 7, in <module>
    del dictionary["香凝1"]    # 删除一个元素
KeyError: '香凝1'
>>>
```

图 6.5　当删除一个不存在的键时所抛出的异常

因此，需要将上述代码修改为以下内容，以防止当删除不存在的元素时抛出异常：

```
01    dictionary =dict((('绮梦', '水瓶座'),('冷伊一','射手座'), ('香凝','双鱼座'), ('黛兰','双子座')))
02    if "香凝 1" in dictionary:                                       # 如果存在
03        del dictionary["香凝 1"]                                     # 删除一个元素
04    print(dictionary)
```

6.1.5 字典推导式

使用字典推导式可以快速生成一个字典，它的表现形式和列表推导式类似。例如，我们可以使用下列代码生成一个包含 4 个随机数的字典，其中字典的键使用数字表示：

```
01   import random                              # 导入 random 标准库
02   randomdict = {i:random.randint(10,100) for i in range(1,5)}
03   print("生成的字典为",randomdict)
```

执行结果如下：

```
生成的字典为{1: 21, 2: 85, 3: 11, 4: 65}
```

另外，使用字典推导式也可根据列表生成字典。例如，可以将例 6.2 修改为通过字典推导式生成字典。

【例 6.3】根据名字和星座创建一个字典（副本）。（实例位置：资源包\TM\sl\06\03）

在 IDLE 中创建一个名称为 sign_create.py 的文件，然后在该文件中定义两个均包括 4 个元素的列表，再应用字典推导式和 zip()函数将两个列表转换为对应的字典，并且输出该字典，代码如下：

```
01   name = ['绮梦','冷伊一','香凝','黛兰']              # 作为键的列表
02   sign = ['水瓶','射手','双鱼','双子']                # 作为值的列表
03   dictionary = {i:j+'座' for i,j in zip(name,sign)}    # 使用字典推导式创建字典
04   print(dictionary)                                 # 输出转换后字典
```

运行上述代码，将显示如图 6.6 所示的结果。

```
{'绮梦':'水瓶座','冷伊一':'射手座','香凝':'双鱼座','黛兰':'双子座'}
>>>
```

图 6.6 采用字典推导式创建字典

6.2 集 合

Python 中的集合（set）与数学中的集合概念类似，也是用于保存不重复的元素。它有可变集合 set 和不可变集合 frozenset 两种。其中，本节所要介绍的 set 集合是无序可变的，而另一种在本书中不做介绍。在形式上，集合的所有元素都放在一对大括号"{}"中，两个相邻元素间使用逗号","分隔。集合最好的应用就是去重，因为集合中的每个元素都是唯一的。

✎ 说明

在数学中，集合的定义是把一些能够确定的不同的对象看作一个整体，而这个整体就是由这些对象的全体构成的集合。集合通常用大括号"{}"或者大写的拉丁字母表示。

集合最常用的操作就是创建集合，以及集合的添加、删除、交集、并集和差集等运算。下面分别进行介绍。

6.2.1 创建集合

在 Python 中提供了两种创建集合的方法：一种是直接使用"{}"创建；另一种是通过 set()函数将列表、元组等可迭代对象转换为集合。笔者推荐使用第二种方法。下面分别进行介绍。

1．直接使用"{}"创建

在 Python 中，创建 set 集合也可以像列表、元组和字典一样，直接将集合赋值给变量，从而实现创建集合，即直接使用大括号"{}"创建。其语法格式如下：

```
setname = {element 1,element 2,element 3,...,element n}
```

其中，setname 表示集合的名称，可以是任何符合 Python 命名规则的标识符；element 1、element 2、element 3、element n 表示集合中的元素，个数没有限制，并且只要是 Python 支持的数据类型就可以。

注意

在创建集合时，如果输入了重复的元素，Python 会自动只保留一个。

例如，下列每行代码都可以创建一个集合：

```
01    set1 = {'水瓶座','射手座','双鱼座','双子座'}
02    set2 = {3,1,4,1,5,9,2,6}
03    set3 = {'Python', 28, ('人生苦短', '我用 Python')}
```

上述代码将创建以下集合：

```
{'水瓶座', '双子座', '双鱼座', '射手座'}
{1, 2, 3, 4, 5, 6, 9}
{'Python', ('人生苦短', '我用 Python'), 28}
```

说明

由于 Python 中的 set 集合是无序的，因此每次输出时元素的排列顺序可能与上述不同，不必在意。

场景模拟：某大学的学生选课系统，可选语言有 Python 和 C 语言。现创建两个集合分别保存选择 Python 语言的学生名字和选择 C 语言的学生名字。

【例 6.4】创建保存学生选课信息的集合。（**实例位置：资源包\TM\sl\06\04**）

在 IDLE 中创建一个名称为 section_create.py 的文件，然后在该文件中定义两个均包括 4 个元素的集合，再输出这两个集合，代码如下：

```
01    python = {'绮梦','冷伊一','香凝','梓轩'}              # 保存选择 Python 语言的学生名字
02    c = {'冷伊一','零语','梓轩','圣博'}                   # 保存选择 C 语言的学生名字
03    print('选择 Python 语言的学生有：',python,'\n')        # 输出选择 Python 语言的学生名字
04    print('选择 C 语言的学生有：',c)                      # 输出选择 C 语言的学生名字
```

运行上述代码，将显示如图 6.7 所示的结果。

```
选择Python语言的学生有： {'绮梦','香凝','梓轩','冷伊一'}
选择C语言的学生有： {'圣博','零语','梓轩','冷伊一'}
>>>
```

图 6.7　创建集合

2. 使用 set()函数创建

在 Python 中，可以使用 set()函数将列表、元组等其他可迭代对象转换为集合。set()函数的语法格式如下：

```
setname = set(iteration)
```

参数说明如下。

- ☑ setname：表示集合名称。
- ☑ iteration：表示要转换为集合的可迭代对象，可以是列表、元组、range 对象等。另外，也可以是字符串，如果是字符串，返回的集合将是包含全部不重复字符的集合。

例如，下列每行代码都可以创建一个集合：

```
01    set1 = set("命运给予我们的不是失望之酒，而是机会之杯。")
02    set2 = set([1.414,1.732,3.14159,2.236])
03    set3 = set(('人生苦短', '我用 Python'))
```

上述代码将创建以下集合：

```
{'不', '的', '望', '是', '给', '，', '我', '。', '酒', '会', '杯', '运', '们', '予', '而', '失', '机', '命', '之'}
{1.414, 2.236, 3.14159, 1.732}
{'人生苦短', '我用 Python'}
```

从上述创建的集合结果中可以看出，在创建集合时，如果出现了重复元素，那么将只保留一个，例如在第一个集合中的"是"和"之"都只保留了一个。

注意

在创建空集合时，只能使用 set()函数实现，而不能使用一对大括号"{}"实现，这是因为在 Python 中，直接使用一对大括号"{}"表示创建一个空字典。

下面将例 6.4 修改为使用 set()函数创建保存学生选课信息的集合。修改后的代码如下：

```
01    python = set(['绮梦','冷伊一','香凝','梓轩'])          # 保存选择 Python 语言的学生名字
02    print('选择 Python 语言的学生有：',python,'\n')         # 输出选择 Python 语言的学生名字
03    c = set(['冷伊一','零语','梓轩','圣博'])                # 保存选择 C 语言的学生名字
04    print('选择 C 语言的学生有：',c)                       # 输出选择 C 语言的学生名字
```

执行结果如图 6.7 所示。

说明

在 Python 中，创建集合时推荐采用 set()函数实现。

6.2.2　向集合中添加和删除元素

集合是可变序列，所以在创建集合后，还可以对其添加或者删除元素。下面分别进行介绍。

1．向集合中添加元素

向集合中添加元素可以使用 add()方法实现。其语法格式如下：

```
setname.add(element)
```

其中，setname 表示要添加元素的集合；element 表示要添加的元素内容。这里只能使用字符串、数字及布尔类型的 True 或者 False 等，不能使用列表、元组等可迭代对象。

例如，定义一个保存明日科技零基础学系列图片名字的集合，然后向该集合中添加一个刚刚上市的图书名字，代码如下：

```
01    mr = set(['零基础学 Java','零基础学 Android','零基础学 C 语言','零基础学 C#','零基础学 PHP'])
02    mr.add('零基础学 Python')    # 添加一个元素
03    print(mr)
```

运行上述代码，将输出以下集合：

```
{'零基础学 PHP', '零基础学 Android', '零基础学 C#', '零基础学 C 语言', '零基础学 Python', '零基础学 Java'}
```

2．从集合中删除元素

在 Python 中，可以使用 del 语句删除整个集合，也可以使用集合的 pop()方法或者 remove()方法删除一个元素，还可以使用集合对象的 clear()方法清空集合，即删除集合中的全部元素，使其变为空集合。

例如，下列代码将分别实现从集合中删除指定元素、删除一个元素和清空集合：

```
01    mr = set(['零基础学 Java','零基础学 Android','零基础学 C 语言','零基础学 C#','零基础学 PHP','零基础学
          Python'])
02    mr.remove('零基础学 Python')                          # 删除指定元素
03    print('使用 remove()方法删除指定元素后：',mr)
04    mr.pop()                                             # 删除一个元素
05    print('使用 pop()方法删除一个元素后：',mr)
06    mr.clear()                                           # 清空集合
07    print('使用 clear()方法清空集合后：',mr)
```

运行上述代码，将输出以下内容：

```
使用 remove()方法删除指定元素后：　{'零基础学 Android', '零基础学 PHP', '零基础学 C 语言','零基础学 Java', '零
基础学 C#}
使用 pop()方法删除一个元素后：　{'零基础学 PHP', '零基础学 C 语言', '零基础学 Java','零基础学 C#}
使用 clear()方法清空集合后：　set()
```

误区警示

使用集合的 remove()方法时，如果指定的内容不存在，则将抛出如图 6.8 所示的异常。所以在删除指定元素前，最好先判断其是否存在。要判断指定的内容是否存在，可以使用 in 关键字实现。例如，使用 "'零语'in c" 可以判断在 c 集合中是否存在 "零语"。

```
Traceback (most recent call last):
    File "E:\program\Python\Code\test.py", line 25, in <module>
        mr.remove('零基础学Python1')    # 删除指定元素
KeyError: '零基础学Python1'
>>>
```

图 6.8　从集合中删除的元素不存在时抛出异常

场景模拟：仍然是某大学的学生选课系统，听说连小学生都学 Python，"零语" 同学决定放弃学习 C 语言，改为学习 Python。

【例 6.5】学生更改所选课程。（**实例位置：资源包\TM\sl\06\05**）

在 IDLE 中创建一个名称为 section_add.py 的文件，然后在该文件中定义一个包括 4 个元素的集合，并且应用 add()函数向该集合中添加一个元素，再定义一个包括 4 个元素的集合，并且应用 remove() 方法从该集合中删除指定的元素，最后输出这两个集合，代码如下：

```
01    python = set(['绮梦','冷伊一','香凝','梓轩'])      # 保存选择 Python 语言的学生名字
02    python.add('零语')                              # 添加一个元素
03    c = set(['冷伊一','零语','梓轩','圣博'])           # 保存选择 C 语言的学生名字
04    c.remove('零语')                                # 删除指定元素
05    print('选择 Python 语言的学生有：',python,'\n')    # 输出选择 Python 语言的学生名字
06    print('选择 C 语言的学生有：',c)                   # 输出选择 C 语言的学生名字
```

运行上述代码，将显示如图 6.9 所示的结果。

```
选择Python语言的学生有： {'冷伊一'，'零语'，'梓轩'，'香凝'，'绮梦'}

选择C语言的学生有： {'梓轩'，'冷伊一'，'圣博'}
>>>
```

图 6.9　向集合中添加和删除元素

6.2.3　集合的交集、并集和差集运算

集合最常用的操作就是进行交集、并集、差集和对称差集运算。进行交集运算时使用 "&" 符号；进行并集运算时使用 "|" 符号；进行差集运算时使用 "-" 符号；进行对称差集运算时使用 "^" 符号。下面通过一个具体的例子演示如何对集合进行交集、并集和差集运算。

场景模拟：仍然是某大学的学生选课系统，学生选课完毕后，老师要对选课结果进行统计。这时，需要知道哪些学生既选择了 Python 语言又选择了 C 语言，参与选课的全部学生，以及选择了 Python 语言但没有选择 C 语言的学生。

【例 6.6】对选课集合进行交集、并集和差集运算。（**实例位置：资源包\TM\sl\06\06**）

在 IDLE 中创建一个名称为 section_operate.py 的文件，然后在该文件中定义两个包括均 4 个元素的集合，再根据需要对两个集合分别进行交集、并集和差集运算，并输出运算结果，代码如下：

```
01   python = set(['绮梦','冷伊一','香凝','梓轩'])        # 保存选择 Python 语言的学生名字
02   c = set(['冷伊一','零语','梓轩','圣博'])             # 保存选择 C 语言的学生名字
03   print('选择 Python 语言的学生有：',python)           # 输出选择 Python 语言的学生名字
04   print('选择 C 语言的学生有：',c)                    # 输出选择 C 语言的学生名字
05   print('交集运算：',python & c)                     # 输出既选择了 Python 语言又选择了 C 语言的学生名字
06   print('并集运算：',python | c)                     # 输出参与选课的全部学生名字
07   print('差集运算：',python - c)                     # 输出选择了 Python 语言但没有选择 C 语言的学生名字
```

在上述代码中，为了获取既选择了 Python 语言又选择了 C 语言的学生名字，对两个集合进行交集运算；为了获取参与选课的全部学生名字，对两个集合进行并集运算；为了获取选择了 Python 语言但没有选择 C 语言的学生名字，对两个集合进行差集运算。

运行上述代码，将显示如图 6.10 所示的结果。

```
选择Python语言的学生有： {'绮梦'，'香凝'，'冷伊一'，'梓轩'}
选择C语言的学生有： {'零语'，'圣博'，'梓轩'，'冷伊一'}
交集运算： {'梓轩'，'冷伊一'}
并集运算： {'零语'，'香凝'，'冷伊一'，'梓轩'，'圣博'，'绮梦'}
差集运算： {'绮梦'，'香凝'}
>>>
```

图 6.10　对选课集合进行交集、并集和差集运算

6.3　实践与练习

（答案位置：资源包\TM\sl\06\实践与练习\）

综合练习 1：输入身份证号码输出对应省份　身份证号码可以看成是每个人的唯一标识，其中包括我们的出生地、出生日期、性别。具体规则为，1 位和 2 位表示省份；3 位和 4 位表示城市；5 位和 6 位表示区县；7~14 位表示出生日期；15 位和 16 位表示出生顺序号；17 位性别标号；18 位效验码。根据该规则可以获取一些我们想要的信息。本任务要求编写一段 Python 程序，将实现根据所输入的身份证号码获取对应的省份。

综合练习 2：统计需要取快递人员的名单　"双十一"过后，某公司每天都能收到很多快递，门卫小李想编写一个程序统计收到快递的人员名单，以便统一通知。现请你帮他编写一段 Python 程序，统计出需要来取快递的人员名单。（提示：可以通过循环一个一个录入有快递的人员姓名，并且添加到集合中，由于集合有去重功能，因此这样最后得到的就是一个不重复的人员名单）

第 7 章

字符串

字符串几乎是所有编程语言在项目开发过程中涉及最多的一块内容。大部分项目的运行结果都需要以文本的形式展示给客户，比如财务系统的总账报表、电子游戏的比赛结果、火车站的列车时刻表等。这些都是经过程序精密的计算、判断和梳理，将我们想要的内容用文本形式直观地展示出来。曾经有一位"久经沙场"的老程序员说过一句话："开发一个项目，基本上就是在不断地处理字符串。"

在 2.3.2 节已经对什么是字符串、如何定义字符串，以及字符串中的转义字符进行了介绍。本章将重点介绍如何操作字符串。

本章知识架构及重难点如下。

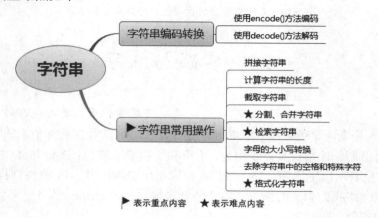

7.1 字符串编码转换

最早的字符串编码是美国标准信息交换码，即 ASCII 码。它仅对 10 个数字、26 个大写英文字母、26 个小写英文字母，以及一些其他符号进行了编码。ASCII 码最多只能表示 256 个符号，每个字符占一个字节。随着信息技术的发展，各国的文字都需要进行编码，于是出现了 GBK、GB2312、UTF-8 编码等。其中，GBK 和 GB2312 是我国制定的中文编码标准，使用一个字节表示英文字母，两个字节表示中文字符。而 UTF-8 是国际通用的编码，对全世界所有国家需要用到的字符都进行了编码。UTF-8 采用一个字节表示英文字符，用 3 个字节表示中文。在 Python 3.x 中，默认采用 UTF-8 编码，采用这种编码有效地解决了中文乱码的问题。

在 Python 中，有两种常用的字符串类型，分别为 str 和 byte。其中，str 表示 Unicode 字符（ASCII 或者其他）；byte 表示二进制数据（包括编码的文本）。这两种类型的字符串不能拼接在一起使用。通常情况下，str 在内存中以 Unicode 字符表示，一个字符对应若干个字节。但是，如果在网络上传输，或者保存到磁盘上，就需要把 str 转换为字节类型，即 byte 类型。

> **说明**
>
> byte 类型的数据是带有 b 前缀的字符串（用单引号或双引号表示），例如，b'\xd2\xb0'和 b'mr' 都是 bytes 类型的数据。

str 和 byte 之间可以通过 encode()方法和 decode()方法进行转换，这两个方法是互为逆过程。下面分别进行介绍。

7.1.1　使用 encode()方法编码

encode()方法为 str 对象的方法，用于将字符串转换为二进制数据（即 byte），也称为"编码"，其语法格式如下：

```
str.encode([encoding="utf-8"][,errors="strict"])
```

参数说明如下。

☑　str：表示要进行转换的字符串。

☑　encoding="utf-8"：可选参数，用于指定在转码时需要采用的编码，默认为 utf-8，如果想使用简体中文，也可以设置为 gb2312。当只有这一个参数时，可以省略前面的"encoding="，直接写编码。

☑　errors="strict"：可选参数，用于指定错误处理方式，其可选择的值有 strict（遇到非法字符就抛出异常）、ignore（忽略非法字符）、replace（用"?"替换非法字符）或 xmlcharrefreplace（使用 XML 的字符引用）等。默认值为 strict。

> **说明**
>
> 在使用 encode()方法时，不会修改原字符串，如果打算修改原字符串，则需要对其进行重新赋值。

例如，定义一个名称为 verse 的字符串，内容为"野渡无人舟自横"，然后使用 encode()方法将其 GBK 编码转换为二进制数据，并输出原字符串和转换后的内容，代码如下：

```
01  verse = '野渡无人舟自横'
02  byte = verse.encode('GBK')       # 将 GBK 编码转换为二进制数据，不处理异常
03  print('原字符串：',verse)          # 输出原字符串（没有改变）
04  print('转换后：',byte)            # 输出转换后的二进制数据
```

执行上述代码，将显示以下内容：

```
原字符串：  野渡无人舟自横
转换后：  b'\xd2\xb0\xb6\xc9\xce\xde\xc8\xcb\xd6\xdb\xd7\xd4\xba\xe1'
```

如果采用 UTF-8 编码，转换后的二进制数据如下：

```
b'\xe9\x87\x8e\xe6\xb8\xa1\xe6\x97\xa0\xe4\xba\xba\xe8\x88\x9f\xe8\x87\xaa\xe6\xa8\xaa'
```

7.1.2 使用 decode() 方法解码

decode()方法为 bytes 对象的方法，用于将二进制数据转换为字符串，即把使用 encode()方法转换的结果再转换为字符串，也称为"解码"。其语法格式如下：

```
bytes.decode([encoding="utf-8"][,errors="strict"])
```

参数说明如下。

☑ bytes：表示要进行转换的二进制数据，通常是 encode()方法转换的结果。

☑ encoding="utf-8"：可选参数，用于指定在解码时所采用的字符编码，默认为 utf-8，如果想使用简体中文，也可以设置为 gb2312。当只有这一个参数时，可以省略前面的"encoding="，直接写字符编码。

 误区警示

在指定解码采用的字符编码时，需要与编码时所采用的字符编码一致。

☑ errors="strict"：可选参数，用于指定错误处理方式，其可选择的值有 strict（遇到非法字符就抛出异常）、ignore（忽略非法字符）、replace（用"?"替换非法字符）或 xmlcharrefreplace（使用 XML 的字符引用）等，默认值为 strict。

说明

在使用 decode()方法时，不会修改原字符串，如果打算修改原字符串，则需要对其进行重新赋值。

例如，需要对 7.1.1 节的示例中已被编码后所得到的二进制数据（保存在变量 byte 中）进行解码，可以使用下列代码：

```
print('解码后：',byte.decode("GBK"))   # 对二进制数据进行解码
```

执行上述代码，将显示以下内容：

```
解码后： 野渡无人舟自横
```

7.2 字符串常用操作

在 Python 开发过程中，为了实现某项功能，经常需要对某些字符串进行特殊处理，如拼接字符串、截取字符串、格式化字符串等。下面将对 Python 中常用的字符串操作方法进行介绍。

7.2.1 拼接字符串

使用"+"运算符可以连接多个字符串，并产生一个字符串对象。

例如，定义两个字符串，一个被用于保存英文版的名言，另一个被用于保存中文版的名言，然后使用 "+" 运算符连接，代码如下：

```
01    mot_en = 'Remembrance is a form of meeting. Frgetfulness is a form of freedom.'
02    mot_cn = '记忆是一种相遇。遗忘是一种自由。'
03    print(mot_en + '——' + mot_cn)
```

字符串不允许直接与其他类型的数据拼接。例如，使用下列代码将字符串与数值拼接在一起，将会产生如图 7.1 所示的异常。

```
01    str1 = '我今天一共走了'              # 定义字符串
02    num = 12098                      # 定义一个整数
03    str2 = '步'                       # 定义字符串
04    print(str1 + num + str2)          # 对字符串和整数进行拼接
```

```
Traceback (most recent call last):
  File "E:\program\Python\Code\test.py", line 19, in <module>
    print(str1 + num + str2)
TypeError: must be str, not int
>>>
```

图 7.1　字符串和整数拼接抛出的异常

为了解决此问题，可以使用 str() 函数将整数转换为字符串。据此，将上述代码修改如下：

```
01    str1 = '今天我一共走了'              # 定义字符串
02    num = 12098                      # 定义一个整数
03    str2 = '步'                       # 定义字符串
04    print(str1 + str(num) + str2)     # 对字符串和整数进行拼接
```

执行上述代码，将显示以下内容：

今天我一共走了 12098 步

场景模拟：有一天，两名程序员坐在一起聊天，于是产生了下面的笑话。

【例 7.1】 使用字符串拼接输出一个关于程序员的笑话。（**实例位置：资源包\TM\sl\07\01**）

在 IDLE 中创建一个名称为 programmer_splice.py 的文件，然后在该文件中定义两个字符串变量，分别记录两名程序员说的话，再将两个字符串拼接到一起，并且在中间拼接一个转义字符串（换行符），最后输出，代码如下：

```
01    programmer_1 = '程序员甲：搞 IT 太辛苦了，我想换行……怎么办？'
02    programmer_2 = '程序员乙：按 Enter 键'
03    print(programmer_1 + '\n' + programmer_2)
```

运行结果如图 7.2 所示。

```
程序员甲：搞IT太辛苦了，我想换行……怎么办？
程序员乙：按Enter键
>>>
```

图 7.2　输出一个关于程序员的笑话

7.2.2　计算字符串的长度

由于不同的字符所占字节数不同，因此如果要计算字符串的长度，则需要先了解各字符所占的字节数。在 Python 中，数字、英文、小数点、下画线和空格占一个字节；一个汉字可能会占 2～4 个字节，占几个字节取决于采用的编码。汉字在 GBK/GB2312 编码中占两个字节，在 UTF-8/unicode 中一般占 3 个字节（或 4 个字节）。下面以 Python 默认的 UTF-8 编码为例进行说明，即一个汉字占 3 个字节，如图 7.3 所示。

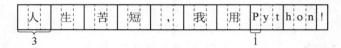

图 7.3　汉字和英文所占字节个数

在 Python 中，提供了 len() 函数计算字符串的长度。其语法格式如下：

```
len(string)
```

其中，string 用于指定要进行长度统计的字符串。

例如，定义一个字符串，内容为"人生苦短，我用 Python!"，然后应用 len() 函数计算该字符串的长度，代码如下：

```
01    str1 = '人生苦短，我用 Python!'        # 定义字符串
02    length = len(str1)                    # 计算字符串的长度
03    print(length)
```

执行上述代码，将显示"14"。

从上述结果中可以看出，在默认的情况下，通过 len() 函数计算字符串的长度时，不区分英文、数字和汉字，所有字符都认为是一个。

在实际开发时，有时需要获取字符串实际所占的字节数，即如果采用 UTF-8 编码，则汉字占 3 个字节；而如果采用 GBK 或者 GB2312，则汉字占两个字节。这时，可以通过使用 encode() 方法进行编码后再进行获取。例如，如果要获取采用 UTF-8 编码的字符串的长度，可以使用下列代码：

```
01    str1 = '人生苦短，我用 Python!'        # 定义字符串
02    length = len(str1.encode())           # 计算 UTF-8 编码的字符串的长度
03    print(length)
```

执行上述代码，将显示"28"。其原因在于，汉字和中文标点符号共 7 个，占 21 个字节，而英文字母和英文的标点符号共 7 个，占 7 个字节。因此，这里共 28 个字节。

如果要获取采用 GBK 编码的字符串的长度，可以使用下列代码：

```
01    str1 = '人生苦短，我用 Python!'        # 定义字符串
02    length = len(str1.encode('gbk'))      # 计算 GBK 编码的字符串的长度
03    print(length)
```

执行上述代码，将显示"21"。其原因在于，汉字和中文标点符号共 7 个，占 14 个字节，而英文字母和英文的标点符号共 7 个，占 7 个字节。因此，这里共 21 个字节。

7.2.3 截取字符串

由于字符串也属于序列，因此如果截取字符串，可以采用切片方法实现。通过切片方法截取字符串的语法格式如下：

```
string[start : end : step]
```

参数说明如下。

- ☑ string：表示要截取的字符串。
- ☑ start：表示要截取的第一个字符的索引（包括该字符），如果不指定，则默认为 0。
- ☑ end：表示要截取的最后一个字符的索引（不包括该字符），如果不指定，则默认为字符串的长度。
- ☑ step：表示切片的步长，如果省略，则默认为 1，当省略该步长时，最后一个冒号也可以被省略。

说明

字符串的索引同序列的索引是一样的，也是从 0 开始，并且每个字符占一个位置，如图 7.4 所示。

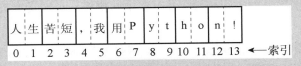

图 7.4 字符串的索引示意图

例如，定义一个字符串，然后应用切片方法截取不同长度的子字符串，并输出，代码如下：

```
01   str1 = '人生苦短，我用 Python!'        # 定义字符串
02   substr1 = str1[1]                      # 截取第 2 个字符
03   substr2 = str1[5:]                     # 从第 6 个字符截取
04   substr3 = str1[:5]                     # 从左边开始截取 5 个字符
05   substr4 = str1[2:5]                    # 截取第 3 个到第 5 个字符
06   print('原字符串： ',str1)
07   print(substr1 + '\n' + substr2 + '\n' + substr3 + '\n' + substr4)
```

执行上述代码，将显示以下内容：

```
原字符串： 人生苦短，我用 Python!
生
我用 Python!
人生苦短，
苦短，
```

📢**注意**

进行字符串截取时，如果指定索引不存在，则会抛出如图 7.5 所示的异常。要解决该问题，可以采用 try…except 语句（参见第 12 章）捕获异常。例如，下列代码在执行后将不会抛出异常：

```
01    str1 = '人生苦短，我用 Python!'        # 定义字符串
02    try:
03        substr1 = str1[15]              # 截取第 15 个字符
04    except IndexError:
05        print('指定的索引不存在')
```

```
Traceback (most recent call last):
  File "E:\program\Python\Code\test.py", line 19, in <module>
    substr1 = str1[15]    # 截取第15个字符
IndexError: string index out of range
>>>
```

图 7.5　指定的索引不存在时抛出的异常

场景模拟：有一天，两名程序员又坐在一起聊天。程序员甲按 Enter 键后，真的换行成功了。为此，程序员甲对程序员乙很崇拜，于是想考考他。

【**例 7.2**】截取身份证号码中的出生日期。（**实例位置：资源包\TM\sl\07\02**）

在 IDLE 中创建一个名称为 idcard.py 的文件，然后在该文件中定义两个字符串变量，分别记录两名程序说的话，再将两个字符串拼接到一起，并且在中间拼接一个转义字符串（换行符），最后输出，代码如下：

```
01    programer_1 = '你知道我的生日吗？'          # 程序员甲问程序员乙的台词
02    print('程序员甲说：',programer_1)            # 输出程序员甲的台词
03    programer_2 = '输入你的身份证号码。'          # 程序员乙的台词
04    print('程序员乙说：',programer_2)            # 输出程序员乙的台词
05    idcard = '123456199006277890'              # 定义保存身份证号码的字符串
06    print('程序员甲说：',idcard)                 # 程序员甲说出身份证号码
07    birthday = idcard[6:10] + '年' + idcard[10:12] + '月' + idcard[12:14] + '日'    # 截取生日
08    print('程序员乙说：','你是' + birthday + '出生的，所以你的生日是' + birthday[5:])
```

运行结果如图 7.6 所示。

```
程序员甲说：  你知道我的生日吗？
程序员乙说：  输入你的身份证号码。
程序员甲说：  123456199006277890
程序员乙说：  你是1990年06月27日出生的，所以你的生日是06月27日
>>>
```

图 7.6　截取身份证号码中的出生日期

7.2.4　分割、合并字符串

在 Python 中，字符串对象提供了分割和合并字符串的方法。分割字符串是把字符串分割为列表，而合并字符串是把列表合并为字符串，它们可以被看作是互逆操作。下面分别进行介绍。

1. 分割字符串

字符串对象的 split()方法可以实现字符串的分割。即把一个字符串按照指定的分隔符切分为字符串列表。在该列表的元素中，不包括分隔符。split()方法的语法格式如下：

```
str.split(sep, maxsplit)
```

参数说明如下。

☑ str：表示要进行分割的字符串。

☑ sep：用于指定分隔符，可以包含多个字符，默认为 None，即所有空字符（包括空格、换行"\n"、制表符"\t"等）。

☑ maxsplit：可选参数，用于指定分割的次数，如果不指定或者为-1，则分割次数没有限制；否则返回结果列表的元素个数最多为 maxsplit+1。

说明

> 在 split()方法中，如果不指定 sep 参数，那么也不能指定 maxsplit 参数。

☑ 返回值：分割后的字符串列表。

例如，定义一个保存明日学院网址的字符串，然后应用 split()方法根据不同的分隔符进行分割，代码如下：

```
01  str1 = '明 日 学 院 官 网  >>>  www.mingrisoft.com'
02  print('原字符串：',str1)
03  list1 = str1.split()                  # 采用默认分隔符进行分割
04  list2 = str1.split('>>>')             # 采用多个字符进行分割
05  list3 = str1.split('.')              # 采用"."号进行分割
06  list4 = str1.split(' ',4)           # 采用空格进行分割，并且只分割前 4 个
07  print(str(list1) + '\n' + str(list2) + '\n' + str(list3) + '\n' + str(list4))
08  list5 = str1.split('>')             # 采用>进行分割
09  print(list5)
```

执行上述代码，将显示以下内容：

```
原字符串： 明 日 学 院 官 网  >>>  www.mingrisoft.com
['明', '日', '学', '院', '官', '网', '>>>', 'www.mingrisoft.com']
['明 日 学 院 官 网 ', ' www.mingrisoft.com']
['明 日 学 院 官 网  >>>  www', 'mingrisoft', 'com']
['明', '日', '学', '院', '官 网  >>>  www.mingrisoft.com']
['明 日 学 院 官 网 ', '', '', ' www.mingrisoft.com']
```

说明

> 在使用 split()方法时，如果不指定参数，则默认采用空白符进行分割，这时无论有几个空格或者空白符都将作为一个分隔符进行分割。例如，在上述示例中，在"网"和">"之间有两个空格，但是在其分割结果（第 2 行内容）中已经被全部过滤掉。如果指定一个分隔符，那么当这个分隔符出现多个时，就会每个分割一次，对于没有得到内容的，将产生一个空元素。例如，上述结果中的最后一行就出现了两个空元素。

场景模拟：微博的@好友栏目中，输入"@明日科技 @扎克伯格 @盖茨"（好友名称之间用一个空格区分），即可同时@3 位好友。

【例 7.3】 输出被@的好友名称。（**实例位置：资源包\TM\sl\07\03**）

在 IDLE 中创建一个名称为 atfriend.py 的文件，然后在该文件中定义一个字符串，内容为"@明日科技 @扎克伯格 @盖茨"，接着使用 split()方法对该字符串进行分割，以获取出好友名称，并输出，代码如下：

```
01   str1 = '@明日科技 @扎克伯格 @盖茨'
02   list1 = str1.split(' ')                          # 用空格分割字符串
03   print('您@的好友有：')
04   for item in list1:
05       print(item[1:])                              # 输出每个好友名时，去掉@符号
```

运行结果如图 7.7 所示。

2. 合并字符串

合并字符串与拼接字符串不同，它会将多个字符串采用固定的分隔符连接在一起。例如，字符串"绮梦 * 冷伊一 * 香凝 * 黛兰"，就是通过分隔符" * "将['绮梦','冷伊一', '香凝', '黛兰']列表被合并为一个字符串的结果。

```
您@的好友有：
明日科技
扎克伯格
盖茨
>>>
```
图 7.7　输出被@的好友

合并字符串可以使用字符串对象的 join()方法实现。其语法格式如下：

```
strnew = string.join(iterable)
```

参数说明如下。

- ☑ strnew：表示合并后生成的新字符串。
- ☑ string：字符串类型，用于指定合并时的分隔符。
- ☑ iterable：可迭代对象，该迭代对象中的所有元素（字符串表示）将被合并为一个新的字符串。string 作为边界点被分割出来。

场景模拟：微博的@好友栏目中，输入"@明日科技 @扎克伯格 @盖茨"（好友名称之间用一个空格区分），即可同时@3 位好友。现在，想要@好友列表中的全部好友，所以需要组合一个类似的字符串。

【例 7.4】 通过好友列表生成全部被@的好友。（**实例位置：资源包\TM\sl\07\04**）

在 IDLE 中创建一个名称为 atfriend_join.py 的文件，然后在该文件中定义一个列表，保存一些好友名称，接着使用 join()方法将列表中每个元素用空格+@符号进行连接，再在连接后的字符串前添加一个"@"符号，最后输出，代码如下：

```
01   list_friend = ['明日科技','扎克伯格','盖茨']   # 好友列表
02   str_friend = ' @'.join(list_friend)                    # 用空格+@符号进行连接
03   at = '@'+str_friend   # 由于使用 join()方法时，第一个元素前不加分隔符，因此需要在前面加上"@"符号
04   print('您要@的好友： ',at)
```

运行结果如图 7.8 所示。

您要@的好友：　@明日科技　@扎克伯格　@盖茨
>>>

图 7.8　输出想要@的好友

7.2.5　检索字符串

在 Python 中，字符串对象提供了很多应用于字符串查找的方法，这里主要介绍以下几种方法。

1．count()方法

count()方法用于检索指定字符串在另一个字符串中出现的次数。如果检索的字符串不存在，则返回 0；否则返回出现的次数。其语法格式如下：

```
str.count(sub[, start[, end]])
```

参数说明如下。

☑　str：表示原字符串。

☑　sub：表示要检索的子字符串。

☑　start：可选参数，表示检索范围的起始位置的索引，如果不指定，则从头开始检索。

☑　end：可选参数，表示检索范围的结束位置的索引，如果不指定，则一直检索到结尾。

例如，定义一个字符串，然后应用 count()方法检索该字符串中 "@" 符号出现的次数，代码如下：

```
01    str1 = '@明日科技  @扎克伯格  @盖茨'
02    print('字符串 "',str1,'" 中包括',str1.count('@'),'个@符号')
```

执行上述代码，将显示以下结果：

```
字符串 "  @明日科技  @扎克伯格  @盖茨 " 中包括 3 个@符号
```

2．find()方法

find()方法用于检索是否包含指定的子字符串。如果检索的字符串不存在，则返回–1；否则返回首次出现该子字符串时的索引。其语法格式如下：

```
str.find(sub[, start[, end]])
```

参数说明如下。

☑　str：表示原字符串。

☑　sub：表示要检索的子字符串。

☑　start：可选参数，表示检索范围的起始位置的索引，如果不指定，则从头开始检索。

☑　end：可选参数，表示检索范围的结束位置的索引，如果不指定，则一直检索到结尾。

例如，定义一个字符串，然后应用 find()方法检索该字符串中首次出现 "@" 符号的位置索引，代码如下：

```
01    str1 = '@明日科技  @扎克伯格  @盖茨'
02    print('字符串 "',str1,'" 中@符号首次出现的位置索引为：',str1.find('@'))
```

执行上述代码，将显示以下结果：

字符串" @明日科技 @扎克伯格 @盖茨 "中@符号首次出现的位置索引为： 0

 说明

如果只是想要判断指定的字符串是否存在，可以使用 in 关键字实现。例如，上面的字符串 str1 中是否存在" @ "符号，可以使用 print('@' in str1)，如果存在就返回 True，否则返回 False。另外，也可以根据 find()方法的返回值是否大于-1 来确定是否存在。

如果输入的子字符串在原字符串中不存在，则返回-1。例如下列代码：

```
01   str1 = '@明日科技 @扎克伯格 @盖茨'
02   print('字符串"',str1,'" 中*符号首次出现的位置索引为：',str1.find('*'))
```

执行上述代码，将显示以下结果：

字符串" @明日科技 @扎克伯格 @盖茨 "中*符号首次出现的位置索引为： -1

 说明

Python 中的字符串对象还提供了 rfind()方法，其作用与 find()方法类似，只是从右边开始查找。

3．index()方法

index()方法与 find()方法类似，也是用于检索是否包含指定的子字符串。只不过如果使用 index()方法，当指定的字符串不存在时会抛出异常。其语法格式如下：

```
str.index(sub[, start[, end]])
```

参数说明如下。

☑ str：表示原字符串。

☑ sub：表示要检索的子字符串。

☑ start：可选参数，表示检索范围的起始位置的索引，如果不指定，则从头开始检索。

☑ end：可选参数，表示检索范围的结束位置的索引，如果不指定，则一直检索到结尾。

例如，定义一个字符串，然后应用 index()方法检索该字符串中首次出现" @ "符号的位置索引，代码如下：

```
01   str1 = '@明日科技 @扎克伯格 @盖茨'
02   print('字符串"',str1,'" 中@符号首次出现的位置索引为：',str1.index('@'))
```

执行上述代码，将显示以下结果：

字符串" @明日科技 @扎克伯格 @盖茨 "中@符号首次出现的位置索引为： 0

如果输入的子字符串在原字符串中不存在，将会产生异常。例如下列代码：

```
01   str1 = '@明日科技 @扎克伯格 @盖茨'
02   print('字符串"',str1,'" 中*符号首次出现的位置索引为：',str1.index('*'))
```

执行上述代码，将显示如图 7.9 所示的异常。

```
Traceback (most recent call last):
  File "E:\program\Python\Code\test.py", line 7, in <module>
    print('字符串 "', str1, '" 中*符号首次出现位置索引为: ', str1.index('*'))
ValueError: substring not found
>>>
```

图 7.9　index 检索不存在元素时出现的异常

说明

Python 中的字符串对象还提供了 rindex() 方法，其作用与 index() 方法类似，只是从右边开始查找。

4．startswith()方法

startswith()方法用于检索字符串是否以指定子字符串开头。如果是，则返回 True；否则返回 False。其语法格式如下：

```
str.startswith(prefix[, start[, end]])
```

参数说明如下。
- ☑　str：表示原字符串。
- ☑　prefix：表示要检索的子字符串。
- ☑　start：可选参数，表示检索范围的起始位置的索引，如果不指定，则从头开始检索。
- ☑　end：可选参数，表示检索范围的结束位置的索引，如果不指定，则一直检索到结尾。

例如，定义一个字符串，然后应用 startswith()方法检索该字符串是否以 "@" 符号开头的，代码如下：

```
01    str1 = '@明日科技 @扎克伯格 @盖茨'
02    print('判断字符串 "', str1, '" 是否以@符号开头的，结果为：', str1.startswith('@'))
```

执行上述代码，将显示以下结果：

判断字符串 " @明日科技 @扎克伯格 @盖茨 " 是否以@符号开头的，结果为： True

5．endswith()方法

endswith()方法用于检索字符串是否以指定子字符串结尾的。如果是，则返回 True；否则返回 False。其语法格式如下：

```
str.endswith(suffix[, start[, end]])
```

参数说明如下。
- ☑　str：表示原字符串。
- ☑　suffix：表示要检索的子字符串。
- ☑　start：可选参数，表示检索范围的起始位置的索引，如果不指定，则从头开始检索。
- ☑　end：可选参数，表示检索范围的结束位置的索引，如果不指定，则一直检索到结尾。

例如，定义一个字符串，然后应用 endswith()方法检索该字符串是否以 ".com" 结尾的，代码如下：

```
01    str1 = ' http://www.mingrisoft.com'
02    print('判断字符串 "', str1, '" 是否以.com 结尾的，结果为：', str1.endswith('.com'))
```

执行上述代码，将显示以下结果：

判断字符串 " http://www.mingrisoft.com " 是否以.com 结尾的，结果为： True

7.2.6　字母的大小写转换

在 Python 中，字符串对象提供了 lower()方法和 upper()方法分别进行字母的大小写转换。即用于将大写字母 ABC 转换为小写字母 abc，或者将小写字母 abc 转换为大写字母 ABC，如图 7.10 所示。下面分别进行介绍。

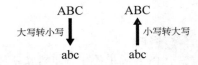

图 7.10　字母大小写转换示意图

1．lower()方法

lower()方法用于将字符串中的全部大写字母转换为小写字母。如果字符串中没有应该被转换的字符，则将原字符串返回；否则将返回一个新的字符串，将原字符串中每个该进行小写转换的字符都转换成等价的小写字符。字符长度与原字符长度相同。lower()方法的语法格式如下：

```
str.lower()
```

其中，str 为要进行转换的字符串。

例如，下列代码将字符串中的字母全部转换为小写字母并输出：

```
01    str1 = 'WWW.Mingrisoft.com'
02    print('原字符串：',str1)
03    print('新字符串：',str1.lower())   # 全部转换为小写输出
```

2．upper()方法

upper()方法用于将字符串的全部小写字母转换为大写字母。如果字符串中没有应该被转换的字符，则将原字符串返回；否则返回一个新字符串，将原字符串中每个该进行大写转换的字符都转换成等价的大写字符。新字符长度与原字符长度相同。upper()方法的语法格式如下：

```
str.upper()
```

其中，str 为要进行转换的字符串。

例如，下列代码将字符串中的字母全部转换为大写字母并输出：

```
01    str1 = 'WWW.Mingrisoft.com'
02    print('原字符串：',str1)
03    print('新字符串：',str1.upper())   # 全部转换为大写输出
```

场景模拟：在明日学院的会员注册模块中，要求会员名必须唯一，并且不区分字母的大小写，即 mr 和 MR 被认为是同一用户。

【例 7.5】不区分大小写验证会员名是否唯一。（实例位置：资源包\TM\sl\07\05）

在 IDLE 中创建一个名称为 checkusername.py 的文件，然后在该文件中定义一个字符串，内容为已经注册的会员名称，以"｜"进行分隔，然后使用 lower()方法将字符串全部转换为小写字母，再应用 input()函数从键盘获取一个输入的注册名称，也将其转换为全部小写字母，最后应用 if…else 语句和 in 关键字判断转换后的会员名是否存在于转换后的会员名称字符串中，并输出不同的判断结果，代码如下：

```
01    # 假设已经注册的会员名称保存在一个字符串中，以"｜"进行分隔
02    username_1 = '|MingRi|mr|mingrisoft|WGH|MRSoft|'
```

118

```
03    username_2 =username_1.lower()                    # 将会员名称字符串全部转换为小写形式
04    regname_1 = input('输入要注册的会员名称：')
05    regname_2 = '|' + regname_1.lower() + '|'          # 将要注册的会员名称也全部转换为小写形式
06    if regname_2 in username_2:                        # 判断输入的会员名称是否存在
07        print('会员名',regname_1,'已经存在！')
08    else:
09        print('会员名',regname_1,'可以注册！')
```

运行上述代码，输入 wgh 后，将显示如图 7.11 所示的结果；输入 python，将显示如图 7.12 所示的结果。

图 7.11　输入的名称已经注册　　　　　图 7.12　输入的名称可以注册

7.2.7　去除字符串中的空格和特殊字符

用户在输入数据时，可能会无意中输入多余的空格，或在一些情况下，字符串前后不允许出现空格和特殊字符，此时就需要去除字符串中的空格和特殊字符。例如，图 7.13 中 HELLO 这个字符串都有一个空格。可以使用 Python 中提供的 strip()函数去除字符串左、右两侧的空格和特殊字符，也可以使用 lstrip()函数去除字符串左边的空格和特殊字符，或使用 rstrip()函数去除字符串右边的空格和特殊字符。

图 7.13　前后包含空格的字符串

说明

这里的特殊字符是指制表符\t、按 Enter 键符\r、换行符\n 等。

1．strip()方法

strip()方法用于去掉字符串左、右两侧的空格和特殊字符，其语法格式如下：

```
str.strip([chars])
```

其中，str 为要去除空格的字符串；chars 为可选参数，用于指定要去除的字符，可以指定多个，例如设置 chars 为 "@."，则去除左、右两侧包括的 "@" 或 "."；如果不指定 chars 参数，则默认将去除空格、制表符\t、按 Enter 键符\r、换行符\n 等。

例如，先定义一个字符串，首尾包括空格、制表符\t、换行符\n 和按 Enter 键符\r 等，然后去除空格和这些特殊字符；再定义一个字符串，首尾包括 "@" 或 "." 字符，最后去掉 "@" 和 "."，代码如下：

```
01    str1 = ' http://www.mingrisoft.com  \t\n\r'
02    print('原字符串 str1：' + str1 +'。')
03    print('字符串：' + str1.strip() +'。')              # 去除字符串首尾的空格和特殊字符
04    str2 = '@明日科技.@.'
05    print('原字符串 str2：' + str2 +'。')
06    print('字符串：' + str2.strip('@.') +'。')           # 去除字符串首尾的 "@" 或者 "."
```

运行上述代码，将显示如图 7.14 所示的结果。

2. lstrip()方法

lstrip()方法用于去掉字符串左侧的空格和特殊字符，其语法格式如下：

str.lstrip([chars])

其中，str 为要去除空格的字符串；chars 为可选参数，用于指定要去除的字符，可以指定多个，例如设置 chars 为"@."，则去除左侧包括的"@"或"."；如果不指定 chars 参数，则默认将去除空格、制表符\t、按 Enter 键符\r、换行符\n 等。

例如，先定义一个字符串，左侧包括一个制表符和一个空格，然后去除空格和制表符；再定义一个字符串，左侧包括一个"@"符号，最后去掉"@"符号，代码如下：

```
01   str1 = '\t http://www.mingrisoft.com'
02   print('原字符串 str1：' + str1 + '。')
03   print('字符串：' + str1.lstrip() + '。')       # 去除字符串左侧的空格和制表符
04   str2 = '@明日科技'
05   print('原字符串 str2：' + str2 + '。')
06   print('字符串：' + str2.lstrip('@') + '。')     # 去除字符串左侧的"@"
```

运行上述代码，将显示如图 7.15 所示的结果。

```
原字符串str1:    http://www.mingrisoft.com
字符串: http://www.mingrisoft.com。
原字符串str2: @明日科技。@。。
字符串: 明日科技。
>>>
```

图 7.14   strip()方法示例

```
原字符串str1:    http://www.mingrisoft.com。
字符串: http://www.mingrisoft.com。
原字符串str2: @明日科技。
字符串: 明日科技。
>>>
```

图 7.15   lstrip()方法示例

3. rstrip()方法

rstrip()方法用于去掉字符串右侧的空格和特殊字符，其语法格式如下：

str.rstrip([chars])

其中，str 为要去除空格的字符串；chars 为可选参数，用于指定要去除的字符，可以指定多个，例如设置 chars 为"@."，则去除右侧包括的"@"或"."；如果不指定 chars 参数，则默认将去除空格、制表符\t、按 Enter 键符\r、换行符\n 等。

例如，先定义一个字符串，右侧包括一个制表符和一个空格，然后去除空格和制表符；再定义一个字符串，右侧包括一个逗号","，最后去掉逗号","，代码如下：

```
01   str1 = ' http://www.mingrisoft.com\t '
02   print('原字符串 str1：' + str1 + '。')
03   print('字符串：' + str1.rstrip() + '。')       # 去除字符串右侧的空格和制表符
04   str2 = '明日科技,'
05   print('原字符串 str2：' + str2 + '。')
06   print('字符串：' + str2.rstrip(',') + '。')     # 去除字符串右侧的逗号
```

运行上述代码，将显示如图 7.16 所示的结果。

```
原字符串str1: http://www.mingrisoft.com          。
字符串: http://www.mingrisoft.com。
原字符串str2: 明日科技, 。
字符串: 明日科技。
>>>
```

图 7.16　rstrip()方法示例

说明

在 Python 3.9 中, 字符串对象提供了移除前缀的 removeprefix()方法和移除后缀的 removesuffix() 方法, 这两个方法并不会修改原字符串的内容。

7.2.8　格式化字符串

格式化字符串的意思是先制定一个模板, 在这个模板中预留几个空位, 然后再根据需要填上相应的内容。这些空位需要通过指定的符号标记(也称为占位符), 而这些符号将不会被显示。在 Python 中, 格式化字符串有以下两种方法。

1. 使用 "%" 操作符

在 Python 中, 要实现格式化字符串, 可以使用 "%" 操作符。其语法格式如下:

```
'%[-][+][0][m][.n]格式字符'%exp
```

参数说明如下。

☑ -: 可选参数, 用于指定左对齐, 正数前面无符号, 负数前面加负号。

☑ +: 可选参数, 用于指定右对齐, 正数前面加正号, 负数前面加负号。

☑ 0: 可选参数, 表示右对齐, 正数前面无符号, 负数前面加负号, 用 0 填充空白处(一般与 m 参数一起使用)。

☑ m: 可选参数, 表示占有宽度。

☑ .n: 可选参数, 表示小数点后保留的位数。

☑ 格式字符: 用于指定类型。其值如表 7.1 所示。

表 7.1　常用的格式字符及其说明

格 式 字 符	说　　　明	格 式 字 符	说　　　明
%s	字符串(采用 str()方法显示)	%r	字符串(采用 repr()方法显示)
%c	单个字符	%o	八进制整数
%d 或者%i	十进制整数	%e	指数(基底写为 e)
%x	十六进制整数	%E	指数(基底写为 E)
%f 或者%F	浮点数	%%	字符%

☑ exp: 要转换的项。如果要指定的项有多个, 需要通过元组的形式进行指定, 但不能使用列表。

例如, 格式化输出一个保存公司信息的字符串, 代码如下:

```
01  template = '编号: %09d\t 公司名称:  %s \t 官网:  http://www.%s.com'   # 定义模板
02  context1 = (7,'百度','baidu')                                        # 定义要转换的内容 1
03  context2 = (8,'明日学院','mingrisoft')                                # 定义要转换的内容 2
```

```
04    print(template%context1)                                        # 格式化输出
05    print(template%context2)                                        # 格式化输出
```

运行上述代码，将显示如图 7.17 所示的效果，即按照指定模板格式化输出两家公司信息。

```
编号：000000007 公司名称：百度        官网：http://www.baidu.com
编号：000000008 公司名称：明日学院    官网：http://www.mingrisoft.com
>>>
```

图 7.17　格式化输出公司信息

说明

由于使用"%"操作符是早期 Python 中提供的方法，自从 Python 2.6 版本开始，字符串对象提供了 format()方法对字符串进行格式化。当前一些 Python 社区也推荐使用这种方法。所以建议大家重点学习 format()方法的使用。

2．使用字符串对象的 format()方法

字符串对象提供了 format()方法对字符串进行格式化。其语法格式如下：

`str.format(args)`

其中，str 用于指定字符串的显示样式（即模板）；args 用于指定要转换的项，如果有多项，则用逗号进行分隔。

下面重点介绍如何创建模板。在创建模板时，需要使用"{}"和":"指定占位符，基本语法格式如下：

`{[index][:[[fill]align][sign][#][width][.precision][type]]}`

参数说明如下。

☑　index：可选参数，用于指定要设置格式的对象在参数列表中的索引位置，索引值从 0 开始。如果省略，则根据值的先后顺序自动分配。

误区警示

当一个模板中出现多个占位符时，指定索引位置的规范必须统一，即全部采用手动指定，或者全部采用自动指定。例如，定义"我是数值：{:d}，我是字符串：{1:s}"模板是错误的，将会抛出如图 7.18 所示的异常。

```
Traceback (most recent call last):
  File "E:\program\Python\Code\test.py", line 17, in <module>
    print(template.format(7,'明日学院'))
ValueError: cannot switch from automatic field numbering to manual field specification
>>>
```

图 7.18　字段规范不统一时抛出的异常

☑　fill：可选参数，用于指定空白处填充的字符。
☑　align：可选参数，用于指定对齐方式（值为"<"表示内容左对齐；值为">"表示内容（包括符号）右对齐；值为"="只对数字类型有效，表示数字内容右对齐，如果是负数，则将负号放在填充内容的最左侧，如果是正数，不添加符号；值为"^"表示内容居中），需要配合

width 一起使用。

☑ sign：可选参数，用于指定有无符号数（值为"+"表示正数加正号，负数加负号；值为"-"表示正数不变，负数加负号；值为空格表示正数加空格，负数加负号）。

☑ #：可选参数，对于二进制、八进制和十六进制，如果加上"#"，表示会显示 0b/0o/0x 前缀，否则不显示前缀。

☑ width：可选参数，用于指定所占宽度。

☑ .precision：可选参数，用于指定保留的小数位数。

☑ type：可选参数，用于指定类型，其值如表 7.2 所示。

表 7.2　format()方法中常用的格式字符及其说明

格 式 字 符	说　明	格 式 字 符	说　明
S	对字符串类型格式化	b	将十进制整数自动转换成二进制表示再格式化
D	十进制整数	o	将十进制整数自动转换成八进制表示再格式化
C	将十进制整数自动转换成对应的 Unicode 字符	x 或者 X	将十进制整数自动转换成十六进制表示再格式化
e 或者 E	转换为科学记数法表示再格式化	f 或者 F	转换为浮点数（默认小数点后保留 6 位）再格式化
g 或者 G	自动在 e 和 f，或者 E 和 F 中切换	%	显示百分比（默认显示小数点后 6 位）

例如，定义一个保存公司信息的字符串模板，然后应用该模板输出不同公司的信息，代码如下：

```
01    template = '编号：{:0>9s}\t 公司名称：　{:s} \t 官网：　http://www.{:s}.com'        # 定义模板
02    context1 = template.format('7','百度','baidu')                                    # 转换内容 1
03    context2 = template.format('8','明日学院','mingrisoft')                            # 转换内容 2
04    print(context1)                                                                  # 输出格式化后的字符串
05    print(context2)                                                                  # 输出格式化后的字符串
```

运行上述代码，将显示如图 7.19 所示的效果，即按照指定模板格式输出两家公司信息。

```
编号：000000007 公司名称：百度          官网：http://www.baidu.com
编号：000000008 公司名称：明日学院       官网：http://www.mingrisoft.com
>>>
```

图 7.19　格式化输出公司信息

在实际开发中，数值类型有多种显示方式，如货币形式、百分比形式等，使用 format()方法可以将数值格式化为不同的形式。下面通过一个具体的例子进行说明。

【例 7.6】格式化不同的数值类型数据。（实例位置：资源包\TM\sl\07\06）

在 IDLE 中创建一个名称为 formatnum.py 的文件，然后在该文件中对不同类型的数据进行格式化并输出，代码如下：

```
01    import math                                                                       # 导入 Python 的数学模块
02    # 以货币形式显示
03    print('1251+3950 的结果是（以货币形式显示）：￥{:,.2f}元'.format(1251+3950))
04    print('{0:.1f}用科学记数法表示：{0:E}'.format(120000.1))                            # 用科学记数法表示
```

```
05    print('π取5位小数点：{:.5f}'.format(math.pi))              # 输出小数点后5位
06    print('{0:d}的16进制结果是：{0:#x}'.format(100))          # 输出十六进制数
07    # 输出百分比，并且不带小数
08    print('天才是由 {:.0%} 的灵感，加上 {:.0%} 的汗水 。'.format(0.01,0.99))
```

运行上述代码，将显示如图 7.20 所示的结果。

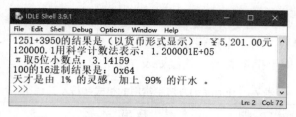

图 7.20　格式化不同的数值类型数据的结果

7.3　实践与练习

（答案位置：资源包\TM\sl\07\实践与练习\）

综合练习 1：不区分大小写验证会员名是否唯一　在明日学院的会员注册模块中，要求会员名必须唯一，并且不区分字母的大小写，即 mr 和 MR 被认为是同一用户。本练习要求编写一段 Python 程序，实现验证要注册的会员名是否唯一，并且不区分字母大小写。（提示：可以将已经注册的会员名称以"｜"分隔保存为字符串，如|MingRi|mr|mingrisoft|WGH|MRSoft|）

综合练习 2：格式化输出商品的编号和单价　编写一段程序，实现对商品编号和单价的格式化输出。首先输入一些销售数据（包括商品号、商品名、单价）；然后将输入的商品信息中的商品号用 6 位输出，单价保留 2 位小数点，前面添加人民币符号（￥）。

输入参数效果如下：

请输入商品信息（商品名 单价），按 0 退出：马克杯 9.9

输出参数效果如下：

000001　　　马克杯　　　　￥ 9.90

第 2 篇
进阶提高

本篇介绍 Python 中使用正则表达式、函数、面向对象程序设计、模块、异常处理及程序调试、文件及目录操作、操作数据库等内容。学习完本篇，读者可以掌握更深一层的 Python 开发技术。

进阶提高

- Python中使用正则表达式 —— 学习检索、替换文本的通用模式（规则）
- 函数 —— 学习自定义函数，让代码做到一次编写、多次调用
- 面向对象程序设计 —— 深入学习面向对象程序设计，以提高软件的重用性、灵活性和扩展性
- 模块 —— 掌握自定义模块，以及标准模块和第三方模块的使用方法，领悟Python的强大之处
- 异常处理及程序调试 —— 掌握程序员必备技能，即编写Bug、找出Bug、处理Bug
- 文件及目录操作 —— 掌握数据永久保存之法，随用随取，灵活方便
- 操作数据库 —— 学习最常用的数据存储技术，开发管理类软件必备技术

第 8 章

Python 中使用正则表达式

正则表达式（regular expression，常简写为 regex 或者 RE），又称规则表达式，它不是某种编程语言所特有的，而是计算机科学的一个概念，通常被用来检索和替换符合某些规则的文本。当前，正则表达式已经在各种计算机语言（如 Java、C#和 Python 等）中得到了广泛的应用和发展。

在 Python 中，可以使用正则表达式对一些字符串进行处理。本章将重点介绍如何在 Python 中使用正则表达式。

本章知识架构及重难点如下。

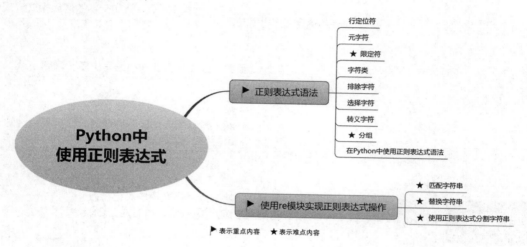

8.1　正则表达式语法

在处理字符串时，经常会涉及查找符合某些复杂规则的字符串。正则表达式就是用于描述这些规则的工具。换句话说，正则表达式就是记录文本规则的代码。对于接触过 DOS 的用户来说，如果想匹配当前文件夹中所有的文本文件，可以输入"dir *.txt"命令，按 Enter 键后，所有".txt"文件将会被列出。这里的"*.txt"即可被理解为一个简单的正则表达式。

8.1.1　行定位符

行定位符就是用来描述字符串的边界。"^"表示行的开始；"$"表示行的结尾。来看下列表达式：

```
^tm
```

上述表达式表示要匹配字符串 tm 的开始位置是行头，如 tm equal Tomorrow Moon 就可以匹配，而 Tomorrow Moon equal tm 则不匹配。但如果使用下列表达式：

tm$

后者可以匹配，而前者不能匹配。如果要匹配的字符串可以出现在字符串的任意部分，那么可以直接写成下列表达式：

tm

这样，两个字符串中的 tm 都可以被匹配。

8.1.2　元字符

现在我们已经知道几个很有用的元字符，如"^"和"$"。其实，正则表达式里还有更多的元字符，来看下列例子：

\bmr\w*\b

匹配以字母 mr 开头的单词，先匹配单词开始处（\b），然后匹配字母 mr，接着匹配任意数量的字母或数字（\w*），最后匹配单词结束处（\b）。该表达式可以匹配如"mrsoft""mrbook""mr123456"等。更多常用元字符及其说明如表 8.1 所示。

表 8.1　常用元字符及其说明

元　字　符	说　　明	元　字　符	说　　明
.	匹配除换行符以外的任意字符	\b	匹配单词的开始或结束
\w	匹配字母或数字或下画线或汉字	^	匹配字符串的开始
\s	匹配任意的空白符	$	匹配字符串的结束
\d	匹配数字		

8.1.3　限定符

在 8.1.2 节的例子中，使用了"\w*"匹配任意数量的字母或数字。如果想匹配特定数量的数字，该如何表示呢？正则表达式为我们提供了限定符（指定数量的字符）来实现该功能。例如，匹配 8 位 QQ 号可用如下表达式：

^\d{8}$

表 8.2 列出了常用的限定符，并对其进行了说明和举例。

表 8.2　常用限定符以及对应的说明和举例

限　定　符	说　　明	举　　例
?	匹配前面的字符零次或一次	colou?r，该表达式可以匹配 colour 和 color
+	匹配前面的字符一次或多次	go+gle，该表达式可以匹配的范围从 gogle 到 goo...gle
*	匹配前面的字符零次或多次	go*gle，该表达式可以匹配的范围从 ggle 到 goo...gle

限 定 符	说 明	举 例
{n}	匹配前面的字符 n 次	go{2}gle，该表达式只匹配 google
{n,}	匹配前面的字符最少 n 次	go{2,}gle，该表达式可以匹配的范围从 google 到 goo...gle
{n,m}	匹配前面的字符最少 n 次，最多 m 次	employe{0,2}，该表达式可以匹配 employ、employe 和 employee 3 种情况

8.1.4　字符类

使用正则表达式查找数字和字母是很简单的，因为已经有了对应这些字符集合的元字符（如\d、\w），但是，如果要匹配没有预定义元字符的字符集合（如元音字母 a、e、i、o、u），那么应该怎么办呢？很简单，只需要在方括号里列出它们即可，例如，[aeiou]即匹配任何一个英文元音字母，而[.?!]即匹配标点符号"."、"?"或"!"。也可以轻松地指定一个字符范围，像[0-9]代表的含义与\d 就是完全一致的，即代表一位数字；同理，[a-z0-9A-Z_]也完全等同于\w（如果只考虑英文的话）。

说明

如果想匹配给定字符串中任意一个汉字，可以使用[\u4e00-\u9fa5]；如果想匹配连续多个汉字，可以使用[\u4e00-\u9fa5]+。

8.1.5　排除字符

在 8.1.4 节中列出的是匹配符合指定字符集合的字符串。相反，本节将匹配不符合指定字符集合的字符串。正则表达式提供了"^"字符。这个元字符在 8.1.1 节中出现过，表示行的开始，而这里将会放到方括号中，表示排除的意思。例如：

```
[^a-zA-Z]
```

上述表达式用于匹配一个非字母的字符。

8.1.6　选择字符

试想一下，如何匹配身份证号码呢？首先需要了解身份证号码的规则。身份证号码长度为 15 位或者 18 位。如果为 15 位，则全为数字；如果为 18 位，则前 17 位为数字，最后一位是校验位，该校验位可能为数字或字符 X（或字符 x）。

在上述描述中，包含着条件选择的逻辑，这就需要使用选择字符（|）来实现。该字符可以理解为"或"，匹配身份证的表达式可以写成如下方式：

```
(^\d{15}$)|(^\d{18}$)|(^\d{17})(\d|X|x)$
```

上述表达式的意思是可以匹配 15 位数字（或者 18 位数字，或者 17 位数字）和最后一位。需要注意的是，最后一位可以是数字或字符 X（或字符 x）。

8.1.7　转义字符

正则表达式中的转义字符（\）和 Python 中的大同小异，都是将特殊字符（如"."、"?"、"\"等）变为普通的字符。举一个 IP 地址的例子，用正则表达式匹配如 127.0.0.1 这样格式的 IP 地址。如果直接使用点字符，则格式如下：

```
[1-9]{1,3}.[0-9]{1,3}.[0-9]{1,3}.[0-9]{1,3}
```

这显然不对，因为"."可以匹配任意一个字符。这时，不仅是 127.0.0.1 这样的 IP，连 127101011 这样的字串也会被匹配出来。所以在使用"."时，需要使用转义字符（\）。据此，可对上述正则表达式格式做如下修改：

```
[1-9]{1,3}\.[0-9]{1,3}\.[0-9]{1,3}\.[0-9]{1,3}
```

说明

括号在正则表达式中也算是一个元字符。

8.1.8　分组

通过 8.1.6 节中的例子，相信读者已经对小括号的作用有了一定的了解。小括号字符的第一个作用就是可以改变限定符的作用范围，如"|"、"*"、"^"等。来看下列表达式：

```
(thir|four)th
```

这个表达式的意思是匹配单词 thirth 或 fourth，如果不使用小括号，那么就变成了匹配单词 thir 和 fourth 了。

小括号的第二个作用是分组，也就是子表达式。如(\.[0-9]{1,3}){3}，就是对分组(\.[0-9]{1,3})进行重复 3 次操作。

8.1.9　在 Python 中使用正则表达式语法

在 Python 中使用正则表达式时，是将其作为模式字符串使用的。例如，将匹配一个非字母字符的正则表达式转换为模式字符串，可以使用下列代码：

```
'[^a-zA-Z]'
```

而如果将匹配以字母 m 开头的单词的正则表达式转换为模式字符串，则不能直接在其两侧添加引号定界符。例如，下列代码是不正确的：

```
'\bm\w*\b'
```

而是需要将其中的"\"进行转义，转换后的代码如下：

```
'\\bm\\w*\\b'
```

由于模式字符串中可能包括大量的特殊字符和反斜杠，因此需要写为原生字符串，即在模式字符串前加 r 或 R。据此，可将上述模式字符串修改为采用原生字符串表示，具体如下：

```
r'\bm\w*\b'
```

说明

在编写模式字符串时，并不是所有的反斜杠都需要被转换。例如，在 8.1.3 节中编写的正则表达式"^\d{8}$"中的反斜杠就不需要被转义，因为其中的\d 并没有特殊意义。不过，为了编写方便，本书中所写的正则表达式都采用了原生字符串表示。

8.2 使用 re 模块实现正则表达式操作

在 8.1 节中介绍了正则表达式的语法，本节将介绍如何在 Python 中使用正则表达式。Python 提供了 re 模块，用于实现正则表达式的操作。在实现时，可以使用 re 模块提供的方法（如 search()、match()、findall()等）进行字符串处理，也可以先使用 re 模块的 compile()方法将模式字符串转换为正则表达式对象，再使用该正则表达式对象的相关方法来操作字符串。

在使用 re 模块时，需要先应用 import 语句将其引入，具体代码如下：

```
import re
```

如果在使用 re 模块时，未将其引入，则将抛出如图 8.1 所示的异常。

```
Traceback (most recent call last):
  File "E:\program\Python\Code\test.py", line 22, in <module>
    pattern =re.compile(pattern)
NameError: name 're' is not defined
>>>
```

图 8.1　未引入 re 模块时抛出的异常

8.2.1 匹配字符串

匹配字符串可以使用 re 模块提供的 match()、search()和 findall()等方法。下面分别进行介绍。

1. 使用 match()方法进行匹配

match()方法用于从字符串的开始处进行匹配，如果在起始位置匹配成功，则返回 Match 对象，否则返回 None。其语法格式如下：

```
re.match(pattern, string, [flags])
```

参数说明如下。

☑　pattern：表示模式字符串，由要匹配的正则表达式转换而来。

☑　string：表示要匹配的字符串。

☑　flags：可选参数，表示标志位，用于控制匹配方式，如是否区分字母大小写。常用的标志及其说明如表 8.3 所示。

表 8.3　常用的标志及其说明

标　　志	说　　明
A 或 ASCII	对于\w、\W、\b、\B、\d、\D、\s 和\S 只进行 ASCII 匹配（仅适用于 Python 3.x）
I 或 IGNORECASE	执行不区分字母大小写的匹配
M 或 MULTILINE	将^和$用于包括整个字符串的开始和结尾的每一行（默认情况下，仅适用于整个字符串的开始和结尾处）
S 或 DOTALL	使用 "." 字符匹配所有字符，包括换行符
X 或 VERBOSE	忽略模式字符串中未转义的空格和注释

例如，匹配字符串是否以 "mr_" 开头的，其中不区分字母大小写，代码如下：

```
01  import re
02  pattern = r'mr_\w+'                              # 模式字符串
03  string = 'MR_SHOP mr_shop'                       # 要匹配的字符串
04  match = re.match(pattern,string,re.I)            # 匹配字符串，不区分字母大小写
05  print(match)                                     # 输出匹配结果
06  string = '项目名称 MR_SHOP mr_shop'
07  match = re.match(pattern,string,re.I)            # 匹配字符串，不区分字母大小写
08  print(match)                                     # 输出匹配结果
```

执行结果如下：

```
<_sre.SRE_Match object; span=(0, 7), match='MR_SHOP'>
None
```

从上述执行结果中可以看出，字符串 "MR_SHOP" 是以 "mr_" 开头的，所以返回一个 Match 对象；而字符串 "项目名称 MR_SHOP mr_shop" 不是以 "mr_" 开头的，所以返回 None。这是因为 match() 方法从字符串的开始位置处进行匹配，当第一个字母不符合条件时，将不再进行匹配，直接返回 None。

Match 对象中包含了匹配值的位置和匹配数据。其中，要获取匹配值的起始位置可以使用 Match 对象的 start() 方法；要获取匹配值的结束位置可以使用 end() 方法；通过 span() 方法可以返回匹配位置的元组；通过 string 属性可以获取要匹配的字符串。例如，下列代码：

```
01  import re
02  pattern = r'mr_\w+'                              # 模式字符串
03  string = 'MR_SHOP mr_shop'                       # 要匹配的字符串
04  match = re.match(pattern,string,re.I)            # 匹配字符串，不区分字母大小写
05  print('匹配值的起始位置：',match.start())
06  print('匹配值的结束位置：',match.end())
07  print('匹配位置的元组：',match.span())
08  print('要匹配的字符串：',match.string)
09  print('匹配数据：',match.group())
```

执行结果如下：

```
匹配值的起始位置：  0
匹配值的结束位置：  7
匹配位置的元组：  (0, 7)
```

要匹配字符串：　MR_SHOP mr_shop
匹配数据：　MR_SHOP

【例 8.1】验证输入的手机号码是否有效。（实例位置：资源包\TM\sl\08\01）

在 IDLE 中创建一个名称为 checkmobile.py 的文件，然后在该文件中导入 Python 的 re 模块，再定义一个验证手机号码的模式字符串，最后应用该模式字符串验证两个手机号码，并输出验证结果，代码如下：

```
01  import re                                          # 导入 Python 的 re 模块
02  pattern = r'(13[4-9]\d{8})$|(15[01289]\d{8})$'
03  mobile = '1363*******'                             # 运行程序前，请将这里的*号替换为具体的数字
04  match = re.match(pattern, mobile)                  # 进行模式匹配
05  if match == None:                                  # 判断是否为 None，为真表示匹配失败
06      print(mobile, '不是有效的中国移动手机号码。')
07  else:
08      print(mobile, '是有效的中国移动手机号码。')
09  mobile = '1314*******'                             # 运行程序前，请将这里的*号替换为具体的数字
10  match = re.match(pattern, mobile)                  # 进行模式匹配
11  if match == None:                                  # 判断是否为 None，为真表示匹配失败
12      print(mobile, '不是有效的中国移动手机号码。')
13  else:
14      print(mobile, '是有效的中国移动手机号码。')
```

运行上述代码，将显示如图 8.2 所示的结果。

2. 使用 search()方法进行匹配

search()方法用于在整个字符串中搜索第一个匹配的值，如果在起始位置匹配成功，则返回 Match 对象，否则返回 None。其语法格式如下：

```
13634▨▨▨22 是有效的中国移动手机号码。
13144▨▨▨21 不是有效的中国移动手机号码。
>>>
```

图 8.2　验证输入的手机号码是否有效

```
re.search(pattern, string, [flags])
```

参数说明如下。

☑　pattern：表示模式字符串，由要匹配的正则表达式转换而来。

☑　string：表示要匹配的字符串。

☑　flags：可选参数，表示标志位，用于控制匹配方式，如是否区分字母大小写。常用的标志及其说明如表 8.3 所示。

例如，搜索第一个以"mr_"开头的字符串，其中不区分字母大小写，代码如下：

```
01  import re
02  pattern = r'mr_\w+'                               # 模式字符串
03  string = 'MR_SHOP mr_shop'                        # 要匹配的字符串
04  match = re.search(pattern,string,re.I)            # 搜索字符串，不区分字母大小写
05  print(match)                                      # 输出匹配结果
06  string = '项目名称 MR_SHOP mr_shop'                # 
07  match = re.search(pattern,string,re.I)            # 搜索字符串，不区分字母大小写
08  print(match)                                      # 输出匹配结果
```

执行结果如下：

```
<_sre.SRE_Match object; span=(0, 7), match='MR_SHOP'>
<_sre.SRE_Match object; span=(4, 11), match='MR_SHOP'>
```

从上述运行结果中可以看出，search()方法不仅仅是在字符串的起始位置处搜索，还可以在其他位置处搜索有符合的匹配。

【例 8.2】验证是否出现危险字符。（实例位置：资源包\TM\sl\08\02）

在 IDLE 中创建一个名称为 checktnt.py 的文件，然后在该文件中导入 Python 的 re 模块，再定义一个验证危险字符的模式字符串，最后应用该模式字符串验证两段文字，并输出验证结果，代码如下：

```
01   import re                                      # 导入 Python 的 re 模块
02   pattern = r'(黑客)|(抓包)|(监听)|(Trojan)'        # 模式字符串
03   about = '我是一名程序员，我喜欢看黑客方面的图书，想研究一下 Trojan。'
04   match = re.search(pattern, about)               # 进行模式匹配
05   if match == None:                               # 判断是否为 None，为真表示匹配失败
06       print(about, '@ 安全！')
07   else:
08       print(about, '@ 出现了危险词汇！')
09   about = '我是一名程序员，我喜欢看计算机网络方面的图书，喜欢开发网站。'
10   match = re.match(pattern, about)                # 进行模式匹配
11   if match == None:                               # 判断是否为 None，为真表示匹配失败
12       print(about, '@ 安全！')
13   else:
14       print(about, '@ 出现了危险词汇！')
```

运行上述代码，将显示如图 8.3 所示的结果。因为第 3 行代码中包含危险字符"黑客"和 Trojan，所以匹配成功，显示出现了危险词汇。

```
我是一名程序员，我喜欢看黑客方面的图书，想研究一下Trojan。 @ 出现了危险词汇！
我是一名程序员，我喜欢看计算机网络方面的图书，喜欢开发网站。 @ 安全！
>>>
```

图 8.3　验证是否出现危险字符

3. 使用 findall()方法进行匹配

findall()方法用于在整个字符串中搜索所有符合正则表达式的字符串，并以列表的形式返回。如果匹配成功，则返回包含匹配结构的列表，否则返回空列表。其语法格式如下：

```
re.findall(pattern, string, [flags])
```

参数说明如下。

☑　pattern：表示模式字符串，由要匹配的正则表达式转换而来。

☑　string：表示要匹配的字符串。

☑　flags：可选参数，表示标志位，用于控制匹配方式，如是否区分字母大小写。常用的标志及其说明如表 8.3 所示。

例如，搜索以"mr_"开头的字符串，代码如下：

```
01   import re
02   pattern = r'mr_\w+'                            # 模式字符串
03   string = 'MR_SHOP mr_shop'                      # 要匹配的字符串
```

```
04    match = re.findall(pattern,string,re.I)          # 搜索字符串，不区分字母大小写
05    print(match)                                       # 输出匹配结果
06    string = '项目名称 MR_SHOP mr_shop'
07    match = re.findall(pattern,string)                # 搜索字符串，区分字母大小写
08    print(match)                                       # 输出匹配结果
```

执行上述代码，输出结果如下：

```
['MR_SHOP', 'mr_shop']
['mr_shop']
```

如果在指定的模式字符串中包含分组，则返回与分组匹配的文本列表。例如，下列代码：

```
01    import re
02    pattern = r'[1-9]{1,3}(\.[0-9]{1,3}){3}'          # 模式字符串
03    str1 = '127.0.0.1 192.168.1.66'                   # 要配置的字符串
04    match = re.findall(pattern,str1)                  # 进行模式匹配
05    print(match)
```

执行上述代码，其输出结果如下：

```
['.1', '.66']
```

从上述结果中可以看出，并没有得到匹配的 IP 地址，这是因为在模式字符串中出现了分组，所以得到的结果是根据分组进行匹配的结果，即"(\.[0-9]{1,3})"匹配的结果。如果想获取整个模式字符串的匹配，可以将整个模式字符串使用一对小括号进行分组，然后在获取结果时，只取返回值列表的每个元素（是一个元组）的第 1 个元素，代码如下：

```
01    import re
02    pattern = r'([1-9]{1,3}(\.[0-9]{1,3}){3})'        # 模式字符串
03    str1 = '127.0.0.1 192.168.1.66'                   # 要配置的字符串
04    match = re.findall(pattern,str1)                  # 进行模式匹配
05    for item in match:
06        print(item[0])
```

执行上述代码，其输出结果如下：

```
127.0.0.1
192.168.1.66
```

8.2.2　替换字符串

sub()方法用于实现字符串的替换。其语法格式如下：

```
re.sub(pattern, repl, string, count, flags)
```

参数说明如下。

☑　pattern：表示模式字符串，由要匹配的正则表达式转换而来。

☑　repl：表示替换的字符串。

☑　string：表示要被查找替换的原始字符串。

☑　count：可选参数，表示模式匹配后替换的最大次数，默认值为 0，表示替换所有的匹配。

　☑　flags：可选参数，表示标志位，用于控制匹配方式，如是否区分字母大小写。常用的标志及
其说明如表 8.3 所示。

例如，隐藏中奖信息中的手机号码，代码如下：

```
01  import re
02  pattern = r'1[34578]\d{9}'                      # 定义要替换的模式字符串
03  string = '中奖号码为：84978981 联系电话为：13611111111'
04  result = re.sub(pattern,'1XXXXXXXXXX',string)    # 替换字符串
05  print(result)
```

执行上述代码，其输出结果如下：

中奖号码为：84978981 联系电话为：1××××××××××

【例 8.3】替换出现的危险字符。（实例位置：资源包\TM\sl\08\03）

在 IDLE 中创建一个名称为 checktnt.py 的文件，然后在该文件中导入 Python 的 re 模块，再定义一
个验证危险字符的模式字符串，最后应用该模式字符串验证两段文字，并输出验证结果，代码如下：

```
01  import re                                        # 导入 Python 的 re 模块
02  pattern = r'(黑客)|(抓包)|(监听)|(Trojan)'         # 模式字符串
03  about = '我是一名程序员，我喜欢看黑客方面的图书，想研究一下 Trojan。'
04  sub = re.sub(pattern, '@_@', about)              # 进行模式替换
05  print(sub)
06  about = '我是一名程序员，我喜欢看计算机网络方面的图书，喜欢开发网站。'
07  sub = re.sub(pattern, '@_@', about)              # 进行模式替换
08  print(sub)
```

运行上述代码，将显示如图 8.4 所示的结果。

我是一名程序员，我喜欢看@_@方面的图书，想研究一下@_@。
我是一名程序员，我喜欢看计算机网络方面的图书，喜欢开发网站。
>>>

图 8.4　替换出现的危险字符

8.2.3　使用正则表达式分割字符串

split()方法用于实现根据正则表达式分割字符串，并以列表的形式返回。其作用与 7.2.4 节介绍的
字符串对象的 split()方法类似，所不同的就是分割字符由模式字符串指定。其语法格式如下：

re.split(pattern, string, [maxsplit], [flags])

参数说明如下。
　☑　pattern：表示模式字符串，由要匹配的正则表达式转换而来。
　☑　string：表示要匹配的字符串。
　☑　maxsplit：可选参数，表示最大的拆分次数。
　☑　flags：可选参数，表示标志位，用于控制匹配方式，如是否区分字母大小写。常用的标志及
其说明如表 8.3 所示。

例如，从给定的 URL 地址中提取出请求地址和各个参数，代码如下：

```
01    import re
02    pattern = r'[?|&]'                        # 定义分隔符
03    url = 'http://www.mingrisoft.com/login.jsp?username="mr"&pwd="mrsoft"'
04    result = re.split(pattern,url)            # 分割字符串
05    print(result)
```

执行上述代码，其输出结果如下：

['http://www.mingrisoft.com/login.jsp', 'username="mr"', 'pwd="mrsoft"']

场景模拟： 微博的@好友栏目中，输入"@明日科技 @扎克伯格 @盖茨"（好友名称之间用一个空格区分），即可同时@3 位好友。

【例 8.4】 输出被@的好友名称（副本）。**（实例位置：资源包\TM\sl\08\04）**

在 IDLE 中创建一个名称为 atfriend-split1.py 的文件，然后在该文件中定义一个字符串，内容为"@明日科技 @扎克伯格 @盖茨"，再使用 re 模块的 split()方法对该字符串进行分割，以获取到好友名称，并输出，代码如下：

```
01    import re
02    str1 = '@明日科技 @扎克伯格 @盖茨'
03    pattern = r'\s*@'
04    list1 = re.split(pattern,str1)            # 用空格和"@"，或单独的"@"分割字符串
05    print('您@的好友有：')
06    for item in list1:
07        if item != "":                        # 输出不为空的元素
08            print(item)                       # 输出每位好友名
```

运行上述代码，其输出结果如图 8.5 所示。

```
您@的好友有：
明日科技
扎克伯格
盖茨
>>>
```

图 8.5　输出被@的好友

8.3　实践与练习

（答案位置：资源包\TM\sl\08\实践与练习\）

综合练习 1：替换出现的违禁词　在电商平台中，商品评价将直接影响着用户的购买欲望。对于出现的差评，好的解决方法就是及时给予回复。为了规范回复内容，在京东平台中，会自动检查是否出现违禁词。本练习要求编写一段 Python 代码，实现替换一段文字中出现的违禁词。（提示：违禁词可以设置为天猫、当当、唯一、神效）

综合练习 2：提取 E-mail 地址　在收到电子邮件时，必须提供正确的 E-mail 地址。本练习要求编写一段 Python 代码，从一段文本中提取出全部 E-mail 地址。（提示：E-mail 地址的规则为"收件人的用户名+@+邮件服务器名"，其中邮件服务器名可以是域名或十进制表示的 IP 地址）

第 9 章

函数

在前面的章节中，所有编写的代码都是从上到下依次执行的，如果某段代码需要被多次使用，那么需要将该段代码复制多次。这种做法势必会影响开发效率，在实际项目开发中是不可取的。据此，如果想让某一段代码被多次使用，那么应该怎么做呢？在 Python 中，提供了函数。我们可以把实现某一功能的代码定义为一个函数，然后在需要使用时，随时调用即可，十分方便。对于函数，简单地理解就是可以完成某项工作的代码块，有点类似积木块，可以被反复地使用。

本章将对如何定义和调用函数，以及函数的参数、变量的作用域、匿名函数等进行详细介绍。

本章知识架构及重难点如下。

▶ 表示重点内容　　★ 表示难点内容

9.1　函数的创建和调用

提到函数，大家可能会想到数学函数，函数是数学中最重要的一个模块，贯穿整个数学。在 Python 中，函数的应用非常广泛。在前面我们已经多次接触过函数。例如，用于输出的 print()函数、用于输入的 input()函数，以及用于生成一系列整数的 range()函数。但这些都是 Python 内置的标准函数，可以直接使用。除了可以直接使用的标准函数之外，Python 还支持自定义函数，即通过将一段有规律的、重复的代码定义为函数，以达到一次编写、多次调用的目的。使用函数可以提高代码的重复利用率。

9.1.1　创建一个函数

创建函数也称为定义函数，可以理解为创建一个具有某种用途的工具。使用 def 关键字实现，具体的语法格式如下：

```
def functionname([parameterlist]):
    ['''comments''']
    [functionbody]
```

参数说明如下。

☑ functionname：函数名称，在调用函数时使用。

☑ parameterlist：可选参数，用于指定向函数中传递的参数。如果有多个参数，则各参数间使用逗号","分隔；如果不指定，则表示该函数没有参数，在调用时，也不指定参数。

☑ '''comments'''：可选参数，表示为函数指定注释，也称为 Docstrings（文档字符串），其内容通常是说明该函数的功能、要传递的参数的作用等，可以为用户提供友好提示和帮助的内容。

误区警示

当函数没有参数时，必须保留一对空的小括号"()"，否则将显示如图 9.1 所示的错误提示。

图 9.1　语法错误提示对话框

说明

在定义函数时，如果指定了'''comments'''参数，那么在调用函数时，可以通过"函数名.__doc__"或者 help(函数名)获取，如图 9.2 所示。

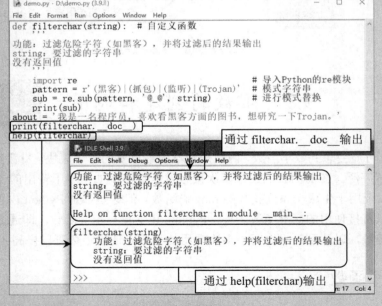

图 9.2　查看函数的 Docstrings

☑ functionbody：可选参数，用于指定函数体，即该函数被调用后，要执行的功能代码。如果函数有返回值，可以使用 return 语句返回。

注意

❶ 函数体"functionbody"和注释""""comments""""相对于 def 关键字必须保持一定的缩进。

❷ 如果定义的函数暂时什么也不做，那么需要使用 pass 语句作为点位符，或者添加 Docstrings，但不能直接添加一行单行注释。

例如，定义一个过滤危险字符的函数 filterchar()，代码如下：

```
01  def filterchar(string):
02      '''功能：过滤危险字符（如黑客），并将过滤后的结果输出
03          about：要过滤的字符串
04          没有返回值
05      '''
06      import re                                # 导入 Python 的 re 模块
07      pattern = r'(黑客)|(抓包)|(监听)|(Trojan)'    # 模式字符串
08      sub = re.sub(pattern, '@_@', string)     # 进行模式替换
09      print(sub)
```

运行上述代码，将不显示任何内容，也不会抛出异常，因为 filterchar()函数还没有被调用。

9.1.2　调用函数

调用函数也就是执行函数。如果把创建的函数理解为创建一个具有某种用途的工具，那么调用函数就相当于使用该工具。调用函数的基本语法格式如下：

```
functionname([parametersvalue])
```

参数说明如下。

☑ functionname：函数名称，要调用的函数名称必须是已经创建好的。

☑ parametersvalue：可选参数，用于指定各个参数的值。如果需要传递多个参数值，则各参数值间使用逗号","分隔；如果该函数没有参数，则直接写一对小括号即可。

例如，调用 9.1.1 节创建的 filterchar()函数，可以使用下列代码：

```
01  about = '我是一名程序员，喜欢看黑客方面的图书，想研究一下 Trojan。'
02  filterchar(about)
```

调用 filterchar()函数后，将显示如图 9.3 所示的结果。

场景模拟：第 5 章的例 5.1 实现了每日一帖功能，但是这段代码只能执行一次，如果想要再次输出，还需要再重新写一遍。如果把这段代码定义为一个函数，那么就可以多次显示每日一帖。

【例 9.1】 输出每日一帖（共享版）。（**实例位置：资源包\TM\sl\09\01**）

在 IDLE 中创建一个名称为 function_tips.py 的文件，然后在该文件中创建一个名称为 function_tips 的函数，在该函数中，从励志文字列表中获取一条励志文字并输出，最后调用函数 function_tips()，代码如下：

```
01   def function_tips():
02       '''功能：每天输出一条励志文字
03       '''
04       import datetime                                        # 导入日期时间类
05       # 定义一个列表
06       mot = ["坚持下去不是因为我很坚强，而是因为我别无选择",
07              "含泪播种的人一定能笑着收获",
08              "做对的事情比把事情做对重要",
09              "命运给予我们的不是失望之酒，而是机会之杯",
10              "明日永远新鲜如初，纤尘不染",
11              "求知若饥，虚心若愚",
12              "成功将属于那些从不说"不可能"的人"]
13       day = datetime.datetime.now().weekday()              # 获取当前星期
14       print(mot[day])                                       # 输出每日一帖
15   # ***************************调用函数********************************#
16   function_tips()                                           # 调用函数
```

运行上述代码，其结果如图 9.4 所示。

我是一名程序员，喜欢看@_@方面的图书，想研究一下@_@。
>>>

含泪播种的人一定能笑着收获
>>>

图 9.3　调用 filterchar()函数的结果　　　　图 9.4　调用 filterchar()函数输出每日一帖

9.2　参　数　传　递

在调用函数时，大多数情况下，主调函数和被调用函数之间有数据传递关系，这就是有参数的函数形式。函数参数的作用是传递数据给函数使用，函数利用接收的数据进行具体的操作处理。

函数参数在定义函数时被放在函数名称后面的一对小括号中，如图 9.5 所示。

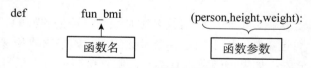

图 9.5　函数参数

9.2.1　了解形式参数和实际参数

在使用函数时，经常会用到形式参数和实际参数。它们都被叫作参数，下面将先通过形式参数与实际参数的作用来讲解二者之间的区别，再通过一个比喻和例子以深入理解它们。

1. 通过作用理解

形式参数和实际参数在作用上的区别如下。

☑　形式参数：在定义函数时，函数名后面括号中的参数为"形式参数"。

☑　实际参数：在调用一个函数时，函数名后面括号中的参数为"实际参数"。也就是将函数的调用者提供给函数的参数称为实际参数。通过图 9.6 可以更好地理解。

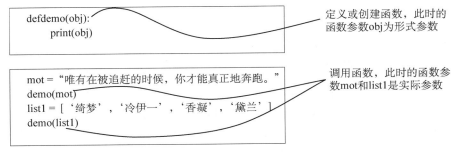

图 9.6　形式参数与实际参数

根据实际参数的类型不同，可以分为两种情况：一种是将实际参数的值传递给形式参数；另一种是将实际参数的引用传递给形式参数。其中，当实际参数为不可变对象时，进行的是值传递；当实际参数为可变对象时，进行的是引用传递。实际上，值传递和引用传递的基本区别就是，进行值传递后，改变形式参数的值，实际参数的值不变；而进行引用传递后，改变形式参数的值，实际参数的值也一同改变。

例如，定义一个名称为 demo 的函数，然后为 demo() 函数传递一个字符串类型的变量作为参数（代表值传递），并在函数调用前后分别输出该字符串变量，再为 demo() 函数传递一个列表类型的变量作为参数（代表引用传递），并在函数调用前后分别输出该列表。代码如下：

```
01  # 定义函数
02  def demo(obj):
03      print("原值：",obj)
04      obj += obj
05  # 调用函数
06  print("========值传递========")
07  mot = "唯有在被追赶的时候，你才能真正地奔跑。"
08  print("函数调用前：",mot)
09  demo(mot)   #采用不可变对象——字符串
10  print("函数调用后：",mot)
11  print("========引用传递 ========")
12  list1 =  ['绮梦','冷伊一','香凝','黛兰']
13  print("函数调用前：",list1)
14  demo(list1)  #采用可变对象——列表
15  print("函数调用后：",list1)
```

上述代码的执行结果如下：

```
========值传递========
函数调用前：  唯有在被追赶的时候，你才能真正地奔跑。
原值：  唯有在被追赶的时候，你才能真正地奔跑。
函数调用后：  唯有在被追赶的时候，你才能真正地奔跑。
========引用传递 ========
函数调用前：  ['绮梦', '冷伊一', '香凝', '黛兰']
原值：  ['绮梦', '冷伊一', '香凝', '黛兰']
函数调用后：  ['绮梦', '冷伊一', '香凝', '黛兰', '绮梦', '冷伊一', '香凝', '黛兰']
```

从上述执行结果中可以看出，在进行值传递时，改变形式参数的值后，实际参数的值不改变；在进行引用传递时，改变形式参数的值后，实际参数的值也发生改变。

2. 通过一个比喻来理解形式参数和实际参数

函数定义时参数列表中的参数就是形式参数，而函数调用时传递进来的参数就是实际参数，就像剧本选主角一样，剧本的角色相当于形式参数，而演角色的演员就相当于实际参数。

场景模拟：在第 2 章的例 2.1 中实现了根据身高和体重计算 BMI 指数，但是这段代码只能计算一个固定的身高和体重（可以理解为一个人的），如果想要计算另一个身高和体重（即另一个人的）对应的 BMI 指数，那么还需要把这段代码再重新写一遍。如果把这段代码定义为一个函数，那么就可以计算多个人的 BMI 指数了。

【例 9.2】 根据身高、体重计算 BMI 指数（共享版）。（**实例位置：资源包\TM\sl\09\02**）

在 IDLE 中创建一个名称为 function_bmi.py 的文件，然后在该文件中定义一个名称为 fun_bmi 的函数，该函数包括 3 个参数，分别用于指定姓名、身高和体重，再根据公式"BMI=体重/（身高×身高）"计算 BMI 指数，并输出结果，最后在函数体外调用两次 fun_bmi() 函数，代码如下：

```
01  def fun_bmi(person,height,weight):
02      '''功能：根据身高和体重计算 BMI 指数
03          person：姓名
04          height：身高，单位：m
05          weight：体重，单位：kg
06      '''
07      print(person + "的身高：" + str(height) + "m \t 体重：" + str(weight) + "kg")
08      bmi=weight/(height*height)               # 用于计算 BMI 指数，公式为"体重/（身高×身高）"
09      print(person + "的 BMI 指数为："+str(bmi))    # 输出 BMI 指数
10      # 判断体重是否合理
11      if bmi<18.5:
12          print("您的体重过轻  ~@_@~\n")
13      if bmi>=18.5 and bmi<24.9:
14          print("正常范围，注意保持  (-_-)\n")
15      if bmi>=24.9 and bmi<29.9:
16          print("您的体重过重  ~@_@~\n")
17      if bmi>=29.9:
18          print("肥胖  ^@_@^\n")
19  #*****************************调用函数*********************************#
20  fun_bmi("路人甲",1.83,60)                       # 计算路人甲的 BMI 指数
21  fun_bmi("路人乙",1.60,50)                       # 计算路人乙的 BMI 指数
```

运行结果如图 9.7 所示。

```
路人甲的身高：1.83m          体重：60kg
路人甲的BMI指数为：17.916330735465376
您的体重过轻  ~@_@~

路人乙的身高：1.6m           体重：50kg
路人乙的BMI指数为：19.531249999999996
正常范围，注意保持  (-_-)

>>>
```

图 9.7　根据身高、体重计算 BMI 指数

从例 9.2 的代码和运行结果中可以看出下列内容。

（1）定义一个根据身高、体重计算 BMI 指数的函数 fun_bmi()，在定义函数时指定的变量 person、height 和 weight 称为形式参数。

（2）在函数 fun_bmi()中根据形式参数的值计算 BMI 指数，并输出相应的信息。

（3）在调用 fun_bmi()函数时，指定的"路人甲"、1.83 和 60 等都是实际参数，在函数调用时，这些值将被传递给对应的形式参数。

9.2.2　位置参数

位置参数也称必备参数，必须按照正确的顺序将其传到函数中，即调用时的数量和位置必须和定义时是一样的。下面分别进行介绍。

1．数量必须与定义时一致

在调用函数时，指定的实际参数的数量必须与形式参数的数量一致，否则将抛出 TypeError 异常，提示缺少必要的位置参数。

例如，调用例 9.2 中编写的根据身高、体重计算 BMI 指数的函数 fun_bmi(person,height,weight)，将参数少传一个，即只传递两个参数，代码如下：

```
fun_bmi("路人甲",1.83)          # 计算路人甲的 BMI 指数
```

函数被调用后，将显示如图 9.8 所示的异常信息。

```
Traceback (most recent call last):
  File "E:\program\Python\Code\demo.py", line 20, in <module>
    fun_bmi("路人甲",1.83)  # 计算路人甲的BMI指数
TypeError: fun_bmi() missing 1 required positional argument: 'weight'
>>>
```

图 9.8　缺少必要的参数时抛出的异常

从图 9.8 显示的异常信息中可以看出，抛出的异常类型为 TypeError，具体的意思是"fun_bmi()函数缺少一个必要的位置参数 weight"。

2．位置必须与定义时一致

在调用函数时，指定的实际参数的位置必须与形式参数的位置一致，否则将产生以下两种结果。

☑　抛出 TypeError 的异常信息

抛出 TypeError 的异常信息，其主要原因在于，实际参数的类型与形式参数的类型不一致，并且在函数中，这两种类型不能正常转换。

例如，调用例 9.2 中编写的 fun_bmi(person,height,weight)函数，将第 1 个参数和第 2 个参数位置调换，代码如下：

```
fun_bmi(60，"路人甲",1.83)          # 计算路人甲的 BMI 指数
```

函数被调用后，将显示如图 9.9 所示的异常信息。这主要是因为，传递的整型数值不能与字符串进行连接操作。

```
Traceback (most recent call last):
  File "F:\program\Python\09\02\function_bmi.py", line 20, in
<module>
    fun_bmi(60,"路人甲",1.83)    # 计算路人甲的BMI指数
  File "F:\program\Python\09\02\function_bmi.py", line 7, in f
un_bmi
    print(person + "的身高："  + str(height) + "m \t 体重：" + str(weight) + "kg")
TypeError: unsupported operand type(s) for +: 'int' and 'str'
>>>
```

图 9.9　提示不支持的操作数类型

☑　产生的结果与预期不符

在调用函数时，如果指定的实际参数与形式参数的位置不一致，但是它们的数据类型一致，那么就不会抛出异常，而是产生结果与预期不符的问题。

例如，调用例 9.2 中编写的 fun_bmi(person,height,weight)函数，将第 2 个参数和第 3 个参数位置调换，代码如下：

```
fun_bmi("路人甲",60,1.83)        # 计算路人甲的 BMI 指数
```

函数被调用后，将显示如图 9.10 所示的结果。从该结果中可以看出，虽然没有抛出异常，但是得到的结果与预期不一致。

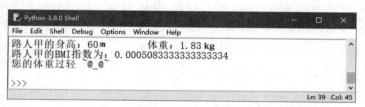

图 9.10　结果与预期不符

说明

由于在调用函数时，尽管所传递的实际参数的位置与形式参数的位置不一致，但并不会总是抛出异常，因此在调用函数时一定要确定好位置，否则产生 Bug，还不容易被发现。

9.2.3　关键字参数

关键字参数是指使用形式参数的名字来确定输入的参数值。通过该方式指定实际参数时，不再需要与形式参数的位置完全一致。只要将参数名写正确即可。这样可以避免用户需要牢记参数位置的麻烦，使得函数的调用和参数传递更加灵活方便。

例如，调用例 9.2 中编写的 fun_bmi(person,height,weight)函数，通过关键字参数指定各个实际参数，代码如下：

```
fun_bmi( height = 1.83, weight = 60, person = "路人甲")        # 计算路人甲的 BMI 指数
```

函数被调用后，将显示以下结果：

```
路人甲的身高：1.83m        体重：60kg
路人甲的 BMI 指数为：17.916330735465376
您的体重过轻 ~@_@~
```

从上述结果中可以看出，虽然在指定实际参数时，顺序与定义函数时不一致，但是运行结果与预期是一致的。

9.2.4　为参数设置默认值

调用函数时，如果没有指定某个参数，则将会抛出异常。为了解决这个问题，我们可以为参数设置默认值，即在定义函数时，直接指定形式参数的默认值。这样，当没有传入参数时，可以直接使用定义函数时设置的默认值。定义带有默认值参数的函数的语法格式如下：

```
def functionname(...,[parameter1 = defaultvalue1]):
    [functionbody]
```

参数说明如下。

- ☑　functionname：函数名称，在调用函数时使用。
- ☑　parameter1 = defaultvalue1：可选参数，用于指定向函数中传递的参数，并且为该参数设置默认值为 defaultvalue1。
- ☑　functionbody：可选参数，用于指定函数体，即该函数被调用后，要执行的功能代码。

误区警示

在定义函数时，指定默认的形式参数必须在所有参数的最后，否则将产生语法错误。

例如，修改例 9.2 中定义的根据身高、体重计算 BMI 指数的函数 fun_bmi()，为其第 1 个参数指定默认值，修改后的代码如下：

```
01  def fun_bmi(height,weight, person = "路人"):
02      '''功能：根据身高和体重计算 BMI 指数
03          person：姓名
04          height：身高，单位：m
05          weight：体重，单位：kg
06      '''
07      print(person + "的身高：" + str(height) + "m \t 体重：" + str(weight) + "kg")
08      bmi=weight/(height*height)              # 用于计算 BMI 指数，公式为"体重/（身高×身高）"
09      print(person + "的 BMI 指数为："+str(bmi))      # 输出 BMI 指数
10      # 判断体重是否合理
11      if bmi<18.5:
12          print("您的体重过轻 ~@_@~\n")
13      if bmi>=18.5 and bmi<24.9:
14          print("正常范围，注意保持 (-_-)\n")
15      if bmi>=24.9 and bmi<29.9:
16          print("您的体重过重 ~@_@~\n")
17      if bmi>=29.9:
18          print("肥胖 ^@_@^\n")
```

然后调用 fun_bmi()函数，不指定第 1 个参数，代码如下：

```
fun_bmi(1.73,60)                        # 计算 BMI 指数
```

执行结果如下：

```
路人的身高：1.73m  体重：60kg
路人的 BMI 指数为：20.04744562130375
正常范围，注意保持 (-_-)
```

说明

在 Python 中，可以使用"函数名.__defaults__"查看函数的默认值参数的当前值，其结果是一个元组。例如，显示上面定义的 fun_bmi()函数的默认值参数的当前值，可以使用"fun_bmi.__defaults__"，结果为"('路人',)"。

另外，使用可变对象作为函数参数的默认值时，多次调用可能会导致意料之外的情况。例如，编写一个名称为 demo()的函数，并为其设置一个带默认值的参数，代码如下：

```
01  def demo(obj=[]):                          # 定义函数并为参数 obj 指定默认值
02      print("obj 的值：",obj)
03      obj.append(1)
```

调用 demo()函数，代码如下：

```
demo()     # 调用函数
```

将显示以下结果：

```
obj 的值： []
```

连续两次调用 demo()函数，并且都不指定实际参数，代码如下：

```
01  demo()                                     # 调用函数
02  demo()                                     # 调用函数
```

将显示以下结果：

```
obj 的值： []
obj 的值： [1]
```

从上述结果中可知，这显然不是我们想要的结果。为了防止出现这种情况，最好使用 None 作为可变对象的默认值，这时还需要加上必要的检查代码。修改后的代码如下：

```
01  def demo(obj=None):
02      if obj==None:
03          obj = []
04      print("obj 的值：",obj)
05      obj.append(1)
```

将显示以下结果：

```
obj 的值： []
obj 的值： []
```

说明

定义函数时，为形式参数设置默认值要牢记一点：默认参数必须指向不可变对象。

9.2.5 可变参数

在 Python 中，还可以定义可变参数。可变参数也称不定长参数，即传入函数中的实际参数可以是零个、一个、两个到任意个。

定义可变参数时，主要有两种形式：一种是*parameter；另一种是**parameter。下面分别进行介绍。

1. *parameter

*parameter 形式表示接收任意多个实际参数并将其放到一个元组中。例如，定义一个函数，让其可以接收任意多个实际参数，代码如下：

```
01    def printcoffee(*coffeename):          # 定义输出我喜欢的咖啡名称的函数
02        print('\n 我喜欢的咖啡有：')
03        for item in coffeename:
04            print(item)                     # 输出咖啡名称
```

调用 3 次 printcoffee()函数，分别指定不同多个的实际参数，代码如下：

```
01    printcoffee('蓝山')
02    printcoffee('蓝山', '卡布奇诺', '土耳其', '巴西', '哥伦比亚')
03    printcoffee('蓝山', '卡布奇诺', '曼特宁', '摩卡')
```

执行结果如图 9.11 所示。

```
我喜欢的咖啡有：
蓝山

我喜欢的咖啡有：
蓝山
卡布奇诺
土耳其
巴西
哥伦比亚

我喜欢的咖啡有：
蓝山
卡布奇诺
曼特宁
摩卡
>>>
```

图 9.11 让函数具有可变参数

如果想要使用一个已经存在的列表作为函数的可变参数，可以在列表的名称前加"*"。来看下列代码：

```
01    param = ['蓝山', '卡布奇诺', '土耳其']          # 定义一个列表
02    printcoffee(*param)                         # 通过列表指定函数的可变参数
```

上述代码调用了 printcoffee()函数后，将显示以下运行结果：

```
我喜欢的咖啡有：
蓝山
卡布奇诺
土耳其
```

场景模拟：假设某大学的文艺社团里有多个组合，他们想要计算每个人的 BMI 指数。

【例 9.3】根据身高、体重计算 BMI 指数（共享升级版）。（**实例位置：资源包\TM\sl\09\03**）

在 IDLE 中创建一个名称为 function_bmi_upgrade.py 的文件；然后在该文件中定义一个名称为 fun_bmi_upgrade() 的函数，该函数包括一个可变参数，用于指定包括姓名、身高和体重的测试人信息，在该函数中将根据测试人信息计算 BMI 指数，并输出结果；最后在函数体外定义一个列表，并且将该列表作为 fun_bmi_upgrade() 函数的参数被调用。具体代码如下：

```python
01  def fun_bmi_upgrade(*person):
02      '''功能：根据身高和体重计算 BMI 指数（升级版）
03          *person：可变参数该参数中需要传递带 3 个元素的列表，
04          分别为姓名、身高（单位：m）和体重（单位：kg）
05      '''
06      for list_person in person:
07          for item in list_person:
08              person = item[0]                            # 姓名
09              height = item[1]                            # 身高（单位：m）
10              weight = item[2]                            # 体重（单位：kg）
11              print("\n" + "="*13,person,"="*13)
12              print("身高: " + str(height) + "m \t 体重: " + str(weight) + "kg")
13              bmi=weight/(height*height)                  # 用于计算 BMI 指数，公式为"体重/（身高×身高）"
14              print("BMI 指数: "+str(bmi))                # 输出 BMI 指数
15              # 判断体重是否合理
16              if bmi<18.5:
17                  print("您的体重过轻 ~@_@~")
18              if bmi>=18.5 and bmi<24.9:
19                  print("正常范围，注意保持 (-_-)")
20              if bmi>=24.9 and bmi<29.9:
21                  print("您的体重过重 ~@_@~")
22              if bmi>=29.9:
23                  print("肥胖 ^@_@^")
24  #*******************************调用函数*******************************#
25  list_w = [('绮梦',1.70,65),('零语',178,50),('黛兰',1.72,66)]
26  list_m = [('梓轩',1.80,75),('冷伊一',1.75,70)]
27  fun_bmi_upgrade(list_w ,list_m)                         # 调用函数指定可变参数
```

运行结果如图 9.12 所示。

图 9.12 根据身高、体重计算 BMI 指数（共享升级版）

2.　**parameter

**parameter 形式表示接收任意多个类似关键字参数一样显式赋值的实际参数，并将其放到一个字典中。例如，定义一个函数，让其可以接收任意多个显式赋值的实际参数，代码如下：

```
01    def printsign(**sign):                          # 定义输出姓名和星座的函数
02        print()                                     # 输出一个空行
03        for key, value in sign.items():             # 遍历字典
04            print("[" + key + "] 的星座是：" + value)   # 输出组合后的信息
```

调用两次 printsign()函数，代码如下：

```
01    printsign(绮梦='水瓶座', 冷伊一='射手座')
02    printsign(香凝='双鱼座', 黛兰='双子座', 冷伊一='射手座')
```

执行结果如下：

```
[绮梦] 的星座是：水瓶座
[冷伊一] 的星座是：射手座

[香凝] 的星座是：双鱼座
[黛兰] 的星座是：双子座
[冷伊一] 的星座是：射手座
```

如果想要使用一个已经存在的字典作为函数的可变参数，可以在字典的名称前加"**"。来看下列代码：

```
01    dict1 = {'绮梦': '水瓶座', '冷伊一': '射手座','香凝':'双鱼座'}   # 定义一个字典
02    printsign(**dict1)                              # 通过字典指定函数的可变参数
```

上述代码调用了 printsign()函数后，将显示以下运行结果：

```
[绮梦] 的星座是：水瓶座
[冷伊一] 的星座是：射手座
[香凝] 的星座是：双鱼座
```

9.3　返　回　值

到目前为止，我们创建的函数都只是为我们做一些事，做完即结束。但实际上，有时还需要对事情的结果进行获取。这类似于主管向下级职员下达命令，职员去做，最后需要将结果报告给主管。为函数设置返回值的作用就是将函数的处理结果返回给调用它的函数。

在 Python 中，可以在函数体内使用 return 语句为函数指定返回值。该返回值可以是任意类型，并且无论 return 语句出现在函数的什么位置，只要得到执行，就会直接结束函数的执行。return 语句的语法格式如下：

```
return [value]
```

参数说明如下。

☑ return：为函数指定返回值后，在调用函数时，可以把它赋给一个变量（如 result），用于保存函数的返回结果。如果返回一个值，那么 result 中保存的就是返回的一个值，该值可以是任意类型；如果返回多个值，那么 result 中保存的是一个元组。

☑ value：可选参数，用于指定要返回的值，可以返回一个值，也可返回多个值。

 说明

当函数中没有 return 语句，或者省略了 return 语句的参数时，该函数将返回 None，即空值。

场景模拟：某商场年中促销，优惠如下：

满 500 可享受 9 折优惠
满 1000 可享受 8 折优惠
满 2000 可享受 7 折优惠
满 3000 可享受 6 折优惠

实现模拟顾客结账功能。

【例 9.4】模拟顾客结账功能——计算优惠后的实付金额。（实例位置：资源包\TM\sl\09\04）

在 IDLE 中创建一个名称为 checkout.py 的文件，然后在该文件中定义一个名称为 fun_checkout 的函数，该函数中包括一个列表类型的参数，用于保存输入的金额，在该函数中计算合计金额和相应的折扣，并将计算结果返回，最后在函数体外通过循环输入多个金额保存到列表中，并且将该列表作为 fun_checkout() 函数的参数调用，代码如下：

```python
01  def fun_checkout(money):
02      '''功能：计算商品合计金额并进行折扣处理
03          money：保存商品金额的列表
04          返回商品的合计金额和折扣后的金额
05      '''
06      money_old = sum(money)                          # 计算合计金额
07      money_new = money_old
08      if money_old >= 500 and money_old < 1000:       # 满 500 可享受 9 折优惠
09          money_new = '{:.2f}'.format(money_old * 0.9)
10      elif money_old >= 1000 and money_old <= 2000:   # 满 1000 可享受 8 折优惠
11          money_new = '{:.2f}'.format(money_old * 0.8)
12      elif money_old >= 2000 and money_old <= 3000:   # 满 2000 可享受 7 折优惠
13          money_new = '{:.2f}'.format(money_old * 0.7)
14      elif money_old >= 3000:                         # 满 3000 可享受 6 折优惠
15          money_new = '{:.2f}'.format(money_old * 0.6)
16      return money_old, money_new                     # 返回总金额和折扣后的金额
17  # **********************************调用函数**********************************#
18  print("\n 开始结算……\n")
19  list_money = []                                     # 定义保存商品金额的列表
20  while True:
21      # 请不要输入非法的金额，否则将抛出异常
22      inmoney = float(input("输入商品金额（输入 0 表示输入完毕）："))
23      if int(inmoney) == 0:
24          Break                                       # 退出循环
25      else:
```

26	list_money.append(inmoney)	# 将金额添加到金额列表中
27	money = fun_checkout(list_money)	# 调用函数
28	print("合计金额：", money[0], "应付金额：", money[1])	# 显示应付金额

运行结果如图 9.13 所示。

```
开始结算……

输入商品金额（输入0表示输入完毕）：288
输入商品金额（输入0表示输入完毕）：98.8
输入商品金额（输入0表示输入完毕）：168
输入商品金额（输入0表示输入完毕）：100
输入商品金额（输入0表示输入完毕）：258
输入商品金额（输入0表示输入完毕）：0
合计金额： 912.8 应付金额： 821.52
>>>
```

图 9.13　模拟顾客结账功能

9.4　变量的作用域

变量的作用域是指程序代码能够访问该变量的区域，如果超出该区域，再访问时就会出现错误。在程序中，一般会根据变量的"有效范围"将变量分为"局部变量"和"全局变量"。下面分别对这两个变量进行介绍。

9.4.1　局部变量

局部变量是指在函数内部定义并使用的变量，它只在函数内部有效。也就是说，函数内部的名字只在函数运行时才会创建，在函数运行之前或者运行完毕之后，所有名字都将不存在。所以，如果在函数外部使用函数内部定义的变量，就会出现抛出 NameError 异常。

例如，定义一个名称为 f_demo() 的函数，在该函数内部定义一个变量 message（称为局部变量），并为其赋值，然后输出该变量，最后在函数外部再次输出 message 变量，代码如下：

```
01  def f_demo():
02      message = '唯有在被追赶的时候，你才能真正地奔跑。'
03      print('局部变量 message =',message)            # 输出局部变量的值
04  f_demo()                                          # 调用函数
05  print('局部变量 message =',message)                # 在函数外部输出局部变量的值
```

运行上述代码，将显示如图 9.14 所示的异常。

```
局部变量message = 唯有在被追赶的时候，你才能真正地奔跑。
Traceback (most recent call last):
  File "D:\demo.py", line 33, in <module>
    print('局部变量message =',message)              # 在函数外部输出局部变量的值
NameError: name 'message' is not defined
>>>
```

图 9.14　要访问的变量不存在

9.4.2　全局变量

与局部变量对应，全局变量为能够作用于函数内外部的变量。全局变量主要有以下两种情况。

（1）如果一个变量在函数外部被定义，那么它不仅可以在函数外部被访问到，而且也可以在函数内部被访问到。在函数外部定义的变量是全局变量。

例如，定义一个全局变量 message，然后定义一个函数，最后在该函数内部输出全局变量 message 的值，代码如下：

```
01    message = '唯有在被追赶的时候，你才能真正地奔跑。'          # 全局变量
02    def f_demo():
03        print('函数内部：全局变量 message =',message)          # 在函数内部输出全局变量的值
04    f_demo()                                                  # 调用函数
05    print('函数外部：全局变量 message =',message)              # 在函数外部输出全局变量的值
```

运行上述代码，将显示以下内容：

```
函数内部：全局变量 message = 唯有在被追赶的时候，你才能真正地奔跑。
函数外部：全局变量 message = 唯有在被追赶的时候，你才能真正地奔跑。
```

说明

当局部变量与全局变量重名时，对函数内部的变量进行赋值后，不影响函数外部的变量。

场景模拟： 在一个飘雪的冬夜，一棵松树孤独地站在雪地里，一会儿它做了一个梦……梦醒后，它仍然孤零零地站在雪地里。

【**例 9.5**】一棵松树的梦。（**实例位置：资源包\TM\sl\09\05**）

在 IDLE 中创建一个名称为 differenttree.py 的文件，然后在该文件中定义一个全局变量 pinetree，并为其赋初始值，再定义一个名称为 fun_christmastree() 的函数，在该函数中定义名称为 pinetree 的局部变量并输出，最后在函数外部调用 fun_christmastree() 函数，并输出全局变量 pinetree 的值，代码如下：

```
01    pinetree = '我是一棵松树'                                      # 定义一个全局变量（松树）
02    def fun_christmastree():                                        # 定义一个函数
03        '''功能：一个梦
04            无返回值
05        '''
06        pinetree = '挂上彩灯、礼物……我变成一棵圣诞树  @^.^@ \n'   # 定义局部变量
07        print(pinetree)                                            # 输出局部变量的值
08    # *************************函数体外*************************#
09    print('\n 下雪了……\n')
10    print('=============== 开始做梦…… ===============\n')
11    fun_christmastree()                                            # 调用函数
12    print('=============== 梦醒了…… ===============\n')
13    pinetree = '我身上落满雪花，' + pinetree + ' -_-'             # 为全局变量赋值
14    print(pinetree)                                                # 输出全局变量的值
```

运行结果如图 9.15 所示。

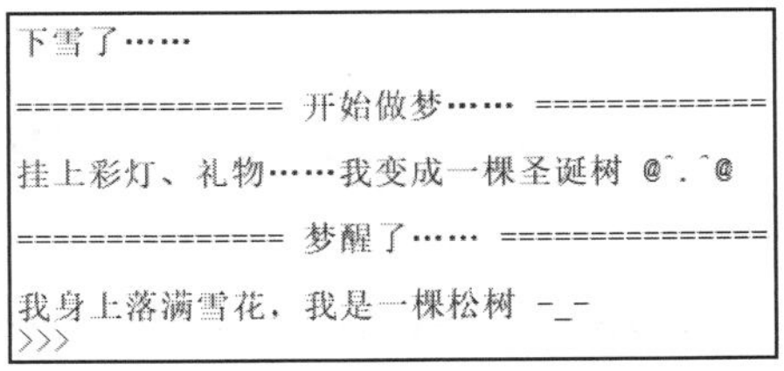

（2）在函数内部定义，在使用 global 关键字修饰后，该变量将变为全局变量。在函数外部也可以访问到该变量，并且还可以在函数内部对其进行修改。

例如，定义两个同名的全局变量和局部变量，并输出它们的值，代码如下：

```
下雪了……
=============== 开始做梦……= ===============
挂上彩灯、礼物……我变成一棵圣诞树 @^.^@
=============== 梦醒了……= ===============
我身上落满雪花，我是一棵松树 -_-
>>>
```

图 9.15　全局变量和局部变量的作用域

```
01   message = '唯有在被追赶的时候，你才能真正地奔跑。'          # 全局变量
02   print('函数外部：message =',message)                        # 在函数外部输出全局变量的值
03   def f_demo():
04       message = '命运给予我们的不是失望之酒，而是机会之杯。'    # 局部变量
05       print('函数内部：message =',message)                    # 在函数内部输出局部变量的值
06   f_demo()                                                   # 调用函数
07   print('函数外部：message =',message)                        # 在函数外部输出全局变量的值
```

执行上述代码，将显示以下内容：

```
函数外部：message = 唯有在被追赶的时候，你才能真正地奔跑。
函数内部：message = 命运给予我们的不是失望之酒，而是机会之杯。
函数外部：message = 唯有在被追赶的时候，你才能真正地奔跑。
```

从上述结果中可以看出，在函数内部定义的变量即使与全局变量重名，也不影响全局变量的值。那么想要在函数内部改变全局变量的值，需要在定义局部变量时，使用 global 关键字修饰。例如，将上述代码修改为以下内容：

```
01   message = '唯有在被追赶的时候，你才能真正地奔跑。'          # 全局变量
02   print('函数外部：message =',message)                        # 在函数外部输出全局变量的值
03   def f_demo():
04       global message                                         # 将 message 声明为全局变量
05       message = '命运给予我们的不是失望之酒，而是机会之杯。'    # 全局变量
06       print('函数内部：message =',message)                    # 在函数内部输出全局变量的值
07   f_demo()                                                   # 调用函数
08   print('函数外部：message =',message)                        # 在函数外部输出全局变量的值
```

执行上述代码，将显示以下内容：

```
函数外部：message = 唯有在被追赶的时候，你才能真正地奔跑。
函数内部：message = 命运给予我们的不是失望之酒，而是机会之杯。
函数外部：message = 命运给予我们的不是失望之酒，而是机会之杯。
```

从上述结果中可以看出，在函数内部修改了全局变量的值。

注意

　　尽管 Python 允许全局变量和局部变量重名，但是在实际开发时，不建议这么做，因为这样容易让代码混乱，很难分清哪些是全局变量，哪些是局部变量。

9.5 匿 名 函 数

匿名函数（lambda）是指没有名字的函数，应用在需要一个函数但是又不想费神命名这个函数的场合。通常情况下，这样的函数只使用一次。在 Python 中，使用 lambda 表达式创建匿名函数，其语法格式如下：

```
result = lambda [arg1 [,arg2,...,argn]]:expression
```

参数说明如下。

☑ result：用于调用 lambda 表达式。

☑ [arg1 [,arg2,...,argn]]：可选参数，用于指定要传递的参数列表，多个参数间使用逗号 "," 分隔。

☑ expression：必选参数，用于指定一个实现具体功能的表达式。如果有参数，那么在该表达式中将应用这些参数。

误区警示

使用 lambda 表达式时，可以有多个参数，参数之间用逗号 "," 分隔，但是表达式只能有一个，即只能返回一个值，而且也不能出现其他非表达式语句（如 for 或 while）。

例如，要定义一个计算圆面积的函数，常规的代码如下：

```
01   import math                               # 导入 math 模块
02   def circlearea(r):                        # 计算圆的面积的函数
03       result = math.pi*r*r                  # 计算圆的面积
04       return result                         # 返回圆的面积
05   r = 10                                    # 半径
06   print('半径为',r,'的圆面积为：',circlearea(r))
```

执行上述代码，将显示以下内容：

```
半径为 10 的圆面积为： 314.1592653589793
```

使用 lambda 表达式的代码如下：

```
01   import math                               # 导入 math 模块
02   r = 10                                    # 半径
03   result = lambda r:math.pi*r*r             # 计算圆的面积的 lambda 表达式
04   print('半径为',r,'的圆面积为：',result(r))
```

执行上述代码，将显示以下内容：

```
半径为 10 的圆面积为： 314.1592653589793
```

从上述示例中可以看出，虽然使用 lambda 表达式比使用自定义函数的代码减少了一些，但是在使用 lambda 表达式时，需要定义一个变量，用于调用该 lambda 表达式，否则将输出类似的结果。具体如下：

```
<function <lambda> at 0x0000000002FDD510>
```

这看似是画蛇添足。那么 lambda 表达式具体应该怎么应用呢？实际上，lambda 的首要用途是指定短小的回调函数。下面通过一个具体的例子进行演示。

场景模拟： 假设采用爬虫技术获得某商城的秒杀商品信息，并保存在列表中，现需要对这些信息进行排序，排序规则是优先按秒杀金额升序排列，如果有重复的，再按折扣比例降序排列。

【例 9.6】 应用 lambda 实现对爬取到的秒杀商品信息进行排序。（**实例位置：资源包\TM\sl\09\06**）

在 IDLE 中创建一个名称为 seckillsort.py 的文件，然后在该文件中定义一个保存商品信息的列表并输出，接下来使用列表对象的 sort() 方法对列表进行排序，并且在调用 sort() 方法时，通过 lambda 表达式指定排序规则，最后输出排序后的列表，代码如下：

```
01  bookinfo = [('《不一样的卡梅拉（全套）》', 22.50,120),('《零基础学 Python》', 65.10,79.80),
02      ('《摆渡人》', 23.40,36.00),('《福尔摩斯探案全集 8 册》', 22.50,128)]
03  print('爬取到的商品信息：\n',bookinfo,'\n')
04  bookinfo.sort(key=lambda x:(x[1],x[1]/x[2]))        # 按指定规则进行排序
05  print('排序后的商品信息：\n',bookinfo)
```

运行结果如图 9.16 所示。

```
爬取到的商品信息：
 [('《不一样的卡梅拉（全套）》', 22.5, 120), ('《零基础学Python》', 65.1, 7
9.8), ('《摆渡人》', 23.4, 36.0), ('《福尔摩斯探案全集8册》', 22.5, 128)]

排序后的商品信息：
 [('《福尔摩斯探案全集8册》', 22.5, 128), ('《不一样的卡梅拉（全套）》', 22
.5, 120), ('《摆渡人》', 23.4, 36.0), ('《零基础学Python》', 65.1, 79.8)]
>>>
```

图 9.16　对爬取到的秒杀商品信息进行排序

9.6　实践与练习

（答案位置：**资源包\TM\sl\09\实践与练习**）

综合练习 1：人民币汇率换算　随着中国和世界经济发展的融合度越来越高，人民币和其他国家的货币交换越来越频繁。请编写一段 Python 代码，实现输入人民币金额后，输出对应的美元、英镑、欧元和日元金额（保留两位小数）。（提示：人民币和美元、英镑、欧元和日元的兑换指数如图 9.17 所示）

图 9.17　2021-02-07 日人民币和美元、英镑等兑换指数

综合练习 2：应用 lambda 表达式实现对学生成绩列表排序　本练习要求，定义一个保存学生成绩的列表，每名学生的信息保存在一个字典中，然后根据学生的总成绩进行排序。（提示：通过 lambda 表达式指定排序规则）

第 10 章

面向对象程序设计

面向对象程序设计是在面向过程程序设计的基础上发展而来的，它比面向过程编程具有更强的灵活性和扩展性。面向对象程序设计也是一个程序员发展的"分水岭"，很多的初学者和略有成就的开发者，就是因为无法理解"面向对象"而放弃。这里要提醒初学者：要想在编程这条路上走得比别人远，就一定要掌握面向对象编程技术。

Python 从设计之初就已经是一种面向对象的语言。它可以很方便地创建类和对象。本章将对面向对象程序设计进行详细讲解。

本章知识架构及重难点如下。

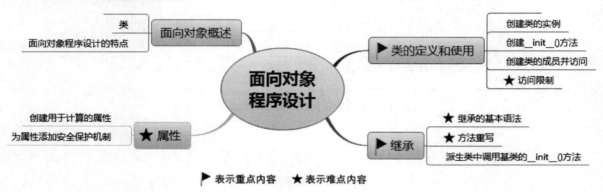

10.1　面向对象概述

面向对象（object oriented）的英文缩写是 OO，它是一种设计思想。从 20 世纪 60 年代提出面向对象的概念到现在，它已经发展成为一种比较成熟的编程思想，并且逐步成为当前软件开发领域的主流技术。如我们经常听说的面向对象编程（object oriented programming，OOP）就是主要针对大型软件设计而提出的，它可以使软件设计更加灵活，并且能更好地进行代码复用。

面向对象中的对象（object），通常是指客观世界中存在的对象。这个对象具有唯一性，对象之间各不相同，各有各的特点，每个对象都有自己的运动规律和内部状态；对象之间又是可以相互联系、相互作用的。另外，对象也可以是一个抽象的事物。例如，可以从圆形、正方形、三角形等图形抽象出一个简单图形，简单图形就是一个对象，它有自己的属性和行为，图形中边的个数是它的属性，图形的面积也是它的属性，输出图形的面积就是它的行为。概括地讲，面向对象技术是一种从组织结构上模拟客观世界的方法。

10.1.1　对象

对象是一种抽象概念，表示任意存在的事物。世间万物皆对象。现实世界中，随处可见的一个事物就是对象，对象是事物存在的实体，如一个人，如图 10.1 所示。

通常将对象划分为两部分，即静态部分与动态部分。静态部分被称为"属性"，任何对象都具备自身属性，这些属性不仅是客观存在的，而且是不能被忽视的，如人的性别，如图 10.2 所示；动态部分指的是对象的行为，即对象执行的动作，如人可以行走，如图 10.3 所示。

图 10.1　对象"人"示意图　　　图 10.2　静态属性"性别"示意图　　　图 10.3　动态属性"行走"示意图

说明

在 Python 中，一切都是对象。也就是说，不仅是具体的事物被称为对象，字符串、函数等也都被称为对象。这说明 Python 天生就是面向对象的。

10.1.2　类

类是封装对象的属性和行为的载体，反过来说，具有相同属性和行为的一类实体被称为类。例如，把雁群比作大雁类，那么大雁类就具备了喙、翅膀和爪等属性，觅食、飞行和睡觉等行为，而一只要从北方飞往南方的大雁则被视为大雁类的一个对象。大雁类和大雁对象的关系如图 10.4 所示。

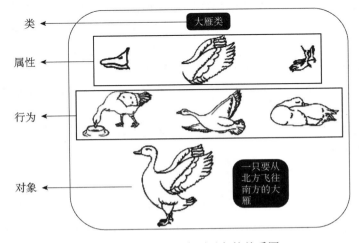

图 10.4　大雁类和大雁对象的关系图

在 Python 语言中，类是一种抽象概念，如定义一个大雁类，即 Geese，在该类中，可以定义每个对象共有的属性和方法；而一只要从北方飞往南方的大雁则是大雁类的一个对象，即 wildGeese，对象是类的实例。有关类的具体实现将在 10.2 节中进行详细介绍。

10.1.3　面向对象程序设计的特点

面向对象程序设计具有 3 个主要基本特征，即封装、继承和多态。下面分别对其进行描述。

1. 封装

封装是面向对象编程的核心思想，将对象的属性和行为封装起来，而将对象的属性和行为封装起来的载体就是类，类通常对客户隐藏其实现细节，这就是封装的思想。例如，用户使用计算机，只需要按键盘就可以实现一些功能，而无须知道计算机内部是如何工作的。

采用封装思想保证了类内部数据结构的完整性，使用该类的用户不能直接看到类中的数据结构，而只能执行类允许公开的数据，这样就避免了外部对内部数据的影响，提高了程序的可维护性。

使用类实现封装特性示意图如图 10.5 所示。

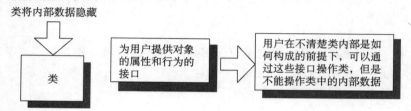

类将内部数据隐藏

类

为用户提供对象的属性和行为的接口

用户在不清楚类内部是如何构成的前提下，可以通过这些接口操作类，但是不能操作类中的内部数据

图 10.5　封装特性示意图

2. 继承

矩形、菱形、平行四边形和梯形等都是四边形。因为四边形与它们具有共同的特征，即拥有 4 个边。只要将四边形适当地延伸，就会得到上述图形。以平行四边形为例，如果把平行四边形看作四边形的延伸，那么平行四边形就复用了四边形的属性和行为，同时添加了平行四边形特有的属性和行为，如平行四边形的对边平行且相等。Python 中，可以把平行四边形类看作是继承四边形类后产生的类，其中将类似于平行四边形的类称为子类；将类似于四边形的类称为父类或超类。值得注意的是，在阐述平行四边形和四边形的关系时，可以说平行四边形是特殊的四边形，但不能说四边形是平行四边形。同理，Python 中可以说子类的实例都是父类的实例，但不能说父类的实例是子类的实例，四边形类层次结构示意图如图 10.6 所示。

综上所述，继承是实现重复利用的重要手段，子类通过继承复用了父类的属性和行为的同时，又添加了子类特有的属性和行为。

3. 多态

将父类对象应用于子类的特征就是多态。例如，创建一个螺丝类，螺丝类有两个属性，即螺丝粗细和螺纹密度；然后创建两个类，即一个长螺丝类和一个是短螺丝类，并且它们都继承了螺丝类。这样长螺丝类和短螺丝类不仅具有相同的特征（螺丝粗细相同，且螺纹密度也相同），而且还具有不同的特征（一个长，一个短，长的可以用来固定大型支架，短的可以用来固定生活中的家具）。综上所述，一个螺丝类衍生出不同的子类，子类继承父类特征的同时，也具备了自己的特征，并且能够实现不同的效果，这就是多态化的结构。螺丝类层次结构示意图如图 10.7 所示。

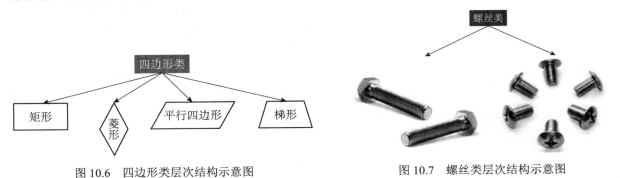

图 10.6　四边形类层次结构示意图　　　　　图 10.7　螺丝类层次结构示意图

10.2　类的定义和使用

在 Python 中，类表示具有相同属性和方法的对象的集合。在使用类时，需要先定义类，然后创建类的实例，通过类的实例就可以访问类中的属性和方法。下面进行具体介绍。

10.2.1　定义类

在 Python 中，类的定义使用 class 关键字来实现，语法如下：

```
class ClassName:
    '''类的帮助信息'''          # 类文档字符串
    statement                   # 类体
```

参数说明如下。

☑　ClassName：用于指定类名，一般使用大写字母开头，如果类名中包括两个单词，第二个单词的首字母也大写，这种命名方法也称为"驼峰式命名法"，这是惯例。当然，也可根据自己的习惯命名，但是一般推荐按照惯例来命名。

☑　'''类的帮助信息'''：用于指定类的文档字符串，定义该字符串后，在创建类的对象时，输入类名和左侧的括号"("后，将显示该信息。

☑　statement：类体，主要由类变量（或类成员）、方法和属性等定义语句组成。如果在定义类时，没想好类的具体功能，也可以在类体中直接使用 pass 语句代替。

例如，下面以大雁为例声明一个类，代码如下：

```
01  class Geese:
02      '''大雁类'''
03      pass
```

10.2.2　创建类的实例

定义完类后，并不会真正创建一个实例。这有点像一辆汽车的设计图。设计图可以告诉你，汽车看上去怎么样，但设计图本身不是一辆汽车。你不能开走它，它只能用来制造真正的汽车，而且可以使用它制造很多汽车。那么如何创建实例呢？

class 语句本身并不创建该类的任何实例。所以在类定义完成以后，可以创建类的实例，即实例化该类的对象。创建类的实例的语法如下：

```
ClassName(parameterlist)
```

其中，ClassName 是必选参数，用于指定具体的类；parameterlist 是可选参数，当创建一个类时，没有创建__init__()方法（该方法将在 10.2.3 节中进行详细介绍），或者__init__()方法只有一个 self 参数时，parameterlist 可以被省略。

例如，创建 10.2.1 节中定义的 Geese 类的实例，可以使用下列代码：

```
01   wildGoose = Geese()              # 创建大雁类的实例
02   print(wildGoose)
```

在执行上述代码后，将显示类似下面的内容：

```
<__main__.Geese object at 0x0000000002F47AC8>
```

从上述执行结果中可以看出，wildGoose 是 Geese 类的实例。

10.2.3　创建__init__()方法

在创建类后，通常会创建一个__init__()方法，该方法是一个特殊的方法，类似 Java 语言中的构造方法。每当创建一个类的新实例时，Python 都会自动执行它。__init__()方法中必须包含一个 self 参数，并且必须是第一个参数。self 参数是一个指向实例本身的引用，用于访问类中的属性和方法。在方法被调用时会自动传递实际参数 self。因此，在__init__()方法中只有一个参数的情况下，当创建类的实例时，就无须指定实际参数。

> **说明**
>
> 在__init__()方法的名称中，开头和结尾处均为双下画线（中间没有空格），这是一种约定，旨在区分 Python 默认方法和普通方法。

例如，下面仍然以大雁为例声明一个类，并且创建__init__()方法，代码如下：

```
01   class Geese:
02       '''大雁类'''
03       def __init__(self):            # 构造方法
04           print("我是大雁类！")
05   wildGoose = Geese()                # 创建大雁类的实例
```

运行上述代码，将输出以下内容：

我是大雁类！

从上述运行结果中可以看出，在创建大雁类的实例时，虽然没有为__init__()方法指定参数，但是该方法会自动执行。

误区警示

在为类创建__init__()方法时，在开发环境中运行下列代码：

```
01   class Geese:
02       '''大雁类'''
03       def __init__():                    # 构造方法
04           print("我是大雁类！")
05   wildGoose = Geese()                    # 创建大雁类的实例
```

运行上述代码，将显示如图 10.8 所示的异常信息。该错误的解决方法是在第 3 行代码的括号中添加 self。

```
======================= RESTART: D:\demo.py ===============
Traceback (most recent call last):
  File "D:\demo.py", line 33, in <module>
    wildGoose = Geese()                  # 创建大雁类的实例
TypeError: __init__() takes 0 positional arguments but 1 was given
>>>
```

图 10.8 缺少 self 参数抛出的异常信息

在__init__()方法中，除 self 参数外，还可以自定义一些参数，参数间使用逗号“，”进行分隔。例如，下面的代码将在创建__init__()方法时再指定 3 个参数，分别是 beak、wing 和 claw。

```
01   class Geese:
02       '''大雁类'''
03       def __init__(self,beak,wing,claw):              # 构造方法
04           print("我是大雁类！我有以下特征：")
05           print(beak)                                 # 输出喙的特征
06           print(wing)                                 # 输出翅膀的特征
07           print(claw)                                 # 输出爪子的特征
08   beak_1 = "喙的基部较高，长度和头部的长度几乎相等"     # 喙的特征
09   wing_1 = "翅膀长而尖"                                # 翅膀的特征
10   claw_1 = "爪子是蹼状的"                              # 爪子的特征
11   wildGoose = Geese(beak_1,wing_1,claw_1)             # 创建大雁类的实例
```

执行上述代码，将显示如图 10.9 所示的运行结果。

```
========== RESTART: D:\demo.py ===============
我是大雁类！我有以下特征：
喙的基部较高，长度和头部的长度几乎相等
翅膀长而尖
爪子是蹼状的
>>>
```

图 10.9 创建__init__()方法时指定 4 个参数

10.2.4 创建类的成员并访问

类的成员主要由实例方法和数据成员组成。在类中创建了类的成员后，可以通过类的实例进行访问。下面将进行详细介绍。

1．创建实例方法并访问

所谓实例方法，是指在类中定义的函数。该函数是一种在类的实例上操作的函数。同__init__()方法一样，实例方法的第一个参数必须是 self，并且必须包含一个 self 参数。创建实例方法的语法格式如下：

```
def functionName(self,parameterlist):
    block
```

参数说明如下。

- ☑ functionName：用于指定方法名，一般使用小写字母开头。
- ☑ self：必要参数，表示类的实例，其名称可以是 self 以外的单词，使用 self 只是一个习惯而已。
- ☑ parameterlist：用于指定除 self 参数以外的参数，各参数间使用逗号"，"进行分隔。
- ☑ block：方法体，实现的具体功能。

说明

实例方法和 Python 中的函数的主要区别就是，函数实现某个独立的功能，而实例方法则实现类中的一个行为，是类的一部分。

在成功创建实例方法后，可以通过类的实例名称和点（.）操作符进行访问。具体的语法格式如下：

```
instanceName.functionName(parametervalue)
```

其中，instanceName 为类的实例名称；functionName 为要调用的方法名称；parametervalue 表示为方法指定对应的实际参数，其值的个数与创建实例方法中 parameterlist 的个数相同。

下面通过一个具体的例子演示创建实例方法并访问。

【例 10.1】创建大雁类并定义飞行方法。（实例位置：资源包\TM\sl\10\01）

在 IDLE 中创建一个名称为 geese.py 的文件，然后在该文件中定义一个大雁类 Geese，并定义一个构造方法；再定义一个实例方法 fly()，该方法有两个参数，一个是 self，另一个用于指定飞行状态；最后再创建大雁类的实例，并调用实例方法 fly()。具体代码如下：

```
01   class Geese:                                  # 创建大雁类
02       '''大雁类'''
03       def __init__(self, beak, wing, claw):        # 构造方法
04           print("我是大雁类！我有以下特征：")
05           print(beak)                              # 输出喙的特征
06           print(wing)                              # 输出翅膀的特征
07           print(claw)                              # 输出爪子的特征
08       def fly(self, state):                        # 定义飞行方法
09           print(state)
10   '''***************调用方法********************'''
```

```
11    beak_1 = "喙的基部较高，长度和头部的长度几乎相等"              # 喙的特征
12    wing_1 = "翅膀长而尖"                                      # 翅膀的特征
13    claw_1 = "爪子是蹼状的"                                     # 爪子的特征
14    wildGoose = Geese(beak_1, wing_1, claw_1)               # 创建大雁类的实例
15    wildGoose.fly("我飞行的时候，一会儿排成个人字，一会排成个一字")   # 调用实例方法
```

运行结果如图 10.10 所示。

```
====================== RESTART: D:\demo.py ======
我是大雁类！我有以下特征：
喙的基部较高，长度和头部的长度几乎相等
翅膀长而尖
爪子是蹼状的
我飞行的时候，一会儿排成个人字，一会排成个一字
>>>
```

图 10.10　创建大雁类并定义飞行方法

2．创建数据成员并访问

数据成员是指在类中定义的变量，即属性，根据定义位置，又可以分为类属性和实例属性。下面分别进行介绍。

☑　类属性

类属性是指定义在类中，并且在函数体外的属性。类属性可以在类的所有实例之间共享值，也就是在所有实例化的对象中公用。

说明

类属性可以通过类名称或者实例名被访问。

例如，定义一个雁类 Geese，在该类中定义 3 个类属性，用于记录雁类的特征，代码如下：

```
01    class Geese:
02        '''雁类'''
03        neck = "脖子较长"                                    # 定义类属性（脖子）
04        wing = "振翅频率高"                                  # 定义类属性（翅膀）
05        leg = "腿位于身体的中心支点，行走自如"                 # 定义类属性（腿）
06        def __init__(self):                                # 实例方法（相当于构造方法）
07            print("我属于雁类！我有以下特征：")
08            print(Geese.neck)                              # 输出脖子的特征
09            print(Geese.wing)                              # 输出翅膀的特征
10            print(Geese.leg)                               # 输出腿的特征
```

在创建了上述类 Geese 后，再创建该类的实例，代码如下：

```
geese = Geese()                                            # 实例化一个雁类的对象
```

应用上述代码创建了 Geese 类的实例后，将显示以下内容：

```
我是雁类！我有以下特征：
脖子较长
振翅频率高
腿位于身体的中心支点，行走自如
```

下面通过一个具体的例子演示类属性在类的所有实例之间共享值的应用。

场景模拟：春天来了，有一群大雁从南方返回北方。现在想要输出每只大雁的特征，以及大雁的数量。

【**例 10.2**】通过类属性统计类的实例个数。（**实例位置：资源包\TM\sl\10\02**）

在 IDLE 中创建一个名称为 geese_a.py 的文件，然后在该文件中定义一个雁类 Geese，并在该类中定义 4 个类属性，前 3 个用于记录雁类的特征，第 4 个用于记录实例编号；接着定义一个构造方法，在该构造方法中将记录实例编号的类属性进行加 1 操作，并输出 4 个类属性的值；最后通过 for 循环创建 4 个雁类的实例，代码如下：

```
01   class Geese:
02       '''雁类'''
03       neck = "脖子较长"                              # 类属性（脖子）
04       wing = "振翅频率高"                            # 类属性（翅膀）
05       leg = "腿位于身体的中心支点，行走自如"            # 类属性（腿）
06       number = 0                                   # 编号
07       def __init__(self):                          # 构造方法
08           Geese.number += 1                        # 将编号加 1
09           print("\n 我是第"+str(Geese.number)+"只大雁，我属于雁类！我有以下特征：")
10           print(Geese.neck)                        # 输出脖子的特征
11           print(Geese.wing)                        # 输出翅膀的特征
12           print(Geese.leg)                         # 输出腿的特征
13   # 创建 4 个雁类的对象（相当于有 4 只大雁）
14   list1 = []
15   for i in range(4):                               # 循环 4 次
16       list1.append(Geese())                        # 创建一个雁类的实例
17   print("一共有"+str(Geese.number)+"只大雁")
```

运行结果如图 10.11 所示。

```
我是第1只大雁，我属于雁类！我有以下特征：
脖子较长
振翅频率高
腿位于身份的中心支点，行走自如

我是第2只大雁，我属于雁类！我有以下特征：
脖子较长
振翅频率高
腿位于身份的中心支点，行走自如

我是第3只大雁，我属于雁类！我有以下特征：
脖子较长
振翅频率高
腿位于身份的中心支点，行走自如

我是第4只大雁，我属于雁类！我有以下特征：
脖子较长
振翅频率高
腿位于身份的中心支点，行走自如
一共有4只大雁
>>>
```

图 10.11　通过类属性统计类的实例个数

在 Python 中，除了可以通过类名称访问类属性，还可以动态地为类和对象添加属性。例如，在例 10.2 的基础上为雁类添加一个 beak 属性，并通过类的实例访问该属性，可以在上述代码的后面再添加以下代码：

```
01    Geese.beak = "喙的基部较高，长度和头部的长度几乎相等"        # 添加类属性
02    print("第 2 只大雁的喙：",list1[1].beak)                     # 访问类属性
```

说明

上述代码只是以第 2 只大雁为例进行演示，读者也可以换成其他的大雁试试。

运行后，将在原来的结果后面显示以下内容：

第 2 只大雁的喙：　喙的基部较高，长度和头部的长度几乎相等

说明

除了可以动态地为类和对象添加属性，也可以修改类属性。修改结果将作用于该类的所有实例。

☑　**实例属性**

实例属性是指定义在类的方法中的属性，只作用于当前实例中。

例如，定义一个雁类 Geese，在该类的__init__()方法中定义 3 个实例属性，用于记录雁类的特征，代码如下：

```
01    class Geese:
02        '''雁类'''
03        def __init__(self):                              # 实例方法（相当于构造方法）
04            self.neck = "脖子较长"                        # 定义实例属性（脖子）
05            self.wing = "振翅频率高"                      # 定义实例属性（翅膀）
06            self.leg = "腿位于身体的中心支点，行走自如"    # 定义实例属性（腿）
07            print("我属于雁类！我有以下特征：")
08            print(self.neck)                             # 输出脖子的特征
09            print(self.wing)                             # 输出翅膀的特征
10            print(self.leg)                              # 输出腿的特征
```

在创建了上述 Geese 类后，再创建该类的实例，代码如下：

```
geese = Geese()                                          # 实例化一个雁类的对象
```

应用上述代码创建了 Geese 类的实例后，将显示以下内容：

我是雁类！我有以下特征：
脖子较长
振翅频率高
腿位于身体的中心支点，行走自如

误区警示

实例属性只能通过实例名被访问。如果通过类名访问实例属性，那么情况又当如何？例如，执行代码 print(Geese.neck)，将抛出如图 10.12 所示的异常。

```
Traceback (most recent call last):
  File "D:\demo.py", line 12, in <module>
    print(Geese.neck)
AttributeError: type object 'Geese' has no attribute 'neck'
>>>
```

图 10.12　通过类名访问实例属性时抛出的异常

　　对于实例属性也可以通过实例名称被修改，与类属性不同，通过实例名称修改实例属性后，并不影响该类的另一个实例中相应的实例属性的值。例如，定义一个雁类，并在 __init__()方法中定义一个实例属性，然后创建两个 Geese 类的实例，并且修改第一个实例的实例属性，最后分别输出例 10.1 和例 10.2 的实例属性，代码如下：

```
01    class Geese:
02        '''雁类'''
03        def __init__(self):                              # 实例方法（相当于构造方法）
04            self.neck = "脖子较长"                        # 定义实例属性（脖子）
05            print(self.neck)                             # 输出脖子的特征
06    goose1 = Geese()                                     # 创建 Geese 类的实例 1
07    goose2 = Geese()                                     # 创建 Geese 类的实例 2
08    goose1.neck = "脖子没有天鹅的长"                      # 修改实例属性
09    print("goose1 的 neck 属性：",goose1.neck)
10    print("goose2 的 neck 属性：",goose2.neck)
```

运行上述代码，将显示以下内容：

```
脖子较长
脖子较长
goose1 的 neck 属性：  脖子没有天鹅的长
goose2 的 neck 属性：  脖子较长
```

10.2.5　访问限制

　　在类的内部可以定义属性和方法，而在类的外部则可以直接调用属性或方法来操作数据，从而隐藏了类内部的复杂逻辑。但是，在 Python 中并没有对属性和方法的访问权限进行限制。为了保证类内部的某些属性或方法不被外部访问，可以在属性或方法名前面添加双下画线（__foo）或首尾都加双下画线（__foo__），从而限制访问权限。其中，双下画线、首尾双下画线的作用如下。

　　（1）__foo__：首尾双下画线表示定义特殊方法，一般是系统定义名字，如__init__()。

　　（2）__foo：双下画线表示 private（私有）类型的成员，只允许定义该方法的类本身对其进行访问，而不允许通过类的实例对其进行访问，但是可以通过"类的实例名.类名__xxx"方式访问它们。

　　例如，创建一个 Swan 类，定义私有属性__neck_swan，并在__init__()方法中访问该属性，然后创建 Swan 类的实例，并通过实例名输出私有属性__neck_swan，代码如下：

```
01    class Swan:
02        '''天鹅类'''
03        __neck_swan = '天鹅的脖子很长'                    # 定义私有属性
04        def __init__(self):
05            print("__init__():", Swan.__neck_swan)       # 在实例方法中访问私有属性
06    swan = Swan()                                        # 创建 Swan 类的实例
07    print("加入类名:" , swan._Swan__neck_swan)           # 通过"实例名.类名__xxx"方式访问私有属性
08    print("直接访问:" , swan.__neck_swan)                # 私有属性不能通过实例名访问，出错
```

执行上述代码，将输出如图 10.13 所示的结果。

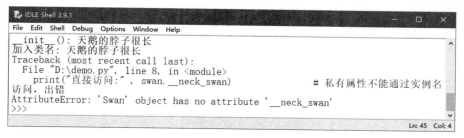

图 10.13　访问私有属性

从上述运行结果中可以看出，私有属性可以在类的实例方法中被访问，也可以通过"实例名.__类名__xxx"方式被访问，但是不能直接通过"实例名+属性名"访问它们。

10.3　属　　性

本节介绍的属性（property）与 10.2.4 节介绍的类属性和实例属性不同。10.2.4 节介绍的属性将返回所存储的值，而本节要介绍的属性则是一种特殊的属性，访问它时将计算它的值。另外，该属性还可以为属性添加安全保护机制。下面分别进行介绍。

10.3.1　创建用于计算的属性

在 Python 中，可以通过@property（装饰器）将一个方法转换为属性，以实现用于计算的属性。将方法转换为属性后，可以直接通过方法名来访问方法，而无须再添加一对小括号"()"，这样可以让代码更加简洁。

通过@property 创建用于计算的属性的语法格式如下：

```
@property
def methodname(self):
    block
```

参数说明如下。

☑　methodname：用于指定方法名，一般使用小写字母开头。该名称最后将作为创建的属性名。

☑　self：必要参数，表示类的实例。

☑　block：方法体，实现的具体功能。在方法体中，通常以 return 语句结束，用于返回计算结果。

例如，定义一个矩形类，在__init__()方法中定义两个实例属性，然后再定义一个计算矩形面积的方法，并应用@property 将其转换为属性，最后创建类的实例，并访问转换后的属性，代码如下：

```
01  class Rect:
02      def __init__(self,width,height):
03          self.width = width                # 矩形的宽
04          self.height = height              # 矩形的高
05      @property                             # 将方法转换为属性
06      def area(self):                       # 计算矩形的面积的方法
```

```
07          return self.width*self.height          # 返回矩形的面积
08    rect = Rect(800,600)                          # 创建类的实例
09    print("面积为：",rect.area)                   # 输出属性的值
```

运行上述代码，将显示以下运行结果：

面积为： 480000

注意

通过@property 转换后的属性不能重新赋值，如果对其重新赋值，情况又当如何？例如，执行代码 rect.area = 90，将抛出如图 10.14 所示的异常信息。

```
Traceback (most recent call last):
  File "D:\demo.py", line 10, in <module>
    rect.area = 90
AttributeError: can't set attribute
>>>
```

图 10.14　AttributeError 异常

10.3.2　为属性添加安全保护机制　

在 Python 中，默认情况下，创建的类属性或者实例是可以在类体外进行修改的，如果想要限制其不能在类体外被修改，可以将其设置为私有，但设置为私有后，在类体外也不能获取它的值。如果想要创建一个可以被读取，但不能被修改的属性，可以使用@property 实现只读属性。

例如，创建一个电视节目类 TVshow，再创建一个 show 属性，用于显示当前播放的电视节目，代码如下：

```
01    class TVshow:                                 # 定义电视节目类
02        def __init__(self,show):
03            self.__show = show
04        @property                                 # 将方法转换为属性
05        def show(self):                           # 定义 show()方法
06            return self.__show                    # 返回私有属性的值
07    tvshow = TVshow("正在播放《战狼2》")           # 创建类的实例
08    print("默认：",tvshow.show)                   # 获取属性值
```

执行上述代码，将显示以下内容：

默认： 正在播放《战狼 2》

通过上述方法创建的 show 属性是只读的，可以尝试修改该属性的值，再重新获取。对此，在上述代码的下方添加以下代码：

```
01    tvshow.show = "正在播放《夺冠》"              # 修改属性值
02    print("修改后：",tvshow.show)                 # 获取属性值
```

运行上述代码，将显示如图 10.15 所示的结果。其中红字的异常信息就是修改属性 show 时抛出的异常。

默认：　正在播放《战狼2》
```
Traceback (most recent call last):
  File "D:\demo.py", line 9, in <module>    修改属性时抛出异常
    tvshow.show = "正在播放《夺冠》"              # 修改属性值
AttributeError: can't set attribute
>>>
```

图 10.15　修改只读属性时抛出的异常

通过属性不仅可以将属性设置为只读属性，而且可以为属性设置拦截器，即允许对属性进行修改，但修改时需要遵守一定的约束。

场景模拟： 某电视台开设了电影点播功能，但要求只能从指定的几部电影（如《战狼 2》《夺冠》《西游记女儿国》《熊出没·变形记》）中选择其中一部。

【例 10.3】 在模拟电影点播功能时应用属性。（**实例位置：资源包\TM\sl\10\03**）

在 IDLE 中创建一个名称为 film.py 的文件，然后在该文件中定义一个电视节目类 TVshow，并在该类中定义一个类属性，用于保存电影列表，然后在 __init__()方法中定义一个私有的实例属性，再将该属性转换为可被读取、可被修改（有条件进行）的属性，最后创建类的实例，并获取和修改属性值，代码如下：

```
01  class TVshow:                                       # 定义电视节目类
02      list_film = ["战狼 2","夺冠","西游记女儿国","熊出没·变形记"]
03      def __init__(self,show):
04          self.__show = show
05      @property                                       # 将方法转换为属性
06      def show(self):                                 # 定义 show()方法
07          return self.__show                          # 返回私有属性的值
08      @show.setter                                    # 设置 setter 方法，让属性可修改
09      def show(self,value):
10          if value in TVshow.list_film:               # 判断值是否在列表中
11              self.__show = "您选择了《" + value + "》，稍后将播放"    # 返回修改的值
12          else:
13              self.__show = "您点播的电影不存在"
14  tvshow = TVshow("战狼 2")                           # 创建类的实例
15  print("正在播放：《",tvshow.show,"》")               # 获取属性值
16  print("您可以从",tvshow.list_film,"中选择要点播放的电影")
17  tvshow.show = "夺冠"                                # 修改属性值
18  print(tvshow.show)                                 # 获取属性值
```

运行结果如图 10.16 所示。

```
正在播放：《 战狼2 》
您可以从 ['战狼2', '夺冠', '西游记女儿国', '熊出没·变形记']
中选择要点播放的电影
您选择了《夺冠》，稍后将播放
>>>
```

图 10.16　在模拟电影点播功能时应用属性的效果

如果将第 17 行代码中的"夺冠"修改为"我和我的祖国"，将显示如图 10.17 所示的效果。

```
正在播放：《 战狼2 》
您可以从 ['战狼2', '夺冠', '西游记女儿国', '熊出没·变形记']
中选择要点播放的电影
您点播的电影不存在
>>>
```

图 10.17　要点播的电影不存在的效果

10.4　继　　承

在编写类时，并不是每次都要从空白开始。当要编写的类和另一个已经存在的类之间存在一定的继承关系时，可以通过继承来达到代码重用的目的，提高开发效率。下面将介绍如何在 Python 中实现继承。

10.4.1　继承的基本语法

继承是面向对象编程最重要的特性之一，它源于人们认识客观世界的过程，是自然界普遍存在的一种现象。例如，我们每个人都从祖辈和父母那里继承了一些体貌特征，但是每个人却又不同于父母，因为每个人都存在自己的一些特性，这些特性是独有的，在父母身上并没有体现。在程序设计中实现继承，表示这个类拥有它继承的类的所有公有成员或者受保护成员。在面向对象编程中，被继承的类称为父类或基类，新的类则称为子类或派生类。

通过继承不仅可以实现代码的重用，还可以通过继承来理顺类与类之间的关系。在 Python 中，可以在类定义语句中，类名右侧使用一对小括号将要继承的基类名称括起来，以实现类的继承。具体的语法格式如下：

```
class ClassName(baseclasslist):
    '''类的帮助信息'''                          # 类文档字符串
    statement                                 # 类体
```

参数说明如下。

☑　ClassName：用于指定类名。

☑　baseclasslist：用于指定要继承的基类，可以有多个，类名之间用逗号 "," 分隔。如果不指定，将使用所有 Python 对象的根类 object。

☑　'''类的帮助信息'''：用于指定类的文档字符串，定义该字符串后，在创建类的对象时，输入类名和左侧的括号 "(" 后，将显示该信息。

☑　statement：类体，主要由类变量（或类成员）、方法和属性等定义语句组成。在定义类时，如果没想好类的具体功能，可以在类体中直接使用 pass 语句代替。

【例 10.4】创建水果基类及其派生类。（**实例位置：资源包\TM\sl\10\04**）

在 IDLE 中创建一个名称为 fruit.py 的文件，然后在该文件中定义一个水果类 Fruit（作为基类），并在该类中定义一个类属性（用于保存水果默认的颜色）和一个 harvest()方法，接着创建 Apple 类和 Orange 类，这两个类都继承自 Fruit 类，最后创建 Apple 类和 Orange 类的实例，并调用 harvest()方法

（在基类中编写），代码如下：

```
01    class Fruit:                                          # 定义水果类（基类）
02        color = "绿色"                                      # 定义类属性
03        def harvest(self, color):
04            print("水果是：" + color + "的！")                # 输出的是形式参数 color
05            print("水果已经收获……")
06            print("水果原来是：" + Fruit.color + "的！");       # 输出的类属性 color
07    class Apple(Fruit):                                    # 定义苹果类（派生类）
08        color = "红色"
09        def __init__(self):
10            print("我是苹果")
11    class Orange(Fruit):                                   # 定义橘子类（派生类）
12        color = "橙色"
13        def __init__(self):
14            print("\n 我是橘子")
15    apple = Apple()                                        # 创建类的实例（苹果）
16    apple.harvest(apple.color)                             # 调用基类的 harvest()方法
17    orange = Orange()                                      # 创建类的实例（橘子）
18    orange.harvest(orange.color)                           # 调用基类的 harvest()方法
```

执行上述代码，将显示如图 10.18 所示的运行结果。从该运行结果中可以看出，虽然在 Apple 和 Orange 类中没有 harvest()方法，但是 Python 允许派生类访问基类的方法。

```
我是苹果
水果是：红色的！
水果已经收获……
水果原来是：绿色的！

我是橘子
水果是：橙色的！
水果已经收获……
水果原来是：绿色的！
>>>
```

图 10.18　创建水果基类及其派生类的结果

10.4.2　方法重写

基类的成员都会被派生类继承，当基类中的某个方法不完全适用于派生类时，需要在派生类中重写父类的这个方法，这和 Java 语言中的方法重写是一样的。

在例 10.4 中，基类中定义的 harvest()方法，无论派生类是什么水果都会显示"水果……"，如果想要针对不同水果给出不同的提示，可以在派生类中重写 harvest()方法。例如，在创建派生类 Orange 时，重写 harvest()方法的代码如下：

```
01    class Orange(Fruit):                                   # 定义橘子类（派生类）
02        color = "橙色"
03        def __init__(self):
04            print("\n 我是橘子")
05        def harvest(self, color):
06            print("橘子是：" + color + "的！")                # 输出的是形式参数 color
07            print("橘子已经收获……")
08            print("橘子原来是：" + Fruit.color + "的！");       # 输出的是类属性 color
```

添加 harvest()方法后（即在例 10.4 中添加上述代码中的第 5～8 行代码），再次运行例 10.4，将显示如图 10.19 所示的结果。

```
我是苹果
水果是：红色的！
水果已经收获……
水果原来是：绿色的！

我是橘子
橘子是：橙色的！
橘子已经收获……
橘子原来是：绿色的！
>>>
```

图 10.19　重写 Orange 类的 harvest()方法的结果

10.4.3　派生类中调用基类的__init__()方法

在派生类中定义__init__()方法时，不会自动调用基类的__init__()方法。例如，定义一个 Fruit 类，在__init__()方法中创建类属性 color，然后在 Fruit 类中定义一个 harvest()方法，在该方法中输出类属性 color 的值，再创建继承自 Fruit 类的 Apple 类，最后创建 Apple 类的实例，并调用 harvest()方法，代码如下：

```
01  class Fruit:                                          # 定义水果类（基类）
02      def __init__(self,color = "绿色"):
03          Fruit.color = color                          # 定义类属性
04      def harvest(self):
05          print("水果原来是：" + Fruit.color + "的！");  # 输出的是类属性 color
06  class Apple(Fruit):                                   # 定义苹果类（派生类）
07      def __init__(self):
08          print("我是苹果")
09  apple = Apple()                                       # 创建类的实例（苹果）
10  apple.harvest()                                       # 调用基类的 harvest()方法
```

执行上述代码，将显示如图 10.20 所示的异常信息。

```
我是苹果
Traceback (most recent call last):
  File "D:\demo.py", line 10, in <module>
    apple.harvest()
# 调用基类的harvest()方法
  File "D:\demo.py", line 5, in harvest
    print("水果原来是：" + Fruit.color + "的！");# 输出的是类属性color
AttributeError: type object 'Fruit' has no attribute 'color'
>>>
```

图 10.20　基类的__init__()方法未执行引起的异常

因此，如果想要在派生类中调用基类的__init__()方法进行必要的初始化，需要在派生类中使用 super()函数。例如，在上述代码的第 8 行的下方添加以下代码：

```
super().__init__()                                       # 调用基类的__init__()方法
```

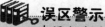　误区警示

　在添加上述代码时，一定要注意缩进的正确性。

运行上述代码，将显示以下正常的结果：

我是苹果
水果原来是：绿色的！

下面通过一个具体的例子演示派生类中调用基类的__init__()方法的具体的应用。

【例 10.5】在派生类中调用基类的__init__()方法定义类属性。（**实例位置：资源包\TM\sl\10\05**）

在 IDLE 中创建一个名称为 fruit.py 的文件，然后在该文件中定义一个水果类 Fruit（作为基类），并在该类中定义__init__()方法，在该方法中定义一个类属性（用于保存水果默认的颜色），接着在 Fruit 类中定义一个 harvest()方法，再创建 Apple 类和 Sapodilla 类，这两个类都继承自 Fruit 类，最后创建 Apple 类和 Sapodilla 类的实例，并调用 harvest()方法（在基类中编写），代码如下：

```
01  class Fruit:                                      # 定义水果类（基类）
02      def __init__(self, color="绿色"):
03          Fruit.color = color                      # 定义类属性
04      def harvest(self, color):
05          print("水果是：" + self.color + "的！")    # 输出的是形式参数 color
06          print("水果已经收获……")
07          print("水果原来是：" + Fruit.color + "的！");  # 输出的是类属性 color
08  class Apple(Fruit):                               # 定义苹果类（派生类）
09      color = "红色"
10      def __init__(self):
11          print("我是苹果")
12          super().__init__()                       # 调用基类的__init__()方法
13  class Sapodilla(Fruit):                          # 定义人参果类（派生类）
14      def __init__(self, color):
15          print("\n 我是人参果")
16          super().__init__(color)                  # 调用基类的__init__()方法
17      # 重写 harvest()方法的代码
18      def harvest(self, color):
19          print("人参果是：" + color + "的！")        # 输出的是形式参数 color
20          print("人参果已经收获……")
21          print("人参果原来是：" + Fruit.color + "的！");  # 输出的是类属性 color
22  apple = Apple()                                  # 创建类的实例（苹果）
23  apple.harvest(apple.color)                       # 调用 harvest()方法
24  sapodilla = Sapodilla("白色")                     # 创建类的实例（人参果）
25  sapodilla.harvest("金黄色带紫色条纹")              # 调用 harvest()方法
```

执行上述代码，将显示如图 10.21 所示的运行结果。

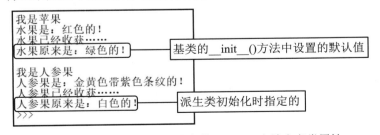

图 10.21　在派生类中调用基类的__init__()方法定义类属性

10.5　实践与练习

（答案位置：资源包\TM\sl\10\实践与练习\）

综合练习 1：创建一个包含实例属性的汽车类　汽车通常包括车型（rank）、颜色（color）、品牌（brand）、行驶里程（mileage）等属性，还可以包括设置和获取行驶里程的方法。本练习要求编写一个汽车类，该类包括上述属性（要求为实例属性）和方法，然后实现以下功能。

（1）创建两个汽车类的实例，分别输出它们的属性。

（2）调用汽车类的方法设置行驶里程，再读取最终的行驶里程并输出。

综合练习 2：创建四边形基类并且在派生类中调用基类的__init__()方法　本练习要求编写一个四边形类、平行四边形类和矩形类。其中，平行四边形类继承自四边形类，矩形类继承自平行四边形类。要求，在平行四边形类中调用基类的__init__()方法，但是在矩形类中不调用基类的__init__()方法。

第 11 章

模块

Python 提供了强大的模块支持，主要体现为不仅在 Python 标准库中包含了大量的模块（称为标准模块），而且还有很多第三方模块，另外开发者自己也可以开发自定义模块。这些强大的模块支持将极大地提高我们的开发效率。

本章将首先对如何开发自定义模块进行详细介绍，然后介绍如何使用标准模块和第三方模块。

本章知识架构及重难点如下。

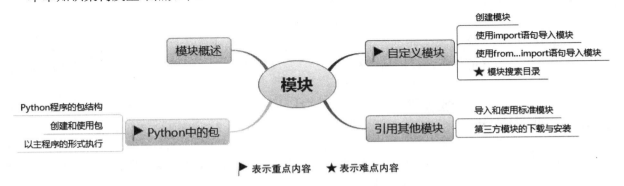

▶ 表示重点内容　★ 表示难点内容

11.1　模　块　概　述

模块的英文是 module，可以认为是一盒（箱）主题积木，通过它可以拼出某一主题的东西。这与第 9 章介绍的函数不同，一个函数相当于一块积木，而一个模块中可以包括很多函数，也就是很多积木，所以也可以说模块相当于一盒积木。

在 Python 中，一个扩展名为.py 的文件就被称为一个模块。例如，在第 9 章的例 9.2 中创建的 function_bmi.py 文件就是一个模块，如图 11.1 所示。

通常情况下，我们把能够实现某一特定功能的代码放置在一个文件中作为一个模块，从而方便被其他程序和脚本导入并使用。另外，使用模块也可以避免函数名和变量名冲突。

通过前面的学习，我们知道可以将 Python 代码写在一个文件中。但是随着程序不断变大，为了便于维护，需要将其分为多个文件，这样可以提高代码的可维护性。另外，使用模块还可以提高代码的可重用性。即编写好一个模块后，只要是实现该功能的程序，都可以导入这个模块实现。

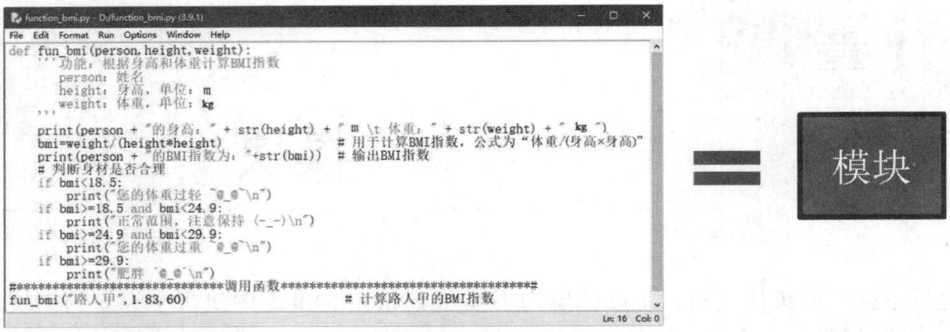

图 11.1　一个.py 文件就是一个模块

11.2　自定义模块

在 Python 中，自定义模块有两个作用：一个是规范代码，让代码更易于阅读；另一个是方便其他程序可使用已经编写好的代码，以提高开发效率。自定义模块主要分为两部分：一部分是创建模块；另一部分是导入模块。下面分别对其进行介绍。

11.2.1　创建模块

所谓创建模块，是指可以将模块中的相关代码（变量定义和函数定义等）编写在一个单独的文件中，并且以"模块名+.py"的形式命名该文件。

误区警示

创建模块时，设置的模块名不能是 Python 自带的标准模块名称。

下面通过一个具体的例子演示如何创建模块。

【例 11.1】创建计算 BMI 指数的模块。（**实例位置：资源包\TM\sl\11\01**）

创建一个用于根据身高和体重计算 BMI 指数的模块，命名为 bmi.py，其中 bmi 为模块名，.py 为扩展名。关键代码如下：

```
01  def fun_bmi(person,height,weight):
02      '''功能：根据身高和体重计算 BMI 指数
03          person：姓名
04          height：身高，单位：m
05          weight：体重，单位：kg
06      '''
07      print(person + "的身高：" + str(height) + "m \t 体重：" + str(weight) + "kg")
08      bmi=weight/(height*height)              # 用于计算 BMI 指数，公式为"体重/(身高×身高)"
09      print(person + "的 BMI 指数为："+str(bmi))      # 输出 BMI 指数
10      # 此处省略了显示判断结果的代码
11  def fun_bmi_upgrade(*person):
```

```
12        '''功能：根据身高和体重计算 BMI 指数（升级版）
13        *person：可变参数该参数中需要传递带 3 个元素的列表，
14        分别为姓名、身高（单位：m）和体重（单位：kg）
15        '''
16        # 此处省略了函数主体代码
```

注意

　　模块文件的扩展名必须是.py。

11.2.2　使用 import 语句导入模块

　　创建模块后，就可以在其他程序中使用该模块了。当使用模块时，需要先以模块的形式加载模块中的代码，这可以使用 import 语句实现。import 语句的基本语法格式如下：

```
import modulename [as alias]
```

　　其中，modulename 表示要导入模块的名称；[as alias]表示给模块起的别名，通过该别名也可以使用模块。

　　下面将导入例 11.1 中编写的模块 bmi，并执行该模块中的函数。在模块文件 bmi.py 的同级目录中创建一个名称为 main.py 的文件，在该文件中导入模块 bmi，并且执行该模块中的 fun_bmi()函数，代码如下：

```
01    import bmi                        # 导入 bmi 模块
02    bmi.fun_bmi("尹一伊",1.75,120)     # 执行模块中的 fun_bmi()函数
```

　　执行上述代码，将显示如图 11.2 所示的结果。

```
尹一伊的身高：175 m       体重：120 kg
尹一伊的BMI指数为：0.003918367346938775
您的体重过轻 ~@_@~

>>>
```

图 11.2　导入模块并执行模块中的函数

说明

　　❶ 在调用模块中的变量、函数或者类时，需要在变量名、函数名或者类名前添加"模块名."作为前缀。例如，上述代码中的 bmi.fun_bmi，则表示调用 bmi 模块中的 fun_bmi()函数。

　　❷ 如果模块名比较长且不容易记住，可以在导入模块时使用 as 关键字为其设置一个别名，然后就可以通过这个别名来调用模块中的变量、函数和类等。例如，将上述导入模块的代码修改为以下内容：

```
import bmi as m                        # 导入 bmi 模块并设置别名为 m
```

　　然后，在调用 bmi 模块中的 fun_bmi()函数时，可以使用下列代码：

```
m.fun_bmi("尹一伊",1.75,120)            # 执行模块中的 fun_bmi()函数
```

使用 import 语句还可以一次导入多个模块，在导入多个模块时，模块名之间使用逗号 "," 分隔。例如，已经创建了 bmi.py、tips.py 和 differenttree.py 3 个模块文件，现在想要将这 3 个模块全部导入，可以使用下列代码：

```
import bmi,tips,differenttree
```

11.2.3 使用 from...import 语句导入模块

在使用 import 语句导入模块时，每执行一条 import 语句都会创建一个新的命名空间（namespace），并且在该命名空间中执行与.py 文件相关的所有语句。在执行时，需在具体的变量、函数和类名前加上 "模块名." 前缀。如果不想在每次导入模块时都创建一个新的命名空间，而是仅将具体的定义导入当前的命名空间中，这时可以使用 from...import 语句。使用 from...import 语句导入模块后，不需要再添加前缀，直接通过具体的变量、函数和类名等访问即可。

说明

命名空间可以理解为记录对象名字和对象之间对应关系的空间。当前 Python 的命名空间大部分都是通过字典（dict）来实现的。其中，key 是标识符；value 是具体的对象。例如，如果 key 是变量的名字，则 value 是变量的值。

from...import 语句的语法格式如下：

```
from modelname import member
```

参数说明如下。

☑ modelname：模块名称，区分字母大小写，需要和定义模块时所设置的模块名称的大小写保持一致。

☑ member：用于指定要导入的变量、函数或者类等。可以同时导入多个定义，各个定义之间使用逗号 "," 分隔。如果想导入全部定义，也可以使用通配符星号 "*" 代替。

说明

在导入模块时，如果使用通配符 "*" 导入全部定义后，想查看具体导入了哪些定义，可以通过显示 dir() 函数的值来查看。例如，执行 print(dir()) 语句，将显示类似下列内容：

```
['__annotations__', '__builtins__', '__doc__', '__file__', '__loader__', '__name__', '__package__', '__spec__', 'change', 'getHeight', 'getWidth']
```

其中，change、getHeight 和 getWidth 就是我们导入的定义。

例如，下列 3 条语句都可以从模块中导入指定的定义。

```
01   from bmi import fun_bmi                        # 导入 bmi 模块中的 fun_bmi 函数
02   from bmi import fun_bmi,fun_bmi_upgrade        # 导入 bmi 模块中的 fun_bmi 和 fun_bmi_upgrade 函数
03   from bmi import * # 导入 bmi 模块中的全部定义（包括 title 变量、fun_bmi 和 fun_bmi_upgrade 函数）
```

注意

在使用 from...import 语句导入模块中的定义时，需要保证所导入的内容在当前的命名空间中是唯一的，否则将出现冲突，后导入的同名变量、函数或者类会覆盖先导入的。这时，就需要使用 import 语句进行导入。

【例 11.2】导入两个包括同名函数的模块。（**实例位置：资源包\TM\sl\11\02**）

创建两个模块：一个是矩形模块，其中包括计算矩形周长和面积的函数；另一个是圆形模块，其中包括计算圆形周长和面积的函数。然后在另一个 Python 文件中导入这两个模块，并调用相应的函数计算周长和面积。具体步骤如下：

（1）创建矩形模块，对应的文件名为 rectangle.py，在该文件中，定义两个函数：一个用于计算矩形的周长；另一个用于计算矩形的面积。具体代码如下：

```
01  def girth(width,height):
02      '''功能：计算周长
03        参数：width（宽度）、height（高）
04      '''
05      return (width + height)*2
06  def area(width,height):
07      '''功能：计算面积
08        参数：width（宽度）、height（高）
09      '''
10      return width * height
11  if __name__ == '__main__':
12      print(area(10,20))
```

（2）创建圆形模块，对应的文件名为 circular.py，在该文件中，定义两个函数：一个用于计算圆形的周长；另一个用于计算圆形的面积。具体代码如下：

```
01  import math                      # 导入标准模块 math
02  PI = math.pi                     # 圆周率
03  def girth(r):
04      '''功能：计算周长
05        参数：r（半径）
06      '''
07      return round(2 * PI * r ,2 )  # 计算周长并保留两位小数
08
09  def area(r):
10      '''功能：计算面积
11        参数：r（半径）
12      '''
13      return round(PI * r * r ,2)   # 计算面积并保留两位小数
14  if __name__ == '__main__':
15      print(girth(10))
```

（3）创建一个名称为 compute.py 的 Python 文件，在该文件中，首先导入矩形模块的全部定义，然后导入圆形模块的全部定义，最后分别调用计算矩形周长的函数和计算圆形周长的函数，代码如下：

179

```
01    from rectangle import *                    # 导入矩形模块
02    from circular import *                     # 导入圆形模块
03    if __name__ == '__main__':
04        print("圆形的周长为：",girth(10))        # 调用计算圆形周长的函数
05        print("矩形的周长为：",girth(10,20))      # 调用计算矩形周长的函数
```

执行本例代码，将显示如图 11.3 所示的结果。

从图 11.3 中可以看出，执行步骤（3）中的第 5 行代码时出现异常，这是因为原本想要执行的矩形模块的 girth() 函数被圆形模块的 girth() 函数覆盖了。解决该问题的方法是，使用 import 语句导入模块，而不使用 from...import 语句导入。修改后的代码如下：

```
01    import rectangle as r                      # 导入矩形模块
02    import circular as c                       # 导入圆形模块
03    if __name__ == '__main__':
04        print("圆形的周长为：",c.girth(10))      # 调用计算圆形周长的函数
05        print("矩形的周长为：",r.girth(10,20))    # 调用计算矩形周长的函数
```

执行上述代码，将显示如图 11.4 所示的结果。

```
圆形的周长为： 62.83
Traceback (most recent call last):
  File "F:\program\Python\从入门到精通\compute.py", line 7, in <module>
    print("矩形的周长为：",girth(10,20))        # 调用计算矩形周长的方法
TypeError: girth() takes 1 positional argument but 2 were given
>>>
```

```
圆形的周长为： 62.83
矩形的周长为： 60
>>>
```

图 11.3 执行不同模块的同名函数出现异常　　　　　图 11.4 正确执行不同模块的同名函数

11.2.4 模块搜索目录

当使用 import 语句导入模块时，默认情况下，会按照以下顺序进行查找。

（1）在当前目录（即执行的 Python 脚本文件所在的目录）中查找。

（2）在 PYTHONPATH（环境变量）下的每个目录中查找。

（3）在 Python 的默认安装目录中查找。

以上各个目录的具体位置保存在标准模块 sys 的 sys.path 变量中。可以通过以下代码输出具体的目录。

```
01    import sys                                 # 导入标准模块 sys
02    print(sys.path)                            # 输出具体目录
```

例如，在 IDLE 窗口中执行上述代码，将显示如图 11.5 所示的结果。

```
>>> import sys
>>> print(sys.path)
['', 'C:\\Python\\Python39', 'C:\\Python\\Python39\\Lib\\idlelib',
'C:\\python\\Python39\\python39.zip', 'C:\\python\\Python39\\DLLs',
'C:\\python\\Python39\\lib', 'C:\\python\\Python39', 'C:\\python\\P
ython39\\lib\\site-packages']
>>>
```

图 11.5 在 IDLE 窗口中查看具体目录

如果要导入的模块不在如图 11.5 所示的目录中，那么在导入模块时将显示如图 11.6 所示的异常。

```
>>> import function_bmi
Traceback (most recent call last):
  File "<pyshell#2>", line 1, in <module>
    import function_bmi
ModuleNotFoundError: No module named 'function_bmi'
>>>
```

图 11.6　找不到要导入的模块

误区警示

使用 import 语句导入模块时，模块名是区分字母大小写的。

这时，我们可以通过以下 3 种方式添加指定的目录到 sys.path 中。

1．临时添加

临时添加即在导入模块的 Python 文件中添加。例如，需要将 E:\program\Python\Code\demo 目录添加到 sys.path 中，可以使用下列代码：

```
01    import sys                                      # 导入标准模块 sys
02    sys.path.append('E:/program/Python/Code/demo')
03    print(sys.path)
```

执行上述代码后，将输出 sys.path 的值，得到以下结果：

['', 'C:\\Python\\Python39', 'C:\\Python\\Python39\\Lib\\idlelib', 'C:\\python\\Python39\\python39.zip', 'C:\\python\\Python39\\DLLs', 'C:\\python\\Python39\\lib', 'C:\\python\\Python39', 'C:\\python\\Python39\\lib\\site-packages', 'E:/program/Python/Code/demo']

在上述结果中，最后一个元素为新添加的目录。

说明

通过该方法添加的目录只在执行当前文件的窗口中有效，窗口关闭后即失效。

2．增加.pth 文件（推荐）

在 Python 安装目录下的 Lib\site-packages 子目录（例如，笔者的 Python 安装在 G:\Python\Python39 目录下，那么该路径为 G:\Python\Python39\Lib\site-packages）中，创建一个扩展名为.pth 的文件，文件名任意。这里创建一个 mrpath.pth 文件，在该文件中添加要导入模块所在的目录。例如，将模块目录 E:\program\Python\Code\demo 添加到 mrpath.pth 文件中，添加后的代码如下：

```
01    # .pth 文件是我创建的路径文件（这里为注释）
02    E:\program\Python\Code\demo
```

注意

创建.pth 文件后，需要重新打开要执行的导入模块的 Python 文件，否则新添加的目录不起作用。另外，通过该方法添加的目录只在当前版本的 Python 中有效。

3．在 PYTHONPATH 环境变量中添加

在 PYTHONPATH 环境变量中添加目录的具体步骤如下。

（1）在"此电脑"图标上右击，然后在弹出的快捷菜单中选择"属性"菜单项，并在弹出的"属性"对话框的左侧单击"高级系统设置"超链接，将出现如图 11.7 所示的"系统属性"对话框。

（2）单击"环境变量"按钮，将弹出"环境变量"对话框，如图 11.8 所示。

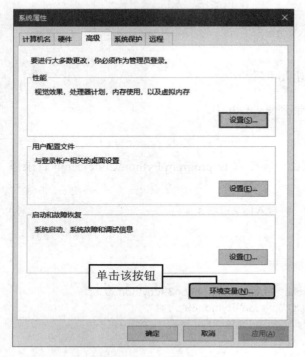

图 11.7   "系统属性"对话框

图 11.8   "环境变量"对话框

（3）在"环境变量"对话框中，如果没有 PYTHONPATH 系统环境变量，则需要先创建一个，否则直接选中 PYTHONPATH 变量，再单击"编辑"按钮，并且在弹出对话框的"变量值"文本框中添加新的模块目录，目录之间使用分号分隔。例如，创建系统环境变量 PYTHONPATH，并指定模块所在目录为"E:\program\Python\Code\demo;"，效果如图 11.9 所示。

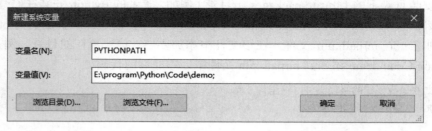

图 11.9   在环境变量中添加 PYTHONPATH 环境变量

注意

　　在环境变量中添加模块目录后，需要重新打开要执行的导入模块的 Python 文件，否则新添加的目录不起作用。另外，通过该方法添加的目录可以在不同版本的 Python 中共享。

11.3　Python 中的包

使用模块可以避免函数名和变量名重名引发的冲突。但是，如果模块名重复，那么应该怎么办呢？在 Python 中，提出了包（package）的概念。包是一个分层次的目录结构，它将一组功能相近的模块组织在一个目录下。这样，既可以起到规范代码的作用，又能避免模块名重名引起的冲突。

 说明

包简单理解就是"文件夹"，只不过在该文件夹下必须存在一个名称为__init__.py 的文件。

11.3.1　Python 程序的包结构

在实际项目开发时，通常情况下，会创建多个包用于存储不同类的文件。例如，开发一个网站时，可以创建如图 11.10 所示的包结构。

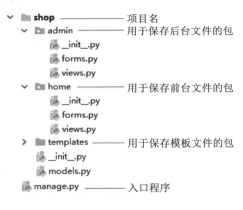

图 11.10　一个 Python 项目的包结构

 说明

在图 11.10 中，先创建一个名称为 shop 的项目，然后在该项目下又创建了 admin、home 和 templates 3 个包和一个 manager.py 文件，最后在每个包中又创建了相应的模块。

11.3.2　创建和使用包

下面将分别介绍如何创建和使用包。

1. 创建包

创建包实际上就是创建一个文件夹，并且在该文件夹中创建一个名称为__init__.py 的文件。在__init__.py 文件中，可以不编写任何代码，也可以编写一些 Python 代码。另外，在__init__.py 文件中所编写的代码，在导入包时会自动执行。

说明

  __init__.py 文件是一个模块文件，模块名为对应的包名。例如，在 settings 包中创建的 __init__.py 文件，对应的模块名为 settings。

  例如，在 E 盘根目录下，创建一个名称为 settings 的包，可以按照以下步骤操作。

  （1）在桌面上，双击"此电脑"图标，进入资源管理器，然后进入 D 盘（也可以进入其他盘符）根目录，选择"主页"选项卡，在显示的工具栏中单击"新建文件夹"按钮（或者按 Shift+Ctrl+N 快捷键），如图 11.11 所示。

  （2）将新创建的文件夹命名为 settings，然后双击该文件夹，如图 11.12 所示。

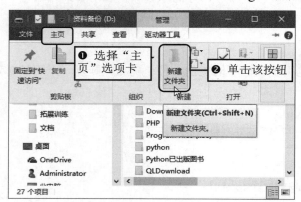

图 11.11 资源管理器

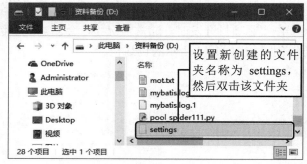

图 11.12 创建新文件夹

  （3）在 IDLE 中，创建一个名称为 __init__.py 的文件，并且在该文件中不编写任何内容，然后保存在 E:\settings 文件夹中，最后返回资源管理器中，效果如图 11.13 所示。

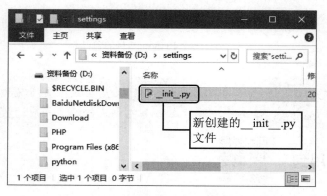

图 11.13 创建 __init__.py 文件后的效果

  至此，名称为 settings 的包就创建完毕了。之后就可以在该包中创建所需的模块了。

2．使用包

  创建包以后，就可以在包中创建相应的模块，然后使用 import 语句从包中加载模块。从包中加载模块通常有以下 3 种方式。

☑ 通过"import+完整包名+模块名"的形式加载指定模块

"import+完整包名+模块名"形式是指，假如有一个名称为 settings 的包，并且在该包中有一个名称为 size 的模块，这时要导入 size 模块，可以使用下列代码：

```
import settings.size
```

通过该方式导入模块后，在使用时需要使用完整的名称。例如，在已经创建的 settings 包中创建一个名称为 size 的模块，并且在该模块中定义两个变量，代码如下：

```
01   width = 800                                    # 宽度
02   height = 600                                   # 高度
```

这时，通过"import +完整包名+模块名"的形式导入 size 模块后，在调用 width 和 height 变量时，需要在变量名前加"settings.size."前缀。对应的代码如下：

```
01   import settings.size                  # 导入 settings 包中的 size 模块
02   if __name__ =='__main__':
03       print('宽度：',settings.size.width)
04       print('高度：',settings.size.height)
```

执行上述代码，将显示以下内容：

```
宽度： 800
高度： 600
```

☑ 通过"from +完整包名+ import +模块名"的形式加载指定模块

"from +完整包名+ import +模块名"形式是指，假如有一个名称为 settings 的包，并且在该包中有一个名称为 size 的模块，这时要导入 size 模块，可以使用下列代码：

```
from settings import size
```

通过上述方式导入模块后，在使用时不需要带包前缀，但是需要带模块名。例如，想通过"from+完整包名+import+模块名"的形式导入上述已经创建的 size 模块，另外还想调用 width 和 height 变量，这时可以通过下列代码实现：

```
01   from settings import size             # 导入 settings 包中的 size 模块
02   if __name__ =='__main__':
03       print('宽度：',size.width)
04       print('高度：',size.height)
```

执行上述代码，将显示以下内容：

```
宽度： 800
高度： 600
```

☑ 通过"from +完整包名+模块名+ import +定义名"的形式加载指定模块

"from +完整包名+模块名+ import +定义名"形式是指，假如有一个名称为 settings 的包，并且在该包中有一个名称为 size 的模块，这时要导入 size 模块中的 width 和 height 变量，可以使用下列代码：

```
from settings.size import width,height
```

通过上述方式导入模块的函数、变量或类后，在使用时直接使用函数、变量或类名即可。例如，想通过 "from+完整包名+模块名+import+定义名" 的形式导入上述已经创建的 size 模块的 width 和 height 变量，并输出，这时可以通过下列代码实现：

```
01    # 导入 settings 包的 size 模块中的 width 和 height 变量
02    from settings.size import width,height
03    if __name__=='__main__':
04        print('宽度：', width)                      # 输出宽度
05        print('高度：', height)                     # 输出高度
```

执行上述代码，将显示以下内容：

```
宽度：  800
高度：  600
```

说明

在通过 "from+完整包名+模块名+ import +定义名" 的形式加载指定模块时，可以使用星号 "*" 代替定义名，表示加载该模块中的不以下画线（_）开头的定义。

【例 11.3】在指定包中创建通用的设置和获取尺寸的模块。（实例位置：资源包\TM\sl\11\03）

创建一个名称为 settings 的包，并在该包中创建一个名称为 size 的模块，通过该模块实现设置和获取尺寸的通用功能。具体步骤如下。

（1）在 settings 包中创建一个名称为 size 的模块，在该模块中定义两个保护类型的全局变量，分别代表宽度和高度，然后定义一个 change() 函数，用于修改两个全局变量的值，再定义两个函数，分别用于获取宽度和高度，具体代码如下：

```
01    _width = 800                                 # 定义保护类型的全局变量（宽度）
02    _height = 600                                # 定义保护类型的全局变量（高度）
03    def change(w,h):
04        global _width                           # 全局变量（宽度）
05        _width = w                              # 重新给宽度赋值
06        global _height                          # 全局变量（高度）
07        _height = h                             # 重新给高度赋值
08    def getWidth():                             # 获取宽度的函数
09        global _width
10        return _width
11    def getHeight():                            # 获取高度的函数
12        global _height
13        return _height
```

（2）在 settings 包的上一层目录中创建一个名称为 main.py 的文件，在该文件中导入 settings 包中的 size 模块的全部定义，并且调用 change() 函数重新设置宽度和高度，然后再分别调用 getWidth() 和 getHeight() 函数获取修改后的宽度和高度，具体代码如下：

```
01    from settings.size import *                  # 导入 size 模块中的全部定义
02    if __name__=='__main__':
03        change(1024,768)                        # 调用 change() 函数改变尺寸
```

```
04      print('宽度：',getWidth())                               # 输出宽度
05      print('高度：',getHeight())                              # 输出高度
```

执行本例代码，将显示如图 11.14 所示的结果。

```
宽度：   1024
高度：   768
>>>
```

图 11.14　输出修改后的尺寸

11.3.3　以主程序的形式执行

这里先来创建一个模块，名称为 christmastree，该模块的内容为第 9 章中编写的例 9.5 的代码。在该段代码中，首先定义一个全局变量，然后创建一个名称为 fun_christmastree()的函数，最后通过 print()函数输出一些内容。代码如下：

```
01   pinetree = '我是一棵松树'                                  # 定义一个全局变量（松树）
02   def fun_christmastree():                                  # 定义函数
03       '''功能：一个梦
04           无返回值
05       '''
06       pinetree = '挂上彩灯、礼物……我变成一棵圣诞树  @^.^@ \n'   # 定义局部变量
07       print(pinetree)                                       # 输出局部变量的值
08   # *********************函数体外***********************#
09   print('\n 下雪了……\n')
10   print('=============== 开始做梦……  =============\n')
11   fun_christmastree()                                       # 调用函数
12   print('=============== 梦醒了…… =============\n')
13   pinetree = '我身上落满雪花，' + pinetree + ' -_-'          # 为全局变量赋值
14   print(pinetree)                                           # 输出全局变量的值
```

在与 christmastree 模块同级的目录下创建一个名称为 main.py 的文件，在该文件中导入 christmastree 模块，再通过 print()语句输出模块中的全局变量 pinetree 的值，代码如下：

```
01   import christmastree                                      # 导入 christmastree 模块
02   print("全局变量的值为：",christmastree.pinetree)
```

执行上述代码，将显示如图 11.15 所示的内容。

从图 11.15 显示的运行结果中可以看出，导入模块后，不仅输出了全局变量的值，而且模块中原有的测试代码也被执行了。这个结果显然不是我们想要的。那么如何只输出全局变量的值呢？实际上，可以在模块中将原本直接执行的测试代码放在一个 if 语句中。因此，可以将模块 christmastree 的代码修改为以下内容：

```
下雪了……

=============== 开始做梦……  =============

挂上彩灯、礼物……我变成一棵圣诞树  @^.^@

=============== 梦醒了…… =============

我身上落满雪花，我是一棵松树 -_-
全局变量的值为：  我身上落满雪花，我是一棵松树 -_-
>>>
```

图 11.15　导入模块输出模块中定义的全局变量的值

```
01   pinetree = '我是一棵松树'                                  # 定义一个全局变量（松树）
02   def fun_christmastree():                                  # 定义函数
03       '''功能：一个梦
04           无返回值
05       '''
06       pinetree = '挂上彩灯、礼物……我变成一棵圣诞树  @^.^@ \n'   # 定义局部变量赋值
07       print(pinetree)                                       # 输出局部变量的值
```

```
08    # *********************判断是否以主程序的形式运行**********************#
09    if __name__ == '__main__':
10        print('\n 下雪了……\n')
11        print('=============== 开始做梦…… ============\n')
12        fun_christmastree()                                    # 调用函数
13        print('=============== 梦醒了…… ===============\n')
14        pinetree = '我身上落满雪花, ' + pinetree + ' -_-'         # 为全局变量赋值
15        print(pinetree)                                        # 输出全局变量的值
```

再次执行导入模块的 main.py 文件，将显示如图 11.16 所示的结果。从执行结果中可以看出，测试代码并没有被执行。此时，如果执行 christmastree.py 文件，将显示如图 11.17 所示的结果。

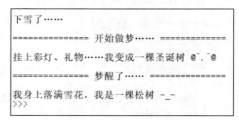

图 11.16   在模块中加入以主程序的形式执行的判断   图 11.17   以主程序的形式执行的结果

说明

在每个模块的定义中都包括一个记录模块名称的变量 __name__，程序可以检查该变量，以确定它们在哪个模块中被执行。如果一个模块不是被导入其他程序中执行，那么它可能在解释器的顶级模块中被执行。顶级模块的 __name__ 变量的值为 __main__。

11.4   引用其他模块

在 Python 中，除了可以自定义模块，还可以引用其他模块，主要包括使用标准模块和第三方模块。下面分别进行介绍。

11.4.1   导入和使用标准模块

在 Python 中，自带了很多实用的模块，称为标准模块（也可以称为标准库），对于标准模块，我们可以直接使用 import 语句将其导入 Python 文件中来使用。例如，导入标准模块 random（用于生成随机数），可以使用下列代码：

```
import random                                        # 导入标准模块 random
```

说明

在导入标准模块时，也可以使用 as 关键字为其指定别名。通常情况下，如果模块名比较长，则可以为其设置别名。

导入标准模块后，可以通过模块名调用其提供的函数。例如，导入 random 模块后，就可以调用其 randint()函数生成一个指定范围的随机整数。生成一个 0～10（包括 0 和 10）的随机整数的代码如下：

```
01    import random                                    # 导入标准模块 random
02    print(random.randint(0,10))                      # 输出 0～10 的随机数
```

执行上述代码，可能会输出 0～10 的任意一个数。

场景模拟： 实现一个用户登录页面，为了防止恶意破解，可以添加验证码。这里，需要实现一个由数字、大写字母和小写字母组成的 4 位验证码。

【例 11.4】 生成由数字、字母组成的 4 位验证码。（**实例位置：资源包\TM\sl\11\04**）

在 IDLE 中创建一个名称为 checkcode.py 的文件，然后在该文件中导入 Python 标准模块中的 random 模块（用于生成随机数），接着定义一个保存验证码的变量，再应用 for 语句实现一个重复 4 次的循环，在该循环中，调用 random 模块提供的 randrange()方法和 randint()方法生成符合要求的验证码，最后输出生成的验证码，代码如下：

```
01    import random                                    # 导入标准模块中的 random
02    if __name__ == '__main__':
03        checkcode = ""                               # 保存验证码的变量
04        for i in range(4):                           # 循环 4 次
05            index = random.randrange(0, 4)           # 生成 0～3 的一个数
06            if index != i and index + 1 != i:
07                checkcode += chr(random.randint(97, 122))    # 生成 a～z 的一个小写字母
08            elif index + 1 == i:
09                checkcode += chr(random.randint(65, 90))     # 生成 A～Z 的一个大写字母
10            else:
11                checkcode += str(random.randint(1, 9))       # 生成 1～9 的一个数字
12        print("验证码：", checkcode)                 # 输出生成的验证码
```

执行本例代码，将显示如图 11.18 所示的结果。

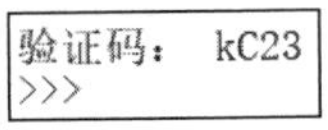

除 random 模块外，Python 还提供了 200 多个内置的标准模块，涵盖了 Python 运行时服务、文字模式匹配、操作系统接口、数学运算、对象永久保存、网络和 Internet 脚本和 GUI 建构等。常用的内置标准模块及其描述如表 11.1 所示。

```
验证码：   kC23
>>>
```

图 11.18　生成验证码

表 11.1　Python 常用的内置标准模块及其描述

模　块　名	描　　　述
sys	与 Python 解释器及其环境操作相关的标准库
time	提供与时间相关的各种函数的标准库
os	提供了访问操作系统服务功能的标准库
calendar	提供与日期相关的各种函数的标准库
urllib	用于读取来自网上（服务器上）的数据的标准库
json	用于使用 JSON 序列化和反序列化对象
re	用于在字符串中执行正则表达式匹配和替换
math	提供标准算术运算函数的标准库
decimal	用于进行精确控制运算精度、有效数位和四舍五入操作的十进制运算
shutil	用于进行高级文件操作，如复制、移动和重命名等
logging	提供了灵活的记录事件、错误、警告和调试信息等日志信息的功能
tkinter	使用 Python 进行 GUI 编程的标准库

除表 11.1 中列出的标准模块外，Python 还提供了很多其他的标准模块，读者可以在 Python 的帮助文档中查看。具体方法是，打开 Python 安装路径中的 Doc 目录，在该目录中存在一个扩展名为.chm 的文件（如 python391.chm），即为 Python 的帮助文档。打开该文件，找到如图 11.19 所示的位置并查看即可。

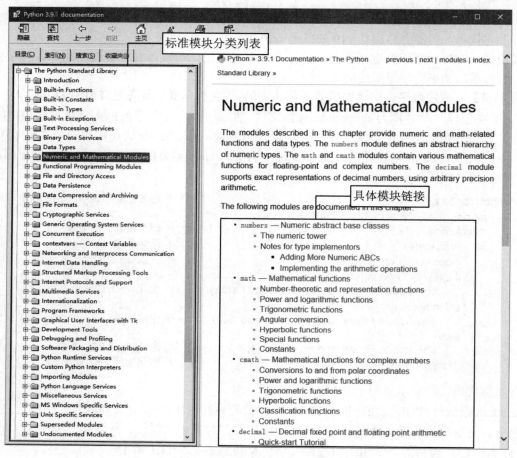

图 11.19　Python 的帮助文档

11.4.2　第三方模块的下载与安装

除 Python 内置的标准模块外，还有很多第三方模块可以使用。这些第三方模块可在 Python 官方推出的 http://pypi.python.org/pypi 中找到。

使用第三方模块时，需要先安装，然后可以像标准模块一样将其导入并使用。当安装第三方模块时，可以使用 Python 提供的 pip 命令实现。pip 命令的语法格式如下：

```
pip <command> [modulename]
```

参数说明如下。

☑　command：用于指定要执行的命令。常用的参数值有 install（用于安装第三方模块）、uninstall（用于卸载已经安装的第三方模块）、list（用于显示已经安装的第三方模块）等。

☑　modulename：可选参数，用于指定要安装或者卸载的模块名，当 command 为 install 或者 uninstall 时，该参数不能被省略。

例如，安装第三方 numpy 模块（用于科学计算），可以在"命令提示符"窗口中输入以下代码：

```
pip install numpy
```

执行上述代码，将在线安装 numpy 模块，安装完成后，则显示如图 11.20 所示的结果。

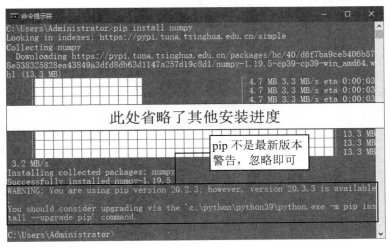

图 11.20　在线安装 numpy 模块

说明

在大型程序中可能需要导入很多模块，推荐先导入 Python 提供的标准模块，然后再导入第三方模块，最后导入自定义模块。

如果想要查看 Python 中都有哪些模块（包括标准模块和第三方模块），可以在 IDLE 中输入以下命令：

```
help('modules')
```

如果只是想要查看已经安装的第三方模块，可以在"命令提示符"窗口中输入以下命令：

```
pip list
```

11.5　实践与练习

（答案位置：资源包\TM\sl\11\实践与练习\）

综合练习 1：编写简易计算器模块　计算器是现代人发明的可以进行数字运算的电子机器。在 Windows 的附件程序中就提供了一个计算器软件，通过它可以很方便地进行各种计算。在 Python 中，要实现将输入的内容进行数字计算，需要对其验证，并且需要转换为数值类型。本练习要求编写一个自定义模块，实现将输入的字符串类型的数值转换为对应的数字类型，并进行加、减、乘、除运算，

以实现简易计算器的功能。（要求：对输入的数据进行验证）

综合练习 2：生成中国福利彩票"3D"号码　中国福利彩票"3D"是由中国福利彩票发行中心统一发行的一种彩票。"3D"彩票是以一个 3 位自然数为投注号码的彩票，投注者选择一个为 000～999 的 3 位数进行投注。编写一个程序，分别完成如下功能。

☑　随机产生一个 3D 投注号码。

☑　小明是一个彩民，每期都买 6 个投注号码。

他想编写一个程序，除了可以输入 3 个固定投注号码，程序还需要帮他随机产生 3 个投注号码，然后统一输出。

第 12 章

异常处理及程序调试

学习过 C 语言或者 Java 语言的用户都知道，在 C 语言或者 Java 语言中，编译器可以捕获很多语法错误。但是，在 Python 语言中，只有在程序运行后才会执行语法检查。所以，只有在运行或测试程序时，才会真正知道该程序能不能正常运行。因此，掌握一定的异常处理语句和程序调试方法是十分必要的。

本章将主要介绍常用的异常处理语句，以及如何使用自带的 IDLE 和 assert 语句进行调试。

本章知识架构及重难点如下。

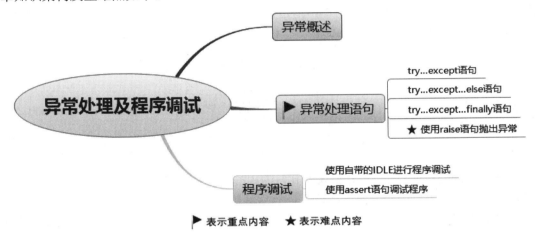

▶ 表示重点内容　　★ 表示难点内容

12.1　异　常　概　述

在程序运行过程中，经常会遇到各种各样的错误，这些错误统称为"异常"。这些异常有的是由于开发者一时疏忽将关键字输入错导致的，这类错误多数产生的是 SyntaxError: invalid syntax（无效的语法），这将直接导致程序不能运行。这类异常是显式的，在开发阶段很容易被发现。此外，还有一类是隐式的，通常和使用者的操作有关。

场景模拟： 在全民学编程的时代，作为程序员二代的小琦编写了一个程序，模拟幼儿园老师分苹果。老师买来 10 个苹果，今天幼儿园正好来了 10 位小朋友，当输入苹果的个数和小朋友的人数都为 10 时，程序给出的结果是每人分 1 个苹果。但是小琦的程序有一个异常。我们来看下面的例子。

【例 12.1】 模拟幼儿园分苹果。（**实例位置：资源包\TM\sl\12\01**）

在 IDLE 中创建一个名称为 division_apple.py 的文件，然后在该文件中定义一个模拟分苹果的函数

division()，在该函数中，要求输入苹果的个数和小朋友的人数，然后应用除法算式计算分配的结果，最后调用 division()函数，代码如下：

```
01  def division():
02      '''功能：分苹果'''
03      print("\n==================== 分苹果了 ====================\n")
04      apple = int(input("请输入苹果的个数: "))              # 输入苹果的个数
05      children = int(input("请输入来了几位小朋友："))         # 输入来了几位小朋友
06      result = apple//children                          # 计算每人分几个苹果
07      remain =apple-result*children                     # 计算余下几个苹果
08      if remain>0:
09          print(apple,"个苹果，平均分给",children,"位小朋友，每人分",result,
10              "个,剩下",remain,"个。")
11      else:
12          print(apple,"个苹果，平均分给",children,"位小朋友，每人分",result,"个。")
13  if __name__ == '__main__':
14      division()                                        # 调用分苹果的函数
```

运行上述代码，当输入苹果的个数和小朋友的人数都是 10 时，将显示如图 12.1 所示的结果。如果在输入小朋友的人数时，不小心输成了 0，那么将会得到如图 12.2 所示的结果。

```
==================== 分苹果了 ====================
请输入苹果的个数: 10
请输入来了几位小朋友: 10
10 个苹果，平均分给 10 位小朋友，每人分 1 个。
>>>
```

图 12.1　正确的输出结果

```
请输入苹果的个数: 10
请输入来了几位小朋友: 0
Traceback (most recent call last):
  File "E:\tmp\division_apple.py", line 14, in <module>
    division()                                  # 调用分苹果的函数
  File "E:\tmp\division_apple.py", line 6, in division
    result = apple//children                    # 计算每人分几个苹果
ZeroDivisionError: integer division or modulo by zero
>>>
```

图 12.2　抛出了 ZeroDivisionError 异常

产生 ZeroDivisionError（除数为 0 错误）异常的根源在于，算术表达式 "10/0" 中，0 作为除数出现，所以正在执行的程序被中断（第 6 行以后，包括第 6 行的代码都不会被执行）。

除 ZeroDivisionError 异常外，Python 中还有很多异常。表 12.1 列出了 Python 中常见的异常及其描述。

表 12.1　Python 中常见的异常及其描述

异　　常	描　　述
NameError	尝试访问一个没有声明的变量引发的错误
IndexError	索引超出序列范围引发的错误
IndentationError	缩进错误
ValueError	传入的值错误
KeyError	请求一个不存在的字典关键字引发的错误
IOError	输入输出错误（如要读取的文件不存在）
ImportError	当 import 语句无法找到模块或 from 无法在模块中找到相应的名称时，引发的错误
AttributeError	当尝试访问未知的对象属性时，引发的错误
TypeError	类型不合适引发的错误
MemoryError	内存不足
ZeroDivisionError	当除数为 0 时，引发的错误

说明

表 12.1 中的异常并不需要记住，只要简单了解即可。

12.2 异常处理语句

在程序开发时，有些错误并不是每次运行都会出现。例如，本章的例 12.1，只要输入的数据符合程序的要求，程序就可以正常运行，否则将抛出异常并停止运行。假设在输入苹果的个数时输入了 12.5，那么程序将抛出如图 12.3 所示的异常。

```
==================== 分苹果了 ====================

请输入苹果的个数：12.5
Traceback (most recent call last):
  File "D:\division_apple.py", line 14, in <module>
    division()                # 调用分苹果的函数
  File "D:\division_apple.py", line 4, in division
    apple = int(input("请输入苹果的个数：")) # 输入苹果的个数
ValueError: invalid literal for int() with base 10: '12.5'
>>>
```

图 12.3 抛出 ValueError 异常

这时，需要在开发程序时对可以出现异常的情况进行处理。下面将详细介绍 Python 中提供的异常处理语句。

12.2.1 try…except 语句

在 Python 中，提供了 try…except 语句捕获并处理异常。在使用时，把可能产生异常的代码放在 try 语句块中，把处理结果放在 except 语句块中，这样，一旦 try 语句块中的代码出现错误，就会执行 except 语句块中的代码；但如果 try 语句块中的代码没有错误，那么将不执行 except 语句块。具体的语法格式如下：

```
try:
    block1
except [ExceptionName [as alias]]:
    block2
```

参数说明如下。

☑ block1：表示可能出现错误的代码块。

☑ ExceptionName [as alias]：可选参数，用于指定要捕获的异常。其中，ExceptionName 表示要捕获的异常名称，如果在其右侧加上 as alias，则表示为当前的异常指定一个别名，通过该别名，可以记录异常的具体内容。

说明

在使用 try…except 语句捕获异常时，如果在 except 后面不指定异常名称，则表示捕获全部异常。

☑ block2：表示进行异常处理的代码块。在这里可以输出固定的提示信息，也可以通过别名输出异常的具体内容。

说明

使用 try…except 语句捕获异常后，当程序出错时，将输出错误信息，并且程序会继续执行。

下面将对例 12.1 进行改进，加入捕获异常功能，对除数不能为 0 的情况进行处理。

【例 12.2】 模拟幼儿园分苹果（除数不能为 0）。（**实例位置：资源包\TM\sl\12\02**）

在 IDLE 中创建一个名称为 division_apple_0.py 的文件，然后将例 12.1 的代码全部复制到该文件中，并且对"if __name__ == '__main__':"语句下面的代码进行修改，应用 try…except 语句捕获执行 division()函数可能抛出的 ZeroDivisionError（除数为 0）异常，修改后的代码如下：

```
01  def division():
02      '''功能：分苹果'''
03      print("\n==================== 分苹果了 ====================\n")
04      apple = int(input("请输入苹果的个数："))              # 输入苹果的个数
05      children = int(input("请输入来了几位小朋友："))        # 输入来了几位小朋友
06      result = apple // children                          # 计算每人分几个苹果
07      remain = apple - result * children                  # 计算余下几个苹果
08      if remain > 0:
09          print(apple, "个苹果，平均分给", children, "位小朋友，每人分", result,
10              "个,剩下", remain, "个。")
11      else:
12          print(apple, "个苹果，平均分给", children, "位小朋友，每人分", result, "个。")
13  if __name__ == '__main__':
14      try:                                                # 捕获异常
15          division()                                      # 调用分苹果的函数
16      except ZeroDivisionError:                           # 处理异常
17          print("\n 出错了 ~_~ ——苹果不能被 0 位小朋友分！")
```

运行上述代码，当输入苹果的个数为 10，小朋友的人数为 0 时，将不再抛出异常，而是显示如图 12.4 所示的结果。

目前，我们只处理了除数为 0 的情况。但是，如果将苹果的个数或小朋友的人数输成小数或者非数字，结果又当如何呢？再次运行上述例 12.2，输入苹果的个数为 2.7，将得到如图 12.5 所示的结果。

```
==================== 分苹果了 ====================

请输入苹果的个数：10
请输入来了几位小朋友：0

出错了 ~_~ ——苹果不能被0位小朋友分！
>>>
```

图 12.4　除数为 0 时重新执行程序

```
==================== 分苹果了 ====================
请输入苹果的个数：2.7
Traceback (most recent call last):
  File "D:\division_apple.py", line 15, in <module>
    division()                                # 调用分苹果的函数
  File "D:\division_apple.py", line 4, in division
    apple = int(input("请输入苹果的个数："))        # 输入苹果的个数
ValueError: invalid literal for int() with base 10: '2.7'
>>>
```

图 12.5　输入的个数为小数时得到的结果

从图 12.5 中可以看出，程序中要求输入整数，而实际输入的是小数，因此抛出 ValueError（传入的值错误）异常。要解决该问题，可以在例 12.2 的代码中，为 try…except 语句再添加一个 except 语句，用于处理抛出 ValueError 异常的情况。修改后的代码如下：

```
01    def division():
02        '''功能：分苹果'''
03        print("\n==================== 分苹果了 ====================\n")
04        apple = int(input("请输入苹果的个数："))                    # 输入苹果的个数
05        children = int(input("请输入来了几位小朋友："))              # 输入来了几位小朋友
06        result = apple // children                                # 计算每人分几个苹果
07        remain = apple - result * children                        # 计算余下几个苹果
08        if remain > 0:
09            print(apple, "个苹果，平均分给", children, "位小朋友，每人分", result,
10                "个,剩下", remain, "个。")
11        else:
12            print(apple, "个苹果，平均分给", children, "位小朋友，每人分", result, "个。")
13    if __name__ == '__main__':
14        try:                                                      # 捕获异常
15            division()                                            # 调用分苹果的函数
16        except ZeroDivisionError:                                 # 处理异常
17            print("\n 出错了 ~_~ ——苹果不能被 0 位小朋友分！")
18        except ValueError as e:                                   # 处理 ValueError 异常
19            print("输入错误：", e)                                 # 输出错误原因
```

再次运行上述代码，当输入苹果的个数为小数时，将不再直接抛出异常，而是显示友好的提示，如图 12.6 所示。

```
==================== 分苹果了 ====================

请输入苹果的个数：2.7
输入错误： invalid literal for int() with base 10: '2.7'
>>>
```

图 12.6　输入的数量为小数时显示友好的提示

说明

在捕获异常时，如果需要同时处理多个异常，也可以采用下列代码实现：

```
01    try:                                                      # 捕获异常
02        division()                                            # 调用分苹果的函数
03    except (ValueError,ZeroDivisionError ) as e:              # 处理异常
04        print("出错了，原因是：",e)                             # 显示出错原因
```

即在 except 语句后面使用一对小括号将可能出现的异常名称括起来，多个异常名称之间使用逗号分隔。如果想要显示具体的出错原因，那么再加上 as 指定一个别名。

12.2.2　try…except…else 语句

在 Python 中，还有另一种异常处理结构，它是 try…except…else 语句，也就是在原来 try…except 语句的基础上再添加一个 else 子句，用于指定当 try 语句块中没有发现异常时要执行的语句块。当 try 语句块中发现异常时，该语句块中的内容将不会被执行。例如，对例 12.2 进行修改，实现当 division() 函数在执行中没有抛出异常时，输出文字 "分苹果顺利完成…"。修改后的代码如下：

```
01    def division():
```

```
02          '''功能：分苹果'''
03          print("\n==================== 分苹果了 ====================\n")
04          apple = int(input("请输入苹果的个数："))                        # 输入苹果的个数
05          children = int(input("请输入来了几位小朋友："))                 # 输入来了几位小朋友
06          result = apple // children                                   # 计算每人分几个苹果
07          remain = apple - result * children                          # 计算余下几个苹果
08          if remain > 0:
09              print(apple, "个苹果，平均分给", children, "位小朋友，每人分", result,
10                  "个,剩下", remain, "个。")
11          else:
12              print(apple, "个苹果，平均分给", children, "位小朋友，每人分", result, "个。")
13  if __name__ == '__main__':
14      try:                                                             # 捕获异常
15          division()                                                   # 调用分苹果的函数
16      except ZeroDivisionError:                                        # 处理异常
17          print("\n 出错了 ~_~ ——苹果不能被 0 位小朋友分！")
18      except ValueError as e:                                          # 处理 ValueError 异常
19          print("输入错误：", e)                                        # 输出错误原因
20      else:                                                            # 没有抛出异常时执行
21          print("分苹果顺利完成...")
```

执行上述代码，将显示如图 12.7 所示的结果。

12.2.3　try…except…finally 语句

图 12.7　不抛出异常时给出相应的提示信息

完整的异常处理语句应该包含 finally 代码块，通常情况下，无论程序中有无异常产生，finally 代码块中的代码都会被执行。其基本语法格式如下：

```
try:
    block1
except [ExceptionName [as alias]]:
    block2
finally:
    block3
```

对于 try…except…finally 语句的理解并不复杂，它只是比 try…except 语句多了一个 finally 子句，如果程序中有一些在任何情形中都必须执行的代码，那么可以将它们放在 finally 子句的代码块中。

> **说明**
>
> 使用 except 子句是为了允许处理异常。无论是否引发了异常，使用 finally 子句都可以执行清理代码。如果分配了昂贵或有限的资源（如打开文件），则应将释放这些资源的代码放置在 finally 子句的代码块中。

例如，再次对例 12.2 进行修改，实现当 division() 函数在执行时无论是否抛出异常，都输出文字"进行了一次分苹果操作。"。修改后的代码如下：

```
01  def division():
02          '''功能：分苹果'''
```

```
03          print("\n===================== 分苹果了 =====================\n")
04          apple = int(input("请输入苹果的个数："))                    # 输入苹果的个数
05          children = int(input("请输入来了几位小朋友："))              # 输入来了几位小朋友
06          result = apple // children                                  # 计算每人分几个苹果
07          remain = apple - result * children                         # 计算余下几个苹果
08          if remain > 0:
09              print(apple, "个苹果，平均分给", children, "位小朋友，每人分", result,
10                  "个,剩下", remain, "个。")
11          else:
12              print(apple, "个苹果，平均分给", children, "位小朋友，每人分", result, "个。")
13      if __name__ == '__main__':
14          try:                                                        # 捕获异常
15              division()                                              # 调用分苹果的函数
16          except ZeroDivisionError:                                   # 处理异常
17              print("\n 出错了 ~_~ ——苹果不能被 0 位小朋友分！")
18          except ValueError as e:                                     # 处理 ValueError 异常
19              print("输入错误：", e)                                   # 输出错误原因
20          else:                                                       # 没有抛出异常时执行
21              print("分苹果顺利完成...")
22          finally:                                                    # 无论是否抛出异常都执行
23              print("进行了一次分苹果操作。")
```

执行上述代码，将显示如图 12.8 所示的运行结果。

至此，已经介绍了异常处理语句的 try…except、try…except…else 和 try…except…finally 等形式。下面通过图 12.9 说明异常处理语句的各个子句的执行关系。

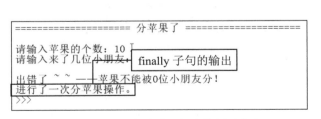

图 12.8　抛出异常时给出相应的提示信息

图 12.9　异常处理语句的不同子句的执行关系

12.2.4　使用 raise 语句抛出异常

如果某个函数或方法可能会产生异常，但不想在当前函数或方法中处理这个异常，则可以使用 raise 语句在函数或方法中抛出异常。raise 语句的基本格式如下：

```
raise [ExceptionName[(reason)]]
```

其中，ExceptionName[(reason)]为可选参数，用于指定抛出的异常名称，以及异常信息的相关描述。如果省略，就会把当前的错误原样抛出。

 说明

ExceptionName(reason)参数中的(reason)也可以省略，如果省略，则在抛出异常时，不附带任何描述信息。

例如，修改例 12.2，加入限制苹果个数必须大于或等于小朋友的人数，以便保证每位小朋友都能得到至少一个苹果。

【例 12.3】 模拟幼儿园分苹果（每人至少分到一个苹果）。（**实例位置：资源包\TM\sl\12\03**）

在 IDLE 中创建一个名称为 division_apple_1.py 的文件，然后将例 12.2 的代码全部复制到该文件中，并且在第 5 行代码 "children = int(input("请输入来了几位小朋友："))" 的下方添加一个 if 语句，实现当苹果的个数小于小朋友的人数时，应用 raise 语句抛出一个 ValueError 异常，接下来在最后一行语句的下方添加 except 语句处理 ValueError 异常。修改后的代码如下：

```
01    def division():
02        '''功能：分苹果'''
03        print("\n==================== 分苹果了 ====================\n")
04        apple = int(input("请输入苹果的个数："))                  # 输入苹果的个数
05        children = int(input("请输入来了几位小朋友："))
06        if apple < children:
07            raise ValueError("苹果太少了，不够分...")
08        result = apple // children                             # 计算每人分几个苹果
09        remain = apple - result * children                     # 计算余下几个苹果
10        if remain > 0:
11            print(apple, "个苹果，平均分给", children, "位小朋友，每人分", result,
12                  "个,剩下", remain, "个。")
13        else:
14            print(apple, "个苹果，平均分给", children, "位小朋友，每人分", result, "个。")
15    if __name__ == '__main__':
16        try:                                                   # 捕获异常
17            division()                                         # 调用分苹果的函数
18        except ZeroDivisionError:                              # 处理 ZeroDivisionError 异常
19            print("\n 出错了 ~_~ ——苹果不能被 0 位小朋友分！")
20        except ValueError as e:                                # ValueError
21            print("\n 出错了 ~_~ ——",e)
```

执行上述代码，输入苹果的个数为 5，小朋友的人数为 10 时，将提示出错信息，效果如图 12.10 所示。

 误区警示

在应用 raise 抛出异常时，要尽量选择合理的异常对象，而不应该抛出一个与实际内容不相关的异常。例如，在例 12.3 中，想要处理的是一个和值有关的异常，这时就不应该抛出一个 IndentationError 异常。

```
==================== 分苹果了 ============

请输入苹果的个数：5
请输入来了几位小朋友：10

出错了 ~_~ —— 苹果太少了，不够分...
>>>
```

图 12.10　苹果的个数小于小朋友的
人数时给出的提示

12.3　程序调试

在程序开发过程中，免不了会出现一些错误，有语法方面的，也有逻辑方面的。对于语法方面的错误比较容易检测，因为程序会直接停止，并且给出错误提示；而对于逻辑错误就不容易发现。因为程序可能会一直执行下去，但结果是错误的。所以，作为一名程序员，掌握一定的程序调试方法，可以说是一项必备技能。

12.3.1　使用自带的 IDLE 进行程序调试

多数的集成开发工具都提供了程序调试功能。例如，我们一直在使用的 IDLE 也提供了程序调试功能。使用 IDLE 进行程序调试的基本步骤如下。

（1）打开 IDLE（Python Shell），在主菜单上选择 Debug→Debugger 菜单项，将打开 Debug Control 对话框（此时该对话框是空白的），同时 Python Shell 窗口中将显示 "[DEBUG ON]"（表示已经处于调试状态），如图 12.11 所示。

图 12.11　处于调试状态的 Python Shell

（2）在 Python Shell 窗口中选择 File→Open 菜单项，打开要调试的文件。这里打开本章的例 12.1 中编写的 division_apple.py 文件，然后添加需要的断点。

> **说明**
> 断点的作用是，设置断点后，程序执行到断点时就会暂时中断执行，程序可以随时继续。

添加断点的方法是，在想要添加断点的行上右击，在弹出的快捷菜单中选择 Set Breakpoint 菜单项。添加断点的行将以黄色底纹标记，如图 12.12 所示。

> **说明**
> 如果想要删除已经添加的断点，可以选中已经添加断点的行，然后右击，在弹出的快捷菜单中选择 Clear Breakpoint 菜单项。

（3）添加所需的断点（添加断点的原则是，程序执行到这个位置时，想要查看某些变量的值，就在这个位置添加一个断点）后，按 F5 键，执行程序，这时 Debug Control 对话框中将显示程序的执行信息，选中 Globals 复选框，将显示全局变量，默认只显示局部变量。此时，Debug Control 对话框如图 12.13 所示。

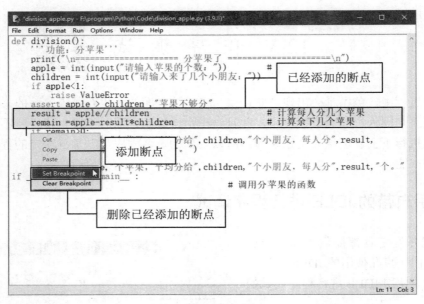

图 12.12　添加断点

（4）在图 12.13 中可以看到，调试工具栏中提供了 5 个工具按钮。这里，单击 Go 按钮继续执行程序，直到执行到所设置的第一个断点处，程序才被暂停执行。由于在 division_apple.py 文件中，在第一个断点之前需要获取用户的输入，因此需要先在 Python Shell 窗口中输入苹果的个数和小朋友的人数。输入后，Debug Control 窗口中的数据将发生变化，如图 12.14 所示。

图 12.13　显示程序的执行信息

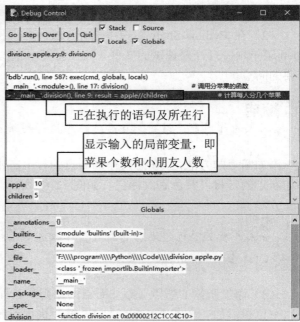

图 12.14　显示执行到第一个断点时的变量信息

说明

　　在调试工具栏中的 5 个按钮的作用分别如下：Go 按钮，用于执行跳至断点操作；Step 按钮，用于进入要执行的函数；Over 按钮，用于单步执行；Out 按钮，用于跳出所在的函数；Quit 按钮，用于结束调试。

说明

　　在调试过程中，如果所设置的断点处有其他函数调用，还可以单击 Step 按钮进入函数内部，当确定该函数没有问题时，可以单击 Out 按钮跳出该函数；或者在调试的过程中，当需要对已经发现的问题的原因进行修改时，可以直接单击 Quit 按钮结束调试。另外，如果调试的目的不是很明确（即不确认问题的位置），也可以直接单击 Step 按钮进行单步执行，这样可以清晰地观察程序的执行过程和数据的变量，方便找出问题。

　　（5）继续单击 Go 按钮，将执行到下一个断点，查看变量的变化，直到全部断点均被执行完毕。调试工具栏中的按钮将变为不可用状态，如图 12.15 所示。

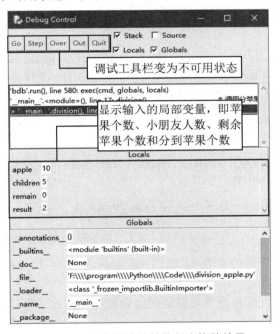

图 12.15　全部断点均被执行完毕的效果

　　（6）程序调试完毕后，可以关闭 Debug Control 对话框，此时在 Python Shell 窗口中将显示"[DEBUG OFF]"（表示已经结束调试）。

12.3.2　使用 assert 语句调试程序

　　在程序开发过程中，除了使用开发工具自带的调试工具进行调试，还可以在代码中通过 print()函数把可能出现问题的变量输出，以便查看，但是这种方法会产生很多垃圾信息。所以，调试之后还需要将其删除，显然这比较麻烦。因此，Python 还提供了另外的方法，即使用 assert 语句调试。

assert 的中文意思是断言，它一般被用于对程序某个时刻必须满足的条件进行验证。assert 语句的基本语法格式如下：

```
assert expression [,reason]
```

参数说明如下。

- ☑ expression：条件表达式，如果该表达式的值为真，则什么都不做；如果为假，则抛出 AssertionError 异常。
- ☑ reason：可选参数，用于对判断条件进行描述，为了以后更好地知道哪里出现了问题。

例如，修改例 12.1，应用断言判断程序是否会出现苹果不够分的情况，如果不够分，则需要对这种情况进行处理。

【例 12.4】 模拟幼儿园分苹果（应用断言调试）。（**实例位置：资源包\TM\sl\12\04**）

在 IDLE 中创建一个名称为 division_apple_dug.py 的文件，然后将例 12.1 的代码全部复制到该文件中，并且在第 5 行代码 "children = int(input("请输入来了几位小朋友："))" 的下方添加一个 assert 语句，验证苹果的个数是否少于小朋友的人数。修改后的代码如下：

```python
01  def division():
02      '''功能：分苹果'''
03      print("\n===================== 分苹果了 =====================\n")
04      apple = int(input("请输入苹果的个数："))        # 输入苹果的个数
05      children = int(input("请输入来了几位小朋友："))   # 输入来了几位小朋友
06      assert apple > children ,"苹果不够分"            # 应用断言调试
07      result = apple // children                       # 计算每人分几个苹果
08      remain = apple - result * children               # 计算余下几个苹果
09      if remain > 0:
10          print(apple, "个苹果，平均分给", children, "位小朋友，每人分", result,
11                "个,剩下", remain, "个。")
12      else:
13          print(apple, "个苹果，平均分给", children, "位小朋友，每人分", result, "个。")
14  if __name__ == '__main__':
15      division()                                       # 调用分苹果的函数
```

执行上述代码，当输入苹果的个数为 5，小朋友的人数为 10 时，将抛出如图 12.16 所示的 AssertionError 异常。

通常情况下，assert 语句可以和异常处理语句结合使用。因此，可以将上述代码的第 15 行修改为以下内容：

```python
01  try:
02      division()                                       # 调用分苹果的函数
03  except AssertionError as e:                          # 处理 AssertionError 异常
04      print("\n 输入有误：",e)
```

这样，再执行程序时将不会直接抛出异常，而是给出如图 12.17 所示的友好提示。

assert 语句只在调试阶段有效。我们可以通过在执行 python 命令时加入-O（大写）参数来关闭 assert 语句。例如，在"命令提示符"窗口中输入以下代码执行 E:\program\Python\Code 目录中的 division_apple_bug.py 文件，然后关闭 division_apple_bug.py 文件中的 assert 语句：

```
01    E:
02    cd E:\program\Python\Code
03    python -O division_apple_bug.py
```

```
==================== 分苹果了 ====================

请输入苹果的个数：5
请输入来了几位小朋友：10
Traceback (most recent call last):
  File "E:\tmp\division_apple_bug.py", line 17, in <module>
    division()                    # 调用分苹果的函数
  File "E:\tmp\division_apple_bug.py", line 7, in division
    assert apple > children ,"苹果不够分"
AssertionError: 苹果不够分
>>>
```

图 12.16　苹果个数少于小朋友人数时，抛出的 AssertionError 异常

```
==================== 分苹果了 ==========

请输入苹果的个数：5
请输入来了几位小朋友：10

输入有误：苹果不够分
>>>
```

图 12.17　处理抛出的 AssertionError 异常

> **说明**
>
> division_apple_bug.py 文件的内容就是例 12.4 中的内容，其中添加了 assert 语句。

执行上述语句后，输入苹果的个数为 5，小朋友的人数为 10 时，并没有给出"输入有误：苹果不够分"的提示，如图 12.18 所示。

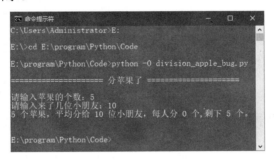

图 12.18　在非调试状态下执行程序，将忽略 assert 语句

12.4　实践与练习

（答案位置：资源包\TM\sl\12\实践与练习\）

综合练习 1：通过异常处理实现输入验证　在编写与用户交互的程序时，通常需要对用户的输入进行验证，否则可能出现由于输入无效数据而导致程序出错。例如，在编写根据输入的身高和体重计算 BMI 指数并判断体重是否合理的程序时，一旦用户输入了非数值类型的数据，程序就会抛出异常并且终止执行。请编写一个根据输入的身高和体重计算 BMI 指数并判断体重是否合理的程序，要求当用户输入的身高或者体重不规范时，给出提示，并且重新要求用户输入信息。

综合练习 2：自动将输入的数值字符串转换为对应的数值类型　在进行程序开发时，有时会遇到需要将输入的数值字符串转换为对应的数据类型。如果，无论将什么都直接转换为整型或者浮点型，就可能抛出异常。因此，需要转换为对应的数据类型。本练习要求编写一段 Python 代码，实现自动将输入的数值字符串转换为对应的数值类型。

第 13 章

文件及目录操作

在变量、序列和对象中存储的数据是暂时的，程序结束后就会丢失。为了能够永久地存储程序中的数据，需要将程序中的数据保存到磁盘文件中。Python 提供了内置的文件对象。另外，它还提供了对文件和目录进行操作的内置模块。通过这些技术可以很方便地将数据保存到文件（如文本文件等）中，以达到永久存储数据的目的。

本章将详细介绍如何在 Python 中进行文件及目录的相关操作。

本章知识架构及重难点如下。

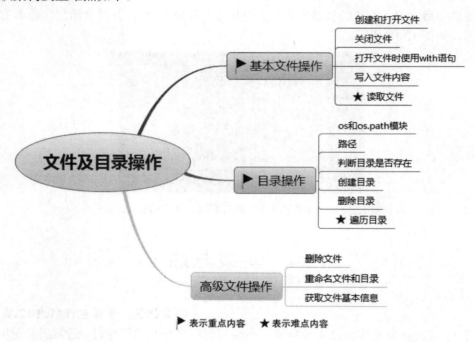

13.1　基本文件操作

在 Python 中，内置了文件（file）对象。在使用文件对象时，首先需要通过内置的 open()方法创建一个文件对象，然后通过该对象提供的方法进行一些基本文件操作。例如，可以使用文件对象的 write()方法向文件中写入内容，以及使用 close()方法关闭文件等。下面将介绍如何应用 Python 中的文件对象进行基本文件操作。

13.1.1 创建和打开文件

在 Python 中，想要操作文件，需要先创建或者打开指定的文件并创建文件对象。这可以通过内置的 open()函数实现。open()函数的基本语法格式如下：

```
file = open(filename[,mode[,buffering]])
```

参数说明如下。

☑ file：被创建的文件对象。

☑ filename：要创建或打开文件的文件名称，需要使用单引号或双引号括起来。如果要打开的文件和当前文件在同一个目录下，那么直接写文件名即可，否则需要指定完整路径。例如，要打开当前路径下的名称为 status.txt 的文件，可以使用"status.txt"。

☑ mode：可选参数，用于指定文件的打开模式。其参数值及其说明如表 13.1 所示。默认的打开模式为只读（即 r）。

表 13.1 mode 的参数值及其说明

参 数 值	说　　明	注　　意
r	以只读模式打开文件。文件的指针将会放在文件的开头	文件必须存在
rb	以二进制格式打开文件，并且采用只读模式。文件的指针将会放在文件的开头。一般用于非文本文件，如图片、声音等	
r+	打开文件后，可以读取文件内容，也可以写入新的内容以覆盖原有内容（从文件开头进行覆盖）	
rb+	以二进制格式打开文件，并且采用读写模式。文件的指针将会放在文件的开头。一般用于非文本文件，如图片、声音等	
w	以只写模式打开文件	如果文件存在，则将其覆盖；否则，创建新文件
wb	以二进制格式打开文件，并且采用只写模式。一般用于非文本文件，如图片、声音等	
w+	打开文件后，先清空原有内容，使其变为一个空的文件，对这个空文件有读写权限	
wb+	以二进制格式打开文件，并且采用读写模式。一般用于非文本文件，如图片、声音等	
a	以追加模式打开一个文件。如果该文件已经存在，则文件指针将放在文件的末尾（即新内容会被写入已有内容之后）；否则，创建新文件用于写入	
ab	以二进制格式打开文件，并且采用追加模式。如果该文件已经存在，则文件指针将放在文件的末尾（即新内容会被写入已有内容之后）；否则，创建新文件用于写入	
a+	以读写模式打开文件。如果该文件已经存在，则文件指针将放在文件的末尾（即新内容会被写入已有内容之后）；否则，创建新文件用于读写	如果想要读取文件内容，需要将文件指针移动到文件开头
ab+	以二进制格式打开文件，并且采用追加模式。如果该文件已经存在，则文件指针将放在文件的末尾（即新内容会被写入已有内容之后）；否则，创建新文件用于读写	

☑ buffering：可选参数，用于指定读写文件的缓冲模式，如果值为 0，则表示不缓存；如果值为

1，则表示缓存；如果大于 1，则表示缓冲区的大小。默认为缓存模式。

open()方法经常实现以下几个功能。

1．打开一个不存在的文件时先创建该文件

在不指定文件打开模式的情况下，使用 open()函数打开一个不存在的文件，则会抛出如图 13.1 所示的异常。

```
=============================== RESTART: D:\demo.py ==================
Traceback (most recent call last):
  File "D:\demo.py", line 1, in <module>
    file = open('status.txt')
FileNotFoundError: [Errno 2] No such file or directory: 'status.txt'
>>>
```

图 13.1　当打开的文件不存在时，抛出的异常

要解决如图 13.1 所示的错误，主要有以下两种方法。

☑　在当前目录下（即与执行的文件相同的目录）创建一个名称为 status.txt 的文件。

☑　在调用 open()函数时，指定 mode 的参数值为 w、w+、a、a+。这样，当要打开的文件不存在时，就可以创建新的文件了。

场景模拟：在蚂蚁庄园的动态栏目中记录着庄园里的新鲜事。现在想要创建一个文本文件保存这些新鲜事。

【例 13.1】创建并打开记录蚂蚁庄园动态的文件。（**实例位置：资源包\TM\sl\13\01**）

在 IDLE 中创建一个名称为 antmanor_message.py 的文件，然后在该文件中首先输出一条提示信息，接着调用 open()函数创建或打开文件，最后输出一条提示信息，代码如下：

```
01    print("\n","="*10,"蚂蚁庄园动态","="*10)
02    file = open('message.txt','w')                # 创建或打开保存蚂蚁庄园动态信息的文件
03    print("\n 即将显示……\n")
```

执行上述代码，将显示如图 13.2 所示的结果，同时在 antmaner_message.py 文件所在的目录下创建一个名称为 message.txt 的文件，该文件没有任何内容，如图 13.3 所示。

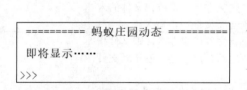

图 13.2　创建并打开记录蚂蚁庄园动态的文件

图 13.3　创建并打开记录蚂蚁庄园动态的文件

从图 13.3 中可以看出，新创建的文件没有任何内容，大小为 0 KB。这是因为，现在只是创建了一个文件，但尚未向文件中写入任何内容。在 13.1.2 节中，我们将介绍如何向文件中写入内容。

2．以二进制形式打开文件

使用 open()函数不仅可以以文本的形式打开文本文件，而且可以以二进制形式打开非文本文件，

如图片文件、音频文件、视频文件等。例如，创建一个名称为 picture.png 的图片文件（见图 13.4），并且应用 open()函数以二进制方式打开该文件。

以二进制方式打开该文件，并输出创建的对象的代码如下：

```
01    file = open('picture.png','rb')        # 以二进制方式打开图片文件
02    print(file)                             # 输出创建的对象
```

执行上述代码，将显示如图 13.5 所示的运行结果。

图 13.4　打开的图片文件

```
<_io.BufferedReader name='picture.png'>
>>>
```

图 13.5　以二进制方式打开图片文件

从图 13.5 中可以看出，创建的是一个 BufferedReader 对象。生成该对象后，可以再应用其他的第三方模块进行处理。例如，上述 BufferedReader 对象是通过打开图片文件实现的，那么就可以将其传入第三方的图像处理库 PIL 的 Image 模块的 open()方法中，以便于对图片进行处理（如调整大小等）。

3．打开文件时指定编码方式

在使用 open()函数打开文件时，默认采用 GBK 编码，当被打开的文件不是 GBK 编码时，将抛出如图 13.6 所示的异常。

```
Traceback (most recent call last):
  File "F:\program\Python\Code\demo.py", line 2, in <module>
    print(file.read())
UnicodeDecodeError: 'gbk' codec can't decode byte 0xff in posit
ion 0: illegal multibyte sequence
>>>
```

图 13.6　抛出 UnicodeDecodeError 异常

解决该问题的方法有两种：一种是直接修改文件的编码；另一种是在打开文件时，直接指定使用的编码方式。推荐采用后一种方法。下面将重点介绍如何在打开文件时指定编码方式。

在调用 open()函数时，通过添加 encoding='utf-8'参数即可实现将编码指定为 UTF-8。如果想要指定其他编码，可以将单引号中的内容替换为想要指定的编码。

例如，打开采用 UTF-8 编码保存的 notice.txt 文件，可以使用下列代码：

```
file = open('notice.txt','r',encoding='utf-8')
```

13.1.2　关闭文件

打开文件后，需要及时关闭，以免对文件造成不必要的破坏。关闭文件可以使用文件对象的 close()方法实现。close()方法的语法格式如下：

```
file.close()
```

其中，file 为打开的文件对象。

例如，关闭例 13.1 中打开的 file 对象，可以使用下列代码：

```
file.close()                                                    # 关闭文件对象
```

说明

close()方法先刷新缓冲区中还没有写入的信息，然后关闭文件，这样可以将没有写入文件中的内容写入文件中。在关闭文件后，便不能再进行写入操作了。

13.1.3　打开文件时使用 with 语句

打开文件后，要及时将其关闭。如果忘记关闭，可能会带来意想不到的问题。另外，如果在打开文件时抛出了异常，那么将导致文件不能被及时关闭。为了更好地避免此类问题发生，可以使用 Python 提供的 with 语句，从而实现在处理文件时，无论是否抛出异常，都能保证 with 语句执行完毕后关闭已经打开的文件。with 语句的基本语法格式如下：

```
with expression as target:
    with-body
```

参数说明如下。

☑　expression：用于指定一个表达式，这里可以是打开文件的 open()函数。

☑　target：用于指定一个变量，并且将 expression 的结果保存到该变量中。

☑　with-body：用于指定 with 语句体，其中可以是执行 with 语句后相关的一些操作语句。如果不想执行任何语句，可以直接使用 pass 语句代替。

例如，将例 13.1 修改为在打开文件时使用 with 语句，修改后的代码如下：

```
01  print("\n","="*10,"蚂蚁庄园动态","="*10)
02  with open('message.txt','w') as file:          # 创建或打开保存蚂蚁庄园动态信息的文件
03      pass
04  print("\n 即将显示……\n")
```

执行上述代码，同样将得到如图 13.2 所示的运行结果。

13.1.4　写入文件内容

在例 13.1 中，虽然创建并打开了一个文件，但是该文件中并没有任何内容，它的大小是 0 KB。Python 中的文件对象提供了 write()方法，可以向文件中写入内容。write()方法的语法格式如下：

```
file.write(string)
```

其中，file 为打开的文件对象；string 为要写入的字符串。

误区警示

在调用 write()方法向文件中写入内容的前提是，打开文件时，指定的打开模式为 w（可写）或者 a（追加）；否则，将抛出如图 13.7 所示的异常。

```
Traceback (most recent call last):
  File "C:\python\Python\demo.py", line 2, in <module>
    file.write('腹有读书气自华')
io.UnsupportedOperation: not writable
>>>
```

图 13.7　没有写入权限时抛出的异常

场景模拟：在蚂蚁庄园的动态栏目中记录着庄园里的新鲜事。您雇佣了一只小鸡来生产肥料，此时需要向庄园的动态栏目中写入一条动态信息。

【**例 13.2**】向蚂蚁庄园的动态文件写入一条信息。（**实例位置：资源包\TM\sl\13\02**）

在 IDLE 中创建一个名称为 antmanor_message_w.py 的文件，然后在该文件中首先应用 open()函数以写方式打开一个文件，接着调用 write()方法向该文件中写入一条动态信息，最后调用 close()方法关闭文件，代码如下：

```
01    print("\n","="*10,"蚂蚁庄园动态","="*10)
02    file = open('message.txt','w')              # 创建或打开保存蚂蚁庄园动态信息的文件
03    # 写入一条动态信息
04    file.write("你消耗了 50g 饲料雇佣 mingri 的小鸡来生产肥料，记得喂食哦。\n")
05    print("\n 写入了一条动态……\n")
06    file.close()                                # 关闭文件对象
```

执行上述代码，将显示如图 13.8 所示的结果，同时在 antmaner_message_w.py 文件所在的目录下创建一个名称为 message.txt 的文件，并且在该文件中写入了文字"你消耗了 50g 饲料雇佣 mingri 的小鸡来生产肥料，记得喂食哦。"，如图 13.9 所示。

图 13.8　创建并打开记录蚂蚁庄园动态的文件　　　　图 13.9　打开记录蚂蚁庄园动态的文件

> **注意**
>
> 在写入文件后，一定要调用 close()方法关闭文件；否则，写入的内容不会被保存到文件中。这是因为，当我们在写入文件内容时，操作系统不会立刻把数据写入磁盘中，而是先缓存起来，只有当调用 close()方法时，操作系统才会保证把没有写入的数据全部写入磁盘中。
>
> 另外，在向文件中写入内容后，如果不想马上关闭文件，也可以调用文件对象提供的 flush()方法，把缓冲区的内容写入文件中。这样也能保证将数据全部写入磁盘中。

向文件中写入内容时，如果打开文件采用 w（写入）模式，则先清空原文件的内容，再写入新的内容；而如果打开文件采用 a（追加）模式，则不覆盖原有文件的内容，只是在文件的结尾处增加新的内容。下面将对例 13.2 的代码进行修改，实现在原动态信息的基础上再添加一条动态信息。修改后的代码如下：

```
01    print("\n","="*10,"蚂蚁庄园动态","="*10)
02    file = open('message.txt','a')              # 创建或打开保存蚂蚁庄园动态信息的文件
03    # 追加一条动态信息
04    file.write("mingri 的小鸡在你的庄园待了 22min，吃了 6g 饲料之后，被你赶走了。\n")
05    print("\n 追加了一条动态……\n")
06    file.close()                                # 关闭文件对象
```

执行上述代码后，打开 message.txt 文件，将显示如图 13.10 所示的结果。

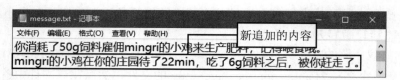

新追加的内容

图 13.10　追加内容后的 message.txt 文件

说明

　　除 write()方法外，Python 的文件对象还提供了 writelines()方法，可以实现把字符串列表写入文件中，但是不添加换行符。

13.1.5　读取文件

　　在 Python 中打开文件后，除了可以向其写入或追加内容，还可以读取文件中的内容。读取文件内容主要分为以下几种情况。

1. 读取指定字符

文件对象提供了 read()方法读取指定个数的字符。其语法格式如下：

```
file.read([size])
```

　　其中，file 为打开的文件对象；size 为可选参数，用于指定要读取的字符个数，如果省略，则一次性读取所有内容。

误区警示

　　调用 read()方法读取文件内容的前提是，打开文件时，指定的打开模式为 r（只读）或者 r+（读写）；否则，将抛出如图 13.11 所示的异常。

```
Traceback (most recent call last):
  File "C:\python\Python\demo.py", line 23, in <module>
    line = file.read()
io.UnsupportedOperation: not readable
>>>
```

图 13.11　没有读取权限时抛出的异常

　　例如，要读取 message.txt 文件中的前 9 个字符，可以使用下列代码：

```
01    with open('message.txt','r') as file:          # 打开文件
02        string = file.read(9)                       # 读取前 9 个字符
03        print(string)
```

如果 message.txt 的文件内容如下：

你消耗了 50g 饲料雇佣 mingri 的小鸡来生产肥料，记得喂食哦。

那么执行上述代码将显示以下结果：

你消耗了 50g 饲料

使用 read(size)方法读取文件时，是从文件的开头读取的。如果想要读取部分内容，可以先使用文件对象的 seek()方法将文件的指针移动到新的位置，然后应用 read(size)方法读取。seek()方法的基本语法格式如下：

```
file.seek(offset[,whence])
```

参数说明如下。

☑ file：表示已经打开的文件对象。

☑ offset：用于指定移动的字符个数，其具体位置与 whence 有关。

☑ whence：用于指定从什么位置开始计算。如果值为 0，则表示从文件头开始计算；如果值为 1，则表示从当前位置开始计算；如果值为 2，则表示从文件尾开始计算。默认为 0。

注意

对于 whence 参数，如果在打开文件时没有使用 b 模式（即 rb），那么只允许从文件头开始计算相对位置，其原因在于，从文件尾计算时，将会引发如图 13.12 所示的异常。

```
Traceback (most recent call last):
  File "F:\program\Python\Code\demo.py", line 2, in <module>
    file.seek(10, 2)
io.UnsupportedOperation: can't do nonzero end-relative seeks
>>>
```

图 13.12　抛出 io.UnsupportedOperation 异常

例如，想要从文件的第 19 个字符开始读取 14 个字符，可以使用下列代码：

```
01    with open('message.txt','r') as file:          # 打开文件
02        file.seek(19)                              # 移动文件指针到新的位置
03        string = file.read(14)                     # 读取 14 个字符
04        print(string)
```

如果 message.txt 的文件内容如下：

你消耗了 50g 饲料雇佣 mingri 的小鸡来生产肥料，记得喂食哦。

那么执行上述代码将显示以下结果：

mingri 的小鸡来生产肥料

说明

在使用 seek()方法时，offset 的值是按一个汉字占两个字符、英文和数字占一个字符计算的。这与 read(size)方法不同。

场景模拟：在蚂蚁庄园的动态栏目中记录着庄园里的新鲜事。现在想显示庄园里的动态信息。

【例 13.3】 显示蚂蚁庄园的动态。（**实例位置：资源包\TM\sl\13\03**）

在 IDLE 中创建一个名称为 antmanor_message_r.py 的文件，然后在该文件中首先应用 open()函数以只读方式打开一个文件，最后调用 read()方法读取全部动态信息，并输出，代码如下：

```
01    print("\n","="*25,"蚂蚁庄园动态","="*25,"\n")
02    with open('message.txt','r') as file:          # 打开保存蚂蚁庄园动态信息的文件
```

213

```
03        message = file.read()                    # 读取全部动态信息
04        print(message)                           # 输出动态信息
05        print("\n","="*29,"over","="*29,"\n")
```

执行上述代码，将显示如图 13.13 所示的结果。

```
======================= 蚂蚁庄园动态 =========================

你消耗了50g饲料雇佣mingri的小鸡来生产肥料，记得喂食哦。
mingri的小鸡在你的庄园待了22min，吃了6g饲料之后，被你赶走了。
你的小鸡在QQ的庄园待了27min，吃了8g饲料被庄园主人赶回来了。
你消耗了50g饲料雇佣无语的小鸡来生产肥料，记得喂食哦。
CC来到你的庄园，并提醒你无语的小鸡已经偷吃饲料21min，吃掉了6g。你
的小鸡拿出了10g饲料奖励给CC。

========================= over ============================
>>>
```

图 13.13　显示蚂蚁庄园的全部动态

2．读取一行

在使用 read()方法读取文件时，如果文件很大，一次读取全部内容到内存，容易造成内存不足，所以通常会采用逐行读取。文件对象提供了 readline()方法用于每次读取一行数据。readline()方法的基本语法格式如下：

```
file.readline()
```

其中，file 为打开的文件对象。同 read()方法一样，打开文件时，也需要指定打开模式为 r（只读）或者 r+（读写）。

场景模拟：在蚂蚁庄园的动态栏目中记录着庄园里的新鲜事。现在想显示庄园里的动态信息。

【例 13.4】逐行显示蚂蚁庄园的动态。（**实例位置：资源包\TM\sl\13\04**）

在 IDLE 中创建一个名称为 antmanor_message_rl.py 的文件，然后在该文件中首先应用 open()函数以只读方式打开一个文件，最后应用 while 语句创建一个循环，在该循环中调用 readline()方法读取一条动态信息并输出，另外还需要判断内容是否已经读取完毕，如果读取完毕，则应用 break 语句跳出循环，代码如下：

```
01    print("\n","="*25,"蚂蚁庄园动态","="*25,"\n")
02    with open('message.txt','r') as file:              # 打开保存蚂蚁庄园动态信息的文件
03        number = 0                                       # 记录行号
04        while True:
05            number += 1
06            line = file.readline()
07            if line =='':
08                Break                                     # 跳出循环
09            print(number,line,end= "\n")                 # 输出一行内容
10    print("\n","="*29,"over","="*29,"\n")
```

执行上述代码，将显示如图 13.14 所示的结果。

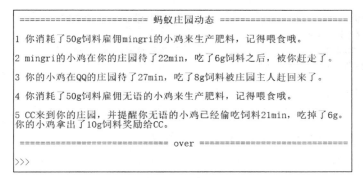

图 13.14　逐行显示蚂蚁庄园的全部动态

3．读取全部行

读取全部行的作用与调用 read()方法时不指定 size 类似，只不过读取全部行时，返回的是一个字符串列表，每个元素为文件的一行内容。读取全部行，使用的是文件对象的 readlines()方法，其语法格式如下：

```
file.readlines()
```

其中，file 为打开的文件对象。同 read()方法一样，打开文件时，也需要指定打开模式为 r（只读）或者 r+（读写）。

例如，通过 readlines()方法读取例 13.3 中的 message.txt 文件，并输出读取结果，代码如下：

```
01   print("\n","="*25,"蚂蚁庄园动态","="*25,"\n")
02   with open('message.txt','r') as file:            # 打开保存蚂蚁庄园动态信息的文件
03       message = file.readlines()                   # 读取全部动态信息
04       print(message)                               # 输出动态信息
05   print("\n","="*29,"over","="*29,"\n")
```

执行上述代码，将显示如图 13.15 所示的结果。

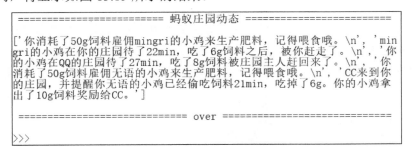

图 13.15　readlines()方法的返回结果

从该运行结果中可以看出，readlines()方法的返回值为一个字符串列表。在这个字符串列表中，每个元素记录一行内容。如果文件比较大，那么采用这种方法输出读取的文件内容就会很慢。这时，可以将列表的内容逐行输出。例如，上述代码可以修改为以下内容：

```
01   print("\n","="*25,"蚂蚁庄园动态","="*25,"\n")
02   with open('message.txt','r') as file:            # 打开保存蚂蚁庄园动态信息的文件
```

```
03        messageall = file.readlines()              # 读取全部动态信息
04        for message in messageall:
05            print(message)                         # 输出一条动态信息
06    print("\n","="*29,"over","="*29,"\n")
```

运行结果如图 13.16 所示。

```
========================= 蚂蚁庄园动态 =========================
你消耗了50g饲料雇佣mingri的小鸡来生产肥料，记得喂食哦。

mingri的小鸡在你的庄园待了22min，吃了6g饲料之后，被你赶走了。

你的小鸡在QQ的庄园待了27min，吃了8g饲料被庄园主人赶回来了。

你消耗了50g饲料雇佣无语的小鸡来生产肥料，记得喂食哦。

CC来到你的庄园，并提醒你无语的小鸡已经偷吃饲料21min，吃掉了6g。你
的小鸡拿出了10g饲料奖励给CC。

=========================== over ===========================
>>>
```

图 13.16　应用 readlines() 方法并逐行输出动态信息

13.2　目　录　操　作

目录也称文件夹，用于分层保存文件。通过目录可以分门别类地存储文件，以便于需要时能够快速查找到。Python 中并没有提供直接操作目录和文件的函数或对象，而是需要使用内置的 os 模块及其子模块 os.path 来实现。

常用的目录操作主要有判断目录是否存在、创建目录、删除目录和遍历目录等，下面进行详细介绍。

说明

os 模块是 Python 内置的与操作系统功能和文件系统相关的模块，其语句执行结果与操作系统有关，在不同操作系统上运行有时会得到不一样的结果。本章是以 Windows 操作系统为例进行介绍的，所以代码执行结果也都是在 Windows 操作系统下显示的。

13.2.1　os 和 os.path 模块

在使用 os 模块或者 os.path 模块时，需要先应用 import 语句将其导入，然后才可以应用它们提供的函数或者变量。导入 os 模块后，也可以使用其子模块 os.path。导入 os 模块可以使用下列代码：

```
import os
```

通过 os 模块提供的通用变量，可获取与系统有关的信息。常用的变量有以下几个。

☑　name：用于获取操作系统的类型。

例如，在 Windows 操作系统下输出 os.name，结果如图 13.17 所示。

说明

如果 os.name 的输出结果为 nt，则表示是 Windows 操作系统；如果是 posix，则表示是 Linux、UNIX 或 Mac OS 操作系统。

☑　linesep：用于获取当前操作系统上的换行符。

例如，在 Windows 操作系统下输出 os.linesep，结果如图 13.18 所示。

☑　sep：用于获取当前操作系统所使用的路径分隔符。

例如，在 Windows 操作系统下输出 os.sep，结果如图 13.19 所示。

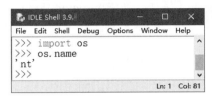
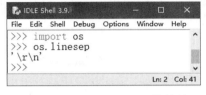
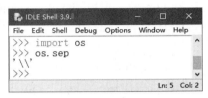

图 13.17　显示 os.name 的结果　　图 13.18　显示 os.linesep 的结果　　图 13.19　显示 os.sep 的结果

os 模块还提供了一些操作目录的函数，如表 13.2 所示。

表 13.2　os 模块提供的与目录相关的函数及其说明

函　　数	说　　明
getcwd()	返回当前的工作目录
listdir(path)	返回指定路径下的文件和目录信息
mkdir(path [,mode])	创建目录
makedirs(path1/path2...[,mode])	创建多级目录
rmdir(path)	删除目录
removedirs(path1/path2...)	删除多级目录
chdir(path)	把 path 设置为当前工作目录
walk(top[,topdown[,onerror]])	遍历目录树，该方法返回一个元组，包括所有路径名、所有目录列表和文件列表 3 个元素

os.path 模块也提供了一些操作目录的函数，如表 13.3 所示。

表 13.3　os.path 模块提供的与目录相关的函数及其说明

函　　数	说　　明
abspath(path)	用于获取文件或目录的绝对路径
exists(path)	用于判断目录或者文件是否存在，如果存在，则返回 True，否则返回 False
join(path,name)	将目录与目录或者文件名拼接起来
splitext()	分离文件名和扩展名
basename(path)	从一个目录中提取文件名
dirname(path)	从一个路径中提取文件路径，不包括文件名
isdir(path)	用于判断是否为有效路径

13.2.2 路径

用于定位一个文件或者目录的字符串被称为一个路径。在程序开发时，通常会涉及两种路径：一种是相对路径；另一种是绝对路径。

1. 相对路径

在学习相对路径之前，需要先了解什么是当前工作目录。当前工作目录是指当前文件所在的目录。在 Python 中，可以通过 os 模块提供的 getcwd()函数获取当前工作目录。例如，在 E:\program\Python\Code\demo.py 文件中，编写以下代码：

```
01    import os
02    print(os.getcwd())                              # 输出当前目录
```

执行上述代码，将显示以下目录，该路径就是当前工作目录。

```
E:\program\Python\Code
```

相对路径就是依赖于当前工作目录的。如果在当前工作目录下有一个名称为 message.txt 的文件，那么在打开这个文件时，就可以直接写上文件名，这时采用的就是相对路径，message.txt 文件的实际路径就是当前工作目录 "E:\program\Python\Code" +相对路径 "message.txt"，即 E:\program\Python\Code\message.txt。

> **说明**
>
> 在 Python 中，指定文件路径时，需要对路径分隔符 "\" 进行转义，即将路径中的 "\" 替换为 "\\"。例如，对于相对路径 "demo\message.txt" 需要使用 "demo\\message.txt" 代替。另外，也可以将路径分隔符 "\" 采用 "/" 代替。

如果在当前工作目录下有一个子目录 demo，并且在该子目录下保存着文件 message.txt，那么在打开这个文件时就可以写上 "demo/message.txt"，例如下列代码：

```
01    with open("demo/message.txt") as file:        # 通过相对路径打开文件
02        pass
```

> **说明**
>
> 在指定文件路径时，也可以在表示路径的字符串前面加上字母 r（或 R），那么该字符串将原样输出，这时路径中的分隔符就不需要再转义了。例如，上述代码也可以修改为以下内容：
>
> ```
> 01    with open(r"demo\message.txt") as file:        # 通过相对路径打开文件
> 02        pass
> ```

2. 绝对路径

绝对路径是指在使用文件时指定文件的实际路径。它不依赖于当前工作目录。在 Python 中，可以通过 os.path 模块提供的 abspath()函数获取一个文件的绝对路径。abspath()函数的基本语法格式如下：

os.path.abspath(path)

其中，path 为要获取绝对路径的相对路径，可以是文件，也可以是目录。

例如，要获取相对路径 "demo\message.txt" 的绝对路径，可以使用下列代码：

```
01    import os
02    print(os.path.abspath(r"demo\message.txt"))                          # 获取绝对路径
```

如果当前工作目录为 "E:\program\Python\Code"，那么将得到以下结果：

E:\program\Python\Code\demo\message.txt

3. 拼接路径

如果想要将两个或者多个路径拼接到一起组成一个新的路径，可以使用 os.path 模块提供的 join() 函数实现。join() 函数的基本语法格式如下：

os.path.join(path1[,path2[,...]])

其中，path1、path2 用于代表要拼接的文件路径，这些路径间使用逗号分隔。如果在要拼接的路径中没有一个绝对路径，那么最后拼接出来的将是一个相对路径。

注意

❶ 使用 os.path.join() 函数拼接路径时，并不会检测该路径是否真实存在。

❷ 把两个路径拼接为一个路径时，不要直接使用字符串拼接，而是使用 os.path.join() 函数，这样可以正确处理不同操作系统的路径分隔符。

例如，需要将 E:\program\Python\Code 和 demo\message.txt 路径拼接到一起，可以使用下列代码：

```
01    import os
02    print(os.path.join("E:\program\Python\Code","demo\message.txt"))     # 拼接字符串
```

执行上述代码，将得到以下结果：

E:\program\Python\Code\demo\message.txt

说明

在使用 join() 函数时，如果要拼接的路径中存在多个绝对路径，那么以从左到右最后一次出现的为准，并且该路径之前的参数都将被忽略。例如，执行下列代码：

```
01    import os
02    print(os.path.join("E:\\code","E:\\python\\mr","Code","C:\\","demo"))     # 拼接字符串
```

将得到拼接后的路径为 "C:\demo"。

13.2.3　判断目录是否存在

在 Python 中，有时需要判断给定的目录是否存在，这时可以使用 os.path 模块提供的 exists() 函数

实现。exists()函数的基本语法格式如下：

```
os.path.exists(path)
```

其中，path 为要判断的目录，可以采用绝对路径，也可以采用相对路径。

返回值：如果给定的路径存在，则返回 True，否则返回 False。

例如，要判断绝对路径 C:\demo 是否存在，可以使用下列代码：

```
01    import os
02    print(os.path.exists("C:\\demo"))                      # 判断目录是否存在
```

执行上述代码，如果在 C 盘根目录下没有 demo 子目录，则返回 False，否则返回 True。

 说明

os.path.exists()函数除了可以判断目录是否存在，还可以判断文件是否存在。例如，如果将上述代码中的 C:\\demo 替换为 C:\\demo\\test.txt，则用于判断 C:\demo\test.txt 文件是否存在。

13.2.4 创建目录

在 Python 中，os 模块提供了两个创建目录的函数：一个函数用于创建一级目录；另一个函数则用于创建多级目录。下面分别进行介绍。

1．创建一级目录

创建一级目录是指一次只能创建一级目录。在 Python 中，可以使用 os 模块提供的 mkdir()函数实现。通过该函数只能创建指定路径中的最后一级目录，如果该目录的上一级不存在，则抛出 FileNotFoundError 异常。mkdir()函数的基本语法格式如下：

```
os.mkdir(path, mode=0o777)
```

参数说明如下。

☑　path：用于指定要创建的目录，可以使用绝对路径，也可以使用相对路径。

☑　mode：用于指定数值模式，默认值为 0o777。该参数在非 UNIX 系统上无效或被忽略。

例如，在 Windows 系统上创建一个 C:\demo 目录，可以使用下列代码：

```
01    import os
02    os.mkdir("C:\\demo")                                     # 创建 C:\demo 目录
```

执行上述代码，将在 C 盘根目录下创建一个 demo 目录，如图 13.20 所示。

如果创建的路径已经存在，则将抛出 FileExistsError 异常。例如，将上述示例代码再执行一次，将抛出如图 13.21 所示的异常。

要解决上面的问题，可以在创建目录前，先判断指定的目录是否存在，只有当目录不存在时才创建。具体代码如下：

```
01    import os
02    path = "C:\\demo"                                        # 指定要创建的目录
03    if not os.path.exists(path):                             # 判断目录是否存在
```

```
04        os.mkdir(path)                        # 创建目录
05        print("目录创建成功！")
06    else:
07        print("该目录已经存在！")
```

执行上述代码，将显示"该目录已经存在！"。

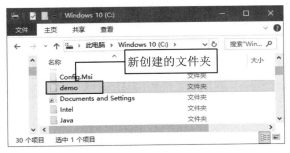

新创建的文件夹

图 13.20　创建 demo 目录成功

```
Traceback (most recent call last):
  File "D:\demo.py", line 4, in <module>
    os.mkdir(path)                              # 创建目录
FileExistsError: [WinError 183] 当文件已存在时，无法创建该
文件。: 'C:\\demo'
>>>
```

图 13.21　创建 demo 目录失败

注意

　　如果指定的目录有多级，而且最后一级的上级目录中有不存在的，则抛出 FileNotFoundError 异常，并且目录创建不成功。要解决该问题有两种方法：一种是使用创建多级目录的方法（将在下面进行介绍）；另一种是编写递归函数调用 os.mkdir() 函数实现。具体代码如下：

```
01    import os                            # 导入标准模块 os
02    def mkdir(path):                      # 定义递归创建目录的函数
03        if not os.path.isdir(path):       # 判断是否为有效路径
04            mkdir(os.path.split(path)[0]) # 递归函数的调用
05        else:                             # 如果目录存在，则直接返回
06            return
07        os.mkdir(path)                    # 创建目录
08    mkdir("D:/mr/test/demo")              # 调用 mkdir() 递归函数
```

2. 创建多级目录

　　使用 os.mkdir() 函数只能创建一级目录，如果想创建多级，可以使用 os 模块提供的 makedirs() 函数，该函数用于采用递归的方式创建目录。makedirs() 函数的基本语法格式如下：

```
os.makedirs(name, mode=0o777)
```

参数说明如下。

　　☑　name：用于指定要创建的目录，可以使用绝对路径，也可以使用相对路径。

　　☑　mode：用于指定数值模式，默认值为 0o777。该参数在非 UNIX 系统上无效或被忽略。

　　例如，在 Windows 系统上刚刚创建的 C:\demo 目录下，再创建子目录 test\dir\mr（对应的目录为 C:\demo\test\dir\mr），可以使用下列代码：

```
01    import os
02    os. makedirs ("C:\\demo\\test\\dir\\mr ")   # 创建 C:\demo\test\dir\mr 目录
```

执行上述代码，将首先在 C:\demo 目录下创建子目录 test，然后在 test 目录下创建子目录 dir，最后 dir 目录下再创建子目录 mr。创建后的目录结构如图 13.22 所示。

13.2.5 删除目录

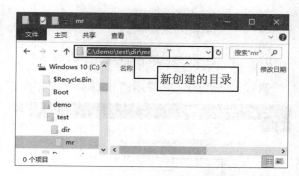

图 13.22　创建多级目录的结果

删除目录可以使用 os 模块提供的 rmdir()函数实现。通过 rmdir()函数删除目录时，只有当要删除的目录为空时才起作用。rmdir()函数的基本语法格式如下：

```
os.rmdir(path)
```

其中，path 为要删除的目录，可以使用相对路径，也可以使用绝对路径。

例如，要删除刚刚创建的 C:\demo\test\dir\mr 目录，可以使用下列代码：

```
01  import os
02  os.rmdir("C:\\demo\\test\\dir\\mr")              # 删除 C:\demo\test\dir\mr 目录
```

执行上述代码，将删除 C:\demo\test\dir 目录下的 mr 目录。

使用 rmdir()函数删除目录时，如果要删除的目录不存在，那么将抛出"FileNotFoundError: [WinError 2] 系统找不到指定的文件。"异常。因此，在执行 os.rmdir()函数前，建议先判断该路径是否存在，可以使用 os.path.exists()函数判断。具体代码如下：

```
01  import os
02  path = "C:\\demo\\test\\dir\\mr"                 # 指定要创建的目录
03  if os.path.exists(path):                         # 判断目录是否存在
04      os.rmdir("C:\\demo\\test\\dir\\mr")          # 删除目录
05      print("目录删除成功！")
06  else:
07      print("该目录不存在！")
```

说明

使用 rmdir()函数只能删除空的目录，如果想要删除非空目录，则需要使用 Python 内置的标准模块 shutil 的 rmtree()函数实现。例如，要删除不为空的 C:\\demo\\test 目录，可以使用下列代码：

```
01  import shutil
02  shutil.rmtree("C:\\demo\\test")                  # 删除 C:\demo 目录下的 test 子目录及其内容
```

13.2.6 遍历目录

遍历在古汉语中的意思是全部走遍，到处周游。在 Python 中，遍历的意思与其相似，就是对指定的目录下的全部目录（包括子目录）及文件运行一遍。在 Python 中，os 模块的 walk()函数用于实现遍

历目录的功能。walk()函数的基本语法格式如下:

```
os.walk(top[, topdown][, onerror][, followlinks])
```

参数说明如下。

☑　top:用于指定要遍历内容的根目录。

☑　topdown:可选参数,用于指定遍历的顺序,如果值为 True,表示自上而下遍历(即先遍历根目录);如果值为 False,表示自下而上遍历(即先遍历最后一级子目录)。默认值为 True。

☑　onerror:可选参数,用于指定错误处理方式,默认为忽略,如果不想忽略,也可以指定一个错误处理函数。通常情况下采用默认。

☑　followlinks:可选参数,默认情况下,walk()函数不会向下转换成解析到目录的符号链接,将该参数值设置为 True,表示用于指定在支持的系统上访问由符号链接指向的目录。

☑　返回值:返回一个包括 3 个元素(dirpath、dirnames、filenames)的元组生成器对象。其中,dirpath 表示当前遍历的路径,是一个字符串;dirnames 表示当前路径下包含的子目录,是一个列表;filenames 表示当前路径下包含的文件,也是一个列表。

例如,要遍历指定目录 F:\program\Python\Code\01,可以使用下列代码:

```
01  import os                                      # 导入 os 模块
02  tuples = os.walk("F:\\program\\Python\\Code\\01")   # 遍历 E:\program\Python\Code\01 目录
03  for tuple1 in tuples:                          # 通过 for 循环输出遍历结果
04      print(tuple1 ,"\n")                        # 输出每一级目录的元组
```

如果在 E:\program\Python\Code\01 目录下包括如图 13.23 所示的内容,那么执行上述代码,将会显示如图 13.24 所示的结果。

📢注意

walk()函数只在 UNIX 和 Windows 系统中有效。

从图 13.24 中可以看到,得到的结果比较混乱。下面通过一个具体的例子演示实现遍历目录,并输出目录或文件的完整路径。

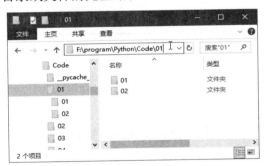

图 13.23　遍历指定目录的结果

```
('F:\\program\\Python\\Code\\01', ['01', '02'], [])

('F:\\program\\Python\\Code\\01\\01', [], ['helloworld.py'])

('F:\\program\\Python\\Code\\01\\02', [], ['helloworld.py'])

>>>
```

图 13.24　遍历指定目录的结果

【例 13.5】遍历指定目录。(实例位置:资源包\TM\sl\13\05)

在 IDLE 中创建一个名称为 walk_list.py 的文件,首先在该文件中导入 os 模块,并定义要遍历的根目录,然后用 for 循环遍历该目录,最后循环输出遍历到的文件和子目录,代码如下:

```
01    import os                                               # 导入 os 模块
02    path = "C:\\demo"                                       # 指定要遍历的根目录
03    print("【",path,"】 目录下包括的文件和目录：")
04    for root, dirs, files in os.walk(path, topdown=True):   # 遍历指定目录
05        for name in dirs:                                   # 循环输出遍历到的子目录
06            print("∏",os.path.join(root, name))
07        for name in files:                                  # 循环输出遍历到的文件
08            print("≌",os.path.join(root, name))
```

执行上述代码，将可能显示如图 13.25 所示的结果。

```
【 C:\demo 】 目录下包括的文件和目录：
∏ C:\demo\test
∏ C:\demo\test\dir
∏ C:\demo\test\dir\mr
≌ C:\demo\test\dir\mr\mr.txt
>>>
```

说明

读者得到的结果可能会与此不同，具体显示内容将根据具体的目录结构而定。

图 13.25　遍历指定目录

13.3　高级文件操作

Python 内置的 os 模块除了可以对目录进行操作，还可以对文件进行一些高级操作。os 模块提供的与文件相关的函数及其说明如表 13.4 所示。

表 13.4　os 模块提供的与文件相关的函数及其说明

函　　数	说　　明
access(path,accessmode)	获取对文件是否有指定的访问权限（读取/写入/执行权限）。accessmode 的值是 R_OK（读取）、W_OK（写入）、X_OK（执行）或 F_OK（存在）。如果有指定的权限，则返回 1，否则返回 0
chmod(path,mode)	修改 path 指定文件的访问权限
remove(path)	删除 path 指定的文件路径
rename(src,dst)	将文件或目录 src 重命名为 dst
stat(path)	返回 path 指定文件的信息
startfile(path [, operation])	使用关联的应用程序打开 path 指定的文件

下面将对常用的操作进行详细介绍。

13.3.1　删除文件

Python 没有内置删除文件的函数，但是在内置的 os 模块中提供了删除文件的函数 remove()，该函数的基本语法格式如下：

```
os. remove(path)
```

其中，path 为要删除的文件路径，可以使用相对路径，也可以使用绝对路径。

例如，要删除当前工作目录下的 mrsoft.txt 文件，可以使用下列代码：

```
01    import os                                      # 导入 os 模块
02    os.remove("mrsoft.txt")                        # 删除当前工作目录下的 mrsoft.txt 文件
```

执行上述代码，如果在当前工作目录下存在 mrsoft.txt 文件，即可将其删除，否则将显示如图 13.26 所示的异常。

```
Traceback (most recent call last):
  File "C:\python\Python\demo.py", line 2, in <module>
    os.remove("mrsoft.txt")           # 删除当前工作目录下的mrsoft.txt文件
FileNotFoundError: [WinError 2] 系统找不到指定的文件。: 'mrsoft.txt'
>>>
```

图 13.26 要删除的文件不存在时出现的异常

为了屏蔽以上异常，可以在删除文件时先判断文件是否存在，只有存在时才执行删除操作。具体代码如下：

```
01    import os                                      # 导入 os 模块
02    path = "mrsoft.txt"                            # 要删除的文件
03    if os.path.exists(path):                       # 判断文件是否存在
04        os.remove(path)                            # 删除文件
05        print("文件删除完毕！")
06    else:
07        print("文件不存在！")
```

执行上述代码，如果 mrsoft.txt 文件不存在，则显示以下内容：

文件不存在！

否则将显示以下内容，同时文件将被删除：

文件删除完毕！

13.3.2 重命名文件和目录

os 模块提供了重命名文件和目录的函数 rename()，如果指定的路径是文件，则重命名文件；如果指定的路径是目录，则重命名目录。rename()函数的基本语法格式如下：

os.rename(src,dst)

其中，src 用于指定要进行重命名的目录或文件；dst 用于指定重命名后的目录或文件。

同删除文件一样，在对文件或目录进行重命名时，如果指定的目录或文件不存在，也将抛出 FileNotFoundError 异常，所以在对文件或目录进行重命名时，也建议先判断文件或目录是否存在，只有存在时才进行重命名操作。

例如，想要将 C:\demo\test\dir\mr\mrsoft.txt 文件重命名为 C:\demo\test\dir\mr\mr.txt，可以使用下列代码：

```
01    import os                                      # 导入 os 模块
02    src = "C:\\demo\\test\\dir\\mr\\mrsoft.txt"    # 要重命名的文件
03    dst = "C:\\demo\\test\\dir\\mr\\mr.txt"        # 重命名后的文件
04    os.rename(src,dst)                             # 重命名文件
05    if os.path.exists(src):                        # 判断文件是否存在
06        os.rename(src,dst)                         # 重命名文件
07        print("文件重命名完毕！")
```

```
08    else:
09        print("文件不存在！")
```

执行上述代码，如果 C:\demo\test\dir\mr\mrsoft.txt 文件不存在，则显示以下内容：

文件不存在！

否则将显示以下内容，同时文件被重命名：

文件重命名完毕！

使用 rename()函数重命名目录与重命名文件基本相同，只要把原来的文件路径替换为目录即可。例如，想要将当前目录下的 demo 目录重命名为 test，可以使用下列代码：

```
01    import os                        # 导入 os 模块
02    src = "demo"                     # 要重命名的目录为当前目录下的 demo
03    dst = "test"                     # 重命名后的目录为 test
04    if os.path.exists(src):          # 判断目录是否存在
05        os.rename(src,dst)           # 重命名目录
06        print("目录重命名完毕！")
07    else:
08        print("目录不存在！")
```

误区警示

在使用 rename()函数重命名目录时，只能修改最后一级的目录名称，否则将抛出如图 13.27 所示的异常。

```
Traceback (most recent call last):
  File "C:\python\Python\demo.py", line 5, in <module>
    os.rename(src,dst)                    # 重命名目录
FileNotFoundError: [WinError 3] 系统找不到指定的路径。:
'C:\\demo\\test\\dir\\mr' -> 'C:\\demo\\test\\dir1\\mr'
>>>
```

图 13.27　重命名的不是最后一级目录时抛出的异常

13.3.3　获取文件基本信息

在计算机上创建文件后，该文件本身就会包含一些信息。例如，文件的最后一次访问时间、最后一次修改时间、文件大小等基本信息。通过 os 模块的 stat()函数可以获取到文件的这些基本信息。stat()函数的基本语法如下：

os.stat(path)

其中，path 为要获取文件基本信息的文件路径，可以是相对路径，也可以是绝对路径。

stat()函数的返回值是一个对象，该对象包含如表 13.5 所示的属性。通过访问这些属性可以获取文件的基本信息。

表 13.5　stat()函数返回的对象的常用属性及其说明

属　　性	说　　明	属　　性	说　　明
st_mode	保护模式	st_dev	设备名

226

属　　性	说　　明	属　　性	说　　明
st_ino	索引号	st_uid	用户 ID
st_nlink	硬链接号（被连接数目）	st_gid	组 ID
st_size	文件大小，单位为 Byte（字节）	st_atime	最后一次访问时间
st_mtime	最后一次修改时间	st_ctime	最后一次状态变化的时间。系统不同，返回结果也不同。例如，Windows 下返回的是文件创建时间

下面通过一个具体的例子演示如何使用 stat()函数获取文件的基本信息。

【例 13.6】获取文件基本信息。（实例位置：**资源包\TM\sl\13\06**）

在 IDLE 中创建一个名称为 fileinfo.py 的文件，首先在该文件中导入 os 模块，然后调用 os 模块的 stat()函数获取文件的基本信息，最后输出文件的基本信息，代码如下：

```
01  import os                                         # 导入 os 模块
02  fileinfo = os.stat("mr.png")                      # 获取文件的基本信息
03  print("文件完整路径：", os.path.abspath("mr.png"))    # 获取文件的完整数路径
04  # 输出文件的基本信息
05  print("索引号：",fileinfo.st_ino)
06  print("设备名：",fileinfo.st_dev)
07  print("文件大小：",fileinfo.st_size," Byte")
08  print("最后一次访问时间：",fileinfo.st_atime)
09  print("最后一次修改时间：",fileinfo.st_mtime)
10  print("最后一次状态变化时间：",fileinfo.st_ctime)
```

运行上述代码，将显示如图 13.28 所示的结果。

```
文件完整路径：D:\mr.png
索引号：  281474978296753
设备名：  34306
文件大小：  4777  Byte
最后一次访问时间：1617844776.4316947
最后一次修改时间：1521534434.1351748
最后一次状态变化时间：1611716035.2636936
>>>
```

图 13.28　获取并显示文件的基本信息

由于上述结果中的时间和字节数都是一长串的整数，与我们平时见到的有所不同，因此一般情况下，为了让显示更加直观，还需要对这样的数值进行格式化。这里主要编写两个函数：一个用于格式化时间；另一个用于格式化代表文件大小的字节数。修改后的代码如下：

```
01  import os                                         # 导入 os 模块
02  def formatTime(longtime):
03      '''格式化日期时间的函数
04          longtime：要格式化的时间
05      '''
06      import time                                   # 导入时间模块
07      return time.strftime('%Y-%m-%d %H:%M:%S',time.localtime(longtime))
08  def formatByte(number):
09      '''格式化文件大小的函数
```

```
10              number：要格式化的字节数
11      '''
12      for (scale,label) in [(1024*1024*1024,"GB"),(1024*1024,"MB"),(1024,"KB")]:
13          if number>= scale:                          # 如果文件大小大于等于 1 KB
14              return "%.2f %s" %(number*1.0/scale,label)
15          elif number == 1:                           # 如果文件大小为 1 Byte
16              return "1 Byte"
17          else:                                       # 处理小于 1 KB 的情况
18              byte = "%.2f" % (number or 0)
19      # 去掉结尾的.00，并且加上单位 "Byte"
20      return (byte[:-3] if byte.endswith('.00') else byte)+" Byte "
21  if __name__ == '__main__':
22      fileinfo = os.stat("mr.png")                    # 获取文件的基本信息
23      print("文件完整路径：", os.path.abspath("mr1.png"))  # 获取文件的完整路径
24      # 输出文件的基本信息
25      print("索引号：",fileinfo.st_ino)
26      print("设备名：",fileinfo.st_dev)
27      print("文件大小：",formatByte(fileinfo.st_size))
28      print("最后一次访问时间：",formatTime(fileinfo.st_atime))
29      print("最后一次修改时间：",formatTime(fileinfo.st_mtime))
30      print("最后一次状态变化时间：",formatTime(fileinfo.st_ctime))
```

执行上述代码，将显示如图 13.29 所示的结果。

```
文件完整路径： D:\mr.png
索引号： 5066549580813973
设备名： 3166320548
文件大小： 6.29 KB
最后一次访问时间： 2021-01-28 11:12:28
最后一次修改时间： 2017-09-30 16:55:24
最后一次状态变化时间： 2021-01-28 11:12:28
>>>
```

图 13.29　格式化后的文件基本信息

13.4　实践与练习

（答案位置：资源包\TM\sl\13\实践与练习\）

综合练习 1：保存注册信息到文件　在京东或淘宝等网店购物前，首先需要注册成为该平台的会员，然后才能进行商品购买。请编写一个注册程序，要求用户输入用户名、密码、密码确认、真实姓名、E-mail 地址、找回密码问题和答案进行注册，并将注册信息保存到文本文件 user.txt 中。

综合练习 2：按拍摄日期批量重命名照片　在生活中常常使用手机或者相机拍摄照片，通常情况下，这些照片是按照"前缀+编号"命名的。如笔者手机拍摄的照片的命名方式为"IMG_编号"（如 IMG_1001.JPG）。很多人喜欢旅游，也希望看到照片就能知道它被拍摄的日期，并且按拍摄日期进行排序。请编写一个程序，实现自动提取拍摄照片的日期，并且将照片按照"YYYY-mm-dd HH:MM:SS 格式的拍摄时间_照片原文件名"格式进行重命名。

第 14 章

操作数据库

程序运行时，数据都是在内存中的。当程序终止时，通常都需要将数据保存到磁盘上，前面我们学习了将数据写入文件中，并保存在磁盘上。为了便于程序保存和读取数据，并且能直接通过条件快速查询到指定的数据，就出现了数据库（Database）这种专门用于集中存储和查询的软件。本章将介绍数据库编程接口的知识，以及使用 SQLite 和 MySQL 存储数据的方法。

本章知识架构及重难点如下。

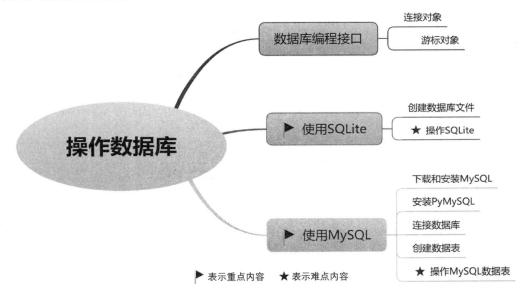

14.1　数据库编程接口

在项目开发中，数据库应用必不可少。虽然数据库的种类有很多，如 SQLite、MySQL、Oracle 等，但是它们的功能基本都是一样的，为了对数据库进行统一操作，大多数语言都提供了简单的、标准化的数据库接口（API）。在 Python Database API 2.0 规范中，定义了 Python 数据库 API 接口的各个部分，如模块接口、连接对象、游标对象、类型对象和构造器、DB API 的可选扩展以及可选的错误处理机制等。下面重点介绍数据库 API 接口中的连接对象和游标对象。

14.1.1 连接对象

数据库连接对象（connection object）主要提供获取数据库游标对象和提交/回滚事务的方法，以及关闭数据库连接。

1. 获取连接对象

获取连接对象需要使用 connect()函数。该函数有多个参数，具体使用哪个参数取决于数据库类型。例如，需要访问 Oracle 数据库和 MySQL 数据库，则必须同时下载 Oracle 和 MySQL 数据库模块。这些模块在获取连接对象时都需要使用 connect()函数。connect()函数常用的参数及其说明如表 14.1 所示。

表 14.1　connect()函数常用的参数及其说明

参　　数	说　　明	参　　数	说　　明
dsn	数据源名称，给出该参数表示数据库依赖	host	主机名
user	用户名	database	数据库名称
password	用户密码		

例如，使用 PyMySQL 模块连接 MySQL 数据库，示例代码如下：

```
01    conn = pymysql.connect(host='localhost',
02                           user='user',
03                           password='passwd',
04                           db='test',
05                           charset='utf8',
06                           cursorclass=pymysql.cursors.DictCursor)
```

说明

上述代码中，pymysql.connect()函数使用的参数与表 14.1 中并不完全相同。在使用时，要以具体的数据库模块为准。

2. 连接对象的方法

connect()函数返回连接对象。这个对象表示当前和数据库的会话。连接对象支持的方法及其说明如表 14.2 所示。

表 14.2　连接对象支持的方法及其说明

方　　法	说　　明	方　　法	说　　明
close()	关闭数据库连接	rollback()	回滚事务
commit()	提交事务	cursor()	获取游标对象，操作数据库，如执行 DML 操作，调用存储过程等

commit()方法用于提交事务，事务主要用于处理数据量大、复杂度高的数据。如果操作的是一系列的动作，比如张三给李四转账，有如下两个操作。

☑　张三账户金额减少。

☑　李四账户金额增加。

这时，使用事务可以维护数据库的完整性，保证两个操作全部执行或全部不执行。

14.1.2　游标对象

游标对象（cursor object）代表数据库中的游标，用于指示抓取数据操作的上下文。主要提供执行 SQL 语句、调用存储过程、获取查询结果等方法。

如何获取游标对象呢？通过使用连接对象的 cursor()方法，可以获取到游标对象。游标对象的属性如下所示。

☑　description：数据库列类型和值的描述信息。

☑　rowcount：返回结果的行数统计信息，如 SELECT、UPDATE、CALLPROC 等。

游标对象的方法/属性及其说明如表 14.3 所示。

表 14.3　游标对象的方法/属性及其说明

方法/属性	说　　明
callproc(procname,[, parameters])	调用存储过程，需要数据库支持
close()	关闭当前游标
execute(operation[, parameters])	执行数据库操作，SQL 语句或者数据库命令
executemany(operation, seq_of_params)	用于批量操作，如批量更新
fetchone()	获取结果集中的下一条记录
fetchmany()	获取结果集中指定数量的记录
fetchall()	获取结果集中的所有记录
nextset()	跳至下一个可用的结果集
arraysize	指定使用 fetchmany()方法获取的行数，默认为 1
setinputsizes(*args)	设置在调用 execute*()方法时分配的内存区域大小
setoutputsizes(*args)	设置列缓冲区大小，对大数据列如 LONGS 和 BLOBS 尤其有用

14.2　使用 SQLite

与许多其他数据库管理系统不同，SQLite 不是一个客户端/服务器结构的数据库引擎，而是一种嵌入式数据库，它的数据库就是一个文件。SQLite 将整个数据库，包括定义、表、索引以及数据本身，作为一个单独的、可跨平台使用的文件存储在主机中。由于 SQLite 本身是用 C 语言写的，而且体积很小，因此经常被集成到各种应用程序中。Python 就内置了 SQLite3，所以在 Python 中使用 SQLite 时，不需要安装任何模块，即可直接使用。

14.2.1　创建数据库文件

由于 Python 中已经内置了 SQLite3，因此可以直接使用 import 语句导入 SQLite3 模块。操作 Python

数据库通用的流程图如图 14.1 所示。

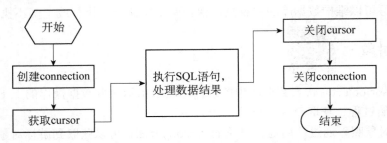

图 14.1　操作 Python 数据库通用的流程图

【例 14.1】 创建 SQLite 数据库文件。（**实例位置：资源包\TM\sl\14\01**）

创建一个名为 mrsoft.db 的数据库文件，然后执行 SQL 语句创建一个 user 表（即用户表），user 表包含 id 和 name 两个字段。具体代码如下：

```
01    import sqlite3
02    # 连接到 SQLite 数据库
03    # 数据库文件是 mrsoft.db，如果文件不存在，则会自动在当前目录中创建
04    conn = sqlite3.connect('mrsoft.db')
05    # 创建一个 cursor
06    cursor = conn.cursor()
07    # 执行一条 SQL 语句，创建 user 表
08    cursor.execute('create  table  user (id int(10)  primary key, name varchar(20))')
09    # 关闭游标
10    cursor.close()
11    # 关闭 connection
12    conn.close()
```

在上述代码中，使用了 sqlite3.connect() 方法连接 SQLite 数据库文件 mrsoft.db，由于 mrsoft.db 文件并不存在，因此会在本例 Python 代码同级目录下创建 mrsoft.db 文件，该文件包含了 user 表的相关信息。mrsoft.db 文件所在目录如图 14.2 所示。

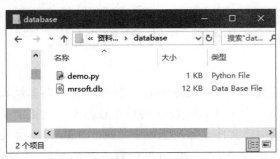

图 14.2　mrsoft.db 文件所在目录

说明

再次运行例 14.1 时，会提示错误信息 sqlite3.OperationalError:table user alread exists。这是因为 user 表已经存在。

14.2.2　操作 SQLite

1. 新增用户数据信息

为了向数据表中新增数据，可以使用下列 SQL 语句：

```
insert into  表名(字段名 1,字段名 2,...,字段名 n)   values (字段值 1,字段值 2,...,字段值 n)
```

在 user 表中有两个字段，字段名分别为 id 和 name。而字段值需要根据字段的数据类型来赋值，如 id 是一个长度为 10 的整型，name 是一个长度为 20 的字符串型数据。当向 user 表中插入 3 条用户信息记录时，可以使用以下 SQL 语句：

```
01    cursor.execute('insert into user (id, name) values ("1", "MRSOFT")')
02    cursor.execute('insert into user (id, name) values ("2", "Andy")')
03    cursor.execute('insert into user (id, name) values ("3", "明日科技小助手")')
```

下面通过一个例子介绍向 SQLite 数据库中插入数据的流程。

【例 14.2】新增用户数据信息。（实例位置：资源包\TM\sl\14\02）

由于在例 14.1 中已经创建了 user 表，因此本例可以直接操作 user 表，向 user 表中插入 3 条用户信息。此外，由于是新增数据，因此需要使用 commit()方法提交事务。因为对于增加、修改和删除操作，使用 commit()方法提交事务后，如果相应操作失败，则可以使用 rollback()方法回滚到操作之前的状态。新增用户数据信息的具体代码如下：

```
01    import sqlite3
02    # 连接到 SQLite 数据库
03    # 数据库文件是 mrsoft.db
04    # 如果文件不存在，则会自动在当前目录创建
05    conn = sqlite3.connect('mrsoft.db')
06    # 创建一个 cursor
07    cursor = conn.cursor()
08    # 执行 3 条 SQL 语句，插入 3 条记录
09    cursor.execute('insert into user (id, name) values ("1", "MRSOFT")')
10    cursor.execute('insert into user (id, name) values ("2", "Andy")')
11    cursor.execute('insert into user (id, name) values ("3", "明日科技小助手")')      向 user 表中插入数据
12    # 关闭游标
13    cursor.close()
14    # 提交事务
15    conn.commit()      提交实务
16    # 关闭 connection
17    conn.close()
```

运行上述代码，将会向 user 表中插入 3 条记录。为验证程序是否正常运行，可以再次运行，如果提示如下信息，说明插入成功（因为 user 表中已经保存了上一次插入的记录，所以再次插入时会报错）：

```
sqlite3.IntegrityError: UNIQUE constraint failed: user.id
```

2. 查看用户数据信息

查看 user 表中的数据可以使用下列 SQL 语句：

```
select    字段名 1,字段名 2,字段名 3,... from  表名    where  查询条件
```

查看用户信息的代码与插入数据信息大致相同，不同点在于使用的 SQL 语句不同。此外，查询数据时通常使用如下 3 种方法。

☑　fetchone()：获取结果集中的下一条记录。

☑　fetchmany()：获取结果集中指定数量的记录。

☑　fetchall()：获取结果集中的所有记录。

下面通过一个例子来学习这 3 种查询方法的区别。

【例 14.3】使用 3 种方法查询用户数据信息。（实例位置：资源包\TM\sl\14\03）

分别使用 fetchone()、fetchmany()和 fetchall()方法查询用户信息，具体代码如下：

```
01    import sqlite3
02    # 连接到 SQLite 数据库，数据库文件是 mrsoft.db
03    conn = sqlite3.connect('mrsoft.db')
04    # 创建一个 cursor
05    cursor = conn.cursor()
06    # 执行查询语句
07    cursor.execute('select * from user')
08    # 获取查询结果
09    result1 = cursor.fetchone()          获取查询结果的语句块
10    print(result1)
11    # 关闭游标
12    cursor.close()
13    # 关闭 connection
14    conn.close()
```

使用 fetchone()方法返回的 result1 为一个元组，运行结果如下：

```
(1,'MRSOFT')
```

（1）修改例 14.3 的代码，将获取查询结果的语句块代码修改如下：

```
01    result2 = cursor.fetchmany(2)              # 使用 fetchmany()方法查询两条数据
02    print(result2)
```

使用 fetchmany()方法传递一个参数，其值为 2，默认为 1。返回的 result2 为一个列表，列表中包含两个元组，运行结果如下：

```
[(1,'MRSOFT'),(2,'Andy')]
```

（2）修改例 14.3 的代码，将获取查询结果的语句块代码修改如下：

```
01    result3 = cursor.fetchall()                # 使用 fetchall()方法查询所有数据
02    print(result3)
```

使用 fetchall()方法返回的 result3 为一个列表，列表中包含所有 user 表中由数据组成的元组，运行结果如下：

```
[(1,'MRSOFT'),(2,'Andy'),(3,'明日科技')]
```

（3）修改例 14.3 的代码，将获取查询结果的语句块代码修改如下：

```
01    cursor.execute('select * from user where id > ?',(1,))
02    result3 = cursor.fetchall()
03    print(result3)
```

在 select 查询语句中使用问号作为占位符代替具体的数值，然后使用一个元组替换问号（注意，不要忽略元组中最后的逗号）。上述查询语句等价于下列语句：

```
cursor.execute('select * from user where id > 1')
```

运行结果如下：

```
[(2,'Andy'),(3,'明日科技')]
```

说明

使用占位符的方式可以避免 SQL 注入的风险，推荐使用这种方式。

3．修改用户数据信息

当修改 user 表中的数据时，可以使用下列 SQL 语句：

```
update   表名   set 字段名 = 字段值   where 查询条件
```

下面通过一个例子来学习如何修改表中数据。

【例 14.4】修改用户数据信息。（实例位置：资源包\TM\sl\14\04）

将 sqlite 数据库中 user 表 ID 为 1 的数据 name 字段值 mrsoft 修改为 mr，并使用 fetchall()方法获取表中的所有数据。具体代码如下：

```
01    import sqlite3
02    conn = sqlite3.connect('mrsoft.db')            # 连接到 SQLite 数据库，数据库文件是 mrsoft.db
03    cursor = conn.cursor()                         # 创建一个 cursor
04    cursor.execute('update user set name = ? where id = ?',('MR',1))
05    cursor.execute('select * from user')
06    result = cursor.fetchall()
07    print(result)
08    cursor.close()                                 # 关闭游标
09    conn.commit()                                  # 提交事务
10    conn.close()                                   # 关闭 connection
```

运行结果如下：

```
[(1, 'MR'), (2, 'Andy'), (3, '明日科技小助手')]
```

4．删除用户数据信息

当删除 user 表中的数据时，可以使用下列 SQL 语句：

```
delete   from 表名   where 查询条件
```

下面通过一个例子来学习如何删除表中的数据。

【例 14.5】删除用户数据信息。（实例位置：资源包\TM\sl\14\05）

将 sqlite 数据库中 user 表 ID 为 1 的数据删除，并使用 fetchall()方法获取表中的所有数据，以便查看删除后的结果。具体代码如下：

```
01  import sqlite3
02  conn = sqlite3.connect('mrsoft.db') 02        # 连接到 SQLite 数据库，数据库文件是 mrsoft.db
03  cursor = conn.cursor()04                      # 创建一个 cursor
04  cursor.execute('delete from user where id = ?',(1,))
05  cursor.execute('select * from user')
06  result = cursor.fetchall()
07  print(result)
08  cursor.close()10                              # 关闭游标
09  conn.commit()12                               # 提交事务
10  conn.close()14                                # 关闭 connection
```

执行上述代码，将删除 user 表中 ID 为 1 的数据。对应输出结果如下：

```
[(2, 'Andy'), (3, '明日科技小助手')]
```

14.3　使用 MySQL

14.3.1　下载和安装 MySQL

MySQL 是一款开源的数据库软件，由于其免费特性得到了全世界用户的喜爱，因此 MySQL 成为当前使用人数最多的数据库之一。下面将详细讲解如何下载和安装 MySQL 库。

1. 下载 MySQL

在浏览器的地址栏中输入地址"https://dev.mysql.com/downloads/windows/installer/8.0.html"，并按 Enter 键，进入 MySQL 8.0 的下载页面，选择离线安装包，如图 14.3 所示。

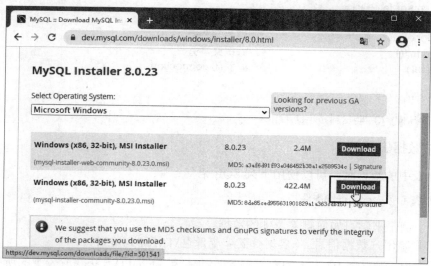

图 14.3　下载 MySQL

单击 Download 按钮，开始下载 MySQL 8.0。如果有 MySQL 账户，可以单击 Login 按钮，登录账户后下载；如果没有 MySQL 账户，可以单击下方的"No thanks, just start my download."超链接，跳过注册步骤，直接下载，如图 14.4 所示。

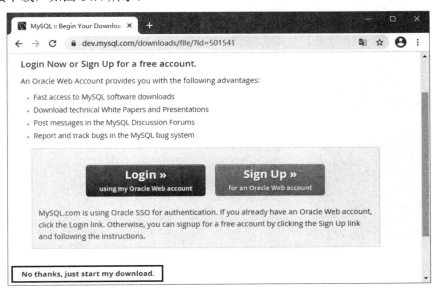

图 14.4　不注册下载

2．安装 MySQL

下载完成后，开始安装 MySQL。双击安装文件，在所示界面中选中 I accept the license terms 复选框，单击 Next 按钮，进入选择设置类型界面。在选择设置中有 5 种类型，具体说明如下。

- ☑　Developer Default：安装 MySQL 服务器以及开发 MySQL 应用所需的工具。工具包括开发和管理服务器的 GUI 工作台、访问操作数据的 Excel 插件、与 Visual Studio 集成开发的插件、通过 NET/Java/C/C++/OBDC 等访问数据的连接器、例子和教程、开发文档。
- ☑　Server only：仅安装 MySQL 服务器，适用于部署 MySQL 服务器。
- ☑　Client only：仅安装客户端，适用于基于已存在的 MySQL 服务器进行 MySQL 应用开发的情况。
- ☑　Full：安装 MySQL 所有可用组件。
- ☑　Custom：自定义需要安装的组件。

MySQL 会默认选择 Developer Default 类型，这里选择纯净的 Server only 类型，如图 14.5 所示。然后一直默认选择安装。

3．设置环境变量

安装完成以后，默认的安装路径是 C:\Program Files\MySQL\MySQL Server 8.0\bin。下面设置环境变量，以便可以在任意目录下使用 MySQL 命令。

右击"此电脑"→选择"属性"→选择"高级系统设置"→单击"环境变量"按钮→选择 Path→单击"编辑"按钮，将 C:\Program Files\MySQL\MySQL Server 8.0\bin 写在变量值中，如图 14.6 所示。

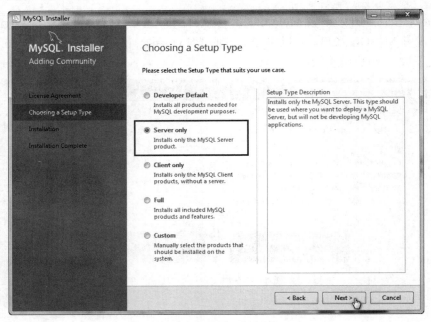

图 14.5　选择安装类型

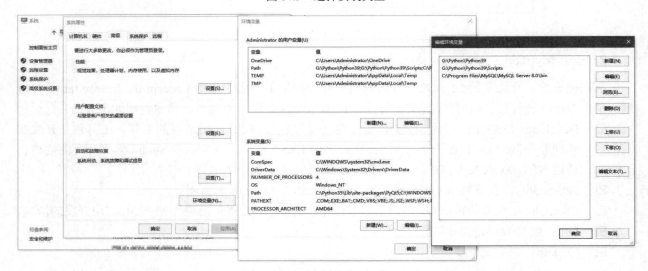

图 14.6　设置环境变量

4．启动 MySQL

在"命令提示符"窗口中输入命令 net start mysql80，以启动 MySQL 8.0。启动成功后，使用账户和密码进入 MySQL。输入命令 mysql-u root -p，会提示"Enter password:"，输入密码 root，即可进入 MySQL，如图 14.7 所示。

5．使用 Navicat for MySQL 管理软件

在命令提示符下操作 MySQL 数据库的方式对初学者并不友好，而且需要有专业的 SQL 语言知识，

所以各种 MySQL 图形化管理工具应运而生，其中 Navicat for MySQL 就是一个广受好评的桌面版 MySQL 数据库管理和开发工具。它使用图形化的用户界面，可以让用户更为轻松地使用和管理它。官方网址为 https://www.navicat.com.cn。

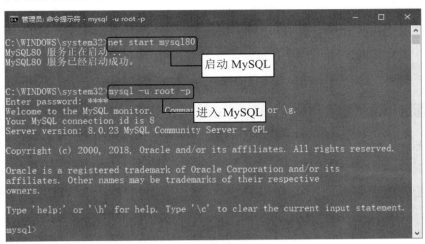

图 14.7　启动 MySQL

　　首先下载和安装 Navicat for MySQL。然后新建 MySQL 连接，如图 14.8 所示。

　　接下来，输入连接信息。输入连接名为 studyPython，输入主机名或 IP 地址为 localhost 或 127.0.0.1，输入用户名和密码均为 root，如图 14.9 所示。

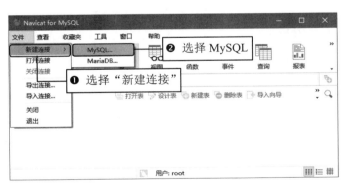

图 14.8　新建 MySQL 连接

图 14.9　输入连接信息

　　单击"确定"按钮，创建完成。此时，双击 localhost 图标，即可进入 localhost 数据库，如图 14.10 所示。

　　下面使用 Navicat for MySQL 创建一个名为 mrsoft 的数据库，步骤为，右击 studyPython 图标，在弹出的快捷菜单中选择"新建数据库"菜单项，然后填写数据库信息，如图 14.11 所示。

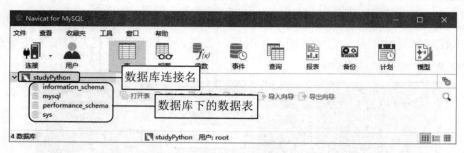

图 14.10　Navicat for MySQL 主页

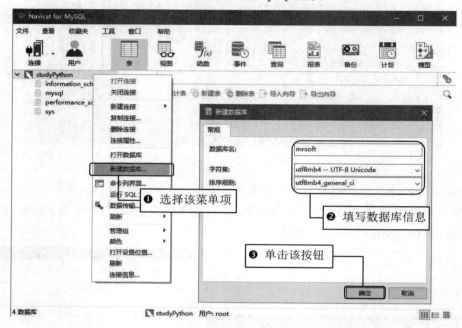

图 14.11　创建数据库

说明
关于 Navicat for MySQL 的更多操作请查阅相关资料。

14.3.2　安装 PyMySQL

由于 MySQL 服务器以独立的进程运行，并通过网络对外服务，因此需要支持 Python 的 MySQL 驱动来连接到 MySQL 服务器。在 Python 中支持 MySQL 的数据库模块有很多，我们选择使用 PyMySQL。

PyMySQL 的安装比较简单，在"命令提示符"窗口中输入如下命令：

```
pip install PyMySQL
```

运行结果如图 14.12 所示。

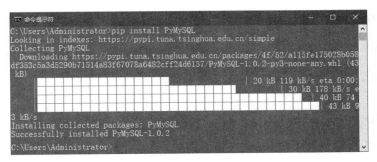

图 14.12　安装 PyMySQL

14.3.3　连接数据库

接下来使用 PyMySQL 连接数据库。由于 PyMySQL 遵循 Python Database API 2.0 规范，因此操作 MySQL 数据库的方式与 SQLite 相似。我们可以通过类比的方式来学习。

【例 14.6】使用 PyMySQL 连接数据库。（实例位置：资源包\TM\sl\14\06）

前面已经创建了一个 MySQL 数据库 mrsoft，并且在安装数据库时设置了数据库的用户名和密码均为 root。下面就通过以上信息，使用 connect()方法连接 MySQL 数据库。具体代码如下：

```
01    import pymysql
02
03    # 打开数据库进行连接，host：主机名或 IP；user：用户名；password：密码；database：数据库名称
04    db = pymysql.connect(host="localhost", user="root", password="root", database="mrsoft")
05    # 使用 cursor()方法创建一个游标对象 cursor
06    cursor = db.cursor()
07    # 使用 execute()方法执行 SQL 查询
08    cursor.execute("SELECT VERSION()")
09    # 使用 fetchone()方法获取单条数据
10    data = cursor.fetchone()
11    print ("Database version : %s " % data)
12    # 关闭数据库连接
13    db.close()
```

上述代码中，首先使用 connect()方法连接数据库，然后使用 cursor()方法创建游标对象 cursor，接着使用 excute()方法执行 SQL 语句以查看 MySQL 数据库版本，再使用 fetchone()方法获取单条数据，最后使用 close()方法关闭数据库连接。运行结果如下：

Database version : 8.0.23

14.3.4　创建数据表

数据库连接成功后，我们就可以为数据库创建数据表了。下面通过一个例子使用 execute()方法来为数据库创建表 books。

【例 14.7】创建 books 表。（实例位置：资源包\TM\sl\14\07）

books 表包含 id（主键）、name（图书名称）、category（图书分类）、price（图书价格）和 publish_time（出版时间）5 个字段。创建 books 表的 SQL 语句如下：

```
CREATE TABLE books (
  id int(8) NOT NULL AUTO_INCREMENT,
  name varchar(50) NOT NULL,
  category varchar(50) NOT NULL,
  price decimal(10,2) DEFAULT NULL,
  publish_time date DEFAULT NULL,
  PRIMARY KEY (id)
) ENGINE=MyISAM AUTO_INCREMENT=1 DEFAULT CHARSET=utf8;
```

在创建表前，使用如下语句：

```
DROP TABLE IF EXISTS `books`;
```

如果 mrsoft 数据库中已经存在 books 表，那么先删除该表，然后再创建 books 表。具体代码如下：

```
01    import pymysql
02
03    # 打开数据库连接
04    db = pymysql.connect(host="localhost", user="root", password="root", database="mrsoft")
05    # 使用 cursor() 方法创建一个游标对象 cursor
06    cursor = db.cursor()
07    # 使用 execute() 方法执行 SQL 查询，如果 books 表已存在，则删除该表
08    cursor.execute("DROP TABLE IF EXISTS books")
09    # 使用预处理语句创建表
10    sql = """
11    CREATE TABLE books (
12      id int(8) NOT NULL AUTO_INCREMENT,
13      name varchar(50) NOT NULL,
14      category varchar(50) NOT NULL,
15      price decimal(10,2) DEFAULT NULL,
16      publish_time date DEFAULT NULL,
17      PRIMARY KEY (id)
18    ) ENGINE=MyISAM AUTO_INCREMENT=1 DEFAULT CHARSET=utf8;
19    """
20    # 执行 SQL 语句
21    cursor.execute(sql)
22    # 关闭数据库连接
23    db.close()
```

运行上述代码后，mrsoft 数据库中就已经创建了一个 books 表。打开 Navicat for MySQL（如果已经打开按 F5 键刷新），即可发现 mrsoft 数据库中多了一个 books 表，右击 books，选择设计表，效果如图 14.13 所示。

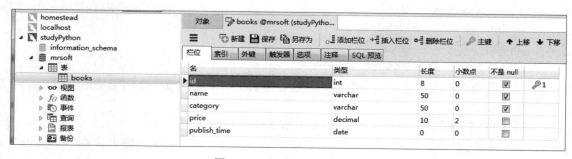

图 14.13　创建 books 表效果

14.3.5　操作 MySQL 数据表

MySQL 数据表的操作主要包括数据的新增、删除、修改和查找，与操作 SQLite 类似，这里通过一个例子讲解如何向 books 表中新增数据，至于修改、查找和删除数据则不再赘述。

【例 14.8】向 books 表中添加图书数据。（实例位置：资源包\TM\sl\14\08）

在向 books 表中添加图书数据时，可以使用 excute()方法添加一条记录，也可以使用 executemany() 方法批量添加多条记录。executemany()方法的语法格式如下：

```
executemany(operation, seq_of_params)
```

参数说明如下。

☑　operation：操作的 SQL 语句。

☑　seq_of_params：参数序列。

executemany()方法批量添加多条记录的具体代码如下：

```
01  import pymysql
02
03  # 打开数据库连接
04  db = pymysql.connect(host="localhost", user="root", password="root", database="mrsoft",charset="utf8")
05  # 使用 cursor()方法获取操作游标对象
06  cursor = db.cursor()
07  # 数据列表
08  data = [("零基础学 Python",'Python','79.80','2018-5-20'),
09          ("Python 从入门到精通",'Python','79.80','2018-10-1'),
10          ("Python 数据分析从入门到实践",'Python','98.00','2020-6-1'),
11          ("Java 从入门到精通（第 5 版）",'Java','69.80','2019-2-1'),
12          ("零基础学 Java",'Java','69.80','2017-5-21'),
13          ]
14  try:
15      # 执行 SQL 语句，插入多条数据
16      cursor.executemany("insert into books(name, category, price, publish_time) values (%s,%s,%s,%s)", data)
17      # 提交数据
18      db.commit()
19  except:
20      # 发生错误时回滚
21      db.rollback()
22
23  # 关闭数据库连接
24  db.close()
```

误区警示

在上述代码中，要特别注意以下两点：

☑　使用 connect()方法连接数据库时，额外设置字符集 charset=utf-8，可以防止插入中文时出错。

☑　在使用 insert 语句插入数据时，使用%s 作为占位符，可以防止 SQL 注入。

运行上述代码，在 Navicat 中查看 books 表数据，如图 14.14 所示。

id ▲	name	category	price	publish_time
1	零基础学Python	Python	79.80	2018-05-20
2	Python从入门到精通	Python	79.80	2018-10-01
3	Python数据分析从入门到实践	Python	98.00	2020-06-01
4	Java从入门到精通（第5版）	Java	69.80	2019-02-01
5	零基础学Java	Java	69.80	2017-05-18

图 14.14　books 表数据

14.4　实践与练习

（答案位置：资源包\TM\sl\14\实践与练习\）

综合练习 1：修改 books 表中的图书数据　本练习要求在例 14.8 的基础上，实现修改图书数据。例如，将 ID 为 1 的图书的出版时间修改为 2020-8-20。（提示：修改数据使用 UPDATE 语句实现，其语法格式为"UPDATE 表名 SET 字段 1=新值 1，字段 2=新值 2，…… [WHERE 条件]"。如果不指定 WHERE 条件，则修改全部数据）

综合练习 2：按类别查询图书信息　本练习要求在例 14.8 的基础上，实现按类别查询图书数据。例如，查询类别为 Python 的图书信息并输出。（提示：查询数据使用 SELECT 语句实现，其语法格式为"SELECT * FROM 表名 [WHERE 条件]"）

第 **3** 篇

高级应用

本篇介绍 GUI 界面编程、Pygame 游戏编程、网络爬虫开发、使用进程和线程、网络编程、Web 编程、Flask 框架等内容。学习完本篇内容，读者将能够开发 GUI 界面程序、简单的游戏、网络爬虫、网络及 Web 程序等。

高级应用

GUI界面编程
掌握开发窗体程序的基础，包括创建窗口、添加控件、处理事件等

Pygame游戏编程
学习应用Python开发游戏，让学习更有趣

网络爬虫开发
掌握网络爬虫开发技能，随机获取所需数据

使用进程和线程
掌握Python中多进程和多线程编程技术

网络编程
掌握Python中让两台计算机通信的方法

Web编程
熟悉Web开发必备基础知识，体验网站开发基本流程

Flask框架
掌握流行Web开发框架Flask的使用，让Web应用程序开发更简单、高效

第 15 章

GUI 界面编程

截至目前，我们的所有输入和输出都只是 IDLE 中的简单文本。不过，现代计算机和程序会使用大量的图形。如果我们的程序中也有一些图形就太好了。在本章中，我们将开始建立一些简单的 GUI。这说明从现在开始，我们的程序看上去就会像你平常熟悉的那些程序一样，也会有窗口、按钮之类的图形。

本章知识架构及重难点如下。

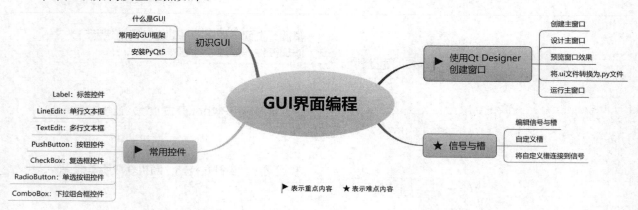

15.1　初识 GUI

15.1.1　什么是 GUI

GUI 是 graphical user interface（图形用户界面）的缩写。在 GUI 中，并不只是输入文本和返回文本，用户可以看到窗口、按钮、文本框等图形，而且可以用鼠标单击，还可以通过键盘输入。GUI 是与程序交互的一种不同的方式。GUI 的程序有 3 个基本要素，即输入、处理和输出，如图 15.1 所示。但图 15.1 中的输入和输出更丰富、更有趣一些。

图 15.1　GUI 的 3 个基本要素

15.1.2　常用的 GUI 框架

对于 Python 的 GUI 开发，有很多工具包可以选择。其中一些流行的工具包及其描述如表 15.1 所示。

表 15.1　流行的 GUI 工具包及其描述

工　具　包	描　述
wxPython	wxPython 是 Python 语言的一套优秀的 GUI 图形库，允许 Python 程序员很方便地创建完整的、功能键全的 GUI 用户界面
Kivy	Kivy 是一个开源工具包，能够让使用相同源代码创建的程序跨平台运行。它主要关注创新型用户界面开发，如多点触摸应用程序
Flexx	Flexx 是一个纯 Python 工具包，用来创建图形化界面应用程序。它使用 Web 技术进行界面的渲染
PyQt5	PyQt 是 Qt 库的 Python 版本，支持跨平台
Tkinter	Tkinter（也叫 Tk 接口）是 Tk 图形用户界面工具包标准的 Python 接口。Tk 是一个轻量级的跨平台图形用户界面（GUI）开发工具
Pywin32	Windows Pywin32 允许用户像 VC 一样的形式来使用 Python 开发 win32 应用
PyGTK	PyGTK 让用户用 Python 轻松创建具有图形用户界面的程序
pyui4win	pyui4win 是一个开源的采用自绘技术的界面库

每个工具包都有其优缺点，所以工具包的选择取决于用户的应用场景。本章将详细介绍 PyQt5 的使用方法。

15.1.3　安装 PyQt5

在使用 PyQt5 时，推荐使用第三方开发工具 PyCharm。PyCharm 可以在它的官方下载页面 https://www.jetbrains.com/pycharm/download/ 中下载。这里下载免费社区版。下载完成后，双击得到的 PyCharm 安装包并根据向导进行安装。安装完成后，在"开始"菜单中选择 JetBrains→PyCharm Community Edition 2020.3.2，即可启动 PyCharm 程序。然后就可以搭建使用 PyQt5 的开发环境了，具体步骤如下。

（1）第一次启动 PyCharm，将首先进入阅读协议页，选中 I confirm that I have read and accept the terms of this User Agreement 复选框，单击 Continue 按钮，进入 PyCharm 欢迎页，单击 Create New Project 按钮，创建一个 Python 项目 demopyqt5。

（2）在第一次创建 Python 项目时，需要设置项目的存储位置以及 Python 解释器，这里需要注意的是，设置 Python 解释器应该是 python.exe 文件的地址，如图 15.2 所示。设置完成后，单击 Create 按钮，即可进入 PyCharm 开发工具的主窗口。

（3）项目创建完成后，就可以安装 PyQt5 模块了。具体方法如下。

在 PyCharm 开发工具的主窗口中，依次选择 File→Settings 菜单项，打开 Settings 对话框，在该对话框中，展开 Project: demopyqt5 节点（其中，demopyqt5 为当前项目名称），选择 Project Interpreter 选项，然后单击对话框右侧底部的+按钮，并按照如图 15.3 所示的步骤进行操作。

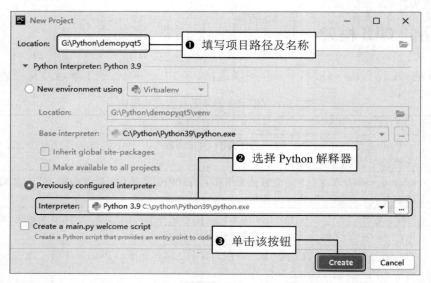

图 15.2　创建项目并设置 Python 解释器

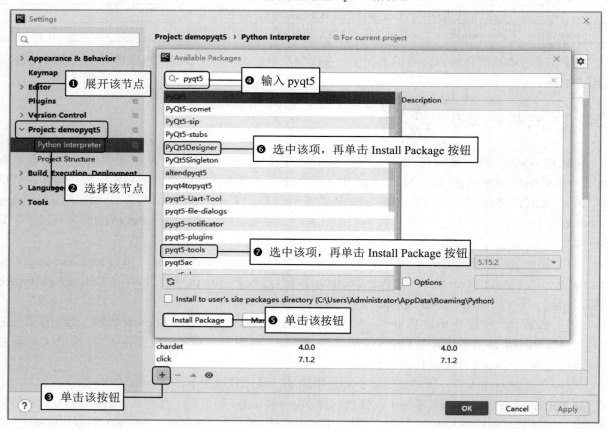

图 15.3　Settings 对话框

在安装 PyQt5 模块前，可以先查看在当前 Python 中是否已经安装了该模块，如果已经安装，则不需要再重复安装。判断是否已经安装的方法如下：在单击+按钮前，如果 Settings 对话框的列表中已经存在该模块名称，则说明已经安装，或者在 Available Packages 对话框中输入模块名称后，一旦在结果列表中显示为蓝色文字，就表示已经安装。

（4）PyQt5 模块包安装完成后，还需要配置 PyQt5 的设计器，通过它可以实现可视化界面设计。在 PyCharm 开发工具的主窗口中，依次选择 File→Settings 菜单项，打开 Settings 对话框，在该对话框中依次选择 Tools→External Tools 选项，然后在右侧单击+按钮，弹出 Create Tool 对话框，该对话框中，首先在 Name 文本框中输入工具名称为 Qt Designer，然后单击 Program 右侧的文件夹图标，选择安装 pyqt5designer 模块时自动安装的 designer.exe 文件，该文件位于 Python 安装目录下的 Lib\site-packages\QtDesigner\文件夹中，最后在 Working directory 文本框中输入$ProjectFileDir$，表示项目文件目录，单击 OK 按钮，如图 15.4 所示。

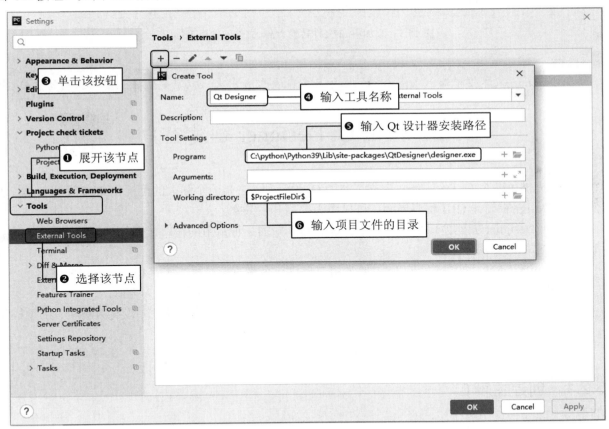

图 15.4　配置 Qt 设计器

（5）配置将.ui 文件转换为.py 文件的转换工具。单击图 15.4 右侧的+按钮，弹出 Create Tool 对话框，首先在该对话框的 Name 文本框中输入工具名称为 PyUIC，其次单击 Program 右侧的文件夹图标，选择 Python 解释器对应的 python.exe 文件，该文件位于当前 Python 安装目录的 Scripts 文件夹中，然后在 Arguments 文本框中输入将.ui 文件转换为.py 文件的命令"-m PyQt5.uic.pyuic $FileName$ -o $FileNameWithoutExtension$.py"，接着在 Working directory 文本框中输入$FileDir$，它表示 UI 文件所在的目录，最后单击 OK 按钮，如图 15.5 所示。

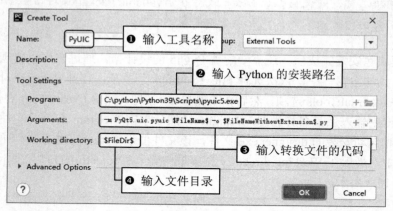

图 15.5　添加将.ui 文件转换为.py 文件的转换工具

注意

在 Program 文本框中输入或者选择的路径一定不要含有中文，以避免路径无法被识别的问题。

15.2　使用 Qt Designer 创建窗口

PyQt5 提供了一个 Qt Designer，中文名称为 Qt 设计师，它是一个强大的可视化 GUI 设计工具，通过使用 Qt Designer 设计 GUI 程序界面，可以大大提高开发效率。

使用 Qt Designer 创建窗口之前，先来了解 PyQt5 中的 3 种常用的窗口，即 MainWindow、Widget 和 Dialog，它们的说明如下。

☑　MainWindow：即主窗口，它主要为用户提供一个带有菜单栏、工具栏和状态栏的窗口。

☑　Widget：通用窗口，在 PyQt5 中，没有嵌入其他控件中的控件都称为窗口。

☑　Dialog：对话框窗口，主要用来执行短期任务，或者与用户进行交互，没有菜单栏、工具栏和状态栏。

这里主要对 MainWindow 主窗口进行介绍。

15.2.1　创建主窗口

通过 Qt Designer 设计器，创建主窗口的方法非常简单，具体步骤如下。

（1）在 PyCharm 的菜单栏中依次选择 Tools→External Tools→Qt Designer 菜单项，如图 15.6 所示。

（2）打开 Qt Designer 设计器，并显示"新建窗体"对话框。在该对话框中选择 Main Window 选项，然后单击"创建"按钮即可，如图 15.7 所示。

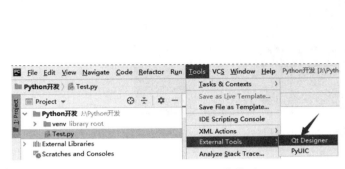

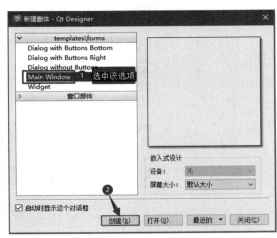

图 15.6　选择 Qt Designer 菜单项　　　　　　图 15.7　创建主窗口

15.2.2　设计主窗口

创建完主窗口后，主窗口中默认只有一个菜单栏和一个状态栏。此时，Qt Designer 设计器如图 15.8 所示。

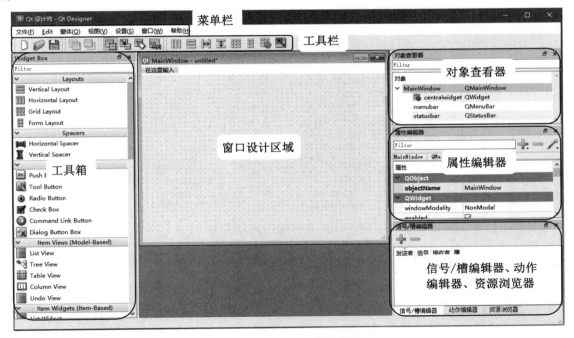

图 15.8　Qt Designer 设计器窗口

我们要设计主窗口，只需要根据自己的需求，在左侧的 Widget Box 工具箱中选中相应的控件，然后按住鼠标左键，将其拖曳到主窗口中的指定位置即可，具体操作方式如图 15.9 所示。

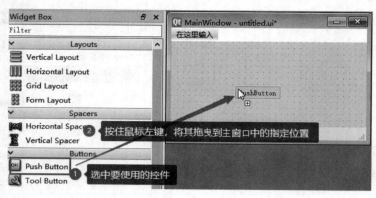

图 15.9　设计主窗口

15.2.3　预览窗口效果

　　Qt Designer 设计器提供了预览窗口效果的功能，可以预览设计的窗口在实际运行时的效果，以便根据该效果进行调整设计。具体使用方式为，在 Qt Designer 设计器的菜单栏中选择"窗体"→"预览于"，然后选择相应的风格菜单项即可，这里提供了 3 种风格的预览方式，分别为 windowsvista 风格、Windows 风格和 Fusion 风格，如图 15.10 所示。读者可根据需要选择即可。

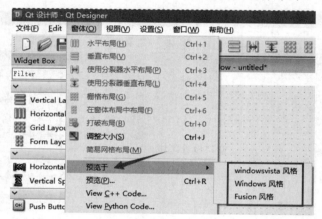

图 15.10　选择预览窗口的菜单

15.2.4　将.ui 文件转换为.py 文件

　　在 15.1.3 节中，我们配置了将.ui 文件转换为.py 文件的转换工具 PyUIC，在 Qt Designer 设计器中就可以使用该工具将.ui 文件转换为对应的.py 文件，步骤如下。

　　（1）在 Qt Designer 设计器中设计完成的 UI 窗口中，按 Ctrl+S 快捷键将窗口 UI 保存到指定路径下，这里直接保存到创建的 Python 项目中。

　　（2）在 PyCharm 的项目导航窗口中选择保存的.ui 文件，然后选择菜单栏中的 Tools→External Tools→PyUIC 菜单项，如图 15.11 所示。

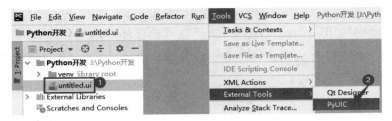

图 15.11　在 PyCharm 的项目导航窗口中选择.ui 文件，并选择 PyUIC 菜单项

（3）即可自动将选中的.ui 文件转换为同名的.py 文件，双击即可查看代码，如图 15.12 所示。

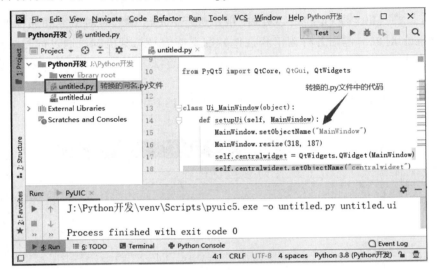

图 15.12　转换完成的.py 文件及代码

误区警示

每选择一次 PyUIC 菜单项就会实现一次将.ui 文件转换为.py 文件，这就会重新生成一次 Python 代码，从而会导致对.py 文件的更改丢失。所以，当需要重新执行转换操作时，需要做好代码备份。

15.2.5　运行主窗口

通过前述步骤，已经将 Qt Designer 设计器中设计的窗口转换为.py 脚本文件，但还不能运行，因为在转换后的文件代码中没有程序入口，因此需要通过判断名称是否为__main__来设置程序入口，并在其中添加以下代码，实现通过 MainWindow 对象的 show()函数来显示窗口：

```
01  import sys
02  # 程序入口，程序从此处启动 PyQt 设计的窗口
03  if __name__ == '__main__':
04      app = QtWidgets.QApplication(sys.argv)
05      MainWindow = QtWidgets.QMainWindow()      # 创建窗口
06      ui = Ui_MainWindow()                      # 创建 PyQt 设计的窗口
07      ui.setupUi(MainWindow)                    # 初始化设置
```

| 08 | MainWindow.show() | # 显示窗口 |
| 09 | sys.exit(app.exec_()) | # 程序关闭时退出进程 |

添加以上代码后，在当前的.py 文件中右击，在弹出的快捷菜单中选择 ，即可运行。这里的 untitled 为生成的.py 文件的名称。

15.3 信号与槽

信号（signal）与槽（slot）是 Qt 的核心机制，也是进行 PyQt5 编程时对象之间通信的基础。在 PyQt5 中，每一个 QObject 对象（包括各种窗口和控件）都支持信号与槽机制，通过信号与槽的关联，就可以实现对象之间的通信，当信号发射时，连接的槽函数（方法）将会自动执行。在 PyQt5 中，信号与槽是通过对象的 signal.connect()方法进行连接的。

PyQt5 的窗口控件中有很多内置的信号，例如，图 15.13 为 MainWindow 主窗口中的部分内置信号与槽。

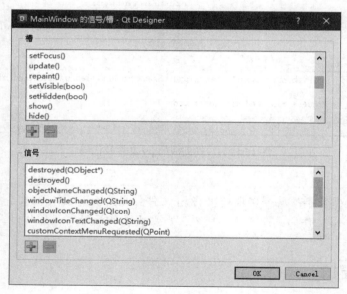

图 15.13　MainWindow 主窗口中的部分内置信号与槽

PyQt5 中使用信号与槽的主要特点如下。

☑　一个信号可以连接多个槽。

☑　一个槽可以监听多个信号。

☑　信号与信号之间可以互连。

☑　信号与槽的连接可以跨线程。

☑　信号与槽的连接方式即可以是同步，也可以是异步。

☑　信号的参数可以是任何 Python 类型。

☑　信号与槽的连接工作示意图如图 15.14 所示。

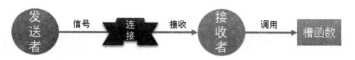

图 15.14　信号与槽的连接工作示意图

15.3.1　编辑信号与槽

通过信号与槽实现一个单击按钮关闭主窗口的运行效果，具体操作步骤如下。

（1）打开 Qt Designer 设计器，从左侧的工具箱中向窗口中添加一个 PushButton 按钮，并设置按钮的 text 属性为"关闭"，然后选中添加的"关闭"按钮，在菜单栏中选择"编辑信号/槽"菜单项，再按住鼠标左键拖曳至窗口中的空白区域，如图 15.15 所示。

说明

　　PushButton 是 PyQt5 中提供的一个控件，它是一个命令按钮控件，在单击执行一些操作时使用，将在 15.4.4 节中详细讲解该控件的使用方法，这里直接使用即可。

（2）拖曳至窗口中的空白区域后松开鼠标，将自动弹出"配置连接"对话框，首先选中"显示从 QWidget 继承的信号和槽"复选框，然后依次在上方的信号与槽列表中选中 clicked()和 close()，如图 15.16 所示。

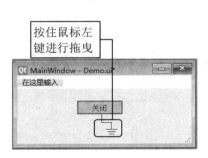

图 15.15　编辑信号/槽

图 15.16　设置信息与槽

说明

　　在图 15.16 中，选中的 clicked()为按钮的信号，而选中的 close()为槽函数（方法），工作逻辑是，单击按钮时发射 clicked 信号，该信号被主窗口的槽函数（方法）close()所捕获，并触发了关闭主窗口的行为。

（3）单击 OK 按钮，即可完成信号与槽的关联，效果如图 15.17 所示。

保存.ui 文件，并使用 PyCharm 中配置的 PyUIC 工具将其转换为.py 文件，转换后实现单击按钮即可关闭窗口的关键代码如下：

```
self.pushButton.clicked.connect(MainWindow.close)
```

为转换后的 Python 代码添加程序入口，然后运行程序，效果如图 15.18 所示，单击"关闭"按钮，即可关闭当前窗口。

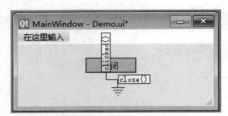

图 15.17　设置完成的信号与槽的关联效果

图 15.18　关闭窗口的运行效果

15.3.2　自定义槽

前述内容介绍了如何将控件的信号与 PyQt5 内置的槽函数相关联。除此之外，用户还可以自定义槽，自定义槽本质上就是自定义一个函数，该函数实现相应的功能。

【例 15.1】信号与自定义槽的绑定。（**实例位置：资源包\TM\sl\15\01**）

自定义一个槽函数，实现单击按钮时，弹出一个"欢迎进入 PyQt5 编程世界"的信息提示框。代码如下：

```
01   def showMessage(self):
02       from PyQt5.QtWidgets import QMessageBox          # 导入 QMessageBox 类
03       # 使用 information()方法弹出信息提示框
04       QMessageBox.information(MainWindow,"提示框","欢迎进入 PyQt5 编程世界",QMessageBox.
                       Yes | QMessageBox.No,QMessageBox.Yes)
```

说明

在上述代码中使用了 QMessageBox 类，该类是 PyQt5 中提供的一个对话框类，用于弹出一个提示对话框。

15.3.3　将自定义槽连接到信号

自定义槽函数之后，即可与信号进行关联，比如，这里与 PushButton 按钮的 clicked 信号关联，即在单击 PushButton 按钮时，弹出信息提示框，将自定义槽连接到信号的代码如下：

```
self.pushButton.clicked.connect(self.showMessage)
```

运行上述代码，单击窗口中的 PushButton 按钮，即可弹出信息提示框，效果如图 15.19 所示。

图 15.19　将自定义槽连接到信号

15.4　常　用　控　件

控件是用户可以用来输入或操作数据的对象，也就相当于汽车中的方向盘、油门、刹车、离合器等，它们都是用来对汽车进行操作的控件。在 PyQt5 中，控件的基类是 QFrame 类，而 QFrame 类继承自 QWidget 类，QWidget 类是所有用户界面对象的基类。下面将对 PyQt5 中的常用控件进行介绍。

15.4.1　Label：标签控件　

Label 控件，又称为标签控件，它主要用于显示用户不能编辑的文本，标识窗口上的对象（例如，给文本框、列表框添加描述信息等），它对应 PyQt5 中的 QLabel 类，Label 控件本质上是 QLabel 类的一个对象。在使用 Label 控件时，最常用的有以下几种设置。

1．设置标签文本

可以通过两种方法设置 Label（标签）控件显示的文本：第一种是直接在 Qt Designer 设计器的属性编辑器中设置 text 属性；第二种是通过 Python 代码设置。在 Qt Designer 设计器的属性编辑器中设置 text 属性的效果如图 15.20 所示。

> **text**		用户名：

图 15.20　设置 text 属性

上述第二种方法需要用到 QLabel 类的 setText()方法。

【例 15.2】Label 标签控件的使用。（**实例位置：资源包\TM\sl\15\02**）

将 PyQt5 窗口中的 Label 控件的文本设置为"用户名："，代码如下：

```
01    self.label = QtWidgets.QLabel(self.centralwidget)
02    self.label.setGeometry(QtCore.QRect(30, 30, 81, 41))
03    self.label.setText("用户名：")
```

说明

将.ui 文件转换为.py 文件时，Label 控件所对应的类为 QLabel，即在控件前面加了一个"Q"，表示它是 Qt 的控件，其他控件也是如此。

2．设置标签文本的对齐方式

PyQt5 中支持设置标签中文本的对齐方式，主要用到 alignment 属性，在 Qt Designer 设计器的属性编辑器中展开 alignment 属性，可以看到两个值，分别为 Horizontal 和 Vertical。其中，Horizontal 用来设置标签文本的水平对齐方式，取值有 4 个，具体的值及其说明如表 15.2 所示。

表 15.2　Horizontal 取值及其说明

值	说　　明	值	说　　明
AlignLeft	水平左对齐	AlignRight	水平右对齐
AlignHCenter	水平居中对齐	AlignJustify	两端对齐

Vertical 用来设置标签文本的垂直对齐方式，取值有 3 个，具体的值及其说明如表 15.3 所示。

表 15.3　Vertical 取值及其说明

值	说　　明	值	说　　明
AlignTop	顶部对齐	AlignBottom	底部对齐
AlignVCenter	垂直居中对齐		

使用代码设置 Label 标签文本的对齐方式，需要用到 QLabel 类的 setAlignment()方法，例如，将标签文本的对齐方式设置为水平左对齐、垂直居中对齐，代码如下：

```
self.label.setAlignment(QtCore.Qt.AlignLeft|QtCore.Qt.AlignVCenter)
```

3．设置文本换行显示

假设将标签文本的 text 属性设置为"每天编程 1 小时，从菜鸟到大牛"，在标签宽度不足的情况下，系统会默认只显示部分文字，如图 15.21 所示。遇到这种情况，可以设置标签中的文本换行显示，只需要在 Qt Designer 设计器的属性编辑器中，将 wordWrap 属性后面的复选框选中即可，如图 15.22 所示。换行显示后的效果如图 15.23 所示。

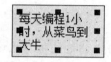

图 15.21　默认显示长文本一部分　　　　图 15.22　设置 wordWrap 属性　　　　图 15.23　换行显示文本

使用代码设置 Label 标签文本换行显示，需要用到 QLabel 类的 setWordWrap()方法，代码如下：

```
self.label.setWordWrap(True)
```

4．为标签设置图片

为 Label 标签设置图片时，需要使用 QLabel 类的 setPixmap()方法，该方法中需要有一个 QPixmap 对象，表示图标对象，代码如下：

```
01    from PyQt5.QtGui import QPixmap              # 导入 QPixmap 类
02    self.label.setPixmap(QPixmap('test.png'))    # 为 label 设置图片
```

效果如图 15.24 所示。

5．获取标签文本

获取 Label 标签中的文本需要使用 QLabel 类的 text()方法，例如，下列代码实现在控制台中打印 Label 中的文本：

图 15.24　在 Label 标签中显示图片

```
print(self.label.text())
```

15.4.2　LineEdit：单行文本框控件

LineEdit 是单行文本框控件，该控件只允许输入单行字符串。LineEdit 控件对应 PyQt5 中的 QLineEdit 类，该类的常用方法及其说明如表 15.4 所示。

表 15.4　QLineEdit 类的常用方法及其说明

方　　法	说　　明
setText()	设置文本框内容
text()	获取文本框内容
setPlaceholderText()	设置文本框浮显文字
setMaxLength()	设置允许文本框内输入字符的最大长度
setAlignment()	设置文本对齐方式
setReadOnly()	设置文本框只读
setFocus()	使文本框得到焦点
setEchoMode()	设置文本框显示字符的模式。有以下 4 种模式。 ☑　QLineEdit.Normal：正常显示输入的字符，这是默认设置 ☑　QLineEdit.NoEcho：不显示任何输入的字符（不是不输入，只是不显示） ☑　QLineEdit.Password：显示与平台相关的密码掩码字符，而不是实际输入的字符 ☑　QLineEdit.PasswordEchoOnEdit：在编辑时显示字符，失去焦点后显示密码掩码字符
setValidator()	设置文本框验证器，有以下 3 种模式。 ☑　QIntValidator：限制输入整数 ☑　QDoubleValidator：限制输入小数 ☑　QRegExpValidator：检查输入是否符合设置的正则表达式
setInputMask()	设置掩码，掩码通常由掩码字符和分隔符组成，后面可以跟一个分号和空白字符，空白字符在编辑完成后会从文本框中删除，常用的掩码有以下几种形式。 ☑　日期掩码：0000-00-00 ☑　时间掩码：00:00:00 ☑　序列号掩码：>AAAAA-AAAAA-AAAAA-AAAAA-AAAAA;#
clear()	清除文本框内容

QLineEdit 类的常用信号及其说明如表 15.5 所示。

表 15.5　QLineEdit 类的常用信号及其说明

信　　号	说　　明
textChanged	当更改文本框中的内容时发射该信号
editingFinished	当文本框中的内容编辑结束时发射该信号，以按 Enter 键为编辑结束标志

说明

对于 LineEdit 单行文本框控件的属性也可以像 Label 标签控件一样，直接在 Qt Designer 设计器的属性编辑器中设置，其他控件也是如些，将不再赘述。

【例 15.3】设计带用户名和密码的系统登录对话框。（**实例位置：资源包\TM\sl\15\03**）

使用 LineEdit 单行文本框控件，并结合 Label 标签控件制作一个简单的登录对话框，其中包含用户名和密码输入框，密码要求是 8 位数字，并且以掩码形式显示，步骤如下。

（1）打开 Qt Designer 设计器，根据需求，从工具箱向主窗口中放入两个 Label 标签控件和两个 LineEdit 单行文本框控件，然后分别将两个 Label 标签控件的 text 属性修改为"用户名："和"密码："，如图 15.25 所示。

（2）设计完成后，保存为.ui 文件，并使用 PyUIC 工具将其转换为.py 文件，然后在表示密码的
LineEdit 文本框下面使用 setEchoMode()方法将其设置为密码文本，同时使用 setValidator()方法为其设置
验证器，控制只能输入 8 位数字，代码如下：

```
01    self.lineEdit_2.setEchoMode(QtWidgets.QLineEdit.Password)          # 设置文本框为密码
02    # 设置只能输入 8 位数字
03    self.lineEdit_2.setValidator(QtGui.QIntValidator(10000000,99999999))
```

（3）为.py 文件添加程序入口，代码如下：

```
01    import sys
02    # 程序入口，程序从此处启动 PyQt 设计的窗口
03    if __name__ == '__main__':
04        app = QtWidgets.QApplication(sys.argv)
05        MainWindow = QtWidgets.QMainWindow()              # 创建窗口
06        ui = Ui_MainWindow()                              # 创建 PyQt 设计的窗口
07        ui.setupUi(MainWindow)                            # 初始化设置
08        MainWindow.show()                                 # 显示窗口
09        sys.exit(app.exec_())                             # 程序关闭时退出进程
```

说明

在将.ui 文件转换为.py 文件后，如果要运行.py 文件，必须添加程序入口，下面遇到时，将不
再重复提示。

运行上述代码，效果如图 15.26 所示。

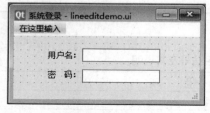

图 15.25　"系统登录"对话框设计效果

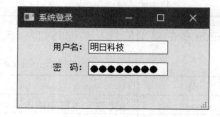

图 15.26　运行效果

说明

在密码文本框中输入字母或者超过 8 位数字时，系统将自动控制其输入，文本框中不会显示任
何内容。

15.4.3　TextEdit：多行文本框控件

TextEdit 是多行文本框控件，主要用来显示多行的文本内容，当文本内容超出控件的显示范围时，
该控件将显示垂直滚动条；另外，TextEdit 多行文本框控件不仅可以显示纯文本内容，还支持显示 HTML
网页。

TextEdit 多行文本框控件对应 PyQt5 中的 QTextEdit 类，该类的常用方法及其说明如表 15.6 所示。

表 15.6　QTextEdit 类的常用方法及其说明

方　法	说　明
setPlainText()	设置文本内容
toPlainText()	获取文本内容
setTextColor()	设置文本颜色。如将文本设置为红色，可将该方法参数设置为 QtGui.QColor(255,0,0)
setTextBackgroundColor()	设置文本的背景颜色，颜色参数与 setTextColor() 相同
setHtml()	设置 HTML 文档内容
toHtml()	获取 HTML 文档内容
wordWrapMode()	设置自动换行
clear()	清除所有内容

【例 15.4】多行文本和 HTML 文本的对比显示。（**实例位置：资源包\TM\sl\15\04**）

使用 Qt Designer 设计器创建一个 MainWindow 窗口，然后向该窗口中添加两个 TextEdit 控件，并保存为.ui 文件，接着使用 PyUIC 工具将.ui 文件转换为.py 文件，最后分别使用 setPlainText() 方法和 setHtml() 方法为两个 TextEdit 控件设置要显示的文本内容，代码如下：

```
01    # 设置纯文本显示
02    self.textEdit.setPlainText('与失败比起来，我对乏味和平庸的恐惧要严重的多。'
03                '对我而言，很好的事要比糟糕的事要好，而糟糕的事要比平庸的是好，因为糟糕的事至
04                少给生活增加了滋味。')
05    # 设置 HTML 文本显示
06    self.textEdit_2.setHtml("与失败比起来，我对乏味和平庸的恐惧要严重的多。"
07                "对我而言，<font color='red' size=12>很好的事要比糟糕的事要好，而糟糕的事要比
08                庸的是好，</font>因为糟糕的事至少给生活增加了滋味。")
```

为.py 文件添加程序入口的代码，然后运行程序，效果如图 15.27 所示。

图 15.27　使用 TextEdit 控件显示多行文本和 HTML 文本

15.4.4　PushButton：按钮控件

PushButton 是 PyQt5 中最常用的按钮控件之一，它被称为按钮控件，允许用户通过单击来执行操作。PushButton 按钮控件既可以显示文本，也可以显示图像，当该按钮控件被单击时，它看起来像是被按下，然后被释放。

PushButton 按钮控件对应 PyQt5 中的 QPushButton 类，该类的常用方法及其说明如表 15.7 所示。

表 15.7　QPushButton 类的常用方法及其说明

方　　法	说　　明
setText()	设置按钮所显示的文本
text()	获取按钮所显示的文本
setIcon()	设置按钮上的图标，参数可以被设置为 QtGui.QIcon('图标路径')
setIconSize()	设置按钮图标的大小，参数可以被设置为 QtCore.QSize(int width,int height)
setEnabled()	设置按钮是否可用，当参数被设置为 False 时，按钮为不可用状态。
setShortcut()	设置按钮的快捷键，参数可以被设置为键盘中的按键或快捷键，如'Alt+0'

PushButton 按钮控件最常用的信号是 clicked，当按钮被单击时，会发射该信号，以执行相应的操作。

【例 15.5】制作"系统登录"对话框。（实例位置：资源包\TM\sl\15\05）

完善例 15.3，为"系统登录"对话框添加"登录"和"退出"按钮，当单击"登录"按钮时，弹出用户输入的用户名和密码；而当单击"退出"按钮时，关闭当前登录对话框。具体代码如下：

```
01    from PyQt5 import QtCore, QtGui, QtWidgets
02    from PyQt5.QtGui import QPixmap,QIcon
03    class Ui_MainWindow(object):
04       def setupUi(self, MainWindow):
05          MainWindow.setObjectName("MainWindow")
06          MainWindow.resize(225, 121)
07          self.centralwidget = QtWidgets.QWidget(MainWindow)
08          self.centralwidget.setObjectName("centralwidget")
09          self.pushButton = QtWidgets.QPushButton(self.centralwidget)
10          self.pushButton.setGeometry(QtCore.QRect(40, 83, 61, 23))
11          self.pushButton.setObjectName("pushButton")
12          self.pushButton.setIcon(QIcon(QPixmap("login.ico")))              # 为登录按钮设置图标
13          self.label = QtWidgets.QLabel(self.centralwidget)
14          self.label.setGeometry(QtCore.QRect(29, 22, 54, 12))
15          self.label.setObjectName("label")
16          self.label_2 = QtWidgets.QLabel(self.centralwidget)
17          self.label_2.setGeometry(QtCore.QRect(29, 52, 54, 12))
18          self.label_2.setObjectName("label_2")
19          self.lineEdit = QtWidgets.QLineEdit(self.centralwidget)
20          self.lineEdit.setGeometry(QtCore.QRect(79, 18, 113, 20))
21          self.lineEdit.setObjectName("lineEdit")
22          self.lineEdit_2 = QtWidgets.QLineEdit(self.centralwidget)
23          self.lineEdit_2.setGeometry(QtCore.QRect(78, 50, 113, 20))
24          self.lineEdit_2.setObjectName("lineEdit_2")
25          self.lineEdit_2.setEchoMode(QtWidgets.QLineEdit.Password)      # 设置文本框为密码
26          # 设置只能输入 8 位数字
27          self.lineEdit_2.setValidator(QtGui.QIntValidator(10000000, 99999999))
28          self.pushButton_2 = QtWidgets.QPushButton(self.centralwidget)
29          self.pushButton_2.setGeometry(QtCore.QRect(120, 83, 61, 23))
30          self.pushButton_2.setObjectName("pushButton_2")
31          self.pushButton_2.setIcon(QIcon(QPixmap("exit.ico")))           # 为退出按钮设置图标
```

```
32            MainWindow.setCentralWidget(self.centralwidget)
33            self.retranslateUi(MainWindow)
34            # 为登录按钮的 clicked 信号绑定自定义槽函数
35            self.pushButton.clicked.connect(self.login)
36            # 为退出按钮的 clicked 信号绑定 MainWindow 窗口自带的 close 槽函数
37            self.pushButton_2.clicked.connect(MainWindow.close)
38
39            QtCore.QMetaObject.connectSlotsByName(MainWindow)
40        def login(self):
41            from PyQt5.QtWidgets import QMessageBox
42            # 使用 information()方法弹出信息提示框
43            QMessageBox.information(MainWindow, "登录信息", "用户名："+self.lineEdit.text()+"   密码：
                                  "+self.lineEdit_2.text(), QMessageBox.Ok)
44        def retranslateUi(self, MainWindow):
45            _translate = QtCore.QCoreApplication.translate
46            MainWindow.setWindowTitle(_translate("MainWindow", "系统登录"))
47            self.pushButton.setText(_translate("MainWindow", "登录"))
48            self.label.setText(_translate("MainWindow", "用户名："))
49            self.label_2.setText(_translate("MainWindow", "密　码："))
50            self.pushButton_2.setText(_translate("MainWindow", "退出"))
51    import sys
52    # 程序入口，程序从此处启动 PyQt 设计的窗口
53    if __name__ == '__main__':
54        app = QtWidgets.QApplication(sys.argv)
55        MainWindow = QtWidgets.QMainWindow()        # 创建窗口对象
56        ui = Ui_MainWindow()                        # 创建 PyQt 设计的窗口
57        ui.setupUi(MainWindow)                      # 初始化设置
58        MainWindow.show()                           # 显示窗口
59        sys.exit(app.exec_())                       # 程序关闭时退出进程
```

上述代码中为"登录"按钮和"退出"按钮设置图标时，用到了两个图标文件，即 login.ico 和 exit.ico。需要提前准备好这两个图标文件，并将它们复制到与.py 文件同级目录下。

运行上述代码，输入用户名和密码，单击"登录"按钮，可以在弹出的信息提示框中显示输入的用户名和密码，如图 15.28 所示；而单击"退出"按钮，可以直接关闭当前对话框。

图 15.28　制作"系统登录"对话框

15.4.5　CheckBox：复选框控件

CheckBox 复选框控件用来表示是否选取了某个选项条件，常用于为用户提供具有是/否或真/假值的

263

选项，它对应 PyQt5 中的 QCheckBox 类。

　　CheckBox 复选框控件是为用户提供"多选多"的选择，它提供了 QT.Checked（选中）、QT.Unchecked（未选中）和 QT.PartiallyChecked（半选中）3 种状态。如果需要半选中状态，可以使用 QCheckBox 类的 setTristate()方法使其生效，还可以使用 checkState()方法查询当前状态。

　　CheckBox 复选框控件最常用的信号是 stateChanged，当复选框的状态发生改变时，会发射该信号以执行相应的操作。

　　【例 15.6】设置用户权限。（实例位置：资源包\TM\sl\15\06）

　　在 Qt Designer 设计器中创建一个对话框，实现通过复选框的选中状态设置用户权限的功能。在对话框中添加 5 个 CheckBox 复选框控件，将文本分别设置为"基本信息管理""进货管理""销售管理""库存管理""系统管理"，主要用来表示要设置的权限；添加一个 PushButton 按钮控件，用来显示选择的权限。设计完成后保存为.ui 文件，并使用 PyUIC 工具将其转换为.py 代码文件。在.py 代码文件中自定义一个 getvalue()方法，用来根据 CheckBox 控件的选中状态记录相应的权限，代码如下：

```
01  def getvalue(self):
02      oper="" # 记录用户权限
03      if self.checkBox.isChecked():              # 判断复选框是否选中
04          oper+=self.checkBox.text()             # 记录选中的权限
05      if self.checkBox_2.isChecked():
06          oper +='\n'+ self.checkBox_2.text()
07      if self.checkBox_3.isChecked():
08          oper+='\n'+ self.checkBox_3.text()
09      if self.checkBox_4.isChecked():
10          oper+='\n'+ self.checkBox_4.text()
11      if self.checkBox_5.isChecked():
12          oper+='\n'+ self.checkBox_5.text()
13      from   PyQt5.QtWidgets import QMessageBox
14      # 使用 information()方法弹出信息提示，显示所有选择的权限
15      QMessageBox.information(MainWindow, "提示", "您选择的权限如下：\n"+oper, QMessageBox.Ok)
```

　　将"设置"按钮的 clicked 信号与自定义的槽函数 getvalue()相关联，代码如下：

```
self.pushButton.clicked.connect(self.getvalue)
```

　　为.py 文件添加程序入口的代码，然后运行程序，选中相应权限的复选框，单击"设置"按钮，即可在弹出提示框中显示用户选择的权限，如图 15.29 所示。

图 15.29　通过复选框的选中状态设置用户权限

15.4.6　RadioButton：单选按钮控件

RadioButton 单选按钮控件为用户提供由两个或多个互斥选项组成的选项集，当用户选中某单选按钮时，同一组中的其他单选按钮不能同时被选中。RadioButton 单选按钮控件对应 PyQt5 中的 QRadioButton 类，该类的常用方法及其说明如表 15.8 所示。

表 15.8　QRadioButton 类的常用方法及其说明

方　　法	说　　明
setText()	设置单选按钮显示的文本
text()	获取单选按钮显示的文本
setChecked()或 setCheckable()	设置单选按钮是否为选中状态，True 为选中状态，False 为未选中状态
isChecked()	返回单选按钮的状态，True 为选中状态，False 为未选中状态
setText()	设置单选按钮显示的文本

RadioButton 单选按钮控件常用的信号有两个，即 clicked 和 toggled。其中，clicked 信号在每次单击单选按钮时都会被发射；而 toggled 信号则在改变单选按钮的状态时才会被发射。因此，通常使用 toggled 信号监控单选按钮处于选中或未选中状态。

例如，为一个名称为 radioButton 的单选按钮绑定监控单选按钮处于选中或未选中状态的槽函数，代码如下：

```
self.radioButton.toggled.connect(self.自定义槽函数名)
```

使用单选按钮控件时，还经常需要判断其是否处于选中状态，假设单选按钮的名称为 radioButton，可以使用下列代码：

```
self.radioButton.isChecked()
```

15.4.7　ComboBox：下拉组合框控件

ComboBox 下拉组合框控件主要用于在下拉组合框中显示数据，用户可以从中选择项。ComboBox 下拉组合框控件对应 PyQt5 中的 QComboBox 类，该类的的常用方法及其说明如表 15.9 所示。

表 15.9　QComboBox 类的常用方法及其说明

方　　法	说　　明	方　　法	说　　明
addItem()	添加一个下拉列表项	itemText(index)	获取索引为 index 的项的文本
addItems()	从列表中添加下拉选项	setItemText(index,text)	设置索引为 index 的项的文本
currentText()	获取选中项的文本	count()	获取所有选项的数量
currentIndex()	获取选中项的索引	clear()	删除所有选项

ComboBox 控件常用的信号有两个，即 activated 和 currentIndexChanged。其中，activated 信号在用户选中一个下拉选项时被发射；而 currentIndexChanged 信号则在下拉选项的索引发生改变时被发射。

265

说明

　　在 Qt Designer 中，添加 ComboBox 控件后，双击该控件，将打开如图 15.30 所示的"编辑组合框-Qt Designer"对话框，在该对话框中，通过+和−按钮可以添加下拉选项。

图 15.30　"编辑组合框 - Qt Designer"对话框

【例 15.7】在下拉列表中选择职位。（实例位置：资源包\TM\sl\15\07）

　　在 Qt Designer 设计器中创建一个对话框，实现通过 ComboBox 下拉组合框控件选择职位的功能。在对话框中添加两个 Label 标签控件和一个 ComboBox 下拉组合框控件。其中，第一个 Label 标签控件用来作为标识，文本设置为"职位："，第二个 Label 标签控件用来显示 ComboBox 中选择的职位；ComboBox 下拉组合框控件用来作为职位的下拉列表。设计完成后保存为.ui 文件，并使用 PyUIC 工具将其转换为.py 代码文件。在.py 代码文件中自定义一个 showinfo()方法，用来将 ComboBox 下拉组合框中选择的项显示在 Label 标签中，代码如下：

```
01   def showinfo(self):
02       self.label_2.setText("您选择的职位是："+self.comboBox.currentText())      # 显示选择的职位
```

为 ComboBox 设置下拉列表项及信号与槽的关联，代码如下：

```
01   # 定义职位列表
02   list=["总经理", "副总经理", "人事部经理", "财务部经理", "部门经理", "普通员工" ]
03   self.comboBox.addItems(list)                                # 将职位列表添加到 ComboBox 下拉组合框中
04   # 将 ComboBox 下拉组合框控件的选项更改信号与自定义槽函数关联
05   self.comboBox.currentIndexChanged.connect(self.showinfo)
```

　　为.py 文件添加程序入口的代码，然后运行程序，当在职位列表中选中某个职位时，将在下方的 Label 标签控件中显示选中的职位，效果如图 15.31 所示。

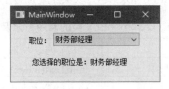

图 15.31　使用 ComboBox 下拉组合框控件选择职位

说明

　　限于篇幅，本章只介绍了 PyQt5 提供的部分常用控件，详细内容可参考官方 API，页面链接地址如下：

　　　https://www.riverbankcomputing.com/static/Docs/PyQt5/api/qtwidgets/qtwidgets-module.html

15.5　实践与练习

（答案位置：资源包\TM\sl\15\实践与练习\）

综合练习 1：改进用户登录对话框　将例 15.5 的密码输入框的验证修改为只允许输入数字和字母，并且以字母开头，位数为 6~18。（提示：验证密码的正则表达式为 QtCore.QRegExp(r'^[A-Za-z][A-Za-z0-9]{5,17}$')）

综合练习 2：设计"影视作品分析"对话框　在实际项目开发时，PyQt5 经常被用于设计项目界面。例如，在应用爬虫实现影视作品分析项目时，就可以使用 PyQt5 实现其界面。本练习要求应用 PyQt5 设计如图 15.32 所示的"影视作品分析"对话框。（提示：需要用到的控件有 Label、ComboBox 和 PushButton）

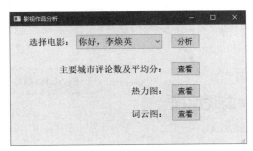

图 15.32　"影视作品分析"对话框

第 16 章

Pygame 游戏编程

Python 非常受欢迎的一个原因是，它的适用领域非常广泛，其中就包括游戏开发。而使用 Python 进行游戏开发的首选模块就是 Pygame。本章我们就来学习如何使用 Pygame 开发游戏。与其他章节不同的是，本章的侧重点不是讲解理论知识，而是在编写游戏的过程中学习 Pygame。我们将先通过一个跳跃的小球的游戏学习 Pygame 的基础知识，然后应用 Pygame 实现 Flappy Bird 游戏。

本章知识架构及重难点如下。

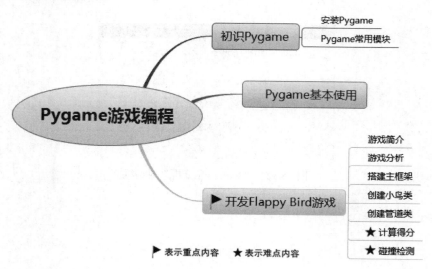

16.1 初识 Pygame

Pygame 是跨平台 Python 模块，它专为电子游戏所设计，包含图像、声音等，创建在 SDL（simple directMedia layer）基础上，允许实时电子游戏研发而不会被低级语言（如 C 语言或是更低级的汇编语言）束缚。基于这样一个设想，所有需要的游戏功能和理念（主要是图像方面）都完全简化为游戏逻辑本身，所有的资源结构都可以由高级语言（如 Python）提供。

16.1.1 安装 Pygame

Pygame 的官方网址是 www.pygame.org，在该网址中可以查找 Pygame 相关文档。Pygame 的安装非常简单，只需要如下一行命令：

pip install pygame

运行结果如图 16.1 所示。

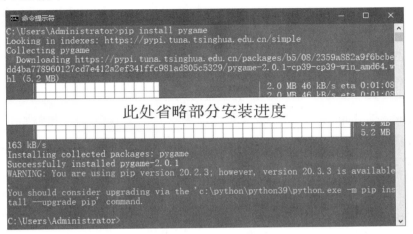

图 16.1　安装 Pygame

接下来，检测 Pygame 是否安装成功。打开 IDLE，输入如下命令：

import pygame

如果运行结果如图 16.2 所示，则说明安装成功。

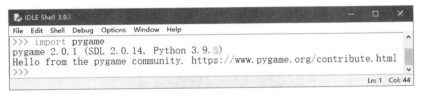

图 16.2　查看 Pygame 版本

16.1.2　Pygame 常用模块

　　Pygame 做游戏开发的优势在于不需要过多地考虑底层相关的内容，而可以把工作重心放在游戏逻辑上。例如，Pygame 中集成了很多和底层相关的模块，如访问显示设备、管理事件、使用字体等。Pygame 常用的模块及其功能如表 16.1 所示。

表 16.1　Pygame 常用的模块及其功能

模　　块	功　　能	模　　块	功　　能
pygame.cdrom	访问光驱	pygame.movie	播放视频
pygame.cursors	加载光标	pygame.music	播放音频
pygame.display	访问显示设备	pygame.overlay	访问高级视频叠加
pygame.draw	绘制形状、线和点	pygame.rect	管理矩形区域

续表

模　块	功　能	模　块	功　能
pygame.event	管理事件	pygame.sndarray	操作声音数据
pygame.font	使用字体	pygame.sprite	操作移动图像
pygame.image	加载和存储图片	pygame.surface	管理图像和屏幕
pygame.joystick	使用游戏手柄或者类似的东西	pygame.surfarray	管理点阵图像数据
pygame.key	读取键盘按键	pygame.time	管理时间和帧信息
pygame.mixer	声音	pygame.transform	缩放和移动图像
pygame.mouse	鼠标		

下面使用 Pygame 的 display 模块和 event 模块创建一个 Pygame 窗口，代码如下：

```
01  # -*- coding:utf-8 -*-
02  import sys                                    # 导入 sys 模块
03  import pygame                                 # 导入 pygame 模块
04
05  pygame.init()                                 # 初始化 pygame
06  size = width, height = 320, 240              # 设置窗口
07  screen = pygame.display.set_mode(size)       # 显示窗口
08
09  # 执行死循环，确保窗口一直显示
10  while True:
11      # 检查事件
12      for event in pygame.event.get():         # 遍历所有事件
13          if event.type == pygame.QUIT:        # 如果单击关闭窗口，则退出
14              pygame.quit()                    # 退出 pygame
15              sys.exit()
```

运行结果如图 16.3 所示。

图 16.3　Pygame 创建游戏窗口

16.2　Pygame 基本使用

Pygame 有很多模块，每个模块又有很多方法，在此不能够逐一讲解，所以通过一个例子来学习

Pygame，然后再分解代码，讲解代码中的模块。

【例 16.1】制作一个跳跃的小球游戏。（实例位置：**资源包\TM\sl\16\01**）

创建一个游戏窗口，然后在窗口内创建一个小球。以一定的速度移动小球，当小球碰到游戏窗口的边缘时，小球弹回，继续移动。可以按照如下步骤实现该功能。

（1）创建一个游戏窗口，将宽设置为 640，将高设置为 480。代码如下：

```
01  import sys                                # 导入 sys 模块
02  import pygame                             # 导入 pygame 模块
03
04  pygame.init()                            # 初始化 pygame
05  size = width, height = 640, 480          # 设置窗口
06  screen = pygame.display.set_mode(size)   # 显示窗口
```

上述代码中，首先导入 pygame 模块，然后调用 init()方法初始化 pygame 模块。接下来，设置窗口的宽和高，最后使用 display 模块显示窗口。display 模块的常用方法及其功能如表 16.2 所示。

表 16.2　display 模块的常用方法及其功能

方　　法	功　　能
pygame.dispaly.init	初始化 display 模块
pygame.dispaly.quit	结束 display 模块
pygame.dispaly.get_init	如果 display 模块已经被初始化，则返回 True
pygame.dispaly.set_mode	初始化一个准备显示的界面
pygame.dispaly.get_surface	获取当前的 Surface 对象
pygame.dispaly.flip	更新整个 Surface 对象并显示到屏幕上
pygame.dispaly.update	更新部分内容并显示到屏幕上，如果没有参数，则与 flip 功能相同

（2）运行上述代码，会出现一个一闪而过的黑色窗口，这是因为程序执行完成后会自动关闭。如果让窗口一直显示，则需要使用 while True 让程序一直执行，此外，还需要设置关闭窗口按钮。具体代码如下：

```
01  # -*- coding:utf-8 -*-
02  import sys                                # 导入 sys 模块
03  import pygame                             # 导入 pygame 模块
04
05  pygame.init()                            # 初始化 pygame
06  size = width, height = 640, 480          # 设置窗口
07  screen = pygame.display.set_mode(size)   # 显示窗口
08
09  # 执行死循环，确保窗口一直显示
10  while True:
11      # 检查事件
12      for event in pygame.event.get():
13          if event.type == pygame.QUIT:    # 如果单击关闭窗口按钮，则退出
14              pygame.quit()                # 退出 pygame
15              sys.exit()
```

上述代码中，添加了轮询事件检测。pygame.event.get()能够获取事件队列，使用 for...in 遍历事件，

然后根据 type 属性判断事件类型。这里的事件处理方式与 GUI 类似，如 event.tpye 等于 pygame.QUIT 表示检测到关闭 pygame 窗口事件，pygame.KEYDOWN 表示键盘被按下事件，pygame. MOUSEBUTTONDOWN 表示鼠标被按下事件等。

（3）在窗口中添加小球。我们先准备好一张 ball.png 图片，然后加载该图片，最后将该图片显示在窗口中，具体代码如下：

```
01  # -*- coding:utf-8 -*-
02  import sys                                  # 导入 sys 模块
03  import pygame                               # 导入 pygame 模块
04
05  pygame.init()                              # 初始化 pygame
06  size = width, height = 640, 480            # 设置窗口
07  screen = pygame.display.set_mode(size)     # 显示窗口
08  color = (0, 0, 0)                          # 设置颜色
09
10  ball = pygame.image.load("ball.png")       # 加载图片
11  ballrect = ball.get_rect()                 # 获取矩形区域
12
13  # 执行死循环，确保窗口一直显示
14  while True:
15      # 检查事件
16      for event in pygame.event.get():
17          if event.type == pygame.QUIT:      # 如果单击关闭窗口按钮，则退出
18              pygame.quit()                  # 退出 pygame
19              sys.exit()
20
21      screen.fill(color)                     # 填充颜色
22      screen.blit(ball, ballrect)            # 将图片画到窗口上
23      pygame.display.flip()                  # 更新全部显示
```

上述代码中，使用 image 模块的 load()方法加载图片，返回值 ball 是一个 Surface 对象。Surface 是用来代表图片的 pygame 对象，可以对一个 Surface 对象进行涂画、变形、复制等各种操作。事实上，屏幕也只是一个 surface，pygame.display.set_mode 就返回了一个屏幕 Surface 对象。如果将 ball 这个 Surface 对象画到 screen Surface 对象上，需要使用 blit()方法，最后使用 display 模块的 flip()方法更新整个待显示的 Surface 对象到屏幕上。Surface 对象的常用方法及其功能如表 16.3 所示。

表 16.3　Surface 对象的常用方法及其功能

方　　法	功　　能
pygame.Surface.blit	将一个图像画到另一个图像上
pygame.Surface.convert	转换图像的像素格式
pygame.Surface.convert_alpha	转换图像的像素格式，包含 alpha 通道的转换
pygame.Surface.fill	使用颜色填充 Surface
pygame.Surface.get_rect	获取 Surface 的矩形区域

运行上述代码，结果如图 16.4 所示。

（4）下面该让小球动起来了。ball.get_rect()方法返回值 ballrect 是一个 Rect 对象，该对象有一个

move()方法可以用于移动矩形。move(x,y)函数有两个参数：第一个参数是 X 轴移动的距离；第二个参数是 Y 轴移动的距离。窗口左上角坐标为(0,0)，如 move(100,50)，如图 16.5 所示。

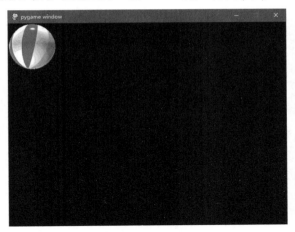

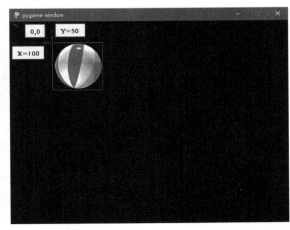

图 16.4　在窗口中添加小球　　　　　　　　图 16.5　移动后的坐标位置

为实现小球不停地移动，将 move()函数添加到 while 循环内，具体代码如下：

```
01  # -*- coding:utf-8 -*-
02  import sys                                    # 导入 sys 模块
03  import pygame                                 # 导入 pygame 模块
04
05  pygame.init()                                 # 初始化 pygame
06  size = width, height = 640, 480              # 设置窗口
07  screen = pygame.display.set_mode(size)       # 显示窗口
08  color = (0, 0, 0)                            # 设置颜色
09
10  ball = pygame.image.load("ball.png")        # 加载图片
11  ballrect = ball.get_rect()                   # 获取矩形区域
12
13  speed = [5,5]                                 # 设置移动的 X 轴、Y 轴距离
14  # 执行死循环，确保窗口一直显示
15  while True:
16      # 检查事件
17      for event in pygame.event.get():
18          if event.type == pygame.QUIT:        # 如果单击关闭窗口，则退出
19              pygame.quit()                     # 退出 pygame
20              sys.exit()
21
22      ballrect = ballrect.move(speed)          # 移动小球
23      screen.fill(color)                        # 填充颜色
24      screen.blit(ball, ballrect)              # 将图片画到窗口上
25      pygame.display.flip()                     # 更新全部显示
```

误区警示

在实现小球移动时，实际上是不断地在不同位置绘制小球，以达到视觉上的移动。在循环中，必须在绘制小球前，先填充背景颜色，否则，将在屏幕上绘制多个小球。

（5）运行上述代码，发现小球在屏幕中一闪而过，注意，小球并没有真正消失，而是移动到窗口之外，此时需要添加碰撞检测的功能。当小球与窗口任一边缘发生碰撞时，需要更改小球的移动方向。具体代码如下：

```
01  # -*- coding:utf-8 -*-
02  import sys                                    # 导入 sys 模块
03  import pygame                                 # 导入 pygame 模块
04
05  pygame.init()                                 # 初始化 pygame
06  size = width, height = 640, 480               # 设置窗口
07  screen = pygame.display.set_mode(size)        # 显示窗口
08  color = (0, 0, 0)                             # 设置颜色
09
10  ball = pygame.image.load("ball.png")          # 加载图片
11  ballrect = ball.get_rect()                    # 获取矩形区域
12
13  speed = [5,5]                                 # 设置移动的 X 轴、Y 轴距离
14  # 执行死循环，确保窗口一直显示
15  while True:
16      # 检查事件
17      for event in pygame.event.get():
18          if event.type == pygame.QUIT:         # 如果单击关闭窗口按钮，则退出
19              pygame.quit()                     # 退出 pygame
20              sys.exit()
21
22      ballrect = ballrect.move(speed)           # 移动小球
23      # 碰到左右边缘
24      if ballrect.left < 0 or ballrect.right > width:
25          speed[0] = -speed[0]
26      # 碰到上下边缘
27      if ballrect.top < 0 or ballrect.bottom > height:
28          speed[1] = -speed[1]
29
30      screen.fill(color)                        # 填充颜色
31      screen.blit(ball, ballrect)               # 将图片画到窗口上
32      pygame.display.flip()                     # 更新全部显示
```

上述代码中，添加了碰撞检测功能。如果碰到左右边缘，则更改 *X* 轴数据为负数；如果碰到上下边缘，则更改 *Y* 轴数据为负数。运行结果如图 16.6 所示。

（6）运行上述代码发现好像有多个小球在飞快移动，这是因为运行上述代码的时间非常短，导致肉眼观察出现错觉，因此需要添加一个"时钟"来控制程序运行的时间。这时需要使用 pygame 的 time 模块。使用 pygame 时钟之前，必须先创建 Clock 对象的一个实例，然后在 while 循环中设置多长时间运行一次。具体代码如下：

```
01  # -*- coding:utf-8 -*-
02  import sys                                    # 导入 sys 模块
03  import pygame                                 # 导入 pygame 模块
04
```

```
05    pygame.init()                              # 初始化 pygame
06    size = width, height = 640, 480            # 设置窗口
07    screen = pygame.display.set_mode(size)     # 显示窗口
08    color = (0, 0, 0)                          # 设置颜色
09
10    ball = pygame.image.load("ball.png" )      # 加载图片
11    ballrect = ball.get_rect()                 # 获取矩形区域
12
13    speed = [5,5]                              # 设置移动的 X 轴、Y 轴距离
14    clock = pygame.time.Clock()                # 设置时钟
15    # 执行死循环，确保窗口一直显示
16    while True:
17        clock.tick(60)                         # 每秒执行 60 次
18        # 检查事件
19        for event in pygame.event.get():
20            if event.type == pygame.QUIT:      # 如果单击关闭窗口，则退出
21                pygame.quit()                  # 退出 pygame
22                sys.exit()
23
24        ballrect = ballrect.move(speed)        # 移动小球
25        # 碰到左右边缘
26        if ballrect.left < 0 or ballrect.right > width:
27            speed[0] = -speed[0]
28        # 碰到上下边缘
29        if ballrect.top < 0 or ballrect.bottom > height:
30            speed[1] = -speed[1]
31
32        screen.fill(color)                     # 填充颜色
33        screen.blit(ball, ballrect)            # 将图片画到窗口上
34        pygame.display.flip()                  # 更新全部显示
```

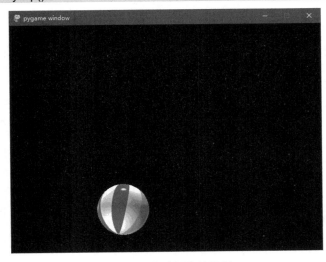

图 16.6　小球不停地跳跃

至此，就完成了跳跃的小球游戏。

16.3　开发 Flappy Bird 游戏

16.3.1　游戏简介

Flappy Bird 是一款鸟类飞行游戏，由越南河内独立游戏开发者阮哈东（Dong Nguyen）开发。在 Flappy Bird 这款游戏中，玩家只需要用一根手指来操控。当玩家触摸手机屏幕时，小鸟就会往上飞，不断地触摸就会不断地往高处飞；当放松手指时，小鸟就会快速下降。所以玩家要控制小鸟一直向前飞行，还要注意躲避途中高低不平的管子。一旦小鸟碰到了障碍物，游戏就会结束。每当小鸟飞过一组管道，玩家就会获得一分。

16.3.2　游戏分析

在 Flappy Bird 中，主要有两个对象，即小鸟和管道。可以创建 Bird 类和 Pineline 类来分别表示这两个对象。小鸟可以通过上下移动来躲避管道，所以在 Bird 类中创建一个 birdUpdate()方法，实现小鸟的上下移动；而为了体现小鸟向前飞行的特征，可以让管道一直向左侧移动，这样在窗口中就好像小鸟在向前飞行。所以，在 Pineline 类中也创建一个 updatePipeline()方法，实现管道的向左移动。此外，还创建了 3 个函数：createMap()函数用于绘制地图；checkDead()函数用于判断小鸟的生命状态；getResult()函数用于获取最终分数。最后在主逻辑中实例化类并调用相关方法，实现相应功能。

16.3.3　搭建主框架

通过前面的分析，我们可以搭建起 Flappy Bird 游戏的主框架。首先创建 Bird 类和 Pineline 类，类中具体的方法可以先使用 pass 语句代替。然后创建一个绘制地图的函数 createMap()。最后，在主逻辑中绘制背景图片。关键代码如下：

```
01  import pygame
02  import sys
03  import random
04
05  class Bird(object):
06      """定义一个鸟类"""
07      def __init__(self):
08          """定义初始化方法"""
09          pass
10
11      def birdUpdate(self):
12          pass
13
14  class Pipeline(object):
15      """定义一个管道类"""
16      def __init__(self):
17          """定义初始化方法"""
```

```
18              pass
19
20       def updatePipeline(self):
21            """水平移动"""
22              pass
23
24  def createMap():
25       """定义创建地图的方法"""
26       screen.fill((255, 255, 255))                              # 填充颜色
27       screen.blit(background, (0, 0))                           # 填入背景中
28       pygame.display.update()                                  # 更新显示
29
30  if __name__ == '__main__':
31       """主程序"""
32       pygame.init()                                            # 初始化 pygame
33       size     = width, height = 400, 709                      # 设置窗口
34       screen = pygame.display.set_mode(size)                   # 显示窗口
35       clock    = pygame.time.Clock()                           # 设置时钟
36       Pipeline = Pipeline()                                    # 实例化管道类
37       Bird = Bird()                                            # 实例化鸟类
38       while True:
39            clock.tick(60)                                      # 每秒执行 60 次
40            # 轮询事件
41            for event in pygame.event.get():
42                 if event.type == pygame.QUIT:
43                      pygame.quit()                             # 退出
44                      sys.exit()
45
46            background = pygame.image.load("assets/background.png")   # 加载背景图片
47            createMap()                                         # 绘制地图
```

运行结果如图 16.7 所示。

图 16.7　游戏主框架运行结果

16.3.4 创建小鸟类

下面来创建小鸟类。该类需要初始化很多参数，所以定义一个 __init__()方法，用来初始化各种参数，包括鸟飞行的几种状态、飞行的速度、跳跃的高度等。然后定义 birdUpdate()方法，该方法用于实现小鸟的跳跃和坠落。接下来，在主逻辑的轮询事件中添加键盘被按下事件或鼠标被单击事件，如单击鼠标，使小鸟上升等。最后，在 createMap()方法中显示小鸟的图像。关键代码如下：

```python
01  import pygame
02  import sys
03  import random
04
05  class Bird(object):
06      """定义一个鸟类"""
07      def __init__(self):
08          """定义初始化方法"""
09          self.birdRect = pygame.Rect(65, 50, 50, 50) # 鸟的矩形
10          # 定义鸟的 3 种状态列表
11          self.birdStatus = [pygame.image.load("assets/1.png"),
12                             pygame.image.load("assets/2.png"),
13                             pygame.image.load("assets/dead.png")]
14          self.status = 0                             # 默认飞行状态
15          self.birdX = 120                            # 鸟所在 X 轴坐标
16          self.birdY = 350                            # 鸟所在 Y 轴坐标，即上下飞行高度
17          self.jump = False                           # 默认情况小鸟自动降落
18          self.jumpSpeed = 10                         # 跳跃高度
19          self.gravity = 5                            # 重力
20          self.dead = False                           # 默认小鸟生命状态为活着
21
22      def birdUpdate(self):
23          if self.jump:
24              # 小鸟跳跃
25              self.jumpSpeed -= 1                     # 速度递减，上升越来越慢
26              self.birdY -= self.jumpSpeed            # 鸟 Y 轴坐标减小，小鸟上升
27          else:
28              # 小鸟坠落
29              self.gravity += 0.2                     # 重力递增，下降越来越快
30              self.birdY += self.gravity              # 鸟 Y 轴坐标增加，小鸟下降
31          self.birdRect[1] = self.birdY               # 更改 Y 轴位置
32
33  class Pipeline(object):
34      """定义一个管道类"""
35      def __init__(self):
36          """定义初始化方法"""
37          pass
38
```

```python
39          def updatePipeline(self):
40              """水平移动"""
41              pass
42
43      def createMap():
44          """定义创建地图的方法"""
45          screen.fill((255, 255, 255))                                              # 填充颜色
46          screen.blit(background, (0, 0))                                           # 填入背景中
47          # 显示小鸟
48          if Bird.dead:                                                            # 撞管道状态
49              Bird.status = 2
50          elif Bird.jump:                                                          # 起飞状态
51              Bird.status = 1
52          screen.blit(Bird.birdStatus[Bird.status], (Bird.birdX, Bird.birdY))       # 设置小鸟的坐标
53          Bird.birdUpdate()                                                        # 鸟移动
54          pygame.display.update()                                                  # 更新显示
55
56      if __name__ == '__main__':
57          """主程序"""
58          pygame.init()                                                            # 初始化 pygame
59          size    = width, height = 400, 680                                       # 设置窗口
60          screen = pygame.display.set_mode(size)                                   # 显示窗口
61          clock   = pygame.time.Clock()                                            # 设置时钟
62          Pipeline = Pipeline()                                                    # 实例化管道类
63          Bird = Bird()                                                            # 实例化鸟类
64          while True:
65              clock.tick(60)                                                       # 每秒执行 60 次
66              # 轮询事件
67              for event in pygame.event.get():
68                  if event.type == pygame.QUIT:
69                      pygame.quit()
70                      sys.exit()
71                  if (event.type == pygame.KEYDOWN or event.type == pygame.MOUSEBUTTONDOWN) and
72                                  not Bird.dead:
73                      Bird.jump = True                                             # 跳跃
74                      Bird.gravity = 5                                             # 重力
75                      Bird.jumpSpeed = 10                                          # 跳跃速度
76
77              background = pygame.image.load("assets/background.png")              # 加载背景图片
78              createMap()                                                          # 创建地图
```

　　上述代码在 Bird 类中设置了 birdStatus 属性，该属性是一个鸟类图片的列表，列表中显示鸟类 3
种飞行状态，根据小鸟的不同状态加载相应的图片。在 birdUpdate()方法中，为了达到较好的动画效果，
使 jumpSpeed 和 gravity 两个属性逐渐变化。运行上述代码，在窗口内创建一只小鸟，默认情况小鸟会
一直下降。当单击一次鼠标或按一次键盘，小鸟会跳跃一次，高度上升。运行效果如图 16.8 所示。

图 16.8　添加小鸟后的运行效果

16.3.5　创建管道类

创建完鸟类后，接下来创建管道类。同样，在 __init__()方法中初始化各种参数，包括设置管道的坐标，加载上下管道图片等。然后在 updatePipeline()方法中，定义管道向左移动的速度，并且当管道移出屏幕时重新绘制下一组管道。最后，在 createMap()函数中显示管道。关键代码如下：

```
01    import pygame
02    import sys
03    import random
04
05    class Bird(object):
06        # 省略部分代码
07
08    class Pipeline(object):
09        """定义一个管道类"""
10        def __init__(self):
11            """定义初始化方法"""
12            self.wallx    = 400;                                  # 管道所在 X 轴坐标
13            self.pineUp   = pygame.image.load("assets/top.png")   # 加载上管道图片
14            self.pineDown = pygame.image.load("assets/bottom.png") # 加载下管道图片
15        def updatePipeline(self):
16            """管道移动方法"""
```

```
17              self.wallx -= 5                                    # 管道 X 轴坐标递减，即管道向左移动
18          # 当管道运行到一定位置，即小鸟飞越管道，分数加 1，并且重置管道
19          if self.wallx < -80:
20              self.wallx = 400
21
22  def createMap():
23      """定义创建地图的方法"""
24      screen.fill((255, 255, 255))                               # 填充颜色
25      screen.blit(background, (0, 0))                            # 填入背景中
26
27      # 显示管道
28      screen.blit(Pipeline.pineUp,(Pipeline.wallx,-300))        # 上管道坐标位置
29      screen.blit(Pipeline.pineDown,(Pipeline.wallx,500))       # 下管道坐标位置
30      Pipeline.updatePipeline()                                 # 管道移动
31
32      # 显示小鸟
33      if Bird.dead:                                             # 撞管道状态
34          Bird.status = 2
35      elif Bird.jump:                                          # 起飞状态
36          Bird.status = 1
37      screen.blit(Bird.birdStatus[Bird.status], (Bird.birdX, Bird.birdY))    # 设置小鸟的坐标
38      Bird.birdUpdate()                                        # 鸟移动
39
40      pygame.display.update()                                  # 更新显示
41
42  if __name__ == '__main__':
43      #省略部分代码
44      while True:
45          clock.tick(60)                                       # 每秒执行 60 次
46          # 轮询事件
47          for event in pygame.event.get():
48              if event.type == pygame.QUIT:
49                  pygame.quit()
50                  sys.exit()
51              if (event.type == pygame.KEYDOWN or event.type == pygame.MOUSEBUTTONDOWN) and
52                                      not Bird.dead:
53                  Bird.jump = True                             # 跳跃
54                  Bird.gravity = 5                             # 重力
55                  Bird.jumpSpeed = 10                          # 跳跃速度
56
57      background = pygame.image.load("assets/background.png")   # 加载背景图片
58      createMap()                                              # 创建地图
```

上述代码中，在 createMap()函数内，设置先显示管道，再显示小鸟。这样做的目的是，当小鸟与管道图像重合时，小鸟的图像显示在上层，而管道的图像显示在底层。运行结果如图 16.9 所示。

图 16.9　添加管道后的效果

16.3.6　计算得分

当小鸟飞过管道时，玩家得分加 1。这里对于飞过管道的逻辑做了简化处理，当管道移动到窗体左侧一定距离后，默认为小鸟飞过管道，使分数加 1，并显示在屏幕上。在 updatePipeline() 方法中已经实现该功能。关键代码如下：

```
01   import pygame
02   import sys
03   import random
04
05   class Bird(object):
06       # 省略部分代码
07   class Pipeline(object):
08       # 省略部分代码
09       def updatePipeline(self):
10           """管道移动方法"""
11           self.wallx -= 5                              # 管道 X 轴坐标递减，即管道向左移动
12           # 当管道运行到一定位置，即小鸟飞越管道，分数加 1，并且重置管道
13           if self.wallx < -80:
14               global score
15               score += 1
16               self.wallx = 400
17
18   def createMap():
19       """定义创建地图的方法"""
20       # 省略部分代码
21
```

```
22        # 显示分数
23        screen.blit(font.render(str(score),-1,(255, 255, 255)),(200, 50))        # 设置颜色及坐标位置
24        pygame.display.update()                                                  # 更新显示
25
26  if __name__ == '__main__':
27        """主程序"""
28        pygame.init()                                                            # 初始化 pygame
29        pygame.font.init()                                                       # 初始化字体
30        font = pygame.font.SysFont(None, 50)                                     # 设置默认字体和大小
31        size    = width, height = 400, 680                                       # 设置窗口
32        screen = pygame.display.set_mode(size)                                   # 显示窗口
33        clock   = pygame.time.Clock()                                            # 设置时钟
34        Pipeline = Pipeline()                                                    # 实例化管道类
35        Bird = Bird()                                                            # 实例化鸟类
36        score = 0                                                                # 初始化分数
37        while True:
38        # 省略部分代码
```

运行效果如图 16.10 所示。

图 16.10　显示分数

16.3.7　碰撞检测

当小鸟与管道相撞时，小鸟颜色变为灰色，游戏结束，并且显示总分数。在 checkDead() 函数中通过 pygame.Rect() 可以分别获取小鸟的矩形区域对象和管道的矩形区域对象，该对象有一个 colliderect() 方法可以判断两个矩形区域是否相撞。如果相撞，则设置 Bird.dead 属性为 True。此外，当小鸟飞出窗口时，还需要设置 Bird.dead 属性为 True。最后，用两行文字显示总成绩。关键代码如下：

```
01    import pygame
02    import sys
03    import random
04
05    class Bird(object):
06        # 省略部分代码
07    class Pipeline(object):
08        # 省略部分代码
09    def createMap():
10        # 省略部分代码
11    def checkDead():
12        # 上方管子的矩形位置
13        upRect = pygame.Rect(Pipeline.wallx,-300,
14                            Pipeline.pineUp.get_width() - 10,
15                            Pipeline.pineUp.get_height())
16
17        # 下方管子的矩形位置
18        downRect = pygame.Rect(Pipeline.wallx,500,
19                            Pipeline.pineDown.get_width() - 10,
20                            Pipeline.pineDown.get_height())
21        # 检测小鸟与上下方管子是否碰撞
22        if upRect.colliderect(Bird.birdRect) or downRect.colliderect(Bird.birdRect):
23            Bird.dead = True
24        # 检测小鸟是否飞出上下边界
25        if not 0 < Bird.birdRect[1] < height:
26            Bird.dead = True
27            return True
28        else :
29            return False
30
31    def getResutl():
32        final_text1 = "Game Over"
33        final_text2 = "Your final score is:    " + str(score)
34        ft1_font = pygame.font.SysFont("Arial", 70)          # 设置第一行文字字体
35        ft1_surf = font.render(final_text1, 1, (242,3,36))      # 设置第一行文字颜色
36        ft2_font = pygame.font.SysFont("Arial", 50)          # 设置第二行文字字体
37        ft2_surf = font.render(final_text2, 1, (253, 177, 6))    # 设置第二行文字颜色
38        # 设置第一行文字显示位置
39        screen.blit(ft1_surf, [screen.get_width()/2 - ft1_surf.get_width()/2, 100])
40        # 设置第二行文字显示位置
41        screen.blit(ft2_surf, [screen.get_width()/2 - ft2_surf.get_width()/2, 200])
42        pygame.display.flip()                              # 更新整个待显示的 Surface 对象到屏幕上
43
44    if __name__ == '__main__':
45        """主程序"""
46        # 省略部分代码
47        while True:
```

48	# 省略部分代码
49	background = pygame.image.load("assets/background.png") # 加载背景图片
50	if checkDead() :　　　　　　　　　　　　　　　# 检测小鸟生命状态
51	getResutl()　　　　　　　　　　　　　　# 如果小鸟死亡，显示游戏总分数
52	else :
53	createMap()　　　　　　　　　　　　　　# 创建地图

上述代码的 checkDead()方法中，upRect.colliderect(Bird.birdRect)用于检测小鸟的矩形区域是否与上管道的矩形区域相撞，colliderect()函数的参数是另一个矩形区域对象。运行结果如图 16.11 所示。

图 16.11　碰到管道后的效果

说明

本例已经实现了 Flappy Bird 的基本功能，但还有很多需要完善的地方，如设置游戏的难度、设置管道的高度、小鸟的飞行速度等，读者朋友可以尝试完善该游戏。

16.4　实践与练习

（答案位置：资源包\TM\sl\16\实践与练习\）

综合练习 1：为跳跃的小球游戏添加图片背景　修改例 16.1，将游戏窗口的黑色背景修改为占满整个窗口的彩色图片。（提示：使用 pygame.transform.scale(图像，图像尺寸)方法将图片缩放到指定尺寸）

综合练习 2：为 Flappy Bird 游戏增加分数越高速度越快的功能　修改 Flappy Bird 游戏，实现分数每增加两分，小鸟移动的速度增快一倍的功能。例如，小鸟初使速度为每秒移动 10 次，得 2 分后，每秒移动 20 次，得 4 分后，每秒移动 40 次，以此类推。

第 17 章

网络爬虫开发

随着大数据时代的来临，网络信息量也随之增长，网络爬虫在互联网中的地位将越来越重要。本章将介绍通过 Python 语言实现网络爬虫的常用技术，以及常见的网络爬虫框架，最后将通过一个实战项目详细地介绍网络爬虫爬取数据的整个过程。

本章知识架构及重难点如下。

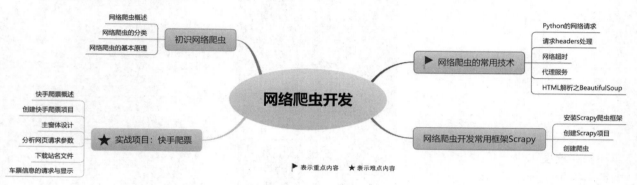

17.1 初识网络爬虫

17.1.1 网络爬虫概述

网络爬虫（又被称作网络蜘蛛、网络机器人，在某社区中经常被称为网页追逐者），可以按照指定的规则（网络爬虫的算法）自动浏览或抓取网络中的信息，通过 Python 可以很轻松地编写爬虫程序或者脚本。

在生活中网络爬虫经常出现，搜索引擎就离不开网络爬虫。例如，百度搜索引擎的爬虫名字叫作百度蜘蛛（baiduspider）。百度蜘蛛是百度搜索引擎的一个自动程序。它每天都会在海量的互联网信息中爬取、收集并整理互联网中的网页、图片、视频等信息。然后，当用户在百度搜索引擎中输入对应的关键词时，百度将从收集的网络信息中找出相关的内容，并按照一定的顺序将信息展现给用户。百度蜘蛛在工作的过程中，搜索引擎会构建一个调度程序来调度百度蜘蛛的工作，这些调度程序都是需要使用一定的算法来实现的，采用不同的算法，爬虫的工作效率会有所不同，爬取的结果也会有所差异。所以，在学习爬虫时，不仅需要了解爬虫的实现过程，还需要了解一些常见的爬虫算法。在特定的情况下，开发者需要自己制定相应的算法。

17.1.2　网络爬虫的分类

网络爬虫按照实现的技术和结构可以分为通用网络爬虫、聚焦网络爬虫、增量式网络爬虫、深层网络爬虫等类型。实际的网络爬虫通常是这几类爬虫的组合体。

1. 通用网络爬虫

通用网络爬虫（general purpose web crawler）又叫作全网爬虫（scalable web crawler），通用网络爬虫的爬行范围和数量巨大，正是由于其爬取的数据是海量数据，因此对于爬行速度和存储空间要求较高。通用网络爬虫在爬行页面的顺序方面要求相对较低，同时待刷新的页面太多，通常采用并行工作方式，所以需要较长时间才可以刷新一次页面。因此，存在着一定的缺陷，这种网络爬虫主要应用于大型搜索引擎中，有非常高的应用价值。通用网络爬虫主要由初始 URL 集合、URL 队列、页面爬行模块、页面分析模块、页面数据库、链接过滤模块等构成。

2. 聚焦网络爬虫

聚焦网络爬虫（focused web crawler）也叫作主题网络爬虫（topical web crawler），是指按照预先定义好的主题，有选择地进行相关网页爬取的一种爬虫。它和通用网络爬虫相比，不会将目标资源定位在整个互联网中，而是将爬取的目标网页定位在与主题相关的页面中。这极大地节省了硬件和网络资源，保存速度也由于页面数量少而更快，聚焦网络爬虫主要应用在对特定信息的爬取，为某一类特定的人群提供服务。

3. 增量式网络爬虫

增量式网络爬虫（incremental web crawler），所谓增量式，对应着增量式更新。增量式更新指的是在更新时只更新改变的地方，而未改变的地方则不更新，所以增量式网络爬虫，在爬取网页时，只会在需要时爬行新产生或发生更新的页面，对于没有发生变化的页面则不会爬取。这样可有效减少数据下载量，减少时间和空间上的耗费，但是在爬行算法上需要增加一些难度。

4. 深层网络爬虫

在互联网中，Web 页面按存在方式可以分为表层网页（surface web）和深层网页（deep web）。表层网页是指不需要提交表单，使用静态的超链接就可以直接访问的静态页面；深层网页是指那些大部分内容被隐藏在搜索表单后面，不能通过静态链接来获取，只有用户提交一些关键词才能获得的Web 页面。深层页面需要访问的信息数量是表层页面信息数量的几百倍，所以深层页面是主要的爬取对象。

深层网络爬虫主要由 6 个基本功能的模块（爬行控制器、解析器、表单分析器、表单处理器、响应分析器、LVS 控制器）和两个爬虫内部数据结构（URL 列表、LVS 表）等部分构成。其中，LVS（label value set）表示标签/数值集合，用来表示填充表单的数据源。

17.1.3 网络爬虫的基本原理

一个通用的网络爬虫基本工作流程图如图 17.1 所示。

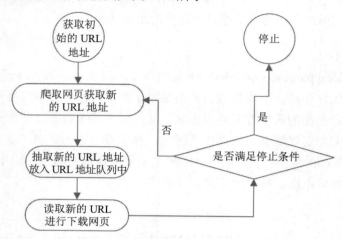

图 17.1　通用的网络爬虫基本工作流程图

网络爬虫的基本工作流程如下。

（1）获取初始的 URL 地址，该 URL 地址是用户自己制定的初始爬取的网页。

（2）爬取对应 URL 地址的网页，获取新的 URL 地址。

（3）抽取新的 URL 地址放入 URL 队列中。

（4）从 URL 队列中读取新的 URL，然后依据新的 URL 下载网页，同时从新的网页中获取新的 URL 地址，重复上述的爬取过程。

（5）设置停止条件，如果没有设置停止条件，爬虫会一直爬取下去，直到无法获取新的 URL 地址为止。设置了停止条件后，爬虫将会在满足停止条件时停止爬取。

17.2　网络爬虫的常用技术

17.2.1　Python 的网络请求

在 17.1 节中多次提到了 URL 地址与下载网页，这两项是网络爬虫必备而又关键的功能，说到这两个功能必然离不开与 HTTP 打交道。本节将介绍在 Python 中实现 HTTP 网络请求常见的 3 种方式，即 urllib、urllib3 和 requests。

1．urllib 模块

urllib 是 Python 自带模块，该模块中提供了一个 urlopen()方法，通过该方法指定 URL 发送网络请求来获取数据。urllib 模块提供了多个子模块，具体的子模块名称及其描述如表 17.1 所示。

表 17.1　urllib 模块中的子模块名称及其描述

子模块名称	描　　述
urllib.request	该模块定义了打开 URL（主要是 HTTP）的方法和类，如身份验证、重定向、cookie 等
urllib.error	该模块中主要包含异常类，基本的异常类是 URLError
urllib.parse	该模块定义的功能分为两大类，即 URL 解析和 URL 引用
urllib.robotparser	该模块用于解析 robots.txt 文件

通过 urllib.request 模块实现发送请求并读取网页内容的简单示例如下：

```
01    import urllib.request                                        # 导入模块
02
03    # 打开指定需要爬取的网页
04    response = urllib.request.urlopen('http://www.baidu.com')
05    html = response.read()                                       # 读取网页代码
06    print(html)                                                  # 打印读取内容
```

上述示例通过 get 请求方式获取百度的网页内容。下面通过使用 urllib.request 模块的 post 请求实现获取网页信息的内容，示例如下：

```
01    import urllib.parse
02    import urllib.request
03
04    # 将数据使用 urlencode 编码处理后，再使用 encoding 设置为 UTF-8 编码
05    data = bytes(urllib.parse.urlencode({'word': 'hello'}), encoding='utf8')
06    # 打开指定需要爬取的网页
07    response = urllib.request.urlopen('http://httpbin.org/post', data=data)
08    html = response.read()                                       # 读取网页代码
09    print(html)                                                  # 打印读取内容
```

说明

这里通过 http://httpbin.org/post 网站进行演示，该网站可以模拟各种请求操作。

2．urllib3 模块

urllib3 是一个功能强大，条理清晰，用于 HTTP 客户端的 Python 库，许多 Python 的原生系统已经开始使用 urllib3。urllib3 提供了很多 Python 标准库里所没有的重要特性，具体如下：

- ☑　线程安全。
- ☑　连接池。
- ☑　客户端 SSL/TLS 验证。
- ☑　使用多部分编码上传文件。
- ☑　Helpers 用于重试请求并处理 HTTP 重定向。
- ☑　支持 gzip 和 deflate 编码。
- ☑　支持 HTTP 和 SOCKS 代理。
- ☑　100%的测试覆盖率。

通过 urllib3 模块实现发送网络请求的示例代码如下：

```
01    import urllib3
02
03    # 创建 PoolManager 对象，用于处理与线程池的连接以及线程安全的所有细节
04    http = urllib3.PoolManager()
05    # 对需要爬取的网页发送请求
06    response = http.request('GET','https://www.baidu.com/')
07    print(response.data)        # 打印读取内容
```

post 请求实现获取网页信息的内容，关键代码如下：

```
01    # 对需要爬取的网页发送请求
02    response = http.request('POST',
03                            'http://httpbin.org/post'
04                            ,fields={'word': 'hello'})
```

注意

在使用 urllib3 模块前，需要在 Python 中通过 pip install urllib3 代码进行模块的安装。

3. requests 模块

requests 是 Python 中实现 HTTP 请求的一种方式，requests 是第三方模块，该模块在实现 HTTP 请求时要比 urllib 模块简化很多，操作更加人性化。在使用 requests 模块时需要通过执行 pip install requests 代码进行该模块的安装。requests 功能特性如下。

- ☑ Keep-Alive & 连接池。
- ☑ 国际化域名和 URL。
- ☑ 带持久 Cookie 的会话。
- ☑ 浏览器式的 SSL 认证。
- ☑ 自动内容解码。
- ☑ 基本/摘要式的身份认证。
- ☑ 优雅的 key/value Cookie。
- ☑ 自动解压。
- ☑ Unicode 响应体。
- ☑ HTTP(S)代理支持。
- ☑ 文件分块上传。
- ☑ 流下载。
- ☑ 连接超时。
- ☑ 分块请求。
- ☑ 支持.netrc。

以 GET 请求方式打印多种请求信息，示例代码如下：

```
01    import requests                                    # 导入模块
02
03    response = requests.get('http://www.baidu.com')
```

```
04    print(response.status_code)                              # 打印状态码
05    print(response.url)                                      # 打印请求 url
06    print(response.headers)                                  # 打印头部信息
07    print(response.cookies)                                  # 打印 cookies 信息
08    print(response.text)                                     # 以文本形式打印网页源码
09    print(response.content)                                  # 以字节流形式打印网页源码
```

以 POST 请求方式发送 HTTP 网络请求，示例代码如下：

```
01    import requests
02
03    data = {'word': 'hello'}                                 # 表单参数
04    response = requests.post('http://httpbin.org/post', data=data)    # 对需要爬取的网页发送请求
05    print(response.content)                                  # 以字节流形式打印网页源码
```

requests 模块不仅提供了以上两种常用的请求方式，还提供以下多种网络请求的方式，代码如下：

```
01    requests.put('http://httpbin.org/put',data = {'key':'value'})    # PUT 请求
02    requests.delete('http://httpbin.org/delete')             # DELETE 请求
03    requests.head('http://httpbin.org/get')                  # HEAD 请求
04    requests.options('http://httpbin.org/get')               # OPTIONS 请求
```

如果发现请求的 URL 地址中参数是跟在"?"（问号）的后面，如 httpbin.org/get?key=val。requests 模块提供了传递参数的方法，允许用户使用 params 关键字参数，以一个字符串字典形式来提供这些参数。例如，用户想传递 key1=value1 和 key2=value2 到 httpbin.org/get 中，可以使用如下代码：

```
01    import requests
02
03    payload = {'key1': 'value1', 'key2': 'value2'}           # 传递的参数
04    # 对需要爬取的网页发送请求
05    response = requests.get("http://httpbin.org/get", params=payload)
06    print(response.content)                                  # 以字节流形式打印网页源码
```

17.2.2　请求 headers 处理

有时在请求一个网页内容时，发现无论通过 GET 或者 POST 以及其他请求方式，都会出现 403 错误。这种现象多数为服务器拒绝了您的访问，那是因为这些网页为了防止恶意采集信息，使用了反爬虫设置。此时可以通过模拟浏览器的头部信息来进行访问，这样就能解决以上反爬设置的问题。下面以 requests 模块为例介绍请求头部 headers 的处理，具体步骤如下。

（1）通过浏览器的网络监视器查看头部信息，首先通过火狐浏览器打开对应的网页地址，然后按 Shift+Ctrl+E 快捷键打开网络监视器，最后刷新当前页面，网络监视器将显示如图 17.2 所示的数据变化。

（2）选中第一条信息，右侧的消息头面板中将显示请求头部信息，然后复制该信息，如图 17.3 所示。

（3）实现代码，首先创建一个需要爬取的 url 地址，然后创建 headers 头部信息，再发送请求等待响应，最后打印网页的代码信息。实现代码如下：

```
01    import requests
02    url = 'https://www.baidu.com/'                           # 创建需要爬取网页的地址
```

```
03    # 创建头部信息
04    headers = {'User-Agent':'Mozilla/5.0(Windows NT 6.1;W...) Gecko/20100101 Firefox/59.0'}
05    response  = requests.get(url, headers=headers)          # 发送网络请求
06    print(response.content)                                 # 以字节流形式打印网页源码
```

图 17.2　网络监视器的数据变化

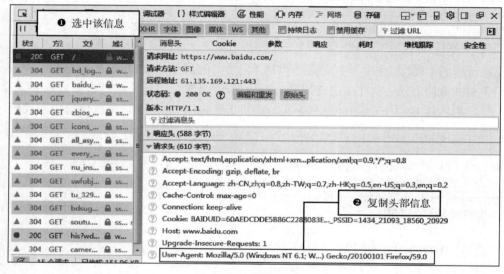

图 17.3　复制头部信息

17.2.3　网络超时

在访问一个网页时，如果该网页长时间未响应，系统就会判断该网络超时，所以无法打开网页。下列示例通过代码来模拟一个网络超时的现象，代码如下：

```
01    import requests
02    # 循环发送请求 50 次
03    for a in range(0, 50):
04        try:                                                # 捕获异常
05            # 设置超时为 0.5s
06            response = requests.get('https://www.baidu.com/', timeout=0.5)
07            print(response.status_code)                     # 打印状态码
```

```
08          except Exception as e:                              # 捕获异常
09              print('异常'+str(e))                            # 打印异常信息
```

打印结果如图 17.4 所示。

```
200
200
200
异常HTTPSConnectionPool(host='www.baidu.com', port=443): Read timed out. (read timeout=1)
200
200
200
```

图 17.4　异常信息

> **说明**
>
> 　　上述代码模拟了 50 次循环请求，并且设置超时时间为 0.5 s。如果在 0.5 s 内服务器未做出响应，则将视为超时，并将超时信息打印在控制台中。根据以上模拟测试结果，可在不同情况下设置不同的 timeout 值。

说起网络异常信息，requests 模块同样提供了 3 种常见的网络异常类，示例代码如下：

```
01    import requests
02    # 导入 requests.exceptions 模块中的 3 种异常类
03    from requests.exceptions import ReadTimeout,HTTPError,RequestException
04    # 循环发送请求 50 次
05    for a in range(0, 50):
06        try:                                              # 捕获异常
07            # 设置超时为 0.5 s
08            response = requests.get('https://www.baidu.com/', timeout=0.5)
09            print(response.status_code)                   # 打印状态码
10        except ReadTimeout:                               # 超时异常
11            print('timeout')
12        except HTTPError:                                 # HTTP 异常
13            print('httperror')
14        except RequestException:                          # 请求异常
15            print('reqerror')
```

17.2.4　代理服务

在爬取网页的过程中，经常会出现不久前可以爬取的网页现在无法爬取了，这是因为您的 IP 被爬取网站的服务器屏蔽了。此时，代理服务可以为您解决这一麻烦，设置代理时，首先需要找到代理地址，如 122.114.31.177，对应的端口号为 808，完整的格式为 http://150.138.253.72:808 或者 https://150.138.253.72:808。示例代码如下：

```
01    import requests
02
03    proxy = {'http': 'http://http://150.138.253.72:808',
```

```
04              'https': 'https://http://150.138.253.72:808'}        # 设置代理 IP 与对应的端口号
05    # 对需要爬取的网页发送请求
06    response = requests.get('http://www.mingrisoft.com/', proxies=proxy)
07    print(response.content)                                        # 以字节流形式打印网页源码
```

由于示例中代理 IP 是免费的，因此使用的时间不固定，当超出使用的时间范围时，该地址将失效。在地址失效或者地址错误时，控制台将显示如图 17.5 所示的错误信息。

```
Traceback (most recent call last):
  File "C:\Users\Administrator\AppData\Local\Programs\Python\Python36\lib\site-packages\urllib3\connection.py", line 141, in _new_conn
    (self.host, self.port), self.timeout, **extra_kw)
  File "C:\Users\Administrator\AppData\Local\Programs\Python\Python36\lib\site-packages\urllib3\util\connection.py", line 83, in create_connection
    raise err
  File "C:\Users\Administrator\AppData\Local\Programs\Python\Python36\lib\site-packages\urllib3\util\connection.py", line 73, in create_connection
    sock.connect(sa)
TimeoutError: [WinError 10060] 由于连接方在一段时间后没有正确答复或连接的主机没有反应，连接尝试失败。
```

图 17.5　代理地址失效或错误时所提示的信息

误区警示

　　在指定代理地址时，需要加上 http:// 或者 https://。尽管前面已经写了 http 或者 https，但是这里还需要添加。如果不添加，则会抛出 "requests.exceptions.InvalidURL: Proxy URL had no scheme, should start with http:// or https://" 异常。

17.2.5　HTML 解析之 BeautifulSoup

BeautifulSoup 是一个用于从 HTML 和 XML 文件中提取数据的 Python 库。BeautifulSoup 提供一些简单的函数用来处理导航、搜索、修改分析树等功能。BeautifulSoup 模块中的查找提取功能非常强大，而且非常便捷，它通常可以节省程序员数小时或数天的工作时间。

BeautifulSoup 自动将输入文档转换为 Unicode 编码，输出文档转换为 UTF-8 编码。用户不需要考虑编码方式，除非文档没有指定一个编码方式。这时，BeautifulSoup 不能自动识别编码方式，用户仅仅需要说明原始编码方式即可。

1．BeautifulSoup 的安装

BeautifulSoup 3 已经停止开发，当前推荐使用 BeautifulSoup 4，不过它已经被移植到 bs4 中，因此需要使用 from bs4 import BeautifulSoup 从 bs4 中导入 BeautifulSoup。安装 BeautifulSoup 有以下 3 种方式。

☑　如果使用的是最新版本的 Debian 或 Ubuntu Linux，则可以使用系统软件包管理器安装 BeautifulSoup。安装命令为 apt-get install python-bs4。

☑　BeautifulSoup 4 是通过 PyPi 发布的，可以通过 easy_install 或 pip 来安装。包名是 beautifulsoup 4，安装命令为 easy_install beautifulsoup4 或者 pip install beautifulsoup4。

☑　如果当前的 BeautifulSoup 不是想要的版本，则可以通过下载源码的方式安装，源码的下载地址为 https://www.crummy.com/software/BeautifulSoup/bs4/download/，然后在控制台中打开源码的指定路径，输入命令 python setup.py install 即可，如图 17.6 所示。

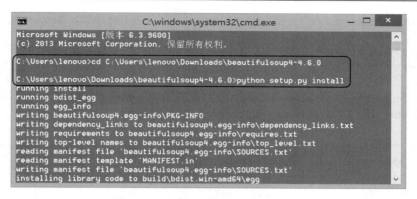

图 17.6　通过源码安装 BeautifulSoup

BeautifulSoup 支持 Python 标准库中包含的 HTML 解析器，但它也支持许多第三方 Python 解析器，其中包含 lxml 解析器。根据不同的操作系统，用户可以使用以下命令之一安装 lxml。

- ☑　apt-get install python-lxml。
- ☑　easy_install lxml。
- ☑　pip install lxml。

另一个解析器是 html5lib，它是一个用于解析 HTML 的 Python 库，按照 Web 浏览器的方式解析 HTML。用户可以使用以下命令之一安装 html5lib。

- ☑　apt-get install python-html5lib。
- ☑　easy_install html5lib。
- ☑　pip install html5lib。

表 17.2 总结了每个解析器的用法及其优缺点。

表 17.2　解析器的用法及其优缺点

解　析　器	用　　法	优　　点	缺　　点
Python 标准库	BeautifulSoup(markup, "html.parser")	Python 标准库 执行速度适中	（在 Python 2.7.3 或 3.2.2 之前的版本中）文档容错能力差
lxml 的 HTML 解析器	BeautifulSoup(markup, "lxml")	速度快 文档容错能力强	需要安装 C 语言库
lxml 的 XML 解析器	BeautifulSoup(markup, "lxml-xml") BeautifulSoup(markup, "xml")	速度快 唯一支持 XML 的解析器	需要安装 C 语言库
html5lib	BeautifulSoup(markup, "html5lib")	最好的容错性 以浏览器的方式解析文档 生成 HTML5 格式的文档	速度慢，不依赖外部扩展

2．BeautifulSoup 的使用

安装完 BeautifulSoup 后，下面将介绍如何通过 BeautifulSoup 库进行 HTML 的解析工作，具体示例步骤如下。

（1）从 bs4 中导入 BeautifulSoup 库，然后创建一个模拟 HTML 代码的字符串，代码如下：

```
01    from bs4 import BeautifulSoup                                    # 从 bs4 中导入 BeautifulSoup 库
02
03    # 创建模拟 HTML 代码的字符串
04    html_doc = """
05    <html><head><title>The Dormouse's story</title></head>
06    <body>
07    <p class="title"><b>The Dormouse's story</b></p>
08
09    <p class="story">Once upon a time there were three little sisters; and their names were
10    <a href="http://example.com/elsie" class="sister" id="link1">Elsie</a>,
11    <a href="http://example.com/lacie" class="sister" id="link2">Lacie</a> and
12    <a href="http://example.com/tillie" class="sister" id="link3">Tillie</a>;
13    and they lived at the bottom of a well.</p>
14
15    <p class="story">...</p>
16    """
```

（2）创建 BeautifulSoup 对象，并指定解析器为 lxml，最后通过打印的方式将解析的 HTML 代码
显示在控制台中，代码如下：

```
01    # 创建一个 BeautifulSoup 对象，获取页面正文
02    soup = BeautifulSoup(html_doc, features="lxml")
03    print(soup)                                          # 打印解析的 HTML 代码
```

运行结果如图 17.7 所示。

```
<html><head><title>The Dormouse's story</title></head>
<body>
<p class="title"><b>The Dormouse's story</b></p>
<p class="story">Once upon a time there were three little sisters; and their names were
<a class="sister" href="http://example.com/elsie" id="link1">Elsie</a>,
<a class="sister" href="http://example.com/lacie" id="link2">Lacie</a> and
<a class="sister" href="http://example.com/tillie" id="link3">Tillie</a>;
and they lived at the bottom of a well.</p>
<p class="story">...</p>
</body></html>
```

图 17.7　显示解析后的 HTML 代码

说明

　　如果将 html_doc 字符串中的代码保存在 index.html 文件中，可以通过打开 HTML 文件的方式
进行代码的解析，并且可以通过 prettify()方法进行代码的格式化处理，代码如下：

```
01    # 创建 BeautifulSoup 对象打开需要解析的 html 文件
02    soup = BeautifulSoup(open('index.html'),'lxml')
03    print(soup.prettify())        # 打印格式化后的代码
```

说明

　　在运行上述代码前，需要先使用命令 pip install lxml 安装 lxml 模块。

17.3　网络爬虫开发常用框架 Scrapy

使用 requests 与其他 HTML 解析库所实现的爬虫程序，只是满足了爬取数据的需求。如果想要更加规范地爬取数据，则需要使用爬虫框架。Scrapy 框架是一套比较成熟的 Python 爬虫框架，简单轻巧，并且非常方便，可以高效率地爬取 Web 页面并从页面中提取结构化的数据。Scrapy 是一套开源的框架，所以在使用时没有收费问题。

17.3.1　安装 Scrapy 爬虫框架

由于 Scrapy 爬虫框架需要依赖的库比较多，尤其是在 Windows 系统中，至少需要依赖的库有 Twisted、lxml、pyOpenSSL 以及 pywin32。因此在安装时步骤比较烦琐，需要耐心操作。安装 Scrapy 爬虫框架的具体步骤如下。

1．安装 Twisted 模块

（1）打开 Python 扩展包的非官方 Windows 二进制文件网站（https://www.lfd.uci.edu/~gohlke/pythonlibs/），然后按 Ctrl+F 快捷键搜索 Twisted 模块，网页将自动定位到下载 Twisted 扩展包二进制文件的位置，这时可根据自己的 Python 版本进行选择并下载即可，由于笔者使用的是 Python 3.9，因此这里选择 Twisted-20.3.0-cp39-cp39-win_amd64.whl 进行下载，其中 cp39 表示对应 Python 3.9 版本，win32 和 win_amd64 分别表示 Windows 32 位和 64 位系统，如图 17.8 所示。

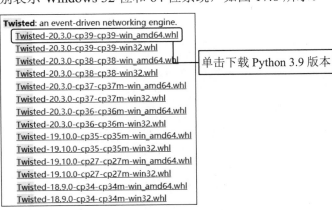

图 17.8　下载 Twisted-20.3.0-cp39-cp39-win_amd64.whl 二进制文件

（2）文件被下载完成后，以管里员身份运行"命令提示符"窗口，然后使用 pip install.whl 文件的完整路径命令通过本地文件安装 Twisted 模块。例如，当.whl 文件存储路径为 D:\temp\Twisted-20.3.0-cp39-cp39-win_amd64.whl 时，需要输入的命令为 pip install D:\temp\Twisted-20.3.0-cp39-cp39-win_amd64.whl，如图 17.9 所示。

2．安装 Scrapy

打开"命令提示符"窗口，然后输入 pip install Scrapy 命令，安装 Scrapy 框架。如果没有出现异常或错误信息，则表示 Scrapy 框架被安装成功。

图 17.9　安装 Twisted 模块

说明

在安装 Scrapy 框架的过程中，同时会将 lxml 与 pyOpenSSL 模块也安装在 Python 环境中。

3. 安装 pywin32

打开"命令提示符"窗口，然后输入 pip install pywin32 命令，安装 pywin32 模块。安装完成后，在"命令提示符"窗口中输入 import pywin32_system32，如果没有提示错误信息，则表示安装成功。

17.3.2　创建 Scrapy 项目

在任意路径下创建一个保存项目的文件夹，例如，首先在 F:\PycharmProjects 文件夹内运行"命令提示符"窗口，然后输入 scrapy startproject scrapyDemo 命令即可创建一个名称为 scrapyDemo 的项目，如图 17.10 所示。

项目被创建完成后，可以看到如图 17.11 所示的项目的目录结构。

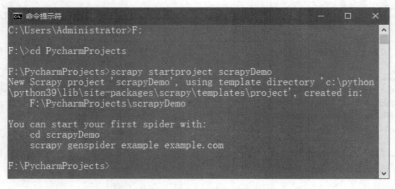

图 17.10　创建 Scrapy 项目

图 17.11　项目的目录结构

目录结构中的文件说明如下。

☑　spiders（文件夹）：用于创建爬虫文件，编写爬虫规则。

☑　__init__.py 文件：初始化文件。

☑　items.py 文件：用于数据的定义，可以寄存处理后的数据。

☑　middlewares.py 文件：定义爬取时的中间件，其中包括 SpiderMiddleware（爬虫中间件）、DownloaderMiddleware（下载中间件）。

- ☑　pipelines.py 文件：用于实现清洗数据、验证数据、保存数据。
- ☑　settings.py 文件：整个框架的配置文件，主要包含配置爬虫信息，如请求头、中间件等。
- ☑　scrapy.cfg 文件：项目部署文件，其中定义了项目的配置文件路径等相关信息。

17.3.3　创建爬虫

在创建爬虫时，首先需要创建一个爬虫模块文件，该文件需要放置在 spiders 文件夹中。爬虫模块是用于从一个网站或多个网站中爬取数据的类，它需要继承自 scrapy.Spider 类，scrapy.Spider 类中提供了 start_requests()方法实现初始化网络请求，然后通过 parse()方法解析返回的结果。

【例 17.1】爬取网页代码并保存 html 文件。（实例位置：资源包\TM\sl\17\01）

下面以爬取如图 17.12 所示的网页为例，实现爬取网页后将网页的代码以 html 文件形式保存至项目文件夹中。

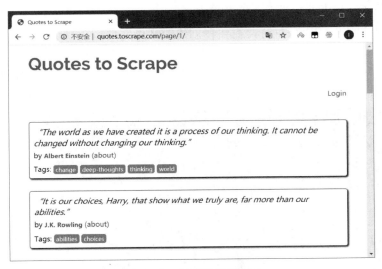

图 17.12　爬取的目标网页

在 spiders 文件夹中创建一个名称为 crawl.py 的爬虫文件，在该文件中，首先创建 QuotesSpider 类，该类需要继承自 scrapy.Spider 类，然后重写 start_requests()方法实现网络的请求工作，接着重写 parse()方法实现向文件中写入获取的 html 代码。本例对应的代码如下：

```
01   import scrapy                                    # 导入框架
02
03
04   class QuotesSpider(scrapy.Spider):
05       name = "quotes"                              # 定义爬虫名称
06
07       def start_requests(self):
08           # 设置爬取目标的地址
09           urls = [
10               'http://quotes.toscrape.com/page/1/',
11               'http://quotes.toscrape.com/page/2/',
```

```
12          ]
13          # 获取所有地址，有几个地址发送几次请求
14          for url in urls:
15              # 发送网络请求
16              yield scrapy.Request(url=url, callback=self.parse)
17
18      def parse(self, response):
19          # 获取页数
20          page = response.url.split("/")[-2]
21          # 根据页数设置文件名称
22          filename = 'quotes-%s.html' % page
23          # 以写入文件模式打开文件，如果没有该文件将创建该文件
24          with open(filename, 'wb') as f:
25              # 向文件中写入获取的 html 代码
26              f.write(response.body)
27          # 输出保存文件的名称
28          self.log('Saved file %s' % filename)
```

在运行 Scrapy 所创建的爬虫项目时，需要在创建的爬虫文件所在目录中右击，在弹出的快捷菜单中选择"在此处打开 Powershell 窗口"菜单项，启动 Windows Powershell 命令窗口，在该窗口中输入 scrapy crawl quotes，其中 quotes 是自己定义的爬虫名称。运行完成后，将显示如图 17.13 所示的信息。程序运行完成后，将在 crawl.py 文件的同级目录中自动生成两个.html 文件，如图 17.14 所示。

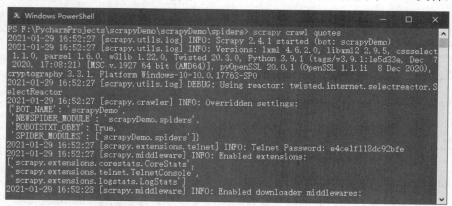

图 17.13　显示启动爬虫后的信息

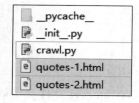

图 17.14　自动生成.html 文件

17.4　实战项目：快手爬票

17.4.1　快手爬票概述

　　无论是出差还是旅行，都离不开交通工具的支持。如今随着科技水平的提高，高铁与动车成为人们喜爱的交通工具。如果需要知道列车的相关信息，就需要在各类的列车网站中进行查询，本节将通过 Python 的爬虫技术实现一个快手爬票工具，如图 17.15 所示。

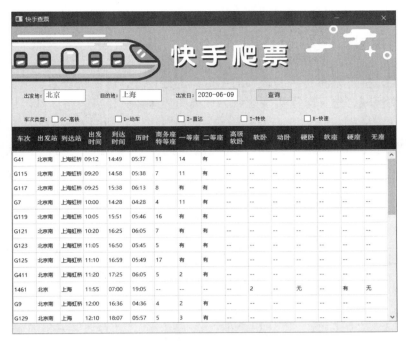

图 17.15　快手爬票

17.4.2　创建快手爬票项目

在 PyCharm 中，创建一个 Python 项目，名称为 check tickets。有时在创建 Python 项目时，需要设置项目的存储位置以及 Python 解释器，这里需要注意的是，设置 Python 解释器应该是 python.exe 文件的地址，如图 17.16 所示。设置完成后，单击 Create 按钮，即可进入 PyCharm 开发工具的主窗口。此时，完成项目的创建。

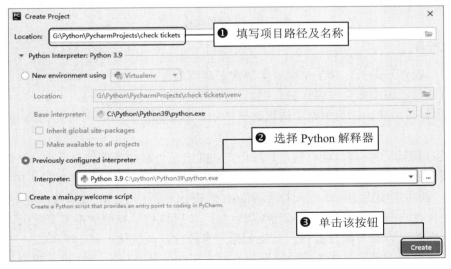

图 17.16　设置项目路径及 Python 解释器

17.4.3　主窗口设计

项目创建完成后，接下来将对快手爬票的主窗口进行设计，首先需要创建主窗口外层，然后依次添加顶部图片、查询区域、选择车次类型区域、分类图片区域、信息表格区域。设计思路如图 17.17 所示。

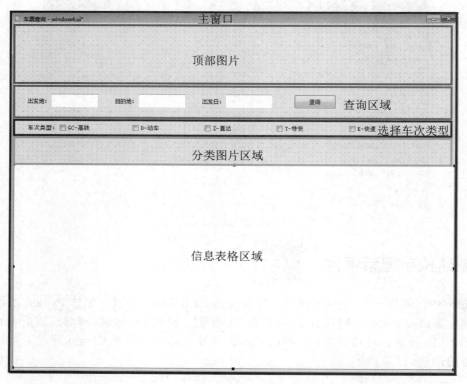

图 17.17　主窗口设计思路

1. Qt 拖曳控件

了解了主窗口设计思路后，接下来需要实现快手爬票的窗口。由于在 17.4.2 节中已经完成该项目的创建，下面直接设计窗口即可。设计窗口的具体步骤如下。

（1）打开项目后，在顶部菜单栏中依次选择 Tools → External Tools → Qt Designer 菜单项，如图 17.18 所示。

（2）Qt 的窗口编辑工具将自动打开，并且会自动弹出一个新建窗体的对话框，在该对话框中选择一个主窗口的模板，这里选择 Main Window，然后单击"创建"按钮即可，如图 17.19 所示。

（3）主窗口创建完成后，自动进入 Qt Designer 的设计界面，顶部区域是菜单栏与菜单快捷选项；左侧区域是各种控件与布局；中间的区域为编辑区域，该区域可以将控件拖曳至此处，也可以预览窗口的设计效果；右侧上方是对象查看器，此处列出所有控件以及彼此所属的关系层；右侧中间的位置是属性编辑器，此处可以设置控件的各种属性；右侧底部的位置分别为信号/槽编辑器、动作编辑器以及资源浏览器。具体位置与功能如图 17.20 所示。

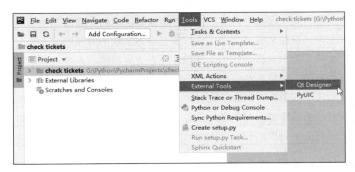

图 17.18　启动 Qt Designer

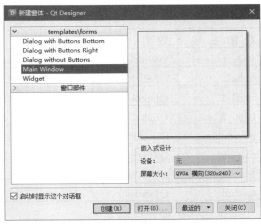

图 17.19　选择主窗口模板

图 17.20　Qt Designer 的设计界面

（4）根据如图 17.20 所示的设计思路依次将指定的控件拖曳至主窗口中，首先添加主窗口容器，并向该窗口内添加控件，如表 17.3 所示。

表 17.3　主窗口区域相关的控件

对　象　名　称	控　件　名　称	描　　　　述
centralwidget	QWidget	该控件与对象名称是创建主窗体后默认生成的，为主窗口外层容器
label_title_img	QLabel	设置顶部图片所使用，对象名称自定义，该控件在主窗口容器内
label_train_img	QLabel	设置分类图片所使用，对象名称自定义，该控件在主窗口容器内
tableView	QTableView	显示信息表格，对象名称自定义，该控件在主窗口容器内

向主窗口中添加查询区域容器与控件，如表 17.4 所示。

表 17.4　查询区域相关的控件

对 象 名 称	控 件 名 称	描　　　　述
widget_query	QWidget	显示查询区域，对象名称自定义，该控件为查询区域的容器
Label	QLabel	显示"出发地："文字，对象名称自定义，该控件在查询区域的容器内
label_2	QLabel	显示"目的地："文字，对象名称自定义，该控件在查询区域的容器内
label_3	QLabel	显示"出发日："文字，对象名称自定义，该控件在查询区域的容器内
pushbutton	QPushButton	该控件用于显示查询按钮，对象名称自定义，该控件在查询区域的容器内
textEdit	QTextEdit	显示"出发地"所对应的编辑框，对象名称自定义，该控件在查询区域的容器内
textEdit_2	QTextEdit	显示"目的地"所对应的编辑框，对象名称自定义，该控件在查询区域的容器内
textEdit_3	QTextEdit	显示"出发日"所对应的编辑框，对象名称自定义，该控件在查询区域的容器内

向主窗口中添加选择车次类型区域相关的控件，如表 17.5 所示。

表 17.5　选择车次类型区域相关的控件

对 象 名 称	控 件 名 称	描　　　　述
widget_checkBox	QWidget	显示选择车次类型区域，对象名称自定义，该控件为选择车次类型区域的容器
checkBox_D	QCheckBox	选择动车类型，对象名称自定义，该控件在选择车次类型的容器内
checkBox_G	QCheckBox	选择高铁类型，对象名称自定义，该控件在选择车次类型的容器内
checkBox_K	QCheckBox	选择快车类型，对象名称自定义，该控件在选择车次类型的容器内
checkBox_T	QCheckBox	选择特快类型，对象名称自定义，该控件在选择车次类型的容器内
checkBox_Z	QCheckBox	该控件用于选择直达类型，对象名称自定义，该控件在选择车次类型的容器内
label_type	QLabel	显示"车次类型："文字，对象名称自定义，该控件在选择车次类型的容器内

📢**注意**

　　除了主窗口默认创建的 QWidget 控件，其他每个 QWidget 就是一个显示区域的容器，都需要自行拖曳到主窗口中，然后将每个区域对应的控件拖曳并摆放在当前的容器中即可。

　　在拖曳控件时，可以根据控件边缘的蓝色调节点设置控件的位置与大小，如图 17.21 所示。如果需要修改非常精确的参数值，可以在属性编辑器中进行设置，也可以在生成后的 Python 代码中对窗口的详细参数进行修改。在设置控件文字时，可以选中控件，然后在右侧的属性编辑器的 text 标签中进行设置，如图 17.22 所示。

图 17.21　拖曳控件与设置大小　　　　　　　　图 17.22　设置控件显示的文字

（5）窗口设计完成后，按 Ctrl+S 快捷键保存窗口设计文件名称为 window.ui，然后需要将该文件保存在当前项目的目录中，接着在该文件右键菜单中选择 External Tools→PyUIC 菜单项，将窗口设计的 ui 文件转换为 py 文件，如图 17.23 所示。转换后的 py 文件将显示在当前目录中，如图 17.24 所示。

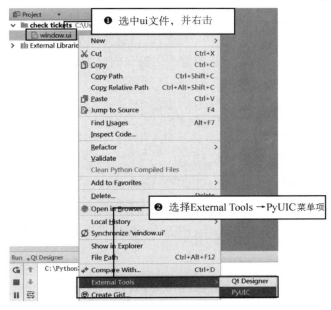

图 17.23　将 ui 文件转换为 py 文件　　　　　　　　图 17.24　显示转换后的 py 文件

2．代码调试细节

打开 window.py 文件后，自动生成的代码中已经导入了 PyQt5 以及其内部的常用模块。PyQt5 是一套 Python 绑定 Digia QT5 应用的框架，它可用于 Python 中。它是功能最强大的 GUI 库之一，PyQt5 的官方网址是 www.riverbankcomputing.co.uk/news。PyQt5 的类别分为多个模块，其常见的模块及其描述如表 17.6 所示。

表 17.6　PyQt5 类别常见的模块及其描述

模　　块	描　　述
QtCore	用于处理时间、文件和目录、各种数据类型、流、URL、MIME 类型、线程或进程
QtGui	包含类窗口系统集成、事件处理、二维图形、基本成像、字体和文本。它还包含了一套完整的 OpenGL 和 OpenGL ES 的绑定
QtWidgets	其中的类提供了一组用于创建经典桌面风格用户界面的 UI 元素
QtMultimedia	其中的类用于处理多媒体内容和 API 来访问的相机、收音机功能
QtNetwork	包含网络编程的类，使网络编程更简单、更便携，便于 TCP/IP 和 UDP 客户端和服务器的编码
QtPositioning	其中的类可利用各种可能的来源确定位置，包括卫星、Wi-Fi 等
QtWebSockets	包含实现 WebSocket 协议的类
QtXml	包含处理 XML 文件中的类，为 SAX 和 DOM API 提供解决方法
QtSvg	提供显示 SVG 文件内容的类。SVG 是可缩放矢量图形，是描述 XML 中的二维图形的一种格式

续表

模　块	描　述
QtSql	提供了用于处理数据库的类
QtTest	PyQt5 应用程序的单元测试

下面通过代码来调试主窗口中各种控件的细节处理，以及相应的属性。具体步骤如下。

（1）打开 window.py 文件，在右侧代码区域的 setupUi()方法中修改主窗口的最大值与最小值，用于保持主窗体大小不变，无法被扩大或缩小，代码如下：

```
01    MainWindow.setObjectName("MainWindow")                        # 设置窗口对象名称
02    MainWindow.resize(960, 786)                                   # 设置窗口大小
03    MainWindow.setMinimumSize(QtCore.QSize(960, 786))            # 主窗口最小值
04    MainWindow.setMaximumSize(QtCore.QSize(960, 786))            # 主窗口最大值
05    self.centralwidget = QtWidgets.QWidget(MainWindow)           # 主窗口的 widget 控件
06    self.centralwidget.setObjectName("centralwidget")           # 设置对象名称
```

（2）将图片资源 img 文件夹复制到该项目中，然后导入 PyQt5.QtGui 模块中的 QPalette、QPixmap、QColor，以用于对控件设置背景图片，接着为对象名 label_title_img 的 Label 控件设置背景图片，该控件用于显示顶部图片。关键代码如下：

```
01    from PyQt5.QtGui import QPalette, QPixmap, QColor
02                                # 导入 PyQt5.QtGui 模块中的 QPalette、QPixmap、QColor 类
03    # 通过 label 控件显示顶部图片
04    self.label_title_img = QtWidgets.QLabel(self.centralwidget)
05    self.label_title_img.setGeometry(QtCore.QRect(0, 0, 960, 141))
06    self.label_title_img.setObjectName("label_title_img")
07    title_img = QPixmap('img/bg1.png')                           # 打开顶部位图
08    self.label_title_img.setPixmap(title_img)                    # 设置调色板
```

（3）设置查询部分 widget 控件的背景图片，该控件起到容器的作用，在设置背景图片时并没有 Label 控件那么简单。首先需要为该控件开启自动填充背景功能，然后创建调色板对象，指定调色板背景图片，最后为控件设置对应的调色板即可。关键代码如下：

```
01    # 查询部分的 widget
02    self.widget_query = QtWidgets.QWidget(self.centralwidget)
03    self.widget_query.setGeometry(QtCore.QRect(0, 141, 960, 80))
04    self.widget_query.setObjectName("widget_query")
05    # 开启自动填充背景
06    self.widget_query.setAutoFillBackground(True)
07    palette = QPalette()                                          # 调色板类
08    # 设置背景图片
09    palette.setBrush(QPalette.Background, QtGui.QBrush(QtGui.QPixmap('img/bg2.png')))
10    self.widget_query.setPalette(palette)                        # 为控件设置对应的调色板即可
```

 说明

根据以上两种设置背景图片的方法，分别为选择车次类型的 widget 控件与显示火车信息图片的 Label 控件设置背景图片。

（4）通过代码修改窗口或控件文字时，需要在 retranslateUi()方法中进行设置，关键代码如下：

```
01  def retranslateUi(self, MainWindow):
02      MainWindow.setWindowTitle(_translate("MainWindow", "车票查询"))
03      self.checkBox_T.setText(_translate("MainWindow", "T-特快"))
04      self.checkBox_K.setText(_translate("MainWindow", "K-快速"))
05      self.checkBox_Z.setText(_translate("MainWindow", "Z-直达"))
06      self.checkBox_D.setText(_translate("MainWindow", "D-动车"))
07      self.checkBox_G.setText(_translate("MainWindow", "GC-高铁"))
08      self.label_type.setText(_translate("MainWindow", "车次类型："))
09      self.label.setText(_translate("MainWindow", "出发地："))
10      self.label_3.setText(_translate("MainWindow", "目的地："))
11      self.label_4.setText(_translate("MainWindow", "出发日："))
12      self.pushButton.setText(_translate("MainWindow", "查询"))
```

（5）导入 sys 模块，在代码块的最外层创建 show_MainWindow()方法，以显示窗口。关键代码如下：

```
01  def show_MainWindow():
02      app = QtWidgets.QApplication(sys.argv)        # 实例化 QApplication 类，作为 GUI 主程序入口
03      MainWindow = QtWidgets.QMainWindow()          # 创建 MainWindow
04      ui = Ui_MainWindow()                          # 实例 UI 类
05      ui.setupUi(MainWindow)                        # 设置窗口 UI
06      MainWindow.show()                             # 显示窗口
07      sys.exit(app.exec_())                         # 当窗口被创建完成，需要结束主循环过程
```

说明

sys 是 Python 自带模块，该模块提供了一系列有关 Python 运行环境的变量和函数。sys 模块的常见用法及其描述如表 17.7 所示。

表 17.7　sys 模块的常见用法及其描述

常 见 用 法	描 述
sys.argv	获取当前正在执行的命令行参数的参数列表
sys.path	获取指定模块路径的字符串集合
sys.exit()	退出程序。当参数非 0 时会引发 SystemExit 异常，可以在主程序中捕获该异常
sys.platform	获取当前系统平台
sys.modules	加载模块字典。程序员导入新模块时会自动记录该模块，该模块第二次导入时 Python 将从字典中进行查询，加快程序运行速度
sys.getdefaultencoding()	获取当前系统编码方式

（6）在代码块的最外层模拟 Python 的程序入口，然后调用显示窗口的 show_MainWindow()方法。关键代码如下：

```
01  if __name__ == "__main__":
02      show_MainWindow()
```

在该文件右键菜单中选择 Run window 菜单项，将显示如图 17.25 所示的快手爬票的主窗口界面。

图 17.25　快手爬票主窗口界面

17.4.4　分析网页请求参数

　　既然是爬票，那么一定需要一个爬取的对象，本节实战将通过 12306 中国铁路客户服务中心所提供的查票请求地址来获取火车票的相关信息。在发送请求时，地址中需要填写必要的参数，否则后台将无法返回前台所需要的正确信息，所以首先需要分析网页请求参数，具体步骤如下。

　　（1）使用火狐浏览器打开 12306 官方网站（http://www.12306.cn/mormhweb/），在左上角的车票框中输入出发地、到达地及出发日期等信息，单击"查询"按钮，进入车票查询页面，然后输入出发地与目的地，出发日默认即可。按 Shift+Ctrl+E 快捷键打开网络监视器，接着单击网页中的"查询"按钮，在网络监视器中将显示"查询"按钮所对应的网络请求。车票查询页面的操作步骤如图 17.26 所示。

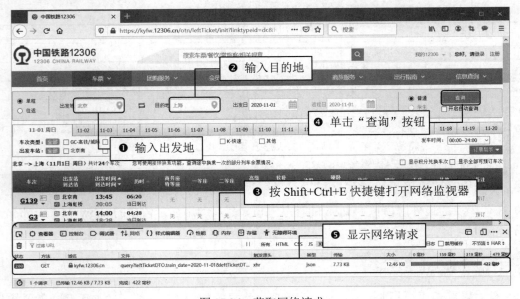

图 17.26　获取网络请求

（2）单击网络请求将显示请求细节的窗口，在该窗口中会默认显示消息头的相关数据，此处可以获取完整的请求地址，如图 17.27 所示。

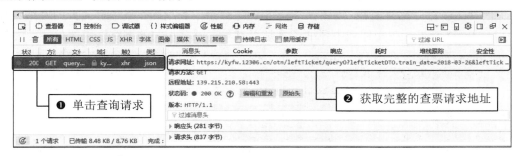

图 17.27　获取完整的请求地址

注意

随着 12306 官方网站的更新，请求地址会发生改变，要以当时获取的地址为准。

（3）在"消息头"所对应的标签中，找到如图 17.28 所示的"请求头"信息，然后将 Cookie 信息提取，并添加至发送请求信息的代码中。

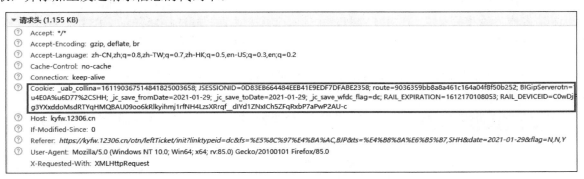

图 17.28　查找 Cookie

（4）在请求地址的上方选择参数选项，将显示该请求地址中的必要参数，如图 17.29 所示。

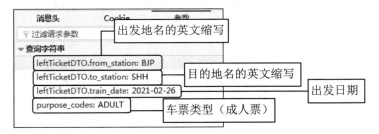

图 17.29　请求地址中的必要参数

17.4.5　下载站名文件

得到了请求地址与请求参数后，可以发现请求参数中的出发地与目的地均为车站名的英文缩写，而这个英文缩写的字母是通过输入中文车站名转换而来的，所以需要在网页中仔细查找是否有将中文车站名自动转换为英文缩写的请求信息，具体步骤如下。

（1）关闭并重新打开网络监视器，然后按 F5 键进行余票查询网页的刷新，此时在网络监视器中选择类型为 js 的网络请求。在文件列中仔细查看是否有与车站名相关的网络请求，如图 17.30 所示。

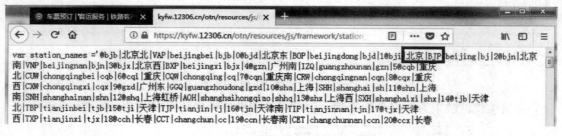

图 17.30　找到与车站名相关的信息

> **说明**
>
> 在分析信息位置时，可以想到查询按钮仅实现了发送查票的网络请求，而并没有发现将文字转换为车站名缩写的相关处理，此时可以判断在进入余票查询页面时就已经得到了将中文车站名转换为英文缩写的相关信息，所以可以试图刷新页面查看网络监视器中的网络请求。

（2）选中与车站名相关的网络请求，在请求细节中找到该请求的完整地址，然后在网页中打开该地址测试返回数据，如图 17.31 所示。

图 17.31　返回车站名英文缩写信息

> **说明**
>
> 看到返回的车站名信息，此时可以确认根据该信息将车站名汉字与对应的英文缩写进行转换。例如，北京对应的是 BJP，可以在该条信息中找到。由于该条信息并没有自动转换的功能，因此需要将该信息以文件的方式保存在项目中。当需要转换时，在文件中查找对应的英文缩写即可。

（3）打开 PyCharm 开发工具，在 check tickets 目录的右键菜单中选择 New→Python File 菜单项，创建一个名称为 get_stations.py 的文件，然后在菜单栏中选择 File→Default Settings 菜单项，再参考 15.4.2 节中的步骤（3）安装 requests 模块即可。

（4）在 get_stations.py 文件中分别导入 requests、re 以及 os 模块，然后创建 getStation()方法，该

方法用于发送获取地址信息的网络请求，并将返回的数据转换为需要的类型。关键代码如下：

```
01    def getStation():
02        # 发送请求获取所有车站名称，通过输入的站名称转换为查询地址的参数
03        url = 'https://kyfw.12306.cn/otn/resources/js/framework/
      station_name.js?station_version=1.9050'
04        response = requests.get(url, verify=True)          # 请求并进行验证
05        # 获取需要的车站名称
06        stations = re.findall(u'([\u4e00-\u9fa5]+)\|([A-Z]+)', response.text)
07        stations = dict((stations))                        # 转换为字典类型
08        stations = str(stations)                           # 转换为字符串类型，否则无法写入文件
09        write(stations)                                    # 调用写入方法
```

说明

❶ requests 模块为第三方模块，该模块主要用于处理网络请求；re 模块为 Python 自带模块主要用于通过正则表达式匹配处理相应的字符串；os 模块为 Python 自带模块主要用于判断某个路径下的某个文件。

❷ 随着 12306 官方网站的更新，请求地址会发生改变，要以当时获取的地址为准。

（5）创建 write()、read()和 isStations()方法，分别用于写入文件、读取文件以及判断车站文件是否存在，代码如下：

```
01    def write(stations):
02        file = open('stations.text', 'w', encoding='utf_8_sig')    # 以写模式打开文件
03        file.write(stations)                                       # 写入文件
04        file.close()
05    def read():
06        file = open('stations.text', 'r', encoding='utf_8_sig')    # 以写模式打开文件
07        data = file.readline()                                     # 读取文件
08        file.close()
09        return data
10    def isStations():
11        isStations = os.path.exists('stations.text')               # 判断车站文件是否存在
12        return isStations
```

（6）打开 window.py 文件，首先导入 get_stations 模块中的所有方法，然后在模拟 Python 的程序入口处修改代码。首先判断是否有所有车站信息的文件，如果没有该文件，就下载车站信息的文件，然后显示窗口；如果有，将直接显示窗口。修改后代码如下：

```
01    from get_stations import *                    # 导入 get_stations 模块中的所有方法
02
03    if __name__ == "__main__":
04        if isStations() == False:                 # 判断是否有所有车站的文件，没有就下载，有就直接显示窗口
05            getStation()                          # 下载所有车站文件
06            show_MainWindow()                     # 调用显示窗口的方法
07        else:
08            show_MainWindow()                     # 调用显示窗口的方法
```

（7）在 window.py 文件右键菜单中选择 Run window 菜单项，运行主窗口，主窗口界面显示后在 check tickets 目录下将自动下载 stations.text 文件，如图 17.32 所示。通过该文件可以实现车站名称与对应的英文缩写的转换。

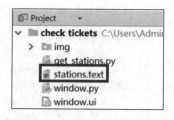

图 17.32　下载 stations.text 文件

17.4.6　车票信息的请求与显示

1. 发送与分析车票信息的查询请求

得到了获取车票信息的网络请求地址，然后分析请求地址的必要参数以及车站名称转换的文件。接下来需要将主窗口中输入的出发地、目的地以及出发日 3 个重要的参数配置到查票的请求地址中，最后分析并接收所查询车票的对应信息。具体步骤如下。

（1）在浏览器中打开 17.4.4 节步骤（2）中的查询请求地址，然后在浏览器中以 json 的方式返回车票的查询信息，如图 17.33 所示。

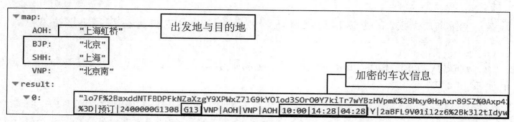

图 17.33　返回加密的车票信息

> **说明**
>
> 在看到加密信息后先分析数据中是否含有可用的信息，如网页中的预订、时间、车次。可以看到图 17.33 中的加密信息内含有 G13 的字样，以及时间信息。然后对照浏览器中余票查询的页面，查找对应车次信息，如图 17.34 所示。此时可以判断返回的 json 信息确实含有可用数据。

图 17.34　对照可用数据

（2）发现可用数据后，在项目中创建 query_request.py 文件，在该文件中首先导入 get_stations 模块中的所有方法，然后创建名称为 data 和 type_data 的列表（list），分别用于保存整理好的车次信息与分类后的车次信息，代码如下：

```
01    from get_stations import *
02
03    data = []                          # 用于保存整理好的车次信息
04    type_data = []                     # 保存分类后的车次信息
```

> **说明**
>
> 从返回的加密信息中可以看出信息很乱，所以需要创建 data = [] 列表来保存后期整理好的车次信息，然后需要将车次分类，如高铁、动车等，所以还需要创建 type_data = [] 列表来保存分类后的车次信息。

（3）首先创建 query()方法，在调用该方法时需要 3 个参数，分别为出发日期、出发地以及目的地；然后创建查询请求的完整地址并通过 format()方法为地址进行格式化；再将返回的 json 数据转换为字典类型；最后通过字典类型"键-值对"的方法取出对应的数据并进行整理与分类。具体代码如下：

```
01  headers = {'User-Agent': 'Mozilla/5.0 (Windows NT 10.0; Win64; x64; rv:85.0) Gecko/20100101Firefox/85.0',
02          'Cookie': '_填写自己获取到的 Cookie 信息'
03          }                              # 随机生成浏览器头部信息
04  def query(date, from_station, to_station):
05      data.clear()                       # 清空数据
06      # 查询请求地址
07      url = 'https://kyfw.12306.cn/otn/leftTicket/queryO? leftTicketDTO.train_date= {}&leftTicketDTO.from_
station= {}&leftTicketDTO.to_station={}&purpose_codes=ADULT'.format(date, from_station, to_station)
08      # 发送查询请求
09      response = requests.get(url,headers= headers)
10      # 将 json 数据转换为字典类型，通过"键-值对"取数据
11      result = response.json()
12      result = result['data']['result']
13      # 判断车站文件是否存在
14      if isStations() == True:
15          stations = eval(read())             # 读取所有车站并转换为 dic 类型
16          if len(result) != 0:                # 判断返回数据是否为空
17              for i in result:
18                  # 分割数据并添加到列表中
19                  tmp_list = i.split('|')
20                  # 因为查询结果中出发站和到达站为站名的缩写字母
21                  # 所以需要在车站库中找到对应的车站名称
22                  from_station = list(stations.keys())[list(stations.values()).index(tmp_list[6])]
23                  to_station = list(stations.keys())[list(stations.values()).index(tmp_list[7])]
24                  # 创建座位数组，由于返回的座位数据中含有空，即""，所以将空改成"--"，这样好识别
25                  seat = [tmp_list[3], from_station, to_station, tmp_list[8],
                              tmp_list[9], tmp_list[10], tmp_list[32], tmp_list[31],
                              tmp_list[30], tmp_list[21], tmp_list[23], tmp_list[33],
                              tmp_list[28], tmp_list[24], tmp_list[29], tmp_list[26]]
26                  newSeat = []
27                  # 循环将座位信息中的空，即""，改成"--"，这样好识别
28                  for s in seat:
29                      if s == "":
30                          s = "--"
31                      else:
32                          s = s
33                      newSeat.append(s)         # 保存新的座位信息
34                  data.append(newSeat)
35      return data                                # 返回整理好的车次信息
```

说明

由于返回的 json 信息顺序比较乱，因此在获取指定的数据时，只能将 tmp_list 被分割后的列表中的数据与浏览器余票查询页面中的数据逐个对比，才能找出数据所对应的位置。通过对比后找到的数据位置如下：

```
01   '''5-7 目的地   3 车次   6 出发地   8 出发时间   9 到达时间   10 历时   26 无坐   29 硬座
02   24 软座   28 硬卧   33 动卧   23 软卧   21 高级软卧   30 二等座   31 一等座   32 商务座特等座
03   '''
```

数字为数据被分割后 tmp_list 的索引值。

（4）依次创建获取高铁信息、移除高铁信息、获取动车、移除动车、获取直达、移除直达、获取特快、移除特快、获取快速以及移除快速的方法。以上方法用于车次分类数据的处理，代码如下：

```python
01    # 获取高铁信息的方法
02    def g_vehicle():
03        if len(data) != 0:
04            for g in data:                      # 循环所有火车数据
05                i = g[0].startswith('G')        # 判断车次首字母是不是高铁
06                if i:                           # 如果是，将该条信息添加到高铁数据中
07                    type_data.append(g)
08    # 移除高铁信息的方法
09    def r_g_vehicle():
10        if len(data) != 0:
11            for g in data:
12                i = g[0].startswith('G')
13                if i:                           # 移除高铁信息
14                    type_data.remove(g)
15    # 获取动车信息的方法
16    def d_vehicle():
17        if len(data) != 0:
18            for d in data:                      # 循环所有火车数据
19                i = d[0].startswith('D')        # 判断车次首字母是不是动车
20                if i == True:                   # 如果是，将该条信息添加到动车数据中
21                    type_data.append(d)
22    # 移除动车信息的方法
23    def r_d_vehicle():
24        if len(data) != 0:
25            for d in data:
26                i = d[0].startswith('D')
27                if i == True:                   # 移除动车信息
28                    type_data.remove(d)
29
30    '''由于代码几乎相同，此处省略部分代码，其可在源码中进行查询
31        ………
32    '''
33
34    # 获取快车数据的方法
35    def k_vehicle():
```

```
36          if len(data) != 0:
37              for k in data:                      # 循环所有火车数据
38                  i = k[0].startswith('K')        # 判断车次首字母是不是快车
39                  if i == True:                   # 如果是，将该条信息添加到快车数据中
40                      type_data.append(k)
41  # 移除快车数据的方法
42  def r_k_vehicle():
43          if len(data) != 0:
44              for k in data:
45                  i = k[0].startswith('K')
46                  if i == True:                   # 移除快车信息
47                      type_data.remove(k)
```

2．主窗口中显示查票信息

完成车票信息查询请求的文件后，接下来需要将获取的车票信息显示在快手爬票的主窗口中。具体实现步骤如下。

（1）打开 window.py 文件，导入 PyQt5.QtCore 模块中的 Qt 类，然后导入 PyQt5.QtWidgets 与 PyQt5.QtGui 模块中的所有方法，再导入 query_request 模块中的所有方法即可。代码如下：

```
01  from PyQt5.QtCore import Qt              # 导入 PyQt5.QtCore 模块中的 Qt 类
02  from PyQt5.QtWidgets import *            # 导入对应模块中的所有方法
03  from PyQt5.QtGui import *                # 导入 QtGui 模块中的所有方法
04  from query_request import *             # 导入 query_request 模块中的所有方法
```

（2）在 setupUi()方法中找到用于显示车票信息的 tableView 表格控件，然后为该控件设置相关属性。关键代码如下：

```
01  # 显示车次信息的列表
02  self.tableView = QtWidgets.QTableView(self.centralwidget)
03  self.tableView.setGeometry(QtCore.QRect(0, 320, 960, 440))
04  self.tableView.setObjectName("tableView")
05  self.model = QStandardItemModel();       # 创建存储数据的模式
06  # 根据空间自动改变列宽度并且不可修改列宽度
07  self.tableView.horizontalHeader().setSectionResizeMode(QHeaderView.Stretch)
08  # 设置横向表头不可见
09  self.tableView.horizontalHeader().setVisible(False)
10  # 设置纵向表头不可见
11  self.tableView.verticalHeader().setVisible(False)
12  # 设置表格内容文字大小
13  font = QtGui.QFont()
14  font.setPointSize(10)
15  self.tableView.setFont(font)
16  # 设置表格内容不可编辑
17  self.tableView.setEditTriggers(QAbstractItemView.NoEditTriggers)
18  # 垂直滚动条始终开启
19  self.tableView.setVerticalScrollBarPolicy(Qt.ScrollBarAlwaysOn)
```

（3）导入 time 模块，该模块提供了用于处理时间的各种方法。然后在代码块的最外层创建 get_time()方法用于获取系统的当前日期，再创建 is_valid_date()方法用于判断输入的日期是否是一个有效的日期字符串，代码如下：

```
01    import time
02
03    # 获取系统当前时间并转换请求数据所需要的格式
04    def get_time():
05        # 获得当前时间的时间戳
06        now = int(time.time())
07        # 转换为其他日期格式，如"%Y-%m-%d %H:%M:%S"
08        timeStruct = time.localtime(now)
09        strTime = time.strftime("%Y-%m-%d", timeStruct)
10        return strTime
11
12    def is_valid_date(str):
13        '''判断是否是一个有效的日期字符串'''
14        try:
15            time.strptime(str, "%Y-%m-%d")
16            return True
17        except:
18            return False
```

（4）依次创建 change_G()、change_D()、change_Z()、change_T()、change_K()方法，这 5 个方法均为车次分类复选框的事件处理，由于代码几乎相同，此处提供关键代码如下：

```
01    # 高铁复选框事件处理
02    def change_G(self, state):
03        # 选中将高铁信息添加到到最后要显示的数据中
04        if state == QtCore.Qt.Checked:
05            # 获取高铁信息
06            g_vehicle()
07            # 通过表格显示该车型数据
08            self.displayTable(len(type_data), 16, type_data)
09        else:
10            # 取消选中状态将移除该数据
11            r_g_vehicle()
12            self.displayTable(len(type_data), 16, type_data)
```

（5）创建 messageDialog()方法，该方法用于显示主窗口非法操作的消息提示框。然后创建 displayTable()方法，该方法用于显示车次信息的表格与内容。代码如下：

```
01    # 显示消息提示框，参数 title 为提示框标题文字，message 为提示信息
02    def messageDialog(self, title, message):
03        msg_box = QMessageBox(QMessageBox.Warning, title, message)
04        msg_box.exec_()
05    # 显示车次信息的表格
06    # train 参数为共有多少趟列车，该参数作为表格的行
07    # info 参数为每趟列车的具体信息，如有座、无座卧铺等。该参数作为表格的列
08    def displayTable(self, train, info, data):
09        self.model.clear()
10        for row in range(train):
11            for column in range(info):
12                # 添加表格内容
13                item = QStandardItem(data[row][column])
14                # 向表格存储模式中添加表格具体信息
```

```
15              self.model.setItem(row, column, item)
16          # 设置表格存储数据的模式
17          self.tableView.setModel(self.model)
```

（6）创建 on_click()方法来查询按钮的单击事件。在该方法中首先需要获取出发地、目的地与出发日期 3 个编辑框的输入内容，然后对 3 个编辑框中输入的内容进行合法检测，符合规范后调用 query()方法提交车票查询的请求并且将返回的数据赋值给 data，最后通过调用 displayTable()方法实现在表格中显示车票查询的全部信息。代码如下：

```
01  # 查询按钮的单击事件
02  def on_click(self):
03      get_from = self.textEdit.toPlainText()              # 获取出发地
04      get_to = self.textEdit_2.toPlainText()              # 获取到达地
05      get_date = self.textEdit_3.toPlainText()            # 获取出发时间
06      # 判断车站文件是否存在
07      if isStations() == True:
08          stations = eval(read())                         # 读取所有车站并转换为 dic 类型
09          # 判断所有参数是否为空，出发地、目的地、出发日期
10          if get_from != "" and get_to != "" and get_date != "":
11              # 判断输入的车站名称是否存在，以及时间格式是否正确
12              if get_from in stations and get_to in stations and is_valid_date(get_date):
13                  # 获取输入的日期是当前年初到现在两个日期间总的天数
14                  inputYearDay = time.strptime(get_date, "%Y-%m-%d").tm_yday
15                  # 获取系统当前日期是当前年初到现在两个日期间总的天数
16                  yearToday = time.localtime(time.time()).tm_yday
17                  # 计算时间差，也就是输入的日期减掉系统当前的日期
18                  timeDifference = inputYearDay - yearToday
19                  # 判断时间差为 0 时证明是查询当前的查票
20                  # 以及 29 天以后的车票。12306 官方要求只能查询 30 天以内的车票
21                  if timeDifference >= 0 and timeDifference <= 28:
22                      # 在所有车站文件中找到对应的参数，出发地英文缩写
23                      from_station = stations[get_from]
24                      to_station = stations[get_to]           # 目的地
25                      # 发送查询请求，并获取返回的信息
26                      data = query(get_date, from_station, to_station)
27                      if len(data) != 0:                      # 判断返回的数据是否为空
28                          # 如果不是空的数据就将车票信息显示在表格中
29                          self.displayTable(len(data), 16, data)
30                      else:
31                          self.messageDialog('警告', '没有返回的网络数据！')
32                  else:
33                      self.messageDialog('警告', '超出查询日期的范围内,'
                                '不可查询昨天的车票信息,以及 29 天以后的车票信息！')
34              else:
35                  self.messageDialog('警告', '输入的站名不存在,或日期格式不正确！')
36          else:
37              self.messageDialog('警告', '请填写车站名称！')
38      else:
39          self.messageDialog('警告', '未下载车站查询文件！')
```

（7）在 retranslateUi()方法中设置在出发日编辑框中显示系统的当前日期，然后设置查询按钮的单

击事件，最后分别设置高铁、动车、直达、特快以及快车复选框选中与取消事件。关键代码如下：

```
01    self.textEdit_3.setText(get_time())                           # 出发日显示当天日期
02    self.pushButton.clicked.connect(self.on_click)                # 查询按钮指定单击事件的方法
03    self.checkBox_G.stateChanged.connect(self.change_G)           # 高铁选中与取消事件
04    self.checkBox_D.stateChanged.connect(self.change_D)           # 动车选中与取消事件
05    self.checkBox_Z.stateChanged.connect(self.change_Z)           # 直达车选中与取消事件
06    self.checkBox_T.stateChanged.connect(self.change_T)           # 特快车选中与取消事件
07    self.checkBox_K.stateChanged.connect(self.change_K)           # 快车选中与取消事件
```

（8）在 window.py 文件右键菜单中选择 Run window 菜单项，运行主窗口，然后输入符合规范的出发地、目的地与出发日期，单击"查询"按钮，显示查询的查票信息如图 17.35 所示。

图 17.35　显示查询的查票信息

17.5　实践与练习

综合练习 1：向新浪新闻主页发送网络请求　本练习要求使用 requests 模块，向新浪新闻主页地址发送网络请求（https://news.sina.com.cn/），要求使用模拟浏览器的头部信息进行访问，然后使用 BeautifulSoup 模块解析服务器所返回的 HTML 代码，最后打印 BeautifulSoup 格式化后的 HTML 代码。

综合练习 2：爬取古诗词网的两页古诗内容　作为传承经典的网站古诗文网中提供了大量的古诗文相关资料。本练习要求使用 scrapy 爬虫框架，爬取古诗词网（https://www.gushiwen.cn/）前两页的 HTML 代码，并将代码保存成 html 文件。

第 18 章

使用进程和线程

为了实现在同一时间运行多个任务，Python 引入了多线程的概念。在 Python 中可以通过方便、快捷的方式启动多线程模式。多线程经常被应用在符合并发机制的程序中，如网络程序等。为了进一步将工作任务细分，在一个进程内可以使用多个线程。本章将结合实例由浅入深地向读者介绍在 Python 中如何创建并使用多线程和多进程。

本章知识架构及重难点如下。

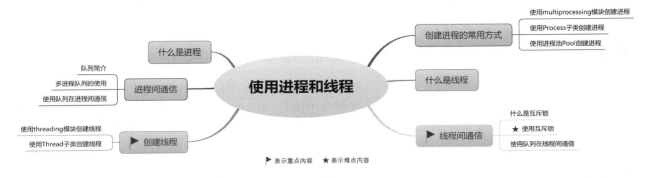

18.1 什么是进程

了解进程前，需要先知道多任务的概念。多任务，顾名思义就是指操作系统能够执行多个任务。例如，使用 Windows 或 Linux 操作系统可以同时看电影、聊天、查看网页等，此时操作系统就是在执行多任务。每个任务都是一个进程，打开 Windows 任务管理器可查看系统当前执行的进程，如图 18.1 所示。从该图中可以看到，当前进程中不仅包括应用程序（如 QQ、Microsoft Word、PyCharm 等）进程，还包括系统进程。

进程（process）是计算机中已运行程序的实体。进程与程序不同，程序本身只是指令、数据及其组织形式的描述，而进程才是程序（那些指令和数据）的真正运行实例。例如，在没有打开腾讯 QQ 时，腾讯 QQ 只是程序；打开腾讯 QQ 后，操作系统就为腾讯 QQ 开启了一个进程；再打开一个腾讯 QQ，则又开启了一个进程，如图 18.2 所示。

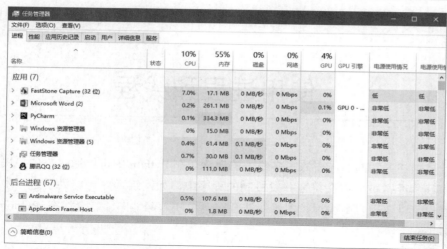

图 18.1　正在执行的进程

图 18.2　开启多个进程

18.2　创建进程的常用方式

在 Python 中有多个模块可以创建进程，比较常用的有 os.fork()函数、multiprocessing 模块和 Pool 进程池。由于 os.fork()函数只适合在 UNIX/Linux/Mac 系统上运行，而在 Windows 操作系统中不可用，因此本章重点介绍 multiprocessing 模块和 Pool 进程池这两个跨平台模块。

18.2.1　使用 multiprocessing 模块创建进程

multiprocessing 模块提供了一个 Process 类来代表一个进程对象，其语法格式如下：

```
Process([group [, target [, name [, args [, kwargs]]]]])
```

Process 类的参数说明如下。

- ☑　group：参数未使用，值始终为 None。
- ☑　target：表示当前进程启动时执行的可调用对象。
- ☑　name：表示当前进程实例的别名。
- ☑　args：表示传递给 target 函数的参数元组。
- ☑　kwargs：表示传递给 target 函数的参数字典。

例如，实例化 Process 类，执行子进程，代码如下：

```
01  from multiprocessing import Process      # 导入模块
02
03  # 执行子进程代码
04  def test(interval):
05      print('我是子进程')
06  # 执行主程序
```

```
07   def main():
08       print('主进程开始')
09       p = Process(target=test,args=(1,))      # 实例化 Process 进程类
10       p.start()                               # 启动子进程
11       print('主进程结束')
12
13   if __name__ == '__main__':
14       main()
```

由于 IDLE 自身问题，运行上述代码时，不会输出子进程内容，因此本程序需要使用命令行方式运行 Python 代码，即在"命令提示符"窗口中输入"python+绝对路径的文件名"命令，运行效果如图 18.3 所示。

说明

在"命令提示符"窗口中，可以直接在文件资源管理器中将文件拖曳到当前命令提示符后面，以实现快速输入文件完整路径。

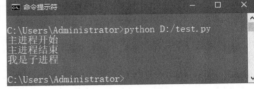

图 18.3 使用命令行运行 Python 文件

上述代码中，先实例化 Process 类，然后使用 p.start()方法启动子进程，开始执行 test()函数。Process 的实例 p 常用的方法除 start()外，还有如下方法。

☑ is_alive()：判断进程实例是否还在执行。

☑ join([timeout])：是否等待进程实例执行结束，或等待多少秒。

☑ start()：启动进程实例（创建子进程）。

☑ run()：如果没有给定 target 参数，对这个对象调用 start()方法时，则将执行对象中的 run()方法。

☑ terminate()：不管任务是否完成，立即终止。

Process 类还有如下常用属性。

☑ name：当前进程实例别名，默认为 Process-N，N 为从 1 开始递增的整数。

☑ pid：当前进程实例的 PID 值。

【例 18.1】 创建两个子进程，并记录子进程运行时间。**（实例位置：资源包\TM\sl\18\01）**

结合 Process 类的方法和属性，创建两个子进程。分别使用 time 模块和 os 模块输出父进程和子进程的 ID 以及子进程的时间，并调用 Process 类的 name 和 pid 属性，具体代码如下：

```
01   # -*- coding:utf-8 -*-
02   from multiprocessing import Process
03   import time
04   import os
05
06   # 两个子进程将会调用的两个方法
07   def  child_1(interval):
08       print("子进程（%s）开始执行，父进程为（%s）" % (os.getpid(), os.getppid()))
09       t_start = time.time()                          # 计时开始
10       time.sleep(interval)                           # 程序将会被挂起 interval 秒（s）
11       t_end = time.time()                            # 计时结束
12       print("子进程（%s）执行时间为'%0.2f秒'"%(os.getpid(),t_end - t_start))
13
```

```
14    def   child_2(interval):
15        print("子进程（%s）开始执行，父进程为（%s）" % (os.getpid(), os.getppid()))
16        t_start = time.time()                                    # 计时开始
17        time.sleep(interval)                                     # 程序将会被挂起 interval 秒（s）
18        t_end = time.time()                                      # 计时结束
19        print("子进程（%s）执行时间为'%0.2f'秒"%(os.getpid(),t_end - t_start))
20
21    if __name__ == '__main__':
22        print("------父进程开始执行-------")
23        print("父进程 PID：%s" % os.getpid())                    # 输出当前程序的 ID
24        p1=Process(target=child_1,args=(1,))                    # 实例化进程 p1
25        p2=Process(target=child_2,name="mrsoft",args=(2,))     # 实例化进程 p2
26        p1.start()                                              # 启动进程 p1
27        p2.start()                                              # 启动进程 p2
28        # 同时父进程仍然往下执行，如果 p2 进程还在执行，则将返回 True
29        print("p1.is_alive=%s"%p1.is_alive())
30        print("p2.is_alive=%s"%p2.is_alive())
31        # 输出 p1 和 p2 进程的别名和 PID
32        print("p1.name=%s"%p1.name)
33        print("p1.pid=%s"%p1.pid)
34        print("p2.name=%s"%p2.name)
35        print("p2.pid=%s"%p2.pid)
36        print("------等待子进程------")
37        p1.join()                                               # 等待 p1 进程结束
38        p2.join()                                               # 等待 p2 进程结束
39        print("------父进程执行结束-------")
```

在上述代码中，第一次实例化 Process 类时，会为 name 属性默认赋值为 Process-1，第二次则默认赋值为 Process-2，但是由于在实例化进程 p2 时设置了 name 属性为 mrsoft，因此 p2.name 的值为 mrsoft，而不是 Process-2。程序运行流程示意图如图 18.4 所示，运行结果如图 18.5 所示。

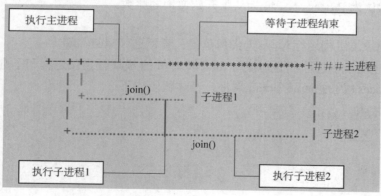

图 18.4 运行流程示意图

图 18.5 创建两个子进程

18.2.2 使用 Process 子类创建进程

对于一些简单的小任务，通常使用 Process(target=test)方式实现多进程。但是，如果要处理复杂任务的进程，则通常定义一个类，使其继承 Process 类，每次实例化这个类时，就等同于实例化一个进程对象。下面通过一个例子学习如何通过使用 Process 子类创建多个进程。

【例 18.2】使用 Process 子类创建两个子进程，并记录子进程运行时间。（**实例位置：资源包\TM\sl\18\02**）

仿照例 18.1，使用 Process 子类方式创建两个子进程，分别输出父、子进程的 PID，以及每个子进程的状态和运行时间，具体代码如下：

```
01  # -*- coding:utf-8 -*-
02  from multiprocessing import Process
03  import time
04  import os
05
06  # 继承 Process 类
07  class SubProcess(Process):
08      # 由于 Process 类本身也有__init__()初始化方法，因此这个子类相当于重写了父类的这个方法
09      def __init__(self,interval,name=''):
10          Process.__init__(self)                          # 调用 Process 父类的初始化方法
11          self.interval = interval                        # 接收参数 interval
12          if name:                                        # 判断传递的参数 name 是否存在
13              self.name = name        # 如传递参数 name，则为子进程创建 name 属性，否则使用默认属性
14      # 重写了 Process 类的 run()方法
15      def run(self):
16          print("子进程(%s) 开始执行，父进程为（%s) "%(os.getpid(),os.getppid()))
17          t_start = time.time()
18          time.sleep(self.interval)
19          t_stop = time.time()
20          print("子进程(%s)执行结束，耗时%0.2f 秒"%(os.getpid(),t_stop-t_start))
21
22  if __name__=="__main__":
23      print("------父进程开始执行-------")
24      print("父进程 PID：%s" % os.getpid())               # 输出当前程序的 ID
25      p1 = SubProcess(interval=1,name='mrsoft')
26      p2 = SubProcess(interval=2)
27      # 对一个不包含 target 属性的 Process 类执行 start()方法，就会运行这个类中的 run()方法
28      # 所以这里会执行 p1.run()
29      p1.start()                                          # 启动进程 p1
30      p2.start()                                          # 启动进程 p2
31      # 输出 p1 和 p2 进程的执行状态，如果真正进行，返回 True，否则返回 False
32      print("p1.is_alive=%s"%p1.is_alive())
33      print("p2.is_alive=%s"%p2.is_alive())
34      # 输出 p1 和 p2 进程的别名和 PID
35      print("p1.name=%s"%p1.name)
36      print("p1.pid=%s"%p1.pid)
37      print("p2.name=%s"%p2.name)
38      print("p2.pid=%s"%p2.pid)
39      print("------等待子进程-------")
40      p1.join()                                           # 等待 p1 进程结束
41      p2.join()                                           # 等待 p2 进程结束
42      print("------父进程执行结束-------")
```

上述代码中定义了一个 SubProcess 子类，继承 multiprocess.Process 父类。SubProcess 子类中定义了两个方法，即__init__()初始化方法和 run()方法。在__init__()初始化方法中，调用 multiprocess.Process 父类的__init__()初始化方法，否则父类初始化方法会被覆盖，无法开启进程。此外，在 SubProcess 子类中并没有定义 start()方法，但在主进程中却调用了 start()方法，此时就会自动执行 SubPorcess 类的 run()方法。例 18.2 的运行结果如图 18.6 所示。

图 18.6　使用 Process 子类创建进程

18.2.3　使用进程池 Pool 创建进程

在例 18.1 和例 18.2 中，我们使用 Process 类创建了两个进程。如果要创建几十个或者上百个进程，则需要实例化更多个 Process 类。有没有更好的创建进程的方式解决这类问题呢？答案就是使用 multiprocessing 模块提供的 Pool 类，即 Pool 进程池。

为了更好地理解进程池，可将进程池比作水池。假设我们需要完成放满 10 盆水的任务，而水池中最多可以安放 3 个水盆接水（见图 18.7），也就是同时可以执行 3 个任务，即开启 3 个进程。为了更快完成任务，现在打开 3 个水龙头开始放水，当有一个水盆的水接满时，即该进程完成 1 个任务，我们就将这个水盆的水倒入水桶中，然后继续接水，即执行下一个任务。如果 3 个水盆每次同时装满水，那么在放满第 9 盆水后，系统会随机分配 1 个水盆接水，另外两个水盆空闲。

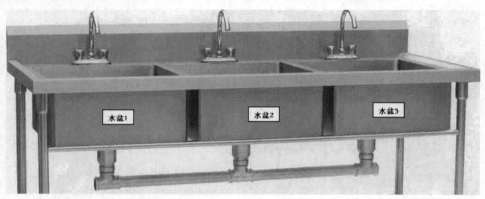

图 18.7　进程池示意图

接下来了解 Pool 类的常用方法。常用方法及说明如下。

☑ apply_async(func[, args[, kwds]])：使用非阻塞方式调用 func 函数（并行执行，堵塞方式必须等待上一个进程退出才能执行下一个进程），args 为传递给 func 函数的参数列表，kwds 为传递给 func 函数的关键字参数列表。

☑ apply(func[, args[, kwds]])：使用阻塞方式调用 func 函数。

☑ close()：关闭 Pool，使其不再接收新的任务。

☑ terminate()：不管任务是否完成，立即终止。

☑ join()：主进程阻塞，等待子进程的退出，必须在 close 或 terminate 之后使用。

在上述方法中提到 apply_async() 使用非阻塞方式调用函数，apply() 使用阻塞方式调用函数。那么什么是阻塞和非阻塞呢？在图 18.8 中，分别使用阻塞方式和非阻塞方式执行 3 个任务。如果使用阻塞方式，必须等待上一个进程退出才能执行下一个进程；使用非阻塞方式，则可以并行执行 3 个进程。

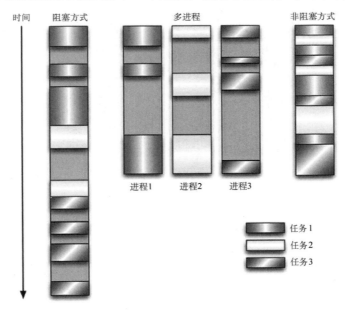

图 18.8　阻塞与非阻塞示例图

下面通过一个例子学习如何使用进程池创建多进程。

【例 18.3】使用 Process 子类创建两个子进程。（**实例位置：资源包\TM\sl\18\03**）

模拟水池放水的场景，定义一个进程池，设置最大进程数为 3。然后使用非阻塞方式执行 10 个任务，查看每个进程执行的任务。具体代码如下：

```
01   # -*- coding=utf-8 -*-
02   from multiprocessing import Pool
03   import os, time
04
05   def task(name):
06       print('子进程（%s）执行 task %s ...' % ( os.getpid() ,name))
07       time.sleep(1)                        # 休眠 1 s
08
```

```
09    if __name__=='__main__':
10        print('父进程（%s）.' % os.getpid())
11        p = Pool(3)                          # 定义一个进程池，最大进程数为 3
12        for i in range(10):                  # 从 0 开始循环 10 次
13            p.apply_async(task, args=(i,))   # 使用非阻塞方式调用 task()函数
14        print('等待所有子进程结束...')
15        p.close()                            # 关闭进程池，关闭后，p 不再接收新的请求
16        p.join()                             # 等待子进程结束
17        print('所有子进程结束.')
```

运行结果如图 18.9 所示，从图 18.9 中可以看出，PID 为 14524 的子进程执行了 4 个任务，其余两个子进程分别执行了 3 个任务。

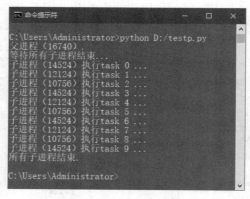

图 18.9　使用进程池创建进程

18.3　进程间通信

多进程中，每个进程之间有什么关系呢？其实每个进程都有自己的地址空间、内存、数据栈以及其他记录其运行状态的辅助数据。下面通过一个例子验证进程之间能否直接共享信息。

定义一个全局变量 g_num，创建两个子进程对 g_num 执行不同的操作，并输出操作后的结果，代码如下：

```
01    # -*- coding:utf-8 -*-
02    from multiprocessing import Process
03
04    def plus():
05        print('-------子进程 1 开始------')
06        global g_num
07        g_num += 50
08        print('g_num is %d'%g_num)
09        print('-------子进程 1 结束------')
10
11    def minus():
12        print('-------子进程 2 开始------')
13        global g_num
```

```
14          g_num -= 50
15          print('g_num is %d'%g_num)
16          print('-------子进程 2 结束------')
17
18   g_num = 100                          # 定义一个全局变量
19   if __name__ == '__main__':
20          print('-------主进程开始------')
21          print('g_num is %d'%g_num)
22          p1 = Process(target=plus)       # 实例化进程 p1
23          p2 = Process(target=minus)      # 实例化进程 p2
24          p1.start()                      # 开启进程 p1
25          p2.start()                      # 开启进程 p2
26          p1.join()                       # 等待 p1 进程结束
27          p2.join()                       # 等待 p2 进程结束
28          print('-------主进程结束------')
```

运行结果如图 18.10 所示。代码中创建了两个子进程：一个子进程令 g_num 加上 50；另一个子进程令 g_num 减去 50。从运行结果中可知，g_num 在父进程和两个子进程中的初始值都是 100，说明全局变量 g_num 在前一进程中的结果没有被传递到下一个进程中，即进程之间没有共享信息。进程间的示意图如图 18.11 所示。

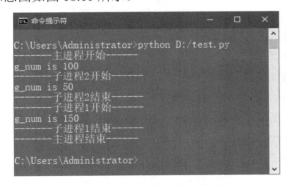

图 18.10　检验进程是否共享信息

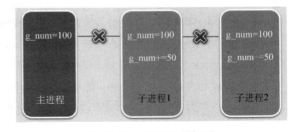

图 18.11　进程间示意图

如何才能实现进程间的通信呢？Python 的 multiprocessing 模块包装了底层机制，提供了 Queue（队列）、Pipe（管道）等多种方式来交换数据。下面将讲解通过队列来实现进程间的通信。

18.3.1　队列简介

队列就是模仿现实中的排队，例如学生在食堂排队买饭。新来的学生排到队伍最后，最前面的学生买完饭离开，后面的学生跟上。可以看出队列有以下两个特点。

☑　新来的都排在队尾。

☑　最前面的完成后离队，后面的跟上。

根据以上特点，可以归纳出队列的结构如图 18.12 所示。

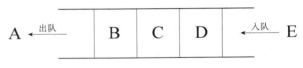

图 18.12　队列结构示意图

18.3.2 多进程队列的使用

进程之间有时需要通信，操作系统提供了很多机制来实现进程间的通信。可以使用 multiprocessing 模块的 Queue 实现多进程之间的数据传递。Queue 本身是一个消息队列程序，下面介绍 Queue 的使用。

初始化 Queue() 对象（如 q=Queue(num)）时，若括号中没有指定最大可接收的消息数量，或数量为负值，那么就代表可接收的消息数量没有上限（直到内存的尽头）。Queue 的常用方法如下。

（1）Queue.qsize()：返回当前队列包含的消息数量。

（2）Queue.empty()：如果队列为空，则返回 True，否则返回 False。

（3）Queue.full()：如果队列满了，则返回 True，否则返回 False。

（4）Queue.get([block[, timeout]])：获取队列中的一条消息，然后将其从队列中移除，block 默认值为 True。

☑ 如果 block 使用默认值，且没有设置 timeout（单位：s），消息队列为空，则此时程序将被阻塞（停在读取状态），直到从消息队列读到消息为止，若设置了 timeout，则会等待 timeout 秒（s），若还没读取到任何消息，则抛出 Queue.Empty 异常。

☑ 如果 block 值为 False，消息队列为空，则会立刻抛出 Queue.Empty 异常。

（5）Queue.get_nowait()：相当于 Queue.get(False)。

（6）Queue.put(item,[block[, timeout]])：将 item 消息写入队列中，block 默认值为 True。

☑ 如果 block 使用默认值，且没有设置 timeout（单位：s），消息队列已经没有空间可写入，则此时程序将被阻塞（停在写入状态），直到从消息队列中腾出空间为止，如果设置了 timeout，则会等待 timeout 秒（s），若还没有空间，则抛出 Queue.Full 异常。

☑ 如果 block 值为 False，消息队列没有空间可写入，则会立刻抛出 Queue.Full 异常。

（7）Queue.put_nowait(item)：相当于 Queue.put(item, False)。

下面通过一个例子学习如何使用 processing.Queue，代码如下：

```
01   #coding=utf-8
02   from multiprocessing import Queue
03
04   if __name__ == '__main__':
05       q=Queue(3)                              # 初始化一个 Queue 对象，最多可接收 3 条 put 消息
06       q.put("消息 1")
07       q.put("消息 2")
08       print(q.full())                         # 返回 False
09       q.put("消息 3")
10       print(q.full())                         # 返回 True
11
12       # 因为消息队列已满，下面的 try 都会抛出异常
13       # 第一个 try 会等待 2 s 后再抛出异常，第二个 try 会立刻抛出异常
14       try:
15           q.put("消息 4",True,2)
16       except:
17           print("消息队列已满，现有消息数量:%s"%q.qsize())
18
```

```
19        try:
20            q.put_nowait("消息 4")
21        except:
22            print("消息队列已满，现有消息数量:%s"%q.qsize())
23
24        # 读取消息时，先判断消息队列是否为空，再读取
25        if not q.empty():
26            print('----从队列中获取消息---')
27            for i in range(q.qsize()):
28                print(q.get_nowait())
29        # 先判断消息队列是否已满，再写入
30        if not q.full():
31            q.put_nowait("消息 4")
```

运行结果如图 18.13 所示。

18.3.3　使用队列在进程间通信

我们知道使用 multiprocessing.Process 可以创建多
进程，而使用 multiprocessing.Queue 可以实现队列的操
作。接下来，通过一个例子结合 Process 和 Queue 实现
进程间的通信。

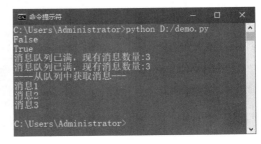

图 18.13　Queue 的写入和读取

【例 18.4】分别向队列中写入和读取数据。（**实例位置：资源包\TM\sl\18\04**）

创建两个子进程：一个子进程负责向队列中写入数据；另一个子进程负责从队列中读取数据。为
保证能够正确从队列中读取数据，设置读取数据的进程等待时间为 2 s。如果 2 s 后仍然无法读取数据，
则抛出异常。具体代码如下：

```
01    # -*- coding: utf-8 -*-
02    from multiprocessing import Process, Queue
03    import time
04
05    # 向队列中写入数据
06    def write_task(q):
07        if not q.full():
08            for i in range(5):
09                message = "消息" + str(i)
10                q.put(message)
11                print("写入:%s"%message)
12    # 从队列中读取数据
13    def read_task(q):
14        time.sleep(1)                                # 休眠 1 s
15        while not q.empty():
16            print("读取:%s" % q.get(True,2))          # 等待 2 s，如果还没读取到任何消息
17                                                     # 则抛出"Queue.Empty"异常
18
19    if __name__ == "__main__":
20        print("-----父进程开始-----")
21        q = Queue()                                  # 父进程创建 Queue，并传给各个子进程
```

```
22    pw = Process(target=write_task, args=(q,))    # 实例化写入队列中的子进程，并且传递队列
23    pr = Process(target=read_task, args=(q,))     # 实例化读取队列中的子进程，并且传递队列
24    pw.start()                                     # 启动子进程 pw 写入
25    pr.start()                                     # 启动子进程 pr 读取
26    pw.join()                                      # 等待 pw 结束
27    pr.join()                                      # 等待 pr 结束
28    print("-----父进程结束-----")
```

运行结果如图 18.14 所示。

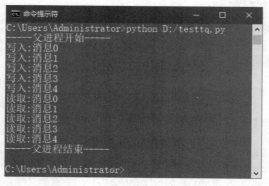

图 18.14　使用队列在进程间通信

18.4　什么是线程

如果需要同时处理多个任务，则有两种方法可实现：一种方法是可以在一个应用程序内使用多个进程，每个进程负责完成一部分工作；另一种方法是在一个进程内使用多个线程来处理不同的任务。那么，什么是线程呢？

线程（thread）是操作系统能够进行运算调度的最小单位。线程被包含在进程中，是进程中的实际运作单位。一个线程指的是进程中一个单一顺序的控制流，一个进程中可以并发多个线程，每个线程并行执行不同的任务。例如，对于视频播放器，显示视频用一个线程，播放音频用另一个线程。只有这两个线程同时工作，我们才能正常观看画面和声音同步的视频。

举个生活中的例子来更好地理解进程和线程的关系。一个进程就像一套房子，它是一个容器，有着相应的属性，如面积、卧室、厨房和卫生间等。房子本身并没有主动地做任何事情。而进程就是这套房子的居住者，他可以使用其中的每一个房间，也可以在里面做饭、洗澡等。

18.5　创　建　线　程

由于线程是操作系统直接支持的执行单元，因此高级语言（如 Python、Java 等）通常都内置多线程的支持。Python 的标准库提供了两个模块，即_thread 和 threading。其中，_thread 是低级模块；threading 是高级模块，它对_thread 进行了封装。绝大多数情况下，我们只需要使用 threading 这个高级模块。

18.5.1　使用 threading 模块创建线程

threading 模块提供了一个 Thread 类来代表一个线程对象，其语法格式如下：

Thread([group [, target [, name [, args [, kwargs]]]]])

Thread 类的参数说明如下。

- ☑　group：值为 None，为以后版本而保留。
- ☑　target：表示一个可调用对象，线程启动时，run()方法将调用此对象。默认值为 None，表示不调用任何内容。
- ☑　name：表示当前线程名称，默认创建一个 Thread-N 格式的唯一名称。
- ☑　args：表示传递给 target 函数的参数元组。
- ☑　kwargs：表示传递给 target 函数的参数字典。

对比发现，Thread 类和前面讲解的 Process 类的方法基本相同，这里就不再赘述了。下面通过一个例子来学习如何使用 threading 模块创建进程，代码如下：

```python
01  # -*- coding:utf-8 -*-
02  import threading,time
03
04  def process():
05      for i in range(3):
06          time.sleep(1)
07          print("thread name is %s" % threading.current_thread().name)
08
09  if __name__ == '__main__':
10      print("-----主线程开始-----")
11      threads = [threading.Thread(target=process) for i in range(4)]    # 创建 4 个线程，存入列表中
12      for t in threads:
13          t.start()                                                     # 开启线程
14      for t in threads:
15          t.join()                                                      # 等待子线程结束
16      print("-----主线程结束-----")
```

上述代码中创建了 4 个进程，然后分别用 for 循环执行 start()方法和 join()方法。每个子进程分别执行输出 3 次，运行结果如图 18.15 所示。从该图中可以看出，线程的执行顺序是不确定的。

图 18.15　创建多线程

18.5.2　使用 Thread 子类创建线程　

Thread 线程类和 Process 进程类使用方式非常相似，也可以通过定义一个子类，使其继承 Thread 线程类来创建线程。下面通过一个例子来学习使用 Thread 子类创建线程的方式。

【例 18.5】使用 Thread 子类创建线程。（实例位置：资源包\TM\sl\18\05）

创建一个子类 SubThread，继承 threading.Thread 线程类，并定义一个 run()方法。实例化 SubThread 类创建两个线程，并且调用 start()方法开启线程，此时会自动调用 run()方法。具体代码如下：

```
01   # -*- coding: utf-8 -*-
02   import threading
03   import time
04   class SubThread(threading.Thread):
05       def run(self):
06           for i in range(3):
07               time.sleep(1)
08               msg = "子线程"+self.name+'执行，i='+str(i)        # name 属性中保存的是当前线程的名字
09               print(msg)
10   if __name__ == '__main__':
11       print('-----主线程开始-----')
12       t1 = SubThread()                                      # 创建子线程 t1
13       t2 = SubThread()                                      # 创建子线程 t2
14       t1.start()                                            # 启动子线程 t1
15       t2.start()                                            # 启动子线程 t2
16       t1.join()                                             # 等待子线程 t1
17       t2.join()                                             # 等待子线程 t2
18       print('-----主线程结束-----')
```

运行结果如图 18.16 所示。

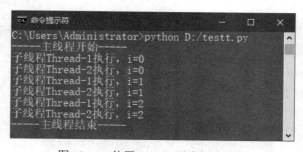

图 18.16　使用 Thread 子类创建线程

说明

　　对比例 18.2 可以发现：例 18.2 在使用子类创建进程时，SubProcess 类定义了__init__()初始化方法，并且在__init__()方法中调用了父类的__init__()方法；而在例 18.5 中，SubThread 类并没有定义__init__()方法，所以实例化 SubThread 类时会自动调用父类的__init__()初始化方法。是否使用__init__()初始化方法，取决于实例化类时是否需要传递参数。

18.6　线程间通信

我们已经知道进程之间不能直接共享信息，那么线程之间可以共享信息吗？我们可以通过一个例子来验证。定义一个全局变量 g_num，创建两个子线程对 g_num 执行不同的操作，并输出操作后的结果，代码如下：

```
01  # -*- coding:utf-8 -*-
02  from threading import Thread
03  import time
04
05  def plus():
06      print('-------子线程 1 开始------')
07      global g_num
08      g_num += 50
09      print('g_num is %d'%g_num)
10      print('-------子线程 1 结束------')
11
12  def minus():
13      time.sleep(1)
14      print('-------子线程 2 开始------')
15      global g_num
16      g_num -= 50
17      print('g_num is %d'%g_num)
18      print('-------子线程 2 结束------')
19
20  g_num = 100                         # 定义一个全局变量
21  if __name__ == '__main__':
22      print('-------主线程开始------')
23      print('g_num is %d'%g_num)
24      t1 = Thread(target=plus)        # 实例化线程 p1
25      t2 = Thread(target=minus)       # 实例化线程 p2
26      t1.start()                      # 开启线程 p1
27      t2.start()                      # 开启线程 p2
28      t1.join()                       # 等待 t1 线程结束
29      t2.join()                       # 等待 t2 线程结束
30      print('-------主线程结束------')
```

上述代码中定义了一个全局变量 g_num，赋值为 100。然后创建两个线程：一个线程将 g_num 增加 50；另一个线程将 g_num 减少 50。如果 g_num 最终结果为 100，则说明线程之间可以共享数据。运行结果如图 18.17 所示。

从上述例子中可以得出，在一个进程内的所有线程共享全局变量，能够在不使用其他方式的前提下完成多线程之间的数据共享。

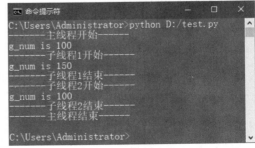

图 18.17　检测线程之间是否可以共享数据

18.6.1 什么是互斥锁

由于线程可以对全局变量随意修改，这就可能造成多线程之间对全局变量的混乱。依然以一套房子为例，当此套房子内只有一位居住者（单线程）时，他可以在任意时刻使用其中的任何一个房间，如厨房、卧室和卫生间等。但是，当这套房子有多位居住者（多线程）时，他就不能在任意时刻使用某些房间，如卫生间，否则就会造成混乱。

如何解决这个问题呢？一种防止他人进入的简单方法就是门上加一把锁。先到的人锁上门，后到的人就在门口排队，等待锁被打开时再进去，如图 18.18 所示。

这就是互斥锁（mutual exclusion，缩写为 Mutex），防止多个线程同时读写某一块内存区域。互斥锁为资源引入一个状态，即锁定或非锁定。某个线程要更改共享数据时，先将其锁定，此时资源的状态为锁定，其他线程不能更改；直到该线程释放资源，将资源的状态变成非锁定时，其他线程才能再次锁定该资源。互斥锁保证了每次只有一个线程进行写入操作，从而保证了多线程情况下数据的正确性。

图 18.18　互斥锁示意图

18.6.2 使用互斥锁

在 threading 模块中使用 Lock 类可以方便处理锁定。Lock 类有两个方法，即 acquire()锁定和 release()释放锁。示例用法如下：

```
mutex = threading.Lock()          # 创建锁
mutex.acquire([blocking])         # 锁定
mutex.release()                   # 释放锁
```

☑ acquire([blocking])：获取锁定，如果有必要，则需要阻塞到锁定释放为止。假设提供 blocking 参数并将它设置为 False，当无法获取锁定时，将立即返回 False；当成功获取锁定时，将返回 True。
☑ release()：释放一个锁。当锁定处于未锁定状态时，或者从与原本调用 acquire()方法的不同线程调用此方法，将会出现错误。

下面通过一个例子学习如何使用互斥锁。

【例 18.6】使用互斥锁实现多人同时订购电影票功能。（**实例位置：资源包\TM\sl\18\06**）

电影院某个场次只有 100 张电影票，10 个用户同时抢购该电影票。每售出一张，显示一次剩余电影票张数。使用多线程和互斥锁模拟该过程，代码如下：

```
01    from threading import Thread,Lock
02    import time
03    n=100                         # 共 100 张票
04
05    def task():
06        global n
07        mutex.acquire()           # 上锁
08        temp=n                    # 赋值给临时变量
09        time.sleep(0.1)           # 休眠 0.1 s
```

```
10          n=temp-1                          # 数量减 1
11          print('购买成功, 剩余%d 张电影票'%n)
12          mutex.release()                   # 释放锁
13
14  if __name__ == '__main__':
15          mutex=Lock()                      # 实例化 Lock 类
16          t_l=[]                            # 初始化一个列表
17          for i in range(10):
18                  t=Thread(target=task)     # 实例化线程类
19                  t_l.append(t)             # 将线程实例存入列表中
20                  t.start()                 # 创建线程
21          for t in t_l:
22                  t.join()                  # 等待子线程结束
```

在上述代码中创建了 10 个线程，全部执行 task()函数。为解决资源竞争问题，使用 mutex.acquire()
函数实现资源锁定，第一个获取资源的线程锁定后，其他线程等待 mutex.release()解锁。所以，每次只
有一个线程执行 task()函数。运行结果如图 18.19 所示。

图 18.19　模拟购票功能

误区警示

　　使用互斥锁时，要避免死锁。在多任务系统下，当一个或多个线程等待系统资源，而资源又被
线程本身或其他线程占用时，就形成了死锁，如图 18.20 所示。

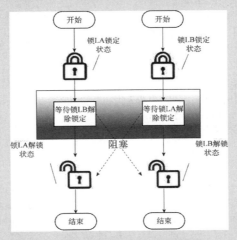

图 18.20　死锁示意图

18.6.3　使用队列在线程间通信

我们知道 multiprocessing 模块的 Queue 队列可以实现进程间通信，同样在线程间也可以使用 Queue 队列实现线程间通信。不同之处在于，我们需要使用 queue 模块的 Queue 队列，而不是 multiprocessing 模块的 Queue 队列，但二者的 Queue 队列的使用方法都相同。

使用 Queue 队列在线程间通信通常应用于生产者和消费者模式。产生数据的模块称为生产者，而处理数据的模块称为消费者。在生产者与消费者之间的缓冲区称为仓库。生产者负责往仓库运输产品，而消费者负责从仓库里取出产品，这就构成了生产者和消费者模式。下面通过一个例子学习使用 Queue 在线程间通信。

【例 18.7】 使用队列模拟生产者和消费者模式。（实例位置：资源包\TM\sl\18\07）

定义一个生产者类 Producer，定义一个消费者类 Consumer。生产者共生成 5 件产品，并将这 5 件产品依次写入队列中，而消费者依次从队列中取出产品，代码如下：

```
01    from queue import Queue
02    import random,threading,time
03
04    # 生产者类
05    class Producer(threading.Thread):
06        def __init__(self, name,queue):
07            threading.Thread.__init__(self, name=name)
08            self.data=queue
09        def run(self):
10            for i in range(5):
11                print("生产者%s 将产品%d 加入队列!" % (self.getName(), i))
12                self.data.put(i)
13                time.sleep(random.random())
14            print("生产者%s 完成!" % self.getName())
15
16    # 消费者类
17    class Consumer(threading.Thread):
18        def __init__(self,name,queue):
19            threading.Thread.__init__(self,name=name)
20            self.data=queue
21        def run(self):
22            for i in range(5):
23                val = self.data.get()
24                print("消费者%s 将产品%d 从队列中取出!" % (self.getName(),val))
25                time.sleep(random.random())
26            print("消费者%s 完成!" % self.getName())
27
28    if __name__ == '__main__':
29        print('-----主线程开始-----')
30        queue = Queue()                              # 实例化队列
31        producer = Producer('Producer',queue)        # 实例化线程 Producer，并传入队列中作为参数
32        consumer = Consumer('Consumer',queue)        # 实例化线程 Consumer，并传入队列中作为参数
33        producer.start()                             # 启动线程 Producer
34        consumer.start()                             # 启动线程 Consumer
35        producer.join()                              # 等待线程 Producer 结束
```

| 36 | consumer.join() | # 等待线程 Consumer 结束 |
| 37 | print('-----主线程结束-----') | |

运行结果如图 18.21 所示。

```
C:\Users\Administrator>python D:\thread_queue.py
-----主线程开始-----
生产者Producer将产品0加入队列!
消费者Consumer将产品0从队列中取出!
生产者Producer将产品1加入队列!
消费者Consumer将产品1从队列中取出!
生产者Producer将产品2加入队列!
消费者Consumer将产品2从队列中取出!
消费者Consumer将产品3从队列中取出!
生产者Producer将产品4加入队列!
消费者Consumer将产品3从队列中取出!
生产者Producer完成!
消费者Consumer将产品4从队列中取出!
消费者Consumer完成!
-----主线程结束-----
```

图 18.21　使用 Queue 在线程间通信

注意

由于程序中使用了 random.random() 生成 0～1 的随机数，因此读者运行结果可能与图 18.21 不同。

18.7　实践与练习

（答案位置：资源包\TM\sl\18\实践与练习\）

综合练习 1：模拟无人机指令控制程序　在编写通过 Python 控制无人机程序时，会遇到这样的情况：飞行指令被编写完成后，当无人机遇到障碍物或者出现突发情况时，不能迫降。只有发送出去的所有指令都被完成后，才可以执行其他操作，模拟效果如图 18.22 所示。

针对这种情况，可以通过开启不同线程来执行不同指令来解决。请编写 Python 程序，通过开启不同线程，实现在飞行过程中，随机可以输入迫降指令（除 1 以外的任何字符），效果如图 18.23 所示。

图 18.22　等待飞行指令执行中

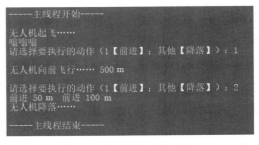

图 18.23　飞行指令被中断

综合练习 2：模拟多人同时捐款过程的程序　某社团共有 10 名成员，现组织一次爱心捐款，捐款金额会统一存储到一张银行卡中，每完成一笔捐款，显示一次合计金额。本练习将使用多线程和互斥锁模拟该捐款过程。要求通过循环输入每一笔捐款金额。例如：

捐款金额：100

感谢您的爱心奉献，爱心金额 100 元

（提示：为了模拟可能出现的延迟问题，每次操作时，需要让线程休眠 2 s）

第 19 章

网络编程

计算机网络就是把每台计算机连接到一起，让网络中的计算机可以互相通信。网络编程就是如何在程序中实现两台计算机的通信。本章将讲解网络的基础知识，包括比较常见的 TCP 协议和 UDP 协议，以及如何使用 TCP 编程和 UDP 编程。

本章知识架构及重难点如下。

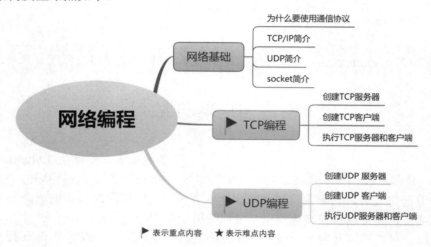

19.1　网　络　基　础

当今的时代是一个网络的时代，网络无处不在。而我们前面学习编写的程序都是单机的，即不能和其他计算机上的程序进行通信。为了实现不同计算机之间的通信，就需要使用网络编程。下面我们来了解与网络相关的基础知识。

19.1.1　为什么要使用通信协议

计算机为了联网，就必须规定通信协议。早期的计算机网络都是由各厂商自己规定一套协议，如 IBM、Apple 和 Microsoft 都有各自的网络协议，且互不兼容，这就像一群人中有的说英语，有的说中文，有的说德语，说同一种语言的人可以交流，不同的语言之间就无法交流了，如图 19.1 所示。

图 19.1　语言不同，无法交流

为了把全世界的所有不同类型的计算机都连接起来，就必须规定一套全球通用的协议，为了实现互联网这个目标，互联网协议簇（internet protocol suite）就是通用协议标准出现了。Internet 是由 inter 和 net 两个单词组合起来的，原意就是连接"网络"的网络，有了 Internet，任何私有网络，只要支持这个协议，就可以联入互联网。

19.1.2 TCP/IP 简介

因为互联网协议包含了上百种协议标准，但是最重要的两个协议是 TCP 和 IP 协议，所以大家把互联网的协议简称 TCP/IP 协议。

1. IP 协议

通信时，通信双方必须知道对方的标识，就像发送快递必须知道对方的地址一样。互联网上每台计算机的唯一标识就是 IP 地址。IP 地址实际上是一个 32 位整数（称为 IPv4），以字符串表示的 IP 地址（如 172.16.254.1），实际上是把 32 位整数按 8 位分组后，再以数字表示，目的是便于阅读，如图 19.2 所示。

IP 协议负责把数据从一台计算机通过网络发送到另一台计算机。数据被分割成一些小块，类似于将一个大包裹拆分成几个小包裹，然后通过 IP 包发送出去。由于互联网链路复杂，两台计算机之间经常有多条线路，因此，路由器就负责决定如何把一个 IP 包转发出去。IP 包的特点是按块发送，途经多个路由，但不保证都能到达，也不保证顺序到达。

2. TCP 协议

TCP 协议是建立在 IP 协议之上的。TCP 协议负责在两台计算机之间建立可靠连接，保证数据包按顺序到达。TCP 协议会通过 3 次握手建立可靠连接，如图 19.3 所示。

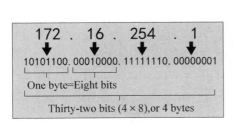

图 19.2 IPv4 示例

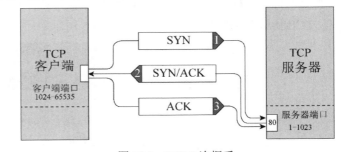

图 19.3 TCP 3 次握手

然后，对每个 IP 包编号，确保对方按顺序收到，如果包丢失了，就自动重发，如图 19.4 所示。

许多常用的更高级的协议都是建立在 TCP 协议基础上的，如用于浏览器的 HTTP 协议、发送邮件的 SMTP 协议等。一个 TCP 报文除了包含要传输的数据，还包含源 IP 地址和目标 IP 地址、源端口和目标端口。

端口有什么作用呢？在两台计算机通信时，只发 IP 地址是不够的，因为同一台计算机上运行着多个网络程序。当接收到一个 TCP 报文之后，应该交给浏览器还是 QQ，就需要端口号来区分。每个网络程序都向操作系统申请唯一的端口号，这样，当两个进程在两台计算机之间建立网络连接时，就需要各自的 IP 地址和各自的端口号。

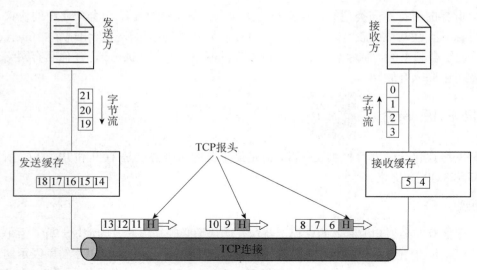

图 19.4　传输数据包

　　一个进程也可能同时与多台计算机建立连接，因此它会申请很多端口。端口号不是任意使用的，而是按照一定的规定进行分配。例如，80 端口分配给 HTTP 服务，21 端口分配给 FTP 服务。

19.1.3　UDP 简介　

　　相对 TCP 协议，UDP 协议则是面向无连接的协议。使用 UDP 协议时，不需要建立连接，只需要知道对方的 IP 地址和端口号，就可以直接发送数据包。但是，数据无法保证一定到达。虽然用 UDP 传输数据不可靠，但它的优点是比 TCP 协议速度快。对于不要求可靠到达的数据，就可以使用 UDP 协议。TCP 协议和 UDP 协议的区别如图 19.5 所示。

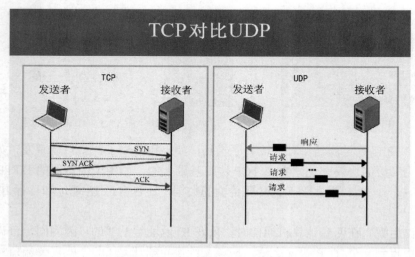

图 19.5　TCP 协议和 UDP 协议的区别

19.1.4　socket 简介

为了让两个程序通过网络进行通信，二者均必须使用 socket 套接字。socket 的英文原义是"孔"或"插座"，通常也被称作"套接字"，用于描述 IP 地址和端口，是一个通信链的句柄，可以用来实现不同虚拟机或不同计算机之间的通信，如图 19.6 所示。在 Internet 的主机上一般运行有多个服务软件，同时提供几种服务。每种服务都打开一个 socket，并绑定到一个端口上，不同的端口对应于不同的服务。

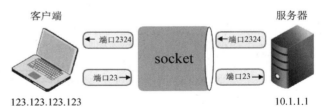

图 19.6　使用 socket 实现通信

socket 正如其英文原意那样，像一个多孔插座。一台主机犹如布满各种插座的房间，每个插座都有一个编号，这些插座有的提供 220V 交流电，有的提供 110V 交流电，还有的则提供有线电视节目。客户软件将插头插到不同编号的插座上，就可以得到不同的服务。

在 Python 中使用 socket 模块的 socket()函数就可以完成，其语法格式如下：

```
s = socket.socket(AddressFamily, Type)
```

函数 socket.socket()创建一个 socket，返回该 socket 的描述符，该函数带有以下两个参数。

☑　AddressFamily：可以选择 AF_INET（用于 Internet 进程间通信）或者 AF_UNIX（用于同一台机器进程间通信），实际工作中常用 AF_INET。

☑　Type：套接字类型，可以是 SOCK_STREAM（流式套接字，主要用于 TCP 协议）或者 SOCK_DGRAM（数据报套接字，主要用于 UDP 协议）。

例如，为了创建 TCP/IP 套接字，可以用下列方式调用 socket.socket()：

```
tcpSock = socket.socket(socket.AF_INET, socket.SOCK_STREAM)
```

同样，为了创建 UDP/IP 套接字，需要执行以下语句：

```
udpSock = socket.socket(socket.AF_INET, socket.SOCK_DGRAM)
```

创建完成后，生成一个 socket 对象，socket 对象主要的内置方法及其描述如表 19.1 所示。

表 19.1　socket 对象主要的内置方法及其描述

方　　法	描　　述
s.bind()	绑定地址(host,port)到套接字，在 AF_INET 中以元组(host,port)的形式表示地址
s.listen()	开始 TCP 监听。backlog 指定在拒绝连接之前，操作系统可以挂起的最大连接数量。该值至少为 1，大部分应用程序设为 5 就可以
s.accept()	被动接收 TCP 客户端连接，并且以阻塞方式等待连接的到来
s.connect()	主动初始化 TCP 服务器连接，一般 address 的格式为元组(hostname,port)，如果连接出错，则返回 socket.error 错误
s.recv()	接收 TCP 数据，数据以字符串形式返回，bufsize 指定要接收的最大数据量。flag 提供有关消息的其他信息，通常可以忽略

方　　法	描　　述
s.send()	发送 TCP 数据，将 string 中的数据发送到连接的套接字。返回值是要发送的字节数量，该数量可能小于 string 的字节大小
s.sendall()	完整发送 TCP 数据。将 string 中的数据发送到连接的套接字，但在返回之前会尝试发送所有数据。成功则返回 None，失败则抛出异常
s.recvfrom()	接收 UDP 数据，与 recv() 类似，但返回值是(data,address)。其中，data 是包含接收数据的字符串，address 是发送数据的套接字地址
s.sendto()	发送 UDP 数据，将数据发送到套接字，address 是形式为(ipaddr,port)的元组，指定远程地址。返回值是发送的字节数
s.close()	关闭套接字

19.2　TCP 编程

由于 TCP 连接具有安全可靠的特性，所以 TCP 应用更为广泛。创建 TCP 连接时，主动发起连接的叫客户端，被动响应连接的叫服务器。例如，当我们在浏览器中访问明日学院网站时，我们自己的计算机就是客户端，浏览器会主动向明日学院的服务器发起连接。如果一切顺利，明日学院的服务器接收了我们的连接，那么一个 TCP 连接就被建立了，后面的通信就是发送网页内容了。

19.2.1　创建 TCP 服务器

创建 TCP 服务器的过程，类似于生活中接听电话的过程。如果要接听别人的来电，首先需要购买一部手机，然后安装手机卡，接下来设置手机为接听状态，最后静等对方来电。

如同上面的接听电话过程一样，在程序中，如果想要完成一个 TCP 服务器的功能，需要的流程如下。

☑　使用 socket 创建一个套接字。

☑　使用 bind 绑定 ip 和 port。

☑　使用 listen 使套接字变为可以被动连接。

☑　使用 accept 等待客户端的连接。

☑　使用 recv/send 接收发送数据。

【例 19.1】服务器向浏览器发送 Hello World。（实例位置：资源包\TM\sl\19\01）

使用 socket 模块，通过客户端浏览器向本地服务器（IP 地址为 127.0.0.1）发起请求，服务器接收到请求，向浏览器发送 Hello World。具体代码如下：

```
01  # -*- coding:utf-8 -*-
02  import socket                          # 导入 socket 模块
03  host = '127.0.0.1'                     # 主机 IP
04  port = 8080                            # 端口号
05  web = socket.socket()                  # 创建 socket 对象
06  web.bind((host,port))                  # 绑定端口
07  web.listen(5)                          # 设置最多连接数
```

```
08    print ('服务器等待客户端连接...')
09    #  开启死循环
10    while True:
11        conn,addr = web.accept()                              #  建立客户端连接
12        data = conn.recv(1024)                                #  获取客户端请求数据
13        print(data)                                           #  打印接收到的数据
14        conn.sendall(b'HTTP/1.1 200 OK\r\n\r\nHello World')   #  向客户端发送数据
15        conn.close()                                          #  关闭连接
```

运行上述服务器端程序，结果如图 19.7 所示。打开谷歌浏览器，输入网址 127.0.0.1:8080（服务器 IP 地址是 127.0.0.1，端口号是 8080），成功连接服务器后，浏览器显示 Hello World。运行结果如图 19.8 所示。

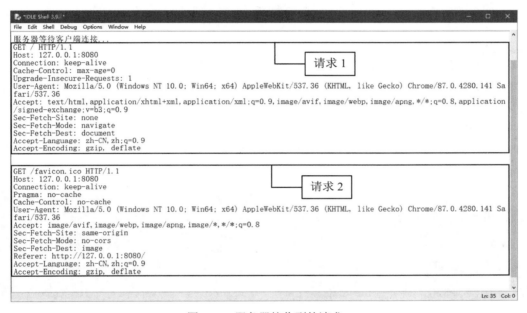

图 19.7　服务器接收到的请求

图 19.8　客户端接收到的响应

19.2.2　创建 TCP 客户端

TCP 的客户端要比服务器简单很多，如果说服务器是需要自己买手机、插手机卡、设置铃声、等待别人打电话流程的话，那么客户端就只需要找一个电话亭，拿起电话拨打即可，流程要少很多。

在例 19.1 中，我们使用浏览器作为客户端接收数据。下面创建一个 TCP 客户端，通过该客户端向

服务器发送和接收消息。创建一个 client.py 文件，具体代码如下：

```
01    import socket                              # 导入 socket 模块
02    s= socket.socket()                         # 创建 TCP/IP 套接字
03    host = '127.0.0.1'                         # 获取主机地址
04    port = 8080                                # 设置端口号
05    s.connect((host,port))                     # 主动初始化 TCP 服务器连接
06    send_data = input("请输入要发送的数据：")    # 提示用户输入数据
07    s.send(send_data.encode())                 # 发送 TCP 数据
08    # 接收对方发送过来的数据，最大接收 1024 个字节
09    recvData = s.recv(1024).decode()
10    print('接收到的数据为:',recvData)
11    # 关闭套接字
12    s.close()
```

误区警示

在编写 TCP 的客户端程序时，需要注意，主机地址和端口都必须与服务器端程序一致。否则，将抛出 "ConnectionRefusedError: [WinError 10061]由于目标计算机积极拒绝，无法连接。" 异常。

打开两个"命令提示符"窗口，先运行例 19.1 中的 server.py 文件，然后运行 client.py 文件。接着，在 client.py 窗口输入 hi，此时 server.py 窗口会接收到消息，并且发送 Hello World。运行结果如图 19.9 所示。

图 19.9　客户端和服务器通信效果

19.2.3　执行 TCP 服务器和客户端

在上述例子中，我们设置了一个服务器和一个客户端，并且实现了客户端和服务器之间的通信。根据服务器和客户端执行流程，可以总结出 TCP 客户端和服务器通信模型，如图 19.10 所示。

【例 19.2】制作简易聊天窗口。（**实例位置：资源包\TM\sl\19\02**）

既然客户端和服务器可以使用 socket 进行通信，那么，客户端可以向服务器发送文字，服务器接收到消息后，显示消息内容并且输入文字返回给客户端。客户端接收到响应，显示该文字，然后继续向服务器发送消息。这样，就实现了一个简易的聊天窗口。当有一方输入 byebye 时，则退出系统，中断聊天。可以根据如下步骤实现该功能。

（1）创建 server.py 文件，作为服务器程序，具体代码如下：

```
01    import socket                              # 导入 socket 模块
```

```
02    host = socket.gethostname()                          # 获取主机地址
03    port = 12345                                          # 设置端口号
04    s = socket.socket(socket.AF_INET,socket.SOCK_STREAM) # 创建 TCP/IP 套接字
05    s.bind((host,port))                                   # 绑定地址（host,port）到套接字
06    s.listen(1)                                           # 设置最多连接数量
07    sock,addr = s.accept()                                # 被动接收 TCP 客户端连接
08    print('连接已经建立')
09    info = sock.recv(1024).decode()                       # 接收客户端数据
10    while info != 'byebye':                               # 判断是否退出
11        if info :
12            print('接收到的内容:'+info)
13    send_data = input('输入发送内容：')                    # 发送消息
14    sock.send(send_data.encode())                         # 发送 TCP 数据
15    if send_data =='byebye':                              # 如果发送 byebye，则退出
16        break
17    info = sock.recv(1024).decode()                       # 接收客户端数据
18    sock.close()                                          # 关闭客户端套接字
19    s.close()                                             # 关闭服务器套接字
```

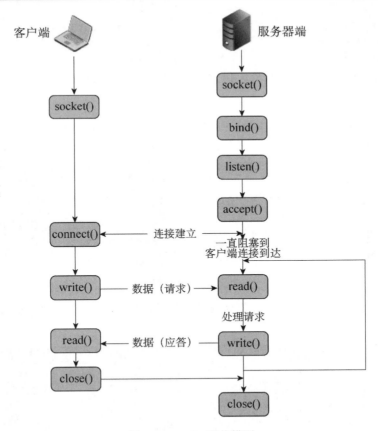

图 19.10　TCP 通信模型

（2）创建 client.py 文件，作为客户端程序，具体代码如下：

```
01   import socket                              # 导入 socket 模块
02   s= socket.socket()                         # 创建 TCP/IP 套接字
03   host = socket.gethostname()                # 获取主机地址
04   port = 12345                               # 设置端口号
05   s.connect((host,port))                     # 主动初始化 TCP 服务器连接
06   print('已连接')
07   info = ''
08   while info != 'byebye':                     # 判断是否退出
09       send_data=input('输入发送内容：')        # 输入内容
10       s.send(send_data.encode())             # 发送 TCP 数据
11       if send_data =='byebye':               # 判断是否退出
12          break
13       info = s.recv(1024).decode()           # 接收服务器数据
14       print('接收到的内容:'+info)
15   s.close()                                  # 关闭套接字
```

打开两个"命令提示符"窗口，分别运行 server.py 和 client.py 文件，如图 19.11 所示。

图 19.11　客户端和服务器建立连接

接下来，在 client.py 窗口中输入"天王盖地虎，小鸡炖蘑菇"，然后按 Enter 键。此时，server.py 窗口中将显示 client.py 窗口发送的消息，并提示 server.py 窗口输入发送内容，如图 19.12 所示。

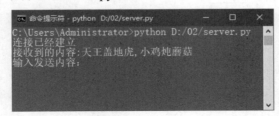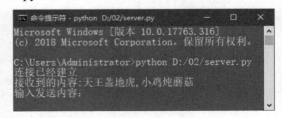

图 19.12　进行对话

在 server.py 窗口发送"宝塔镇河妖，蘑菇放辣椒"后，在 client.py 窗口发送 byebye 时，结束对话，如图 19.13 所示。

图 19.13　结束对话

346

19.3　UDP 编程

UDP 是面向消息的协议，通信时不需要建立连接，数据的传输自然是不可靠的，UDP 一般被用于多点通信和实时的数据业务，例如：

- ☑ 语音广播。
- ☑ 视频。
- ☑ 聊天软件。
- ☑ TFTP（简单文件传送）。
- ☑ SNMP（简单网络管理协议）。
- ☑ RIP（路由信息协议，如报告股票市场、航空信息）。
- ☑ DNS（域名解释）。

和 TCP 类似，使用 UDP 的通信双方也分为客户端和服务器。

19.3.1　创建 UDP 服务器

对 UDP 服务器不需要像 TCP 服务器那样进行很多设置，因为它们不是面向连接的。除了等待传入的连接，几乎不需要做其他工作。下面我们来实现一个将摄氏温度转换为华氏温度的功能。

【例 19.3】将摄氏温度转换为华氏温度。（实例位置：资源包\TM\sl\19\03）

在客户端输入要转换的摄氏温度，然后发送给服务器，服务器根据转化公式，将摄氏温度转换为华氏温度，发送给客户端显示。创建 udp_server.py 文件，实现 UDP 服务器。具体代码如下：

```
01    import socket                                              # 导入 socket 模块
02
03    s = socket.socket(socket.AF_INET, socket.SOCK_DGRAM)      # 创建 UDP 套接字
04    s.bind(('127.0.0.1', 8888))                               # 绑定地址（host,port）到套接字
05    print('绑定 UDP 到 8888 端口')
06    data, addr = s.recvfrom(1024)                             # 接收数据
07    data = float(data)*1.8 + 32                               # 转化公式
08    send_data = '转换后的温度（单位：华氏温度）: '+str(data)
09    print('Received from %s:%s.' % addr)
10    s.sendto(send_data.encode(), addr)                        # 发送给客户端
11    s.close()                                                 # 关闭服务器端套接字
```

上述代码中使用 socket.socket() 函数创建套接字，其中设置参数为 socket.SOCK_DGRAM，表明创建的是 UDP 套接字。此外，还需要注意，s.recvfrom() 函数生成的 data 数据类型是 byte，不能直接进行四则运算，需要将其转换为 float 浮点型数据。最后在使用 sendto() 函数发送数据时，发送的数据必须是 byte 类型，所以需要使用 encode() 函数将字符串转换为 byte 类型。

运行结果如图 19.14 所示。

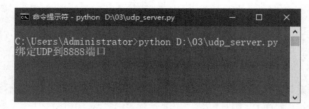

图 19.14　等待客户端连接

19.3.2　创建 UDP 客户端

创建一个 UDP 客户端程序的流程很简单，具体步骤如下。

- ☑　创建客户端套接字。
- ☑　发送/接收数据。
- ☑　关闭套接字。

下面根据例 19.3，创建 udp_client.py 文件，实现 UDP 客户端，用户接收转换后的华氏温度。具体代码如下：

```
01    import socket                                              # 导入 socket 模块
02
03    s = socket.socket(socket.AF_INET, socket.SOCK_DGRAM)       # 创建 UDP 套接字
04    data = input('请输入要转换的温度（单位：摄氏温度）：')              # 输入要转换的温度
05    s.sendto(data.encode(), ('127.0.0.1', 8888))               # 发送数据
06    print(s.recv(1024).decode())                               # 打印接收数据
07    s.close()                                                  # 关闭套接字
```

在上述代码中，接收的数据和发送的数据类型都是 byte。所以在发送时，使用 encode() 函数将字符串转换为 byte；而在输出时，使用 decode() 函数将 byte 类型数据转换为字符串，方便用户阅读。

在两个"命令提示符"窗口中分别运行 udp_server.py 和 udp_client.py 文件，然后在 udp_client.py 窗口中输入要转换的摄氏温度，udp_client.py 窗口会立即显示转换后的华氏温度，如图 19.15 所示。

图 19.15　摄氏温度转换为华氏温度效果

19.3.3　执行 UDP 服务器和客户端

在 UDP 通信模型中，在通信开始之前，不需要建立相关的链接，只需要发送数据即可，类似于生活中的"写信"。UDP 通信模型如图 19.16 所示。

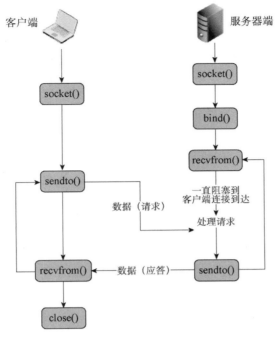

图 19.16　UDP 通信模型

19.4　实践与练习

综合练习 1：输出本地计算机名称与 IP 地址　本练习要求输出本地计算机名称和该计算机的 IP 地址。（提示：可以使用 Socket.gethostbyname(hostname)方法根据计算机名称获取对应的 IP 地址）

综合练习 2：获取远程主机的 IP 地址　在互联网中，通过域名可以访问相应的网站，同时根据域名也可以获取到对应的 IP 地址，一个 IP 地址对应一台主机，如果我们想要知道当前域名对应的主机，可以根据域名获取其对应的 IP 地址。需要注意的是，大的互联网公司服务器主机分布在不同区域、不同机房，所以用户所在地不同，输出的 IP 地址也会有所不同。本练习要求编写一段程序，输出一些互联网公司官网（远程主机）的 IP 地址。例如，要输出的互联网公司及其对应的域名如下：

京东　　　　　　　www.jd.com
百度　　　　　　　www.baidu.com
Python 官网　　　　www.python.com
淘宝　　　　　　　www.taobao.com

第 20 章

Web 编程

由于 Python 简洁易懂，可维护性好，因此越来越多的互联网公司使用 Python 进行 Web 开发，如豆瓣、知乎等网站。本章将介绍 Web 基础，包括 HTTP 协议、Web 服务器以及前端基础。此外，还将重点介绍 WSGI 接口，最后介绍常用的 Web 开发框架。

本章知识架构及重难点如下。

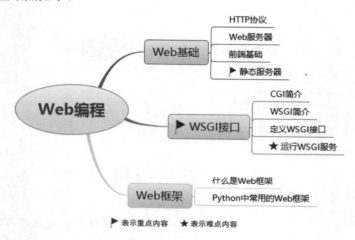

20.1 Web 基础

当用户浏览明日学院官网时，会打开浏览器，输入网址 www.mingrisoft.com，然后按 Enter 键，浏览器中就会显示明日学院官网的内容。在这个看似简单的用户行为背后，到底隐藏了什么呢？

20.1.1 HTTP 协议

在用户输入网址访问明日学院网站的例子中，用户浏览器被称为客户端，而明日学院网站被称为服务器。这个过程实质上就是客户端向服务器发起请求，服务器接收请求后，将处理后的信息（也称为响应）传给客户端。这个过程是通过超文本传输协议（hypertext transfer protocol，HTTP）实现的。

HTTP 是互联网上应用最为广泛的一种网络协议。HTTP 是利用 TCP 在两台计算机（通常是 Web 服务器和客户端）之间传输信息的协议。客户端使用 Web 浏览器发起 HTTP 请求给 Web 服务器，Web 服务器发送被请求的信息给客户端。

20.1.2　Web 服务器

当在浏览器中输入 URL 后，浏览器会先请求 DNS 服务器，获得请求站点的 IP 地址（即根据 URL 地址 www.mingrisoft.com 获取其对应的 IP 地址，如 101.201.120.85），然后发送一个 HTTP 请求给拥有该 IP 的主机（明日学院的阿里云服务器），接着就会接收到服务器返回的 HTTP 响应，浏览器经过渲染后，以一种较好的效果呈现给用户。HTTP 基本原理如图 20.1 所示。

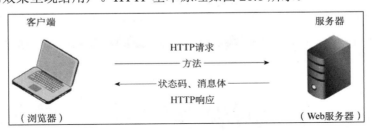

图 20.1　HTTP 基本原理

我们重点来看 Web 服务器。Web 服务器的工作原理可以概括为如下 4 个步骤。

（1）建立连接：客户端通过 TCP/IP 协议建立到服务器的 TCP 连接。

（2）请求过程：客户端向服务器发送 HTTP 请求包，请求服务器里的资源文档。

（3）应答过程：服务器向客户端发送 HTTP 应答包，如果请求的资源包中包含动态语言的内容，那么服务器会调用动态语言的解释引擎负责处理"动态内容"，并将处理后得到的数据返回给客户端。由客户端解释 HTML 文档，在客户端屏幕上渲染图形结果。

（4）关闭连接：客户端与服务器断开。

在步骤（2）中，当客户端向服务器端发起请求时，常用的请求方法及其描述如表 20.1 所示。

表 20.1　HTTP 协议常用的请求方法及其描述

方　　法	描　　述
GET	请求指定的页面信息，并返回实体主体
POST	向指定资源提交数据进行处理请求（如提交表单或者上传文件）。数据被包含在请求体中。POST 请求可能会导致新的资源的建立和/或已有资源的修改
HEAD	类似于 GET 请求，只不过返回的响应中没有具体的内容，用于获取报头
PUT	从客户端向服务器传送的数据取代指定的文档的内容
DELETE	请求服务器删除指定的页面
OPTIONS	允许客户端查看服务器的性能

在步骤（3）中，服务器返回给客户端的状态码，可以分为 5 种类型，由它们的第一位数字表示，如表 20.2 所示。

表 20.2　HTTP 状态码及其含义

状　态　码	含　　义
1**	信息，请求收到，继续处理
2**	成功，行为被成功地接收、理解和采纳
3**	重定向，为了完成请求，必须进一步执行的动作

状 态 码	含 义
4**	客户端错误，请求包含语法错误或者请求无法实现
5**	服务器错误，服务器不能实现一种明显无效的请求

例如，状态码为 200，表示请求成功已完成；状态码为 404，表示服务器找不到给定的资源。下面我们用谷歌浏览器访问明日学院官网，查看请求和响应的流程。步骤如下。

（1）在谷歌浏览器中输入网址 www.mingrisoft.com，按 Enter 键，进入明日学院官网。

（2）按 F12 键（或右击，选择"检查"菜单项），审查页面元素。运行效果如图 20.2 所示。

图 20.2　打开谷歌浏览器调试工具

（3）单击谷歌浏览器调试工具的 Network 图标，按 F5 键（或手动刷新页面），单击调试工具中 Name 栏目下的 www.mingrisoft.com，查看请求与响应的信息，如图 20.3 所示。

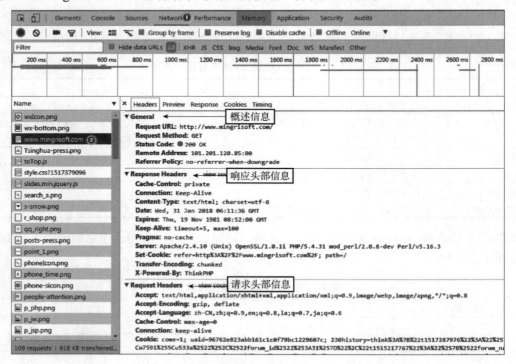

图 20.3　请求和响应信息

图 20.3 中的 General 概述关键信息如下。

- ☑　Request URL：请求的 URL 地址，也就是服务器的 URL 地址。
- ☑　Request Method：请求方式是 GET。
- ☑　Status Code：状态码是 200，即成功返回响应。
- ☑　Remote Address：服务器 IP 地址是 101.201.120.85，端口号是 80。

20.1.3　前端基础

对于 Web 开发，通常分为前端（front-end）和后端（back-end）。"前端"是与用户直接交互的部分，包括 Web 页面的结构、Web 的外观视觉表现以及 Web 层面的交互实现；"后端"更多的是与数据库进行交互以处理相应的业务逻辑，对于后端需要考虑的是，如何实现功能、数据的存取、平台的稳定性与性能等。后端的编程语言包括 Python、Java、PHP、ASP.NET 等，而前端编程语言主要包括 HTML、CSS 和 JavaScript。

对于浏览网站的普通用户而言，更多的是关注网站前端的美观程度和交互效果，很少去考虑后端的实现，如图 20.4 所示。所以使用 Python 进行 Web 开发，需要具备一定的前端基础。

图 20.4　前端与后端对比

1．HTML 简介

HTML 是用来描述网页的一种语言。HTML 指的是超文本标记语言（hyper text markup language），它不是一种编程语言，而是一种标记语言。标记语言是一套标记标签，这种标记标签通常被称为 HTML 标签，它们是由尖括号包围的关键词，如<html>。HTML 标签通常是成对出现的，如<h1>和</h1>。标签对中的第一个标签是开始标签，第二个标签是结束标签。Web 浏览器的作用是读取 HTML 文档，并以网页的形式显示它们。浏览器不会显示 HTML 标签，而是使用标签来解释页面的内容，如图 20.5 所示。

图 20.5　显示页面内容

在图 20.5 中，左侧显示的是 HTML 代码，右侧显示的是页面内容。HTML 代码中，第 1 行 <!DOCTYPE html>表示使用的是 HTML5（最新 HTML 版本），其余的标签都是成对出现的，并且在右侧的页面中，只显示标签中的内容，而不显示标签。

　说明

更多 HTML 知识，请查阅相关教程。作为 Python Web 初学者，只要求掌握基本的 HTML 知识。

2. CSS 简介

CSS 是 cascading style sheets（层叠样式表）的缩写。CSS 是一种标记语言，用于为 HTML 文档中定义布局。例如，CSS 涉及字体、颜色、边距、高度、宽度、背景图像、高级定位等方面。运用 CSS 样式可以让页面变得更美观，就像化妆前和化妆后的效果一样，如图 20.6 所示。

图 20.6　使用 CSS 前后效果对比

说明

更多 CSS 知识，请查阅相关教程。作为 Python Web 初学者，只要求掌握基本的 CSS 知识。

3. JavaScript 简介

通常，我们说的前端就是指 HTML、CSS 和 JavaScript 3 项技术。

- ☑　HTML：定义网页的内容。
- ☑　CSS：描述网页的样式。
- ☑　JavaScript：描述网页的行为。

JavaScript 是一种可以被嵌入 HTML 代码中，由客户端浏览器运行的脚本语言。在网页中使用 JavaScript 代码，不仅可以实现网页特效，还可以响应用户请求，实现动态交互的功能。例如，在用户注册页面中，需要对用户输入信息的合法性进行验证，包括是否填写了"邮箱"和"手机号"，填写的"邮箱"和"手机号"格式是否正确等。JavaScript 验证邮箱是否为空的效果如图 20.7 所示。

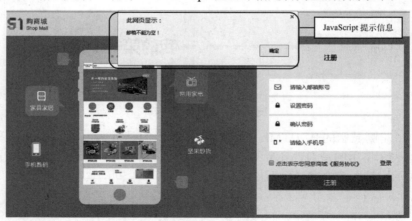

图 20.7　JavaScript 验证为空

更多 JavaScript 知识可查阅相关教程。作为 Python Web 初学者，只要求掌握基本的 JavaScript 知识。

20.1.4　静态服务器

在第 19 章使用 socket 实现服务器和浏览器通信时，我们通过浏览器访问服务器，服务器会发送 Hello World 给浏览器。而对于 Web 开发，我们需要让用户在浏览器中看到完整的 Web 页面（也就是 HTML）。

在 Web 中，纯粹 HTML 格式的页面通常被称为"静态页面"，早期的网站通常都是由静态页面组成的。例如，马云早期的创业项目"中国黄页"网站就是由静态页面组成的静态网站，如图 20.8 所示。

下面通过例子结合 Python 网络编程和 Web 编程知识，创建一个静态服务器。通过该服务器，可以访问包含两个静态页面的明日学院网站。

【例 20.1】创建"明日学院"网站静态服务器。（实例位置：资源包\TM\sl\20\01）

创建一个"明日学院"官方网站，当用户输入网址 127.0.0.1:8000 或 127.0.0.1:8000/index.html 时，访问网站首页；当用户输入网址 127.0.0.1:8000/contact.html 时，访问"联系我们"页面。可以按照如下步骤实现该功能。

图 20.8　早期的中国黄页

（1）创建 Views 文件夹，然后在该文件夹中创建 index.html 页面作为"明日学院"首页。index.html 页面关键代码如下：

```
01  <!DOCTYPE html>
02  <html lang="UTF-8">
03  <head>
04  <title>
05      明日科技
06  </title>
07  </head>
08    <body class="bs-docs-home">
09    <!-- Docs master nav -->
10    <header class="navbar navbar-static-top bs-docs-nav" id="top">
11    <div class="container">
12      <div class="navbar-header">
13        <a href="/" class="navbar-brand">明日学院</a>
14      </div>
15      <nav id="bs-navbar" class="collapse navbar-collapse">
16        <ul class="nav navbar-nav">
17          <li>
18            <a href="http://www.mingrisoft.com/selfCourse.html" >课程</a>
19          </li>
20          <li>
21            <a href="http://www.mingrisoft.com/book.html">读书</a>
22          </li>
23          <li>
```

```
24              <a href="http://www.mingrisoft.com/bbs.html">社区</a>
25          </li>
26          <li>
27              <a href="http://www.mingrisoft.com/servicecenter.html">服务</a>
28          </li>
29          <li>
30              <a href="/contact.html">联系我们</a>
31          </li>
32          </ul>
33        </nav>
34      </div>
35  </header>
36      <!-- Page content of course! -->
37      <main class="bs-docs-masthead" id="content" tabindex="-1">
38      <div class="container">
39      <span class="bs-docs-booticon bs-docs-booticon-lg bs-docs-booticon-outline">MR</span>
40      <p class="lead">明日学院，是吉林省明日科技有限公司倾力打造的在线实用技能学习平台，该平台于
41  2016 年正式上线，主要为学习者提供海量、优质的课程，课程结构严谨，用户可以根据自身的学习程度，自主
42  安排学习进度。我们的宗旨是，为编程学习者提供一站式服务，培养用户的编程思维。</p>
43      <p class="lead">
44        <a href="/contact.html" class="btn btn-outline-inverse btn-lg">联系我们</a>
45      </p>
46      </div>
47  </main>
48  </body>
49  </html>
```

（2）在 Views 文件夹中创建 contact.html 文件，作为明日学院的"联系我们"页面。关键代码如下：

```
01  <div class="bs-docs-header" id="content" tabindex="-1">
02      <div class="container">
03        <h1> 联系我们 </h1>
04          <div class="lead">
05            <address>
06                电子邮件：<strong>mingrisoft@mingrisoft.com</strong>
07                <br>地址：吉林省长春市南关区财富领域
08                <br>邮政编码：<strong>131200</strong>
09                <br><abbr title="Phone">联系电话:</abbr> 0431-84978981
10            </address>
11          </div>
12        </div>
13  </div>
```

（3）在 Views 同级目录中创建 web_server.py 文件，用于实现客户端和服务器端的 HTTP 通信，具体代码如下：

```
01  # coding:utf-8
02  import socket                                    # 导入 socket 模块
03  import re                                        # 导入 re 正则模块
04  from multiprocessing import Process              # 导入 Process 多进程模块
05
06  HTML_ROOT_DIR = "./Views"                        # 设置静态文件根目录
07
```

```
08    class HTTPServer(object):
09        def __init__(self):
10            """初始化方法"""
11            self.server_socket = socket.socket(socket.AF_INET, socket.SOCK_STREAM) # 创建 Socket 实例
12        def start(self):
13            """开始方法"""
14            self.server_socket.listen(128)                       # 设置最多连接数
15            print ('服务器等待客户端连接...')
16            # 执行死循环
17            while True:
18                client_socket, client_address = self.server_socket.accept() # 建立客户端连接
19                print("[%s, %s]用户连接上了" % client_address)
20                # 实例化进程类
21                handle_client_process = Process(target=self.handle_client, args=(client_socket,))
22                handle_client_process.start()                    # 开启线程
23                client_socket.close()                            # 关闭客户端 socket
24
25        def handle_client(self, client_socket):
26            """处理客户端请求"""
27            # 获取客户端请求数据
28            request_data = client_socket.recv(1024)              # 获取客户端请求数据
29            print("request data:", request_data)
30            request_lines = request_data.splitlines()            # 按照行（'\r', '\r\n', \n'）分隔
31            # 输出每行信息
32            for line in request_lines:
33                print(line)
34            request_start_line = request_lines[0]                # 解析请求报文
35            print("*" * 10)
36            print(request_start_line.decode("utf-8"))
37            # 使用正则表达式，提取用户请求的文件名
38            file_name = re.match(r"\w+ +(/[^ ]*) ", request_start_line.decode("utf-8")).group(1)
39            # 如果文件名是根目录，设置文件名为 file_name
40            if "/" == file_name:
41                file_name = "/index.html"
42            # 打开文件，读取内容
43            try:
44                file = open(HTML_ROOT_DIR + file_name, "rb")
45            except IOError:
46                # 如果存在异常，返回 404
47                response_start_line = "HTTP/1.1 404 Not Found\r\n"
48                response_headers = "Server: My server\r\n"
49                response_body = "The file is not found!"
50            else:
51                # 读取文件内容
52                file_data = file.read()
53                file.close()
54                # 构造响应数据
55                response_start_line = "HTTP/1.1 200 OK\r\n"
56                response_headers = "Server: My server\r\n"
57                response_body = file_data.decode("utf-8")
58            # 拼接返回数据
59            response = response_start_line + response_headers + "\r\n" + response_body
```

```
60              print("response data:", response)
61              client_socket.send(bytes(response, "utf-8"))          # 向客户端返回响应数据
62              client_socket.close()                                 # 关闭客户端连接
63
64      def bind(self, port):
65          """绑定端口"""
66          self.server_socket.bind(("", port))
67
68  def main():
69      """主函数"""
70      http_server = HTTPServer()                                    # 实例化 HTTPServer 类
71      http_server.bind(8000)                                        # 绑定端口
72      http_server.start()                                          # 调用 start()方法
73
74  if __name__ == "__main__":
75      main()                                                      # 执行 main()函数
```

上述代码中定义了一个 HTTPServer 类。其中，__init__()初始化方法用于创建 Socket 实例；start()方法用于建立客户端连接，开启线程；handle_client()方法用于处理客户端请求，主要功能是通过正则表达式提取用户请求的文件名。如果用户输入 127.0.0.1:8000，则读取 Views/index.html 文件，否则访问具体的文件名。例如，用户输入 127.0.0.1:8000/contact.html，读取 Views/contact.html 文件内容，将其作为响应的主体内容。如果读取的文件不存在，则将 The file is not found!作为响应主体内容。最后，拼接数据返回客户端。

误区警示

在绑定端口时，一定要选择一个没有被使用的端口，否则将抛出"OSError: [WinError 10013] 以一种访问权限不允许的方式做了一个访问套接字的尝试。"异常。可以通过以下命令在"命令提示符"窗口中查看已经被使用的端口号。

netstat -a

运行 web_server.py 文件，然后使用谷歌浏览器访问 127.0.0.1:8000，运行效果如图 20.9 所示。

图 20.9　明日学院主页

358

单击"联系我们"按钮，页面跳转至 127.0.0.1:8000/contact.html，运行效果如图 20.10 所示。尝试访问一个不存在的文件，例如在浏览器中访问 127.0.0.1:8000/test.html，运行效果如图 20.11 所示。

图 20.10　联系我们页面效果

图 20.11　文件不存在时页面效果

20.2　WSGI 接口

20.2.1　CGI 简介

例 20.1 中实现了一个静态服务器，但是当今 Web 开发已经很少使用纯静态页面，更多的是使用动态页面，如网站的登录和注册功能等。当用户登录网站时，需要输入用户名和密码，然后提交数据。Web 服务器不能处理表单中传递过来的与用户相关的数据，这不是 Web 服务器的职责。

通用网关接口（common gateway interface，CGI）是一段程序，运行在服务器上。Web 服务器将请求发送给 CGI 应用程序，再将 CGI 应用程序动态生成的 HTML 页面发送回客户端。CGI 在 Web 服务器和应用之间充当了交互作用，这样才能够处理用户数据，生成并返回最终的动态 HTML 页面。CGI 的工作方式如图 20.12 所示。

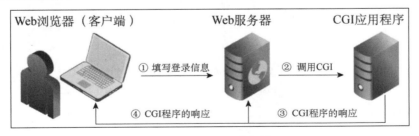

图 20.12　CGI 工作概述

CGI 有明显的局限性，例如，CGI 进程针对每个请求进行创建，使用结束就被抛弃。如果应用程序接收数千个请求，就会创建大量的语言解释器进程，这将导致服务器停机。于是 CGI 的加强版 FastCGI（fast common gateway interface）应运而生。

FastCGI 使用进程/线程池来处理一连串的请求。这些进程/线程由 FastCGI 服务器管理，而不是 Web 服务器。FastCGI 致力于减少网页服务器与 CGI 程序之间交互的开销，从而使服务器可以同时处理更多的网页请求。

20.2.2 WSGI 简介

FastCGI 的工作模式实际上没有什么太大缺陷，但是在 FastCGI 标准下写异步的 Web 服务仍然不方便，所以服务器网关接口（web server gateway interface，WSGI）就被创造出来了。

WSGI 是 Web 服务器和 Web 应用程序或框架之间的一种简单而通用的接口。从层级上来讲要比 CGI/FastCGI 高级。WSGI 中存在两种角色，即接收请求的 Server（服务器）和处理请求的 Application（应用），它们底层是通过 FastCGI 沟通的。当 Server 收到一个请求后，可以通过 socket 把环境变量和一个 Callback 回调函数传给后端 Application，Application 在完成页面组装后通过 Callback 把内容返回给 Server，最后 Server 再将响应返回给 Client。WSGI 工作概述如图 20.13 所示。

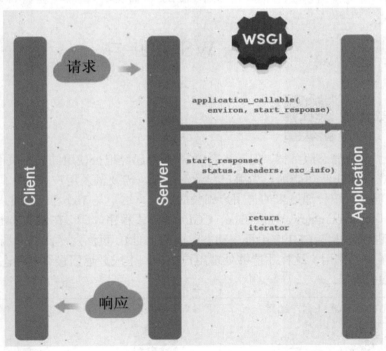

图 20.13　WSGI 工作概述

20.2.3 定义 WSGI 接口

WSGI 接口定义非常简单，它只要求 Web 开发者实现一个函数，就可以响应 HTTP 请求。我们来看一个最简单的 Web 版本的 Hello World!，代码如下：

```
01   def application(environ, start_response):
02       start_response('200 OK', [('Content-Type', 'text/html')])
03       return [b'<h1>Hello, World!</h1>']
```

上面的 application()函数就是符合 WSGI 标准的一个 HTTP 处理函数，它接收以下两个参数。

☑　environ：一个包含所有 HTTP 请求信息的字典对象。

☑　start_response：一个发送 HTTP 响应的函数。

整个 application()函数本身没有涉及任何解析 HTTP 的部分，也就是说，把底层 Web 服务器解析部分和应用程序逻辑部分进行了分离，这样开发者就可以专心做一个领域了。

可是要如何调用 application()函数呢？environ 和 start_response 这两个参数都需要从服务器获取，所以 application()函数必须由 WSGI 服务器来调用。现在，很多服务器都符合 WSGI 规范，如 Apache 服务器和 Nginx 服务器等。此外，Python 还内置了一个 WSGI 服务器，这就是 wsgiref 模块，它是用 Python 编写的 WSGI 服务器的参考实现。所谓"参考实现"，是指该实现完全符合 WSGI 标准，但是不考虑任何运行效率，仅供开发和测试使用。

20.2.4　运行 WSGI 服务

使用 Python 的 wsgiref 模块可以不用考虑服务器和客户端的连接、数据的发送和接收等问题，而专注于业务逻辑的实现。下面通过一个例子应用 wsgiref 模块创建"明日学院"网站的课程页面。

【例 20.2】创建"明日学院"网站课程页面。（**实例位置：资源包\TM\sl\20\02**）

创建"明日学院"官方网站课程页面，当用户输入网址 127.0.0.1:8000/courser.html 时，访问课程介绍页面。可以按照如下步骤实现该功能。

（1）复制例 20.1 的 Views 文件夹，在 Views 文件夹中创建 course.html 页面作为"明日学院"课程页面。course.html 页面关键代码如下：

```
01   <!DOCTYPE html>
02   <html lang="UTF-8">
03   <head>
04   <meta http-equiv="Content-Type" content="text/html; charset=UTF-8">
05   <meta http-equiv="X-UA-Compatible" content="IE=edge">
06   <meta name="viewport" content="width=device-width, initial-scale=1">
07   <title>
08       明日科技
09   </title>
10   <!-- Bootstrap core CSS -->
11   <link rel="stylesheet" href="https://cdn.bootcss.com/bootstrap/3.3.7/css/bootstrap.min.css"
12   </head>
13     <body class="bs-docs-home">
14       <!-- Docs master nav -->
15     <header class="navbar navbar-static-top bs-docs-nav" id="top">
16     <div class="container">
17       <div class="navbar-header">
18         <a href="/" class="navbar-brand">明日学院</a>
19       </div>
20       <nav id="bs-navbar" class="collapse navbar-collapse">
```

```
21          <ul class="nav navbar-nav">
22            <li>
23              <a href="/course.html" >课程</a>
24            </li>
25            <li>
26              <a href="http://www.mingrisoft.com/book.html">读书</a>
27            </li>
28            <li>
29              <a href="http://www.mingrisoft.com/bbs.html">社区</a>
30            </li>
31            <li>
32              <a href="http://www.mingrisoft.com/servicecenter.html">服务</a>
33            </li>
34            <li>
35              <a href="/contact.html">联系我们</a>
36            </li>
37          </ul>
38        </nav>
39      </div>
40  </header>
41        <!-- Page content of course! -->
42        <main class="bs-docs-masthead" id="content" tabindex="-1">
43        <div class="container">
44          <div class="jumbotron">
45            <h1 style="color: #573e7d">明日课程</h1>
46            <p style="color: #573e7d">海量课程，随时随地，想学就学。有多名专业讲师精心打造精品课程，
47                            让学习创造属于你的生活</p>
48            <p><a class="btn btn-primary btn-lg" href="http://www.mingrisoft.com/selfCourse.html"
49                role="button">开始学习</a></p>
50          </div>
51        </div>
52  </main>
53  </body>
54  </html>
```

（2）在 Views 同级目录中创建 application.py 文件，用于实现 Web 应用程序的 WSGI 处理函数，具体代码如下：

```
01  def app(environ, start_response):
02      start_response('200 OK', [('Content-Type', 'text/html')])     # 响应信息
03      file_name = environ['PATH_INFO'][1:] or 'index.html'          # 获取 url 参数
04      HTML_ROOT_DIR = './Views/'                                    # 设置 HTML 文件目录
05      try:
06          file = open(HTML_ROOT_DIR + file_name, "rb")             # 打开文件
07      except IOError:
08          response = "The file is not found!"                       # 如果异常，返回 404
09      else:
10          file_data = file.read()                                   # 读取文件内容
11          file.close()                                              # 关闭文件
12          response = file_data.decode("utf-8")                      # 构造响应数据
13
14      return [response.encode('utf-8')]                             # 返回数据
```

上述代码中使用 application() 函数接收两个参数，即 environ 字典对象和 start_response() 函数。通过 environ 字典对象来获取 url 中的文件扩展名，如果为 "/"，则读取 index.html 文件。如果不存在，则返回 "The file is not found!"。

（3）在 Views 同级目录中创建 web_server.py 文件，用于启动 WSGI 服务器，加载 application() 函数，具体代码如下：

```
01   # 从 wsgiref 模块中导入
02   from wsgiref.simple_server import make_server
03   # 从 application 中导入编写的函数 app
04   from application import app
05
06   # 创建一个服务器，IP 地址为空，端口是 8000，处理函数是 app
07   httpd = make_server('', 8000, app)
08   print('Serving HTTP on port 8000...')
09   # 开始监听 HTTP 请求
10   httpd.serve_forever()
```

运行 web_server.py 文件，当显示 "Serving HTTP on port 8000..." 时，在浏览器的地址栏中输入网址 127.0.0.1:8000，访问 "明日学院" 首页，运行结果如图 20.14 所示。然后单击顶部导航栏的 "课程" 按钮，将进入明日学院的课程页面，运行效果如图 20.15 所示。

图 20.14　明日学院首页

图 20.15　明日学院课程页面

20.3　Web 框架

如果你要从零开始建立一些网站，可能会注意到你不得不一次又一次地解决一些相同的问题。这样做是令人厌烦的，并且违反了良好编程的核心原则之一——DRY（不要重复自己）。

有经验的 Web 开发人员在创建新站点时也会遇到类似的问题。当然，总有一些特殊情况会因网站而异，但在大多数情况下，开发人员通常需要处理四项任务——数据的创建、读取、更新和删除，也称为 CRUD。幸运的是，开发人员通过使用 Web 框架解决了这些问题。

20.3.1　什么是 Web 框架

Web 框架是用来简化 Web 开发的软件框架。框架的存在是为了避免用户"重新发明轮子"，并且在创建一个新的网站时帮助减少一些开销。典型的框架提供了如下常用功能。

- ☑　管理路由。
- ☑　访问数据库。
- ☑　管理会话。
- ☑　创建模板来显示 HTML。
- ☑　促进代码的重用。

事实上，框架根本就不是什么新的东西，它只是一些能够实现常用功能的 Python 文件。我们可以把框架看作工具的集合，而不是特定的东西。框架的存在使得建立网站更快、更容易。此外，框架还促进了代码的重用。

20.3.2　Python 中常用的 Web 框架

前面我们学习了 WSGI（服务器网关接口），它是 Web 服务器和 Web 应用程序或框架之间的一种简单而通用的接口。也就是说，只要遵循 WSGI 接口规则，就可以自主开发 Web 框架。因此，各种开源 Web 框架至少有上百种，关于 Python 框架优劣的讨论也仍在继续。作为初学者，应该选择一些主流的框架来学习使用。这是因为主流框架文档齐全，技术积累较多，社区繁盛，并且能得到更好的支持。下面介绍 Python 的几种主流 Web 框架。

1. Django

Django 可能是最广为人知和使用最广泛的 Python Web 框架了。Django 有世界上最大的社区和最多的包之一。Django 的文档非常完善，并且提供了一站式的解决方案，包括缓存、ORM、管理后台、验证、表单处理等，使得开发复杂的数据库驱动的网站变得简单。但是，Django 系统耦合度较高，替换掉内置的功能比较麻烦，所以学习曲线也相当陡峭。

2. Flask

Flask 是一个轻量级 Web 应用框架。它的名字暗示了它的含义，它基本上就是一个微型的胶水框架。

Flask 把 Werkzeug 和 Jinja 黏合在一起，所以它很容易被扩展。Flask 有许多扩展可以供用户使用，还有一群忠诚的粉丝和不断增加的用户群。Flask 有一份很完善的文档，甚至还有一份唾手可得的常见范例。Flask 很容易使用，用户只需要几行代码就可以写出"Hello World!"。

3．Bottle

Bottle 框架相对来说比较新。Bottle 才是名副其实的微框架——它只有大约 4500 行代码。Bottle 除 Python 标准库外，没有其他的依赖，甚至还有自己独特的模板语言。Bottle 的文档很详细并且抓住了事物的实质。Bottle 很像 Flask，也使用了装饰器来定义路径。

4．Tornado

Tornado 不仅是一个框架，还是一个 Web 服务器。Tornado 最初是为 FriendFeed 开发的，后来在 2009 年也供 Facebook 使用。Tornado 是为了解决实时服务而诞生的。为了做到这一点，Tornado 使用了异步非阻塞 IO，所以它的运行速度非常快。

以上 4 种框架各有优劣，使用时需要根据自身的应用场景选择适合自己的 Web 框架。在第 21 章，我们将学习其中的一个，即 Flask 框架。

20.4　实践与练习

（答案位置：资源包\TM\sl\20\实践与练习\）

综合练习 1：创建个人网站静态服务器　创建一个自己的个人网站，要求：首页中显示个人简历，内容根据自己的实际情况定义即可。

综合练习 2：设置 HTTP 服务器使用 7000 端口　通常每个套接字地址（协议/网络地址/端口）只允许使用一次，所以在编写不同网站时，可能需要指定不同的端口地址。本练习要求将例 20.2 的服务器端口号修改为 7000，即通过网址 127.0.0.1:7000 访问"明日学院"首页，然后将提示文件不存的信息修改为以下内容：

404
要访问的网页不存在！

第 21 章

Flask 框架

第 20 章介绍了如何使用 WSGI 进行 Web 开发，并且介绍了 Python 常用 4 种 Web 框架，本章将详细介绍如何使用 Flask 框架。通过对比 WSGI，读者将会发现使用 Flask 框架开发 Web 应用程序更加简单和高效。

本章知识架构及重难点如下。

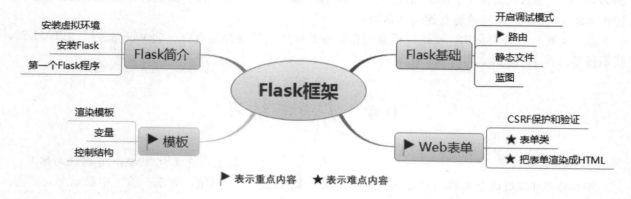

21.1 Flask 简介

Flask 依赖两个外部库，即 Werkzeug 和 Jinja2。Werkzeug 是一个 WSGI（在 Web 应用和多种服务器之间的标准 Python 接口）工具集，Jinja2 负责渲染模板。因此，在安装 Flask 之前，需要安装这两个外部库，而最简单的方式就是使用 Virtualenv 创建虚拟环境。

21.1.1 安装虚拟环境

安装 Flask 最便捷的方式是使用虚拟环境。Virtualenv 为每个不同项目提供一份 Python 安装。它并没有真正安装多个 Python 副本，但是它确实提供了一种巧妙的方式来让各项目环境保持独立。

1. 安装 Virtualenv

Virtualenv 的安装非常简单，可以使用如下命令进行安装：

```
pip install virtualenv
```

安装完成后，可以使用如下命令检测 Virtualenv 版本：

virtualenv --version

如果运行效果如图 21.1 所示，则说明安装成功。

图 21.1　查看 Virtualenv 版本

2．创建虚拟环境

使用 virtualenv 命令，可在当前文件夹中创建 Python 虚拟环境。该命令只有一个必需参数，即虚拟环境名字（一般为 venv）。创建虚拟环境后，当前文件夹中会出现一个子文件夹，名字就是上述命令中指定的参数，与虚拟环境相关的文件都被保存在这个子文件夹中。创建虚拟环境的命令如下：

virtualenv venv

例如，在"命令提示符"窗口中，将当前目录切换到 D:\python 目录中，执行上述命令，将在 D:\python 目录中会新增一个 venv 文件夹（见图 21.2），该文件夹中存储了一个全新的虚拟环境，其中有一个私有的 Python 解释器。

3．激活虚拟环境

在使用这个虚拟环境之前，需要先将其"激活"。可以通过下列命令激活这个虚拟环境：

venv\Scripts\activate

激活虚拟环境后的效果如图 21.3 所示。

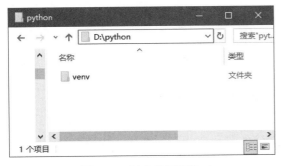

图 21.2　创建虚拟环境　　　　　　　　图 21.3　激活虚拟环境后的效果

4．退出虚拟环境

已经激活的虚拟环境，可以使用下列命令退出：

venv\Scripts\deactivate

21.1.2 安装 Flask

大多数 Python 包都使用 pip 工具安装。使用 Virtualenv 创建虚拟环境时会自动安装 pip，激活虚拟环境后，pip 所在的路径会被添加到 PATH 中。使用下列 pip 命令可安装 Flask。

```
pip install flask
```

运行效果如图 21.4 所示。

安装完成以后，可以通过如下命令查看所有安装包：

```
pip list --format columns
```

运行结果如图 21.5 所示。可以看出，已经成功安装了 Flask，并且也安装了 Flask 的两个外部依赖库，即 Werkzeug 和 Jinja2。

图 21.4　安装 Flask

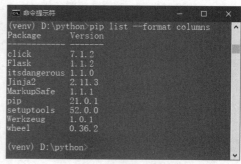

图 21.5　查看所有安装包

21.1.3 第一个 Flask 程序

一切准备就绪，现在我们开始编写第一个 Flask 程序。由于是第一个 Flask 程序，因此要从最简单的"Hello World！"开始。

【例 21.1】输出"Hello World！"。（**实例位置：资源包\TM\sl\21\01**）

在 venv 同级目录中创建一个 hello.py 文件，代码如下：

```
01    from flask import Flask
02    app = Flask(__name__)
03
04    @app.route('/')
05    def hello_world():
06        return 'Hello World!'
07
08    if __name__ == '__main__':
09        app.run()
```

368

误区警示

创建的.py 文件一定要放在与 venv 同级的目录中，否则将提示[Errno 2] No such file or directory 错误。

运行 hello.py 文件，运行效果如图 21.6 所示。

然后在浏览器中输入网址 http://127.0.0.1:5000/，运行效果如图 21.7 所示。

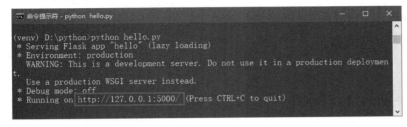

图 21.6　运行 hello.py 文件

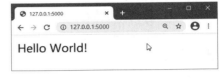

图 21.7　输出"Hello World!"

那么，这段代码做了什么？

（1）导入 Flask 类。这个类的实例将会是我们的 WSGI 应用程序。

（2）创建一个该类实例，第一个参数是应用模块或包的名称。如果使用的是单一模块（如本例），应使用__name__，因为模块名称会因其作为单独应用被启动还是作为模块被导入而有所不同（'__main__'或实际的导入名）。这是必需的，这样 Flask 才知道到哪儿去找模板、静态文件等。

（3）使用 route()装饰器告诉 Flask 什么样的 URL 能触发我们的函数。

（4）函数名字在生成 URL 时被特定函数所采用，并返回想要显示在用户浏览器中的信息。

（5）用 run()函数让应用运行在本地服务器上。其中，"if__name__=='__main__':"的作用是确保服务器只在该脚本中被 Python 解释器直接执行时运行，而不是模块被导入时运行。

说明

当关闭服务器时，可按 Ctrl+C 快捷键。

21.2　Flask 基础

21.2.1　开启调试模式

虽然 run()方法适用于启动本地的开发服务器，但是用户每次修改代码后都要手动重启它。这样并不够优雅，而且 Flask 可以做到更好。如果你启用了调试支持，那么服务器将会在代码被修改后自动重新载入，并在发生错误时提供一个相当有用的调试器。

有两种途径来启用调试模式。一种是直接在应用对象上设置，代码如下：

```
app.debug = True
app.run()
```

另一种是作为 run()方法的一个参数传入，代码如下：

```
app.run(debug=True)
```

上述两种方法的效果完全相同。

21.2.2 路由

客户端（如 Web 浏览器）把请求发送给 Web 服务器，Web 服务器再把请求发送给 Flask 程序实例。程序实例需要知道对每个 URL 请求运行哪些代码，所以保存了一个 URL 到 Python 函数的映射关系。处理 URL 和函数之间关系的程序称为路由。

在 Flask 程序中定义路由的最简便方式，是使用程序实例提供的 app.route()装饰器把修饰的函数注册为路由。下列示例说明如何使用这个装饰器声明路由：

```
01    @app.route('/')
02    def index():
03        return '<h1>Hello World!</h1>'
```

 说明

装饰器是 Python 语言的标准特性，可以使用不同的方式修改函数的行为。惯常用法是使用装饰器把函数注册为事件的处理程序。

但是，不仅如此！你可以构造含有动态部分的 URL，也可以在一个函数上附着多个规则。

1. 变量规则

要给 URL 添加变量部分，你可以把这些特殊的字段标记为<variable_name>，这个部分将会作为命名参数传递到你的函数中。规则可以用<converter:variable_name>指定一个可选的转换器。

【例 21.2】根据参数输出相应信息。（**实例位置：资源包\TM\sl\21\02**）

创建 02.py 文件，以例 21.1 的代码为基础，添加如下代码：

```
01    @app.route('/user/<username>')
02    def show_user_profile(username):
03        # 显示该用户名的用户信息
04        return 'User %s' % username
05
06    @app.route('/post/<int:post_id>')
07    def show_post(post_id):
08        # 根据 ID 显示文章，ID 是整型数据
09        if post_id == 10:
10            content = '腹有读书气自华'
11        else:
12            content = '文章不存在！'
13        return 'ID【 %d 】内容为：%s' % (post_id,content)
```

上述代码中使用了转换器。它有下面 3 种。

☑　int：接收整数。

☑　float：同 int，但是接收浮点数。

☑　path：和默认的相似，但也接收斜线。

运行 02.py 文件，在浏览器的地址栏中输入"http://127.0.0.1:5000/user/无语"，传递用户名，运行结果如图 21.8 所示；输入"http://127.0.0.1:5000/post/10"，传递文章 ID，运行结果如图 21.9 所示。

图 21.8　获取用户信息

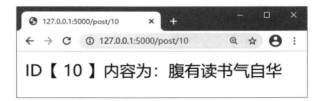

图 21.9　获取文章信息

2．构造 URL

如果 Flask 能匹配 URL，那么 Flask 可以生成它们吗？当然可以。你可以用 url_for()函数来给指定的函数构造 URL。它接收函数名作为第一个参数，也接收对应 URL 规则的变量部分的命名参数。未知变量部分会被添加到 URL 末尾作为查询参数。

【例 21.3】使用 url_for()函数构造 URL 信息并返回。（**实例位置：资源包\TM\sl\21\03**）

创建 03.py 文件，以例 21.2 为基础添加如下代码：

```
01  from flask import Flask , url_for
02  app = Flask(__name__)
03
04  # 省略其余代码
05
06  @app.route('/url/')
07  def get_url():
08      # 显示 URL 信息
09      return url_for('show_post',post_id=10)
10
11  if __name__ == '__main__':
12      app.run(debug=True)
```

上述代码中设置了"/url/"路由，访问该路由时，返回 show_post 函数的 URL 信息。运行结果如图 21.10 所示。

图 21.10　url_for()函数应用效果图

3．HTTP 方法

HTTP（与 Web 应用会话的协议）有许多不同的访问 URL 方法。默认情况下，路由只回应 GET 请求，但是通过 route()装饰器传递 methods 参数可以改变这个行为。例如，下列代码：

```
01  @app.route('/login', methods=['GET', 'POST'])
02  def login():
03  ifrequest.method == 'POST':
04  do_the_login()
```

```
05   else:
06   show_the_login_form()
```

HTTP 方法（也经常被叫作"谓词"）告知服务器，客户端想对请求的页面做些什么。常用的方法及其说明如表 21.1 所示。

表 21.1 常用的 HTTP 方法及其说明

方　　法	说　　明
GET	浏览器告知服务器，只获取页面上的信息并发给我。这是最常用的方法
HEAD	浏览器告诉服务器，像处理 GET 请求一样获取信息，但是只关心消息头，不分发实际内容。此项操作在 Flask 中完全无须人工干预，底层的 Werkzeug 库已经替你处理好了
POST	浏览器告诉服务器，想在 URL 上发布新信息。服务器必须确保数据已存储且仅存储一次。这是 HTML 表单通常发送数据到服务器的方法
PUT	类似 POST，但是服务器可能触发了存储过程多次，多次覆盖掉旧值。你可能会问这有什么用，当然这是有原因的。考虑到传输中连接可能会丢失，在这种情况下浏览器和服务器之间的系统可能安全地第二次接收请求，而不破坏其他东西。因为 POST 只触发一次，所以用 POST 是不可能的
DELETE	删除给定位置的信息
OPTIONS	给客户端提供一个敏捷的途径以了解这个 URL 支持哪些 HTTP 方法。从 Flask 0.6 开始，实现了自动处理

21.2.3　静态文件

动态 Web 应用也需要静态文件，通常是 CSS 和 JavaScript 文件。理想情况下，你已经配置好 Web 服务器来提供静态文件，但是在开发中，Flask 也可以做到。只要在你的包中或模块所在的目录中创建一个名为 static 的文件夹，在应用中使用/static 即可访问。

给静态文件生成 URL，使用特殊的"static"端点名，代码如下：

```
url_for('static', filename='style.css')
```

这个文件应该存储在文件系统的 static/style.css 中。

21.2.4　蓝图

Flask 使用蓝图（blueprint）的概念来创建应用程序组件，并支持应用程序内或跨应用程序的通用模式。蓝图可以很好地简化大型应用程序的工作方式，并为 Flask 扩展注册应用程序上的操作提供一种中心方法。Blueprint 对象的工作方式类似于 Flask 应用程序对象，但它实际上不是一个应用程序，而是如何构造或扩展应用程序的蓝图。

Flask 中的蓝图为如下这些情况而设计。

- ☑ 把一个应用分解为一个蓝图的集合。这对大型应用是理想的。一个项目可以实例化一个应用对象，初始化几个扩展，并注册一个集合的蓝图。
- ☑ 以 URL 前缀和/或子域名在应用上注册一个蓝图。URL 前缀/子域名中的参数即成为这个蓝图中的所有视图函数的共同的视图参数（默认情况下）。
- ☑ 在一个应用中用不同的 URL 规则多次注册一个蓝图。

☑ 通过蓝图提供模板过滤器、静态文件、模板和其他功能。一个蓝图不一定要实现应用或者视图函数。

☑ 当初始化 Flask 扩展时，在应用程序中注册一个蓝图。

☑ Flask 中的蓝图不是一个可插入的应用程序，因为它实际上并不是一个应用程序——它是一组可以在应用程序上注册（甚至可以多次注册）的操作。这里之所以不使用多个应用程序对象，是因为我们编写的应用程序将具有单独的配置，并且将在 WSGI 层中进行管理。

21.3 模 板

模板是一个包含响应文本的文件，其中包含用占位变量表示的动态部分，其具体值只在请求的上下文中才能知道。使用真实值替换变量，再返回最终得到的响应字符串，这一过程称为渲染。为了渲染模板，Flask 使用了一个名为 Jinja2 的强大模板引擎。

21.3.1 渲染模板

默认情况下，Flask 在程序文件夹的 templates 子文件夹中寻找模板。下面通过一个例子学习如何渲染模板。

【例 21.4】使用 url_for()函数获取 URL 信息。（**实例位置：资源包\ TM\sl\21\04**）

在 venv 同级目录中创建 templates 文件夹，然后在该文件夹中创建两个文件，并分别命名为 index.html 和 user.html。接着在 venv 目录中创建 04.py 文件，并且在该文件中渲染 index.html 和 user.html 两个模板。目录结构如图 21.11 所示。

图 21.11 目录结构

templates\index.html 代码如下：

```
01  <!DOCTYPE html>
02  <html lang="en">
03      <head>
04          <meta charset="UTF-8">
05          <title></title>
06      </head>
07      <body>
08          <h1>Hello World!</h1>
09      </body>
10  </html>
```

templates\user.html 代码如下：

```
01  <!DOCTYPE html>
02  <html lang="en">
03      <head>
04          <meta charset="UTF-8">
```

```
05          <title>Title</title>
06      </head>
07      <body>
08          <h1>Hello, {{ name }}!</h1>
09      </body>
10  </html>
```

04.py 代码如下：

```
01  from flask import Flask,render_template
02  app = Flask(__name__)
03
04  @app.route('/')
05  def hello_world():
06      return render_template('index.html')
07
08  @app.route('/user/<username>')
09  def show_user_profile(username):
10      # 显示该用户名的用户信息
11      return render_template('user.html', name=username)
12
13  if __name__ == '__main__':
14      app.run(debug=True)
```

Flask 提供的 render_template()函数把 Jinja2 模板引擎集成到了程序中。render_template()函数的第一个参数是模板的文件名，随后的参数都是"键-值对"，表示模板中变量对应的真实值。在这段代码中，第二个模板收到一个名为 username 的变量。前例中的 name=username 是关键字参数，这类关键字参数很常见，但如果你不熟悉它们的话，可能会觉得迷惑且难以理解。其中，左边的 name 表示参数名，就是模板中使用的占位符；右边的 username 是当前作用域中的变量，表示同名参数的值。

运行效果如图 21.12 所示。

图 21.12　运行效果

21.3.2　变量

例 21.4 在模板中使用的{{ name }}结构表示一个变量，它是一种特殊的占位符，告诉模板引擎这个位置的值从渲染模板时所使用的数据中获取。Jinja2 能识别所有类型的变量，甚至是一些复杂的类型，如列表、字典和对象。在模板中使用变量的一些示例如下：

```
<p>从字典中取一个值: {{ mydict['key'] }}.</p>
<p>从列表中取一个值: {{ mylist[3] }}.</p>
<p>从列表中取一个带索引的值: {{ mylist[myintvar] }}.</p>
<p>从对象的方法中取一个值: {{ myobj.somemethod() }}.</p>
```

可以使用过滤器修改变量，过滤器名添加在变量名之后，中间使用竖线分隔。例如，下述模板以首字母大写形式显示变量 name 的值：

```
Hello, {{ name|capitalize }}
```

Jinja2 提供的部分常用过滤器及其说明如表 21.2 所示。

表 21.2　常用过滤器及其说明

过 滤 器	说　　明	过 滤 器	说　　明
safe	渲染值时不转义	title	将值中每个单词的首字母都转换成大写
capitalize	将值的首字母转换成大写，其他字母转换成小写	trim	将值的首尾空格去掉
lower	将值转换成小写形式	striptags	渲染之前，将值中所有的 HTML 标签都删掉
upper	将值转换成大写形式		

safe 过滤器值得特别说明，默认情况下，出于安全考虑，Jinja2 会转义所有变量。例如，如果一个变量的值为 '<h1>Hello</h1>'，Jinja2 会将其渲染成'<h1>Hello</h1>'，浏览器能显示这个 h1 元素，但不会进行解释。很多情况下需要显示变量中存储的 HTML 代码，这时就可使用 safe 过滤器。

21.3.3　控制结构

Jinja2 提供了多种控制结构，可用来改变模板的渲染流程。下面介绍其中最有用的控制结构。

下列示例代码展示了如何在模板中使用条件控制语句：

```
01    {% if user %}
02    Hello, {{ user }}!
03    {% else %}
04    Hello, Stranger!
05    {% endif %}
```

另一种常见需求是在模板中渲染一组元素。下列示例展示了如何使用 for 循环实现这一需求：

```
01    <ul>
02    {% for comment in comments %}
03    <li>{{ comment }}</li>
04    {% endfor %}
05    </ul>
```

Jinja2 还支持宏。宏类似于 Python 代码中的函数。例如：

```
01    {% macro render_comment(comment) %}
02    <li>{{ comment }}</li>
03    {% endmacro %}
04    <ul>
05    {% for comment in comments %}
06    {{ render_comment(comment) }}
07    {% endfor %}
08    </ul>
```

为了重复使用宏，我们可以将其保存在单独的文件中，然后在需要使用的模板中导入。示例代码如下：

```
01    {% import 'macros.html' as macros %}
02    <ul>
03    {% for comment in comments %}
04    {{ macros.render_comment(comment) }}
05    {% endfor %}
06    </ul>
```

可以将需要在多处被重复使用的模板的代码片段写入单独的文件中，然后包含在所有模板中，以避免重复。示例代码如下：

```
{% include 'common.html' %}
```

另一种重复使用代码的强大方式是模板继承，它类似于 Python 代码中的类继承。首先，创建一个名为 base.html 的基模板，示例代码如下：

```
01    <html>
02    <head>
03    {% block head %}
04    <title>{% block title %}{% endblock %} - My Application</title>
05    {% endblock %}
06    </head>
07    <body>
08    {% block body %}
09    {% endblock %}
10    </body>
11    </html>
```

block 标签定义的元素可在衍生模板中被修改。在本例中，我们定义了名为 head、title 和 body 的块。注意，title 包含在 head 中。下列这个示例是基模板的衍生模板：

```
01    {% extends "base.html" %}
02    {% block title %}Index{% endblock %}
03    {% block head %}
04    {{ super() }}
05    <style>
06    </style>
07    {% endblock %}
08    {% block body %}
09    <h1>Hello, World!</h1>
10    {% endblock %}
```

extends 指令声明这个模板衍生自 base.html。在 extends 指令之后，基模板中的 3 个块被重新定义，模板引擎会将其插入适当的位置。注意新定义的 head 块，在基模板中其内容不是空的，所以使用 super() 函数获取原来的内容。

21.4　Web 表单

表单是允许用户跟你的 Web 应用交互的基本元素。Flask 自己不会帮你处理表单，但 Flask-WTF

插件允许用户在 Flask 应用中使用著名的 WTForms 包。这个包使得定义表单和处理表单功能变得轻松。

WTForms 的安装非常简单，使用如下命令即可安装：

```
pip install flask-wtf
```

安装完成后，使用如下命令查看所有安装包：

```
pip list --format columns
```

一旦安装成功，列表中就会有 Flask-WTF 及其依赖包 WTForms，如图 21.13 所示。

21.4.1　CSRF 保护和验证

CSRF 全称是 cross-site request forgery，即跨站请求伪造。CSRF 通过第三方伪造表单数据，以将 POST 请求发送到应用服务器上。例如，假设明日学院网站允许用户通过提交一个表单来注销账户。这个表单发送一个 POST 请求到明日学院服务器的注销页面上，并且用户已经登录，就可以注销账户。如果黑客在他自己的网站

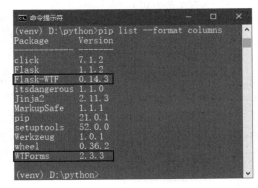

图 21.13　查看安装包

中创建一个会发送到明日学院服务器的同一个注销页面的表单，现在，假如有个用户单击了黑客设置的网站中表单的"提交"按钮，同时这个用户又登录了邮件账号，那么他的账户就会被注销。

所以，我们怎样判断一个 POST 请求是否来自网站自己的表单呢？WTForms 在渲染每个表单时生成一个独一无二的 token，使得这一切变得可能。那个 token 将在 POST 请求中随表单数据一起传递，并且会在表单被接收之前进行验证。关键在于，token 的值取决于存储在用户的会话（Cookies）中的一个值，而且会在一定时长（默认 30 min）之后过时。这样，只有登录了页面的用户才能提交一个有效的表单，而且仅仅是在登录页面 30 min 之内才能这么做。

默认情况下，Flask-WTF 能保护所有表单免受跨站请求伪造的攻击。一旦恶意网站把请求发送到被攻击者已登录的其他网站时，就会引发 CSRF 攻击。为了实现 CSRF 保护，Flask-WTF 需要程序设置一个密钥。Flask-WTF 使用这个密钥生成加密令牌，再用令牌验证请求中表单数据的真伪。设置密钥的方法如下：

```
app = Flask(__name__)
app.config['SECRET_KEY'] = 'mrsoft'
```

app.config 字典可用来存储框架、扩展和程序本身的配置变量。使用标准的字典句法就能把配置值添加到 app.config 对象中。这个对象还提供了一些方法，可以从文件或环境中导入配置值。

SECRET_KEY 配置变量是通用密钥，可在 Flask 和多个第三方扩展中使用。如其名所示，加密的强度取决于变量值的机密程度。不同的程序要使用不同的密钥，而且要保证其他人不知道你使用的字符串。

21.4.2　表单类

使用 Flask-WTF 时，每个 Web 表单都由一个继承自 Form 的类表示。这个类定义表单中的一组字

段，每个字段都用对象表示。字段对象可附属一个或多个验证函数。验证函数用来验证用户提交的输入值是否符合要求。例如，使用 Flask-WTF 创建包含一个文本字段、密码字段和一个提交按钮的简单的 Web 表单，代码如下：

```
01    from flask_wtf import FlaskForm
02    from wtforms import StringField, PasswordField,SubmitField
03    from wtforms.validators import Required
04    class NameForm(FlaskForm):
05        name = StringField('请输入姓名', validators=[Required()])
06        password = PasswordField('请输入密码', validators=[Required()])
07        submit = SubmitField('Submit')
```

这个表单中的字段都被定义为类变量，类变量的值是相应字段类型的对象。在这个示例中，NameForm 表单中有一个名为 name 的文本字段、一个名为 password 的密码字段和一个名为 submit 的提交按钮。StringField 类表示属性为 type="text" 的 <input> 元素。SubmitField 类表示属性为 type="submit" 的 <input> 元素。字段构造函数的第一个参数是把表单渲染成 HTML 所使用的标号。StringField 构造函数中的可选参数 validators 指定一个由验证函数组成的列表，在接收用户提交的数据之前验证数据。验证函数 Required() 确保提交的字段不为空。

说明

Form 基类由 Flask-WTF 扩展定义，所以从 flask.ext.wtf 中导入，而字段和验证函数可以直接从 WTForms 包中导入。

上述代码中只使用了 3 个 HTML 标准字段，WTForms 还支持很多其他的 HTML 标准字段，如表 21.3 所示。

表 21.3　WTForms 支持的 HTML 标准字段及其说明

字 段 类 型	说　　明	字 段 类 型	说　　明
StringField	文本字段	BooleanField	复选框，值为 True 和 False
TextAreaField	多行文本字段	RadioField	一组单选框
PasswordField	密码文本字段	SelectField	下拉列表
HiddenField	隐藏文本字段	SelectMultipleField	下拉列表，可选择多个值
DateField	文本字段，值为 datetime.date 格式	FileField	文件上传字段
DateTimeField	文本字段，值为 datetime.datetime 格式	SubmitField	表单提交按钮
IntegerField	文本字段，值为整数	FormField	把表单作为字段嵌入另一个表单中
DecimalField	文本字段，值为 decimal.Decimal	FieldList	一组指定类型的字段
FloatField	文本字段，值为浮点数		

WTForms 内置的验证函数及其说明如表 21.4 所示。

表 21.4　WTForms 内置的验证函数及其说明

验 证 函 数	说　　明	验 证 函 数	说　　明
Email	验证电子邮件地址	Optional	无输入值时跳过其他验证函数
EqualTo	比较两个字段的值，常用于要求输入两次密码进行确认的情况	Required	确保字段中有数据

续表

验 证 函 数	说　明	验 证 函 数	说　明
IPAddress	验证 IPv4 网络地址	Regexp	使用正则表达式验证输入值
Length	验证输入字符串的长度	URL	验证 URL
NumberRange	验证输入的值在数字范围内	AnyOf	确保输入值在可选值列表中

21.4.3　把表单渲染成 HTML

表单字段是可调用的，在模板中调用后会渲染成 HTML。假设视图函数把一个 NameForm 实例通过参数 form 传入模板中，在模板中就可以生成一个简单的表单。

【例 21.5】使用 url_for() 函数获取 URL 信息。（实例位置：资源包\TM\sl\21\05）

创建 05.py 文件，在该文件中定义一个 Loginform 类。Loginform 类有 3 个属性，分别是 name（用户名）、password（密码）和 submit（提交按钮）。具体代码如下：

```
01   from flask import Flask , render_template
02   from flask_wtf import FlaskForm
03   from wtforms import StringField, PasswordField,SubmitField
04   from wtforms.validators import Required
05
06   class LoginForm(FlaskForm):
07       name = StringField(label='用户名', validators=[Required("用户名不能为空")])
08       password = PasswordField(label='密　码', validators=[Required("密码不能为空")])
09       submit = SubmitField(label="提交")
10
11   app = Flask(__name__)
12   app.config['SECRET_KEY'] = 'mrsoft'
13
14   @app.route('/', methods=['GET', 'POST'])
15   def index():
16       form = LoginForm()
17       data = {}
18       if form.validate_on_submit():
19           data['name'] = form.name.data
20           data['password'] = form.password.data
21       return render_template('index.html', form=form,data=data)
22
23   if __name__ == '__main__':
24       app.run(debug=True)
```

上述代码中，app.route() 装饰器中添加的 methods 参数告诉 Flask 在 URL 映射中把这个视图函数注册为 GET 和 POST 请求的处理程序。如果没指定 methods 参数，就只把视图函数注册为 GET 请求的处理程序。把 POST 加入方法列表很有必要，因为将提交表单作为 POST 请求进行处理更加便利。表单也可作为 GET 请求提交，不过 GET 请求没有主体，提交的数据以查询字符串的形式附加到 URL 中，可在浏览器的地址栏中看到。基于这个以及其他多个原因，提交表单大都作为 POST 请求进行处理。

局部变量 name 和 password 用来存储表单中输入的有效用户名和密码，如果没有输入，其值为 None。

如上述代码所示，在视图函数中创建一个 LoginForm 类实例用于表示表单。提交表单后，如果数据能被所有验证函数接收，那么 validate_on_submit()方法的返回值为 True，否则返回 False。这个函数的返回值决定是重新渲染表单还是处理表单提交的数据。

修改 templates 目录中的 index.html 文件，在该文件中定义一个表单，使用 flask-wtf 渲染表单，具体代码如下：

```html
01    <!DOCTYPE html>
02    <html lang="en">
03    <head>
04    <meta charset="UTF-8">
05    </head>
06    <body>
07    <div class="container">
08    <h1>Hello World!</h1>
09    <form action="" method="post" novalidate>
10    <div>
11            {{ form.name.label }}
12            {{ form.name }}
13    </div>
14            {% for err in form.name.errors %}
15    <div class="col-md-12">
16    <p style="color: red">{{ err }}</p>
17    </div>
18            {% endfor %}
19    <div>
20            {{ form.password.label }}
21            {{ form.password }}
22            {% for err in form.password.errors %}
23    <div>
24    <p style="color: red">{{ err }}</p>
25    </div>
26            {% endfor %}
27    </div>
28            {{ form.csrf_token }}
29            {{ form.submit }}
30    </form>
31        {% if data   %}
32    您输入的用户名为：{{ data['name'] }}
33    <br>
34    您输入的密码为：{{ data['password'] }}
35        {% endif %}
36        </div>
37    </body>
38    </html>
```

运行 05.py 文件，在浏览器中输入网址 127.0.0.1:5000。用户第一次访问程序时，服务器会收到一个没有表单数据的 GET 请求，所以 validate_on_submit()将返回 False。if 语句的内容将被跳过，通过渲染模板处理请求，并传入两个参数，一个是表单对象，另一个是值为 None 的 name 变量。这时，用户将会看到浏览器中显示了一个表单。运行效果如图 21.14 所示。

图 21.14　显示表单页面

当用户提交表单之前没有输入用户名或密码时，Required()验证函数会捕获这个错误，如图 21.15 所示；当用户填写了用户名和密码并单击"提交"按钮时，运行结果如图 21.16 所示。

图 21.15　验证提交字段效果

图 21.16　显示提交内容

21.5　实践与练习

（答案位置：资源包\TM\sl\21\实践与练习\）

综合练习 1：实现用户注册　参照例 21.5 实现用户注册页面，单击"提交"按钮后，显示输入的注册信息。要求：包括用户名、密码、确认密码、联系电话输入框，以及一个"提交"按钮。需要验证各输入框不能为空，而且两次输入的密码要一致。（提示：密码和确认密码只输出一个即可）

综合练习 2：将用户注册信息保存到文本文件中　参照在综合练习 1 的基础上实现将用户填写的用户注册信息保存到文本文件中。（提示：每条注册信息占一行，各项之间使用两个空格分隔）

第 4 篇

项目实战

本篇介绍两个完整的 Web 项目——e 起去旅行网站和一个 AI 图像识别工具。通过两个不同类型的项目，让读者快速掌握 Python 项目开发的精髓，将学习到的 Python 技术应用到实践开发中，为以后的开发积累经验。

项目实战

- **e起去旅行网站** —— 掌握使用Flask框架开发Web网站的全过程
- **AI图像识别工具** —— 学习使用Python与百度AI接口实现的一个智能图像识别工具

e 起去旅行网站

第 21 章介绍了 Flask 框架的基本使用方法，本章我们将应用 Flask 框架实现一个介绍旅游景区及旅游攻略的网站——e 起去旅行网站。e 起去旅行网站是一个包括前台和后台的完整网站。前台主要包括用户注册、登录以及景区内容的展现等；而后台主要包括景区管理、游记管理、日志管理等内容的增删改查。

本章知识架构及重难点如下。

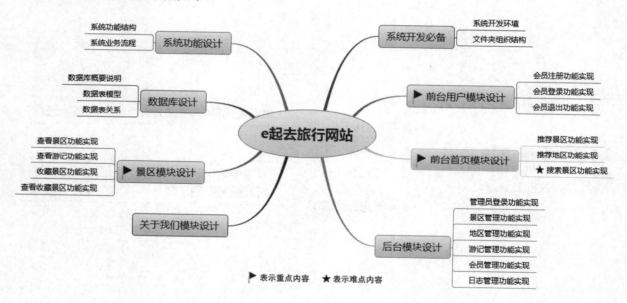

22.1　系统功能设计

22.1.1　系统功能结构

e 起去旅行网站包括前台和后台两个部分。前台主要负责页面的展示，包括首页推荐景区、推荐地区、搜索景区、收藏景区以及查看游记等，网站的前台功能模块如图 22.1 所示；而后台则主要负责数据的增删改查，包括添加地区、添加景区、添加游记等，网站的后台功能模块如图 22.2 所示。

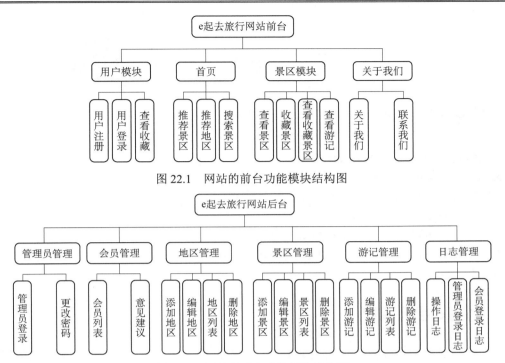

图 22.1　网站的前台功能模块结构图

图 22.2　网站的后台功能模块结构图

22.1.2　系统业务流程

e 起去旅行网站涉及的角色主要有两个，即管理员和用户。管理员负责后台数据的增删改查，而用户则可以通过浏览网页访问前台信息。具体流程图如图 22.3 所示。

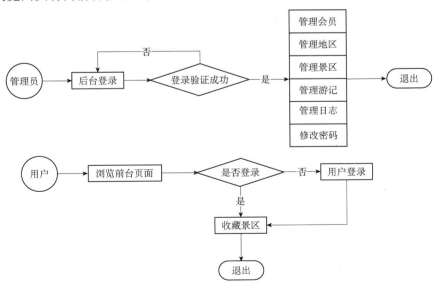

图 22.3　系统业务流程图

22.2　系统开发必备

22.2.1　系统开发环境

本系统的软件开发及运行环境具体如下。

- ☑　操作系统：Windows 10 及以上。
- ☑　虚拟环境：virtualenv。
- ☑　数据库：MySQL 8.0。
- ☑　开发工具：PyCharm / Sublime Text 3 等。
- ☑　第三方模块：Flask、Flask-WTF、Flask-Migrate、Flask-Script、PyMySQL 和 email-validator。
- ☑　浏览器：Google Chrome 浏览器。

22.2.2　文件夹组织结构

在进行网站开发前，首先要规划网站的架构。也就是说，建立多个文件夹对各个功能模块进行划分，实现统一管理，这样做易于网站的开发、管理和维护。不同于大多数其他的 Web 框架，Flask 并不强制要求大型项目使用特定的组织方式，程序结构的组织方式完全由开发者决定。在 e 起去旅行网站项目中使用包和模块方式组织程序。文件夹组织结构如图 22.4 所示。

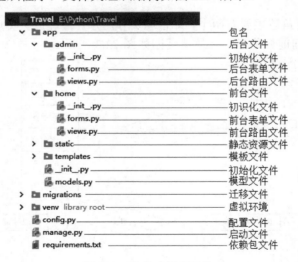

图 22.4　文件夹组织结构

在图 22.4 的文件夹组织结构中，有下列 3 个顶级文件夹。

- ☑　app：Flask 程序的包名，一般都命名为 app。该文件夹中还包含两个包，即 admin（后台）和 home（前台）。每个包中又包含 3 个文件，即 __init__.py（初始化文件）、forms.py（表单文件）和 views（路由文件）。

- ☑　migrations：数据库迁移脚本。
- ☑　venv：Python 虚拟环境。

同时还创建了一些新文件，具体如下。

- ☑　requirements.txt：列出了所有依赖包，便于在其他计算机中重新生成相同的虚拟环境。
- ☑　config.py：存储配置。
- ☑　manage.py：用于启动程序以及其他的程序任务。

在本项目中，使用 Flask-Script 扩展以命令行方式生成数据库表和启动服务。生成数据表的命令如下：

```
python  manage.py  db  init      # 创建迁移仓库，首次使用
python  manage.py  db  migrate   # 创建迁移脚本
python  manage.py  db  upgrade   # 把迁移应用到数据库中
```

启动服务的命令如下：

```
python  manage.py  runserver
```

22.3　数据库设计

22.3.1　数据库概要说明

本项目采用 MySQL 数据库，数据库名称为 travel，其中包含 10 张数据表，具体的数据表名称及其含义和作用如表 22.1 所示。

表 22.1　数据表名称及其含义和作用

表　名　称	含　义	作　用
admin	管理员表	用于存储管理员用户信息
adminlog	管理员登录日志表	用于存储管理员登录后台的日志信息
user	用户表	用于存储用户的信息
user_log	用户登录日志表	用于存储用户登录后台的日志信息
oplog	操作日志	用于后台操作信息
area	地区表	用于存储地区信息
scenic	景区表	用于存储景区信息
collect	收藏表	用于存储收藏的景区信息
travels	游记表	用于存储景区游记信息
suggestion	意见建议表	用于存储用户的意见建议信息

22.3.2　数据表模型

本项目中使用 SQLAlchemy 进行数据库操作，将所有的模型放置到一个单独的 models 模块中，使程序的结构更加清晰。SQLAlchemy 是一个常用的数据库抽象层和数据库关系映射包（ORM），并且需要一些设置才可以使用，因此使用 Flask-SQLAlchemy 扩展来操作它。

由于篇幅有限，这里只给出 models.py 模型文件中比较重要的代码。关键代码如下：

（代码位置：资源包\TM\sl\22\Travel\app\models.py）

```
01    from . import db
02    from datetime import datetime
03
04    # 地区
05    class Area(db.Model):
06        __tablename__ = "area"
07        id = db.Column(db.Integer, primary_key=True)                         # 编号
08        name = db.Column(db.String(100), unique=True)                       # 标题
09        addtime = db.Column(db.DateTime, index=True, default=datetime.now)   # 添加景区时间
10        is_recommended = db.Column(db.Boolean(), default=0)                 # 是否推荐
11        introduction = db.Column(db.Text)                                   # 景区简介
12        scenic = db.relationship("Scenic", backref='area')                  # 外键关系关联
13
14        def __repr__(self):
15            return "<Area %r>" % self.name
16
17    # 景区
18    class Scenic(db.Model):
19        __tablename__ = "scenic"
20        id = db.Column(db.Integer, primary_key=True)                        # 编号
21        title = db.Column(db.String(255), unique=True)                      # 标题
22        star  = db.Column(db.Integer)                                       # 星级
23        logo = db.Column(db.String(255), unique=True)                       # 封面
24        introduction = db.Column(db.Text)                                   # 景区简介
25        content = db.Column(db.Text)                                        # 景区内容描述
26        address = db.Column(db.Text)                                        # 景区地址
27        is_hot  = db.Column(db.Boolean(), default=0)                        # 是否热门
28        is_recommended = db.Column(db.Boolean(), default=0)                 # 是否推荐
29        area_id = db.Column(db.Integer, db.ForeignKey('area.id'))           # 所属标签
30        addtime = db.Column(db.DateTime, index=True, default=datetime.now)  # 添加时间
31        collect = db.relationship("Collect", backref='scenic')             # 收藏外键关系关联
32        travels = db.relationship("Travels", backref='scenic')             # 游记外键关系关联
33
34        def __repr__(self):
35            return "<Scenic %r>" % self.title
36
37    # 游记
38    class Travels(db.Model):
39        __tablename__ = "travels"
40        id = db.Column(db.Integer, primary_key=True)                        # 编号
41        title = db.Column(db.String(255),unique=True)                       # 标题
42        author = db.Column(db.String(255))                                  # 作者
43        content = db.Column(db.Text)                                        # 游记内容
44        scenic_id = db.Column(db.Integer, db.ForeignKey('scenic.id'))       # 所属景区 ID
45        addtime = db.Column(db.DateTime, index=True, default=datetime.now)  # 添加时间
46
47
48    # 景区收藏
```

```
49   class Collect(db.Model):
50       __tablename__ = "collect"
51       __table_args__ = {"useexisting": True}
52       id = db.Column(db.Integer, primary_key=True)                        # 编号
53
54       scenic_id = db.Column(db.Integer, db.ForeignKey('scenic.id'))       # 所属景区
55       user_id = db.Column(db.Integer, db.ForeignKey('user.id'))           # 所属用户
56       addtime = db.Column(db.DateTime, index=True, default=datetime.now)  # 添加时间
57
58       def __repr__(self):
59           return "<Collect %r>" % self.id
```

22.3.3　数据表关系

本项目中主要数据表的关系为一个地区（area 表）对应多个景区（scenic 表）；一个景区对应多个游记（travels 表）；一个用户（user 表）可以有多个收藏（collect 表）；一个景区（scenic 表）可以被收藏（collect 表）多次。使用 ER 图来直观地展现数据表之间的关系，如图 22.5 所示。

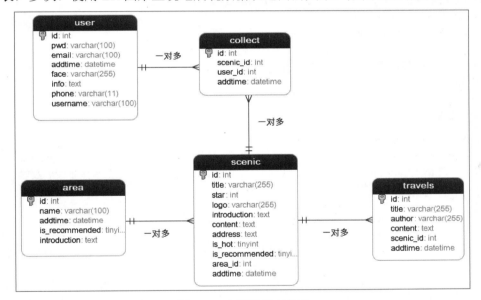

图 22.5　主要数据表关系

22.4　前台用户模块设计

22.4.1　会员注册功能实现

会员注册模块主要用于实现新用户注册成为网站会员的功能。在会员注册页面中，用户需要填写

满足条件的如下信息。

- ☑ 用户名：不能为空。
- ☑ 邮箱：不能为空，需要满足邮箱格式，并且每个用户只能使用唯一的一个邮箱。
- ☑ 密码：不能为空。
- ☑ 确认密码：不能为空，并且与"密码"保持一致。

如果满足以上条件，用户注册成功，就将填写的会员信息保存到数据库中，否则注册失败，并给出错误提示。会员注册页面路由的关键代码如下：

（代码位置：资源包\TM\sl\22\Travel\app\Home\views.py）

```python
01  # _*_ coding: utf-8 _*_
02  from . import home
03  from app import db
04  from app.home.forms import LoginForm,RegisterForm,SuggetionForm
05  from app.models import User ,Area,Scenic,Travels,Collect,Suggestion,Userlog
06  from flask import render_template, url_for, redirect, flash, session, request
07  from werkzeug.security import generate_password_hash
08  from sqlalchemy import and_
09  from functools import wraps
10
11  @home.route("/register/", methods=["GET", "POST"])
12  def register():
13      """
14      注册功能
15      """
16      form = RegisterForm()                                       # 导入注册表单
17      if form.validate_on_submit():                               # 提交注册表单
18          data = form.data                                        # 接收表单数据
19          # 为 User 类属性赋值
20          user = User(
21              username = data["username"],                        # 用户名赋值
22              email = data["email"],                              # 邮箱赋值
23              pwd = generate_password_hash(data["pwd"]),          # 对密码加密后赋值
24          )
25          db.session.add(user)                                    # 添加数据
26          db.session.commit()                                     # 提交数据
27          flash("注册成功！ ", "ok")                              # 使用 flask 存储成功信息
28      return render_template("home/register.html", form=form)     # 渲染模板
```

上述代码中，包括了显示用户注册页面和提交用户注册信息两部分功能。当 if 语句条件 form.validate_on_submit 不为真，即用户使用 GET 方式访问路由时，只渲染模板，显示注册页面；当 if 语句条件 form.validate_on_submit 为真，即用户使用 POST 方式访问路由时，提交注册表单，执行用户注册的业务逻辑。下面分别介绍这两种情况。

1. 显示注册页面

用户使用浏览器访问 127.0.0.1:5000/register，匹配到路由@home.route("/register/")，执行 register()

函数。首先实例化 RegisterForm 类，RegisterForm 类是从 app.home.forms 模块中导入的，关键代码如下：

（代码位置：资源包\TM\sl\22\Travel\app\Home\forms.py）

```
01  # _*_ coding: utf-8 _*_
02  from flask_wtf import FlaskForm
03  from wtforms import StringField, PasswordField, SubmitField, FileField, TextAreaField
04  from wtforms.validators import DataRequired, Email, Regexp, EqualTo, ValidationError
05  from app.models import User
06
07  class RegisterForm(FlaskForm):
08      """
09      用户注册表单
10      """
11      username = StringField(
12          validators=[
13              DataRequired("用户名不能为空！"),
14          ],
15          description="用户名",
16          render_kw={
17              "placeholder": "请输入用户名！",
18          }
19      )
20      email = StringField(
21          validators=[
22              DataRequired("邮箱不能为空！"),
23              Email("邮箱格式不正确！")
24          ],
25          description="邮箱",
26          render_kw={
27              "type": "email",
28              "placeholder": "请输入邮箱！",
29          }
30      )
31      pwd = PasswordField(
32          validators=[
33              DataRequired("密码不能为空！")
34          ],
35          description="密码",
36          render_kw={
37              "placeholder": "请输入密码！",
38          }
39      )
40      repwd = PasswordField(
41          validators=[
42              DataRequired("请输入确认密码！"),
43              EqualTo('pwd', message="两次密码不一致！")
44          ],
```

```
45              description="确认密码",
46              render_kw={
47                  "placeholder": "请输入确认密码！",
48              }
49          )
50      submit = SubmitField(
51          '注册',
52          render_kw={
53              "class": "btn btn-primary",
54          }
55      )
56
57      def validate_email(self, field):
58          """
59          检测注册邮箱是否已经存在
60          :param field: 字段名
61          """
62          email = field.data
63          user = User.query.filter_by(email=email).count()
64          if user == 1:
65              raise ValidationError("邮箱已经存在！")
```

上述代码中定义了一个 RegisterForm 类，继承自 FlaskForm 类。FlaskForm 类是一个 Python 的扩展，可以实现表单的创建和验证。接下来，定义 RegisterForm 类的相关属性和方法，包括 username、email、pwd、repwd、submit 和 validate_email()。以 email 为例，在 user 表中，email 字段是字符串型数据，所以使用 StringField() 方法来定义。在 StringField() 方法中定义 username 的验证规则、描述信息和渲染页面的相关属性。此外，还需要使用 validate_email() 方法来验证该邮箱是否已经被注册。

误区警示

在使用 WTForms 库时，当 Flask-WTF 版本高于 2.2.x，会出现 **raise Exception("Install 'email_validator' for email validation support.")** 错误，解决的方法是安装 email-validator 模块，对应的命令如下：

```
pip install email-validator
```

接下来，回到 views.py 文件的 register() 函数中。实例化 RegisterForm 类后，使用 render_template() 函数渲染模板 home\register.html，并传递 form 变量。register.html 关键代码如下：

（代码位置：资源包\TM\sl\22\Travel\app\Templates\home\register.html）

```
01  {% block content %}
02  <div id="login" class="login-container">
03      <form role="form" method="POST" action=""   novalidate>
04      {% for msg in get_flashed_messages(category_filter=["err"]) %}
05          <p class="login-box-msg" style="color: red">{{ msg }}</p>
06      {% endfor %}
07      {% for msg in get_flashed_messages(category_filter=["ok"]) %}
08          <p class="login-box-msg">{{ msg }}请去<a href="\login\">登录！</a></p>
```

```
09    {% endfor %}
10    <div class="form-control">
11      {{ form.username }}
12    </div>
13    {% for err in form.username.errors %}
14        <div class="form-control">
15          <ul class="errors">
16              <li>{{ err }}</li>
17          </ul>
18        </div>
19    {% endfor %}
20    <div class="form-control">
21      {{ form.email }}
22    </div>
23    {% for err in form.email.errors %}
24        <div class="form-control">
25          <ul class="errors">
26              <li>{{ err }}</li>
27          </ul>
28        </div>
29    {% endfor %}
30    <div class="form-control">
31        {{ form.pwd }}
32    </div>
33    {% for err in form.pwd.errors %}
34        <div class="form-control">
35          <ul class="errors">
36              <li>{{ err }}</li>
37          </ul>
38        </div>
39    {% endfor %}
40    <div class="form-control">
41        {{ form.repwd }}
42    </div>
43    {% for err in form.repwd.errors %}
44        <div class="form-control">
45          <ul class="errors">
46              <li>{{ err }}</li>
47          </ul>
48        </div>
49    {% endfor %}
50    {% for msg in get_flashed_messages(category_filter=["err"]) %}
51        <div class="form-control">
52          <ul class="errors">
53              <li>{{ msg }}</li>
54          </ul>
55        </div>
56    {% endfor %}
57    <div class="form-control">
```

```
58            {{ form.csrf_token }}
59            {{ form.submit }}
60        </div>
61      </form>
62      <div>
63        <p class="change-form">已有账号，直接去 <a href="\login\" >登录</a></p>
64      </div>
65    </div>
66    {% endblock %}
```

上述代码中，使用 form.username 输出表单中的 username 信息，使用 form.username.errors 输出验证 username 的错误信息。这里 form 对象是在 register() 函数中通过 render_template("home/register.html", form=form) 传递过来的变量。

此外需要注意的是，form.csrf_token 生成一个隐藏字段，其内容是 CSRF 令牌，需要和表单中的数据一起提交。CSRF 是一种通过伪装来自受信任用户的请求，以发送恶意攻击的方法。FlaskForm 通过使用 CSRF 令牌方式避免 CSRF 攻击。

在浏览器中访问 127.0.0.1:5000/register/，注册页面运行效果如图 22.6 所示。

2．提交注册信息

当用户填写完注册信息提交表单时，首先验证表单，然后将注册信息存入数据库中。具体流程如下。

图 22.6　注册页面效果图

（1）验证表单。在 forms.py 中对表单中的每个字段进行验证。以 email 字段为例。注册信息时要求 email 不能为空，符合邮箱格式，并且邮箱唯一。在 RegisterForm 类中，关键代码如下：

（代码位置：资源包\TM\sl\22\Travel\app\Home\forms.py）

```
01    class RegisterForm(FlaskForm):
02        """
03        用户注册表单
04        """
05        email = StringField(
06            validators=[
07                DataRequired("邮箱不能为空！"),
08                Email("邮箱格式不正确！")
09            ],
10            description="邮箱",
11            render_kw={
12                "type": "email",
13                "placeholder": "请输入邮箱！",
14            }
15        )
16        # 省略部分代码
17        def validate_email(self, field):
```

```
18          """
19          检测注册邮箱是否已经存在
20          param field: 字段名
21          """
22          email = field.data
23          user = User.query.filter_by(email=email).count()
24          if user == 1:
25              raise ValidationError("邮箱已经存在！")
```

上述代码中，StringField()方法对 RegisterForm 类的 email 属性赋值时使用 validators 进行验证。validators 是一个列表，它有两个值：一个是 DataRequired()，用于检测输入是否为空；另一个是 Email()，用于检测是否符合邮箱格式。此外，对于某些特殊验证，如邮箱是否被注册，则可以使用自定义验证。在 RegisterForm 类中定义一个方法，命名为 validate_字段名。例如，验证用户名定义 validate_username，验证密码定义 validate_pwd。在自定义方法中，可以实现具体的验证逻辑。

当验证用户输入不符合要求时，则会将错误信息写入 form.email.errors 中。form.email.errors 是一个列表，可以在 register.html 模板中迭代输出错误信息，关键代码如下：

（代码位置：资源包\TM\sl\22\Travel\app\Templates\home\register.html）

```
01  <div class="form-control">
02    {{ form.email }}
03  </div>
04  {% for err in form.email.errors %}
05      <div class="form-control">
06        <ul class="errors">
07            <li>{{ err }}</li>
08        </ul>
09      </div>
10  {% endfor %}
```

在浏览器中访问 127.0.0.1:5000/register/，注册页面运行效果如图 22.7 所示。当不输入用户信息，直接提交时，运行效果如图 22.8 所示；当输入的"密码"和"确认密码"不一致时，运行效果如图 22.9 所示；当输入一个已存在的邮箱时，运行效果如图 22.10 所示。

图 22.7　验证字段不能为空 　　　　　　图 22.8　验证邮箱格式

395

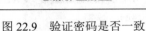

图 22.9　验证密码是否一致　　　　　　　　图 22.10　验证邮箱是否已经存在

（2）存入数据库中。当验证通过后，开始接收表单数据，然后将其存入数据库中。register()函数的关键代码如下：

（代码位置：资源包\TM\sl\22\Travel\app\Home\views.py）

```
01    data = form.data                                    # 接收表单数据
02    # 为 User 类属性赋值
03    user = User(
04        username = data["username"],                    # 用户名赋值
05        email = data["email"],                          # 邮箱赋值
06        pwd = generate_password_hash(data["pwd"]),      # 对密码加密后赋值
07    )
08    db.session.add(user)                                # 添加数据
09    db.session.commit()                                 # 提交数据
10    flash("注册成功！", "ok")                             # 使用 flask 存储成功信息
```

上述代码中，首先通过 form.data 来接收用户在表单中提交的数据。例如，用户输入的用户名，可以用 form.data.username 来接收。为了保护用户的隐私安全，必须对用户输入的密码进行加密，可以使用 werkzeug.security 的 generate_password_hash()方法实现密码加密功能。然后，使用 db.session.add(user)添加数据，使用 db.session.commit()提交数据。最后使用 flask 存储添加成功信息。

添加成功后，需要提示用户添加成功。成功信息已经被写入 flash 中，可以通过 get_flashed_messages()函数获取信息，然后输出到模板中。在 register.html 模板中，输出已添加成功的信息。关键代码如下：

```
01    {% for msg in get_flashed_messages(category_filter=["ok"]) %}
02        <p class="login-box-msg">{{ msg }}请去<a href="\login\">登录！</a></p>
03    {% endfor %}
```

运行结果如图 22.11 所示。

图 22.11　注册成功提示

22.4.2　会员登录功能实现

会员登录模块主要用于实现网站的会员登录功能。由于用户邮箱是唯一的，因此使用邮箱和密码作为登录凭证。在登录页面中，填写用户邮箱和密码，单击"登录"按钮，即可实现会员登录。如果没有输入邮箱、密码或者账号密码不匹配，都将给予错误提示。

会员登录功能与会员注册功能业务逻辑相似，会员登录页面路由的关键代码如下：

（代码位置：资源包\TM\sl\22\Travel\app\Home\views.py）

```
01  @home.route("/login/", methods=["GET", "POST"])
02  def login():
03      """
04      登录
05      """
06      form = LoginForm()                          # 实例化 LoginForm 表单
07      if form.validate_on_submit():               # 如果提交
08          data = form.data                        # 接收表单数据
09          # 判断用户名和密码是否匹配
10          user = User.query.filter_by(email=data["email"]).first()    # 获取用户信息
11          if not user:
12              flash("邮箱不存在！", "err")          # 输出错误信息
13              return redirect(url_for("home.login"))   # 跳转到登录页
14
15          if not user.check_pwd(data["pwd"]):     # 调用 check_pwd()方法，检测用户名密码是否匹配
16              flash("密码错误！", "err")            # 输出错误信息
17              return redirect(url_for("home.login"))   # 跳转到登录页
18
19          session["user_id"] = user.id            # 将 user_id 写入 session 中，用于以后判断用户是否登录
20          # 将用户登录信息写入 userlog 表中
21          userlog = Userlog(
22              user_id=user.id,
23              ip=request.remote_addr
24          )
```

25	db.session.add(userlog)	# 将数据保存到数据表中
26	db.session.commit()	# 提交数据
27	return redirect(url_for("home.index"))	# 登录成功，跳转到首页
28	return render_template("home/login.html", form=form)	# 渲染登录页面模板

上述代码中，首先实例化 LoginForm 表单，如果以 GET 方式访问路由，则执行渲染页面的功能；如果以 POST 方式访问路由，即填写登录信息登录，则执行表单验证功能（与注册页面表单验证功能相同），如图 22.12 所示。然后，执行登录流程，根据用户输入的邮箱，获取 User 对象。如果 User 对象不存在，则提示 "邮箱不存在！"。调用 User 对象的 check_pwd()方法，检测密码是否正确。如果密码错误，则提示 "密码错误！"；如果密码正确，则将 user_id 写入 session 中，为后续判断用户是否登录做准备。最后将用户登录信息写入数据表中，并进行页面跳转。

图 22.12 登录验证

22.4.3 会员退出功能实现

退出功能的实现比较简单，主要是清空登录时 session 中的 user_id。可以使用 session.pop()函数来实现该功能。具体代码如下：

（代码位置：资源包\TM\sl\22\Travel\app\Home\views.py）

```
01  @home.route("/logout/")
02  def logout():
03      """
04      退出登录
05      """
06      # 重定向到 home 模块下的登录
07      session.pop("user_id", None)
08      return redirect(url_for('home.login'))
```

当用户单击 "退出" 按钮时，执行 logout()方法，并且跳转到登录页面。

22.5　前台首页模块设计

当用户访问 e 起去旅行网站时，首先进入的是前台首页。前台首页是对整个网站总体内容的概述。在本项目的前台首页中，主要包含以下内容。

☑　推荐景区模块：显示在后台设置为推荐的景区。
☑　推荐地区模块：显示在后台设置为推荐的地区，以及该地区的所有景区。
☑　景区搜索模块：根据地区和星级搜索景区。

首页运行效果如图 22.13 所示。

图 22.13　前台首页效果

22.5.1 推荐景区功能实现

首页作为网站浏览量最多的页面，必然要向用户展示最重要的信息，但由于一个页面可以展示的信息量有限，因此通常在网站后台都有设置推荐选项，只有被推荐的产品才会显示在首页。e 起去旅行网站首页推荐景区部分也是显示被推荐的景区。

1. 获取推荐景区数据

当用户访问网站的根目录即 127.0.0.1:50000 时，页面跳转至首页。在前台路由文件 views.py 中，显示首页的关键代码如下：

（代码位置：资源包\TM\sl\22\Travel\app\Home\views.py）

```
01   @home.route("/")
02   def index():
03       """
04       首页
05       """
06       area = Area.query.all()                                      # 获取所有地区
07       hot_area = Area.query.filter_by(is_recommended = 1).limit(2).all()   # 获取热门区域
08       scenic = Scenic.query.filter_by(is_hot = 1).all()            # 热门景区
09       # 渲染模板
10       return render_template('home/index.html',area=area,hot_area=hot_area,scenic=scenic)
```

上述代码中，使用 SQLAlchemy 获取 area 表的所有地区，为搜索区域的地区下拉列表提供数据。然后分别获取热门区域和热门景区的数据。在获取热门景区时，使用 filter_by() 条件查询筛选 is_hot 字段为 1 的所有数据，即所有推荐的景区。最后，使用 render_template() 函数渲染模板并传递数据。

2. 渲染模板

获取完热门景区数据后，接下来就需要渲染模板显示数据了。由于热门数据是一个可迭代对象，因此使用 for 标签遍历数据。关键代码如下：

（代码位置：资源包\TM\sl\22\Travel\app\templates\home\index.html）

```
01   <div class="carousel main">
02     <ul>
03       {% for v in scenic %}
04       <li>
05         <div class="popular">
06           <div class="popular_inner">
07             <figure>
08               <img src="{{url_for('static',filename='uploads/'+v.logo)}}" >
09               <div class="over">
10                 <div class="v1">{{v.title}}<span>{{v.area.name}}</span></div>
11             <div class="v2">{{v.introduction.replace(v.introduction[100:],'...')}}</div>
12               </div>
13             </figure>
14             <div class="caption">
```

```
15          <div class="txt1"><span>{{v.title}}</span> {{v.area.name}}</div>
16          <div class="txt2">{{v.address}}</div>
17          <div class="txt3 clearfix">
18          <div class="stars1">
19              {% for i in range(5) %}
20                {% if i < v.star %}
21                  <img src="{{url_for('static',filename='base/images/star1.png')}}" >
22                {% else %}
23                  <img src="{{url_for('static',filename='base/images/star2.png')}}" >
24                {% endif %}
25              {% endfor %}
26          </div>
27          <div class="right_side"><a href="{{url_for('home.info',id=v.id)}}"
28                  class="btn-default btn1">查看</a>
29          </div>
30        </div>
31      </div>
32      </div>
33    </div>
34    </li>
35    {% endfor %}
36    </ul>
37  </div>
```

上面代码中，使用 for 标签将变量 scenic 赋值给变量 v。然后使用 "v." 属性方式获取景区表 scenic 的字段值，如 v.title 的值就是景区的名称，v.logo 的值就是景区的封面图片名称。为了在 HTML 页面中显示图片内容，需要设置<img>标签的 src 属性，其属性值可以使用 url_for()函数来生成。

值得注意的是，scenic 表和 area 表是一对多的关系，由于使用了 SQLAlchemy，通过 v.area 就可以很容易地获取该景区所对应的地区对象。v.area.name 就是这个地区的名称。

对于景区的星级最多为 5 颗星。如某个景区的星级为 4 星，那么可以使用 for 标签和 if 标签来显示 4 颗实心星和 1 颗空心星。运行结果如图 22.14 所示。

图 22.14　显示热门景区

401

22.5.2 推荐地区功能实现

推荐地区的功能与推荐景区类似，首先根据条件获取所有推荐的景区。前台路由文件 views.py 中有如下代码：

```
hot_area = Area.query.filter_by(is_recommended = 1).limit(2).all() # 获取热门区域
```

即从 area 表中筛选 is_recommended 字段为 1 的数据，并限定只筛选出两条数据。接下来渲染视图。关键代码如下：

（代码位置：资源包\TM\sl\22\Travel\app\templates\home\index.html）

```
01   {% for v in hot_area %}
02   <div id="team1">
03     <div class="container">
04       <h2 class="animated">{{ v.name }}</h2>
05       <div class="title1 animated">{{v.introduction}}</div>
06       <br>
07       <div class="row">
08         {% for vv in v.scenic %}
09         <div class="col-sm-4">
10           <div class="thumb3 animated" data-animation="flipInY" data-animation-delay="300">
11             <div class="thumbnail clearfix">
12               <figure class="">
13                 <a href="{{url_for('home.info',id=vv.id)}}">
14                 <img src="{{url_for('static',filename='uploads/'+vv.logo)}}" >
15                 <div class="over">{{vv.title}}</div>
16                 </a>
17               </figure>
18               <div class="caption">
19                 <div class="txt1">{{vv.title}}</div>
20                 <div class="txt2">{{vv.address}}</div>
21               </div>
22             </div>
23           </div>
24         </div>
25         {% endfor %}
26     </div>
27   </div>
28   {% endfor %}
```

上述代码中，使用 for 标签将变量 hot_area 依次赋值给变量 v，变量 v 是地区对象，通过 "v." 属性的方式获取相应的属性值。但是，推荐地区内容除获取地区外，还要获取该地区的景区，v.scenic 即为该地区下的所有景区。所以，再次使用 for 标签遍历每个景区。运行结果如图 22.15 所示。

图 22.15　推荐地区

22.5.3　搜索景区功能实现

首页的搜索区域可以根据地区和星级搜索景区，由于在景区模块中也会应用搜索功能，因此将搜索区域作为通用部分，通过使用 include 标签在需要的部分引用。在 templates\home\ 路径下创建 search_box.html 作为通用搜索区域，具体代码如下：

（代码位置：资源包\TM\sl\22\Travel\app\templates\home\search_box.html）

```
01  <form action="/search/" class="form1" method="GET">
02    <div class="row">
03      <!-- 按城市查询 -->
04      <div class="col-sm-4 col-md-2">
05        <div class="select1_wrapper">
06          <label>按城市查询:</label>
07          <div class="select1_inner">
08            <select name="area_id" class="select2 select" style="width: 100%">
09              {% for v in area %}
10                <option value="{{ v.id }}" {% if v.id== area_id %} selected {% endif %} >
11                        {{v.name}}
12                </option>
13              {% endfor %}
```

```
14          </select>
15        </div>
16      </div>
17    </div>
18    <!-- 按星级查询 -->
19    <div class="col-sm-4 col-md-2">
20      <div class="select1_wrapper">
21        <label>按星级查询:</label>
22        <div class="select1_inner">
23          <select name="star" class="select2 select" style="width: 100%">
24            {% for i in   range(1,6) %}
25              <option value="{{i}}"
26                {% if i == star %} selected {% endif %}
27              >{{i}} 星</option>
28            {% endfor %}
29          </select>
30        </div>
31      </div>
32    </div>
33    <div class="col-sm-4 col-md-2">
34      <div class="button1_wrapper">
35        <button type="submit" class="btn-default btn-form1-submit">Search</button>
36      </div>
37    </div>
38  </div>
39  </form>
```

上述代码中包含一个 form 表单。表单中包含两个栏位，即地区和星级。其中，地区数据是 area 表中的全部数据，而星级数据则使用 for 标签设定为 1～5 颗星。运行效果如图 22.16 所示。

图 22.16　首页搜索景区

当单击 SEARCH 按钮时，使用 GET 方式提交表单到/search/路由，然后执行搜索景区的逻辑，关键代码如下：

（代码位置：资源包\TM\sl\22\Travel\app\Home\views.py）

```
01  @home.route("/search/")
02  def search():
```

```
03          """
04          搜索功能
05          """
06          page = request.args.get('page', 1, type=int)                    # 获取 page 参数值
07          area = Area.query.all()                                          # 获取所有城市
08          area_id = request.args.get('area_id',type=int)                   # 地区
09          star = request.args.get('star',type=int)                         # 星级
10
11          if area_id or star :                                             # 根据星级搜索景区
12              filters = and_(Scenic.area_id==area_id,Scenic.star==star)
13              page_data = Scenic.query.filter(filters).paginate(page=page, per_page=6)
14          else :                                                           # 搜索全部景区
15              page_data = Scenic.query.paginate(page=page, per_page=6)
16
17          return render_template('home/search.html',page_data=page_data,area=area,
18                          area_id=area_id,star=star)
```

上述代码中，使用 request.args.get() 函数接收 URL 链接中的参数。area_id 表示地区 ID，star 表示星级。由于景区数量较多，为更好地展示页面效果，需要使用分页功能，因此设置 page 参数，作为当前页码。如果 page 的值不存在，则默认为 1，即显示第 1 页。例如，一个 URL 为 127.0.0.1:5000/search/?area_id= 1&star=5&page=2，则表示查找地区 ID 为 1，星级为 5 星，并且当前页码为第 2 页的数据。

接下来，判断 area_id 或者 star 是否存在。如果都不存在，则查找全部景区，否则根据筛选条件查找满足条件的景区。由于景区和星级是并且关系，因此使用 and_() 函数同时查找。最后使用 SQLAlchemy 的 paginate() 函数实现分页功能。paginate() 函数的第一个参数 page 表示当前页码，第二个参数 per_page 表示每页显示的数量。

根据特定条件查找景区的运行效果如图 22.17 所示，查找全部景区的运行效果如图 22.18 所示。

图 22.17　根据条件查找景区

图 22.18　查找全部景区

22.6　景区模块设计

景区模块主要包括查看景区、查看游记和收藏景区等功能。由于景区搜索功能与查找景区功能相同，本节不再赘述，本节重点讲解查看景区、查看游记、收藏景区和查看收藏景区的功能。

22.6.1　查看景区功能实现

在前台首页或者全部景区页面，当单击"查看"按钮时，页面会跳转至景区的详情介绍页面。页面 URL 地址为 http://127.0.0.1:5000/info/<int:id>，其中<id>是该景区的 ID。关键代码如下：

（代码位置：资源包\TM\sl\22\Travel\app\Home\views.py）

```
01  @home.route("/info/<int:id>/")
02  def info(id=None):                           # id 为景区 ID
03      """
04      详情页
05      """
06      scenic = Scenic.query.get_or_404(int(id))  # 根据景区 ID 获取景区数据，如果不存在，则返回 404
07      user_id = session.get('user_id',None)     # 获取用户 ID，判断用户是否登录
08      if user_id :                              # 如果已经登录
09          count = Collect.query.filter_by(      # 根据用户 ID 和景区 ID 判断用户是否已经收藏了该景区
10              user_id =int(user_id),
11              scenic_id=int(id)
```

```
12              ).count()
13          else :                              # 用户未登录状态
14              user_id = 0
15              count = 0
16      # 渲染模板并传递变量
17      return render_template('home/info.html',scenic=scenic,user_id=user_id,count=count)
```

上述代码中，首先使用 get_or_404()方法根据 ID 判断景区是否存在，如果景区不存在，则直接跳转到 404 页面；如果景区存在，则使用 session.get()函数获取用户 ID。然后根据用户 ID 和景区 ID 判断用户是否已经收藏了该景区。

接下来查看模板文件。关键代码如下：

（代码位置：资源包\TM\sl\22\Travel\app\templates\home\info.html）

```
01  <!--景区内容-->
02  <div id="team1">
03    <div class="container">
04      <h2 class="animated">{{scenic.title}}
05        {% if count %}
06          <button class="collect-button">已收藏</button>
07        {% else %}
08          <button class="collect-button">收藏</button>
09        {% endif %}
10      </h2>
11      <div class="title1">{{scenic.content|safe}}</div>
12    </div>
13  </div>
14  <!--游记列表-->
15  <div class="container" style="padding-bottom: 100px">
16    <h2 class="animated">{{scenic.title}}游记</h2>
17      <div class="row">
18      {% if not scenic.travels %}
19        <div class="title1">暂无游记</div>
20      {% else %}
21      <div class="col-sm-12 animated undefined visible">
22        <ul class="ul2" style="padding-left: 150px">
23        {% for v in scenic.travels %}
24          <li class="form-groupe">
25            <a   href="{{url_for('home.travels',id=v.id)}}">{{ v.title }}</a>
26          </li>
27        {% endfor %}
28        </ul>
29      </div>
30      {% endif %}
31    </div>
32  </div>
```

模板文件代码相对简单，在页面中主要显示两部分内容，即景区详情和景区游记。景区详情包括标题、是否收藏和景区内容。使用 if-else 标签判断是否收藏，并显示相应文字。在获取景区内容时，使用 "|safe" 过滤器将 HTML 代码标签标记为安全，可以正常显示，如图 22.19 所示。如果没有使用

"|safe"过滤器，运行结果如图 22.20 所示。景区游记主要是使用 SQLAlchemy 关联 travels 表，然后获取景区游记标题和 ID，并设置<a>标签链接。

图 22.19　使用过滤器效果

图 22.20　未使用过滤器效果

22.6.2　查看游记功能实现

在景区页面底部有一个"景区游记"列表区域，单击相应选项即可查看景区游记。景区游记 URL 地址是 127.0.0.1:5000/travels/<int:id>/，其中 id 为游记 ID，具体代码如下：

（代码位置：资源包\TM\sl\22\Travel\app\Home\views.py）

```
01    @home.route("/travels/<int:id>/")
02    def travels(id=None):
03        """
04        详情页
05        """
06        travels = Travels.query.get_or_404(int(id))
07        return render_template('home/travels.html',travels=travels)
```

在上述代码中，首先根据景区 ID 获取景区数据，如果指定的景区 ID 不存在，则直接跳转至 404 页面，否则显示获取到的景区数据。然后渲染模板并传递变量。在游记模板中，关键代码如下：

（代码位置：资源包\TM\sl\22\Travel\app\templates\home\travels.html）

```
01    <div id="team1">
02      <div class="container">
03        <h2 class="animated">{{travels.title}}</h2>
04        <div class="title1">作者：{{ travels.author }}    {{ travels.addtime }}</div>
05        <div class="content">{{travels.content|safe}}</div>
```

```
06        </div>
07    </div>
```

查看游记与查看景区模板页面类似，这里不再赘述。运行效果如图 22.21 所示。

图 22.21　显示游记效果

22.6.3　收藏景区功能实现

景区详情页面可以实现景区收藏功能。单击标题右侧的"收藏"按钮，首先判断用户是否登录，如果没有登录，则提示用户"请先登录"；如果已经登录，则通过 Ajax 异步提交方式执行收藏景区的业务逻辑。

1．权限判断

在查看景区功能中，使用 session.get('user_id',None)函数来获取用户 ID，并且将 user_id 传递至 info.html 模板中。所以，在 info.html 模板中可以通过 user_id 来判断用户是否登录，如果 user_id 不存在，则使用 layer.js 弹出错误提示。关键代码如下：

（代码位置：资源包\TM\sl\22\Travel\app\templates\home\info.html）

```
01  <script src="{{ url_for('static',filename='layer/layer.js') }}"></script>
02  <script>
03      $(document).ready(function () {
04          $(".collect-button").click(function () {          # 触发单击事件
05              user_id = {{ user_id }};                       # 获取用户 ID
06              if(!user_id){                                  # 如果用户 ID 不存在，即用户未登录
07                  layer.msg("请先登录",{icon:2,time:2000});    # 弹出错误信息
```

```
08                    return false;                                   # 终止执行
09                }
10                // 省略部分代码
11            });
12        });
13    </script>
```

上述代码中，首先引入 layer 弹出插件，然后在"收藏"按钮中绑定单击事件，接着使用 layer.msg() 方法弹出错误信息。运行结果如图 22.22 所示。

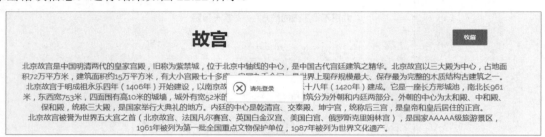

图 22.22 判断是否登录效果

2. Ajax 异步提交

如果用户已经登录，单击"收藏"按钮，将使用 Ajax 在页面无跳转的情况下，将景区 ID 提交至 URL 地址 127.0.0.1:5000/collect_add 中，执行收藏景区的逻辑，接着将执行后的信息返回给当前页面。（代码位置：资源包\TM\sl\22\Travel\app\templates\home\info.html）

```
01    <script src="{{ url_for('static',filename='layer/layer.js') }}"></script>
02    <script>
03        $(document).ready(function () {
04            $(".collect-button").click(function () {                      # 触发单击事件
05                // 省略部分代码
06                var scenic_id = {{ scenic.id }};                          # 获取景区 ID
07                $.ajax({                                                  # 使用 Ajax 异步提交
08                    url: "{{ url_for('home.collect_add') }}",            # 指定提交的 URL 地址
09                    type: "GET",                                         # 提交方式为 GET
10                    data:{scenic_id: scenic_id},                         # 传递参数
11                    dataType: "json",                                    # 数据类型为 json
12                    success: function (res) {                            # 操作成功后执行
13                        if (res.ok == 1) {
14                            layer.msg("收藏成功！",{icon:1,time:2000});     # 显示弹出层信息
15                            $(".collect-button").empty();                # 清空按钮区文字
16                            $(".collect-button").append("已收藏");        # 填充文字
17                        } else {
18                            layer.msg("您已收藏",{icon:2,time:2000});      # 提示已收藏
19                        }
20                    }
21                })
22            });
23        });
24    </script>
```

上述代码中，使用了 Ajax 的 GET 方式将 scenic_id 提交至 URL 地址 127.0.0.1:5000/collect_add 中，该 URL 地址对应的方法代码如下：

（代码位置：资源包\TM\sl\22\Travel\app\Home\views.py）

```
01    @home.route("/collect_add/")
02    @user_login
03    def collect_add():
04        """
05        收藏景区
06        """
07        scenic_id = request.args.get("scenic_id", "")      // 接收传递的参数 scenic_id
08        user_id   = session['user_id']                     // 获取当前用户的 ID
09        collect = Collect.query.filter_by(                 // 根据用户 ID 和景区 ID 判断是否该收藏
10            user_id =int(user_id),
11            scenic_id=int(scenic_id)
12        ).count()
13        // 已收藏
14        if collect == 1:
15            data = dict(ok=0)
16        // 未收藏进行收藏
17        if collect == 0:
18            // 属性赋值
19            collect = Collect(
20                user_id =int(user_id),
21                scenic_id=int(scenic_id)
22            )
23            db.session.add(collect)                        // 添加数据
24            db.session.commit()                            // 提交数据
25            data = dict(ok=1)
26        import json                                        // 导入 json 模块
27        return json.dumps(data)                            // 返回 json 数据
```

上述代码中，首先在路由文件中使用@user_login 装饰器判断用户是否登录。如果用户在没有登录的情况下访问 URL 地址 127.0.0.1/collect_add/，则页面会跳转到登录页，提示用户登录。user_login() 函数代码如下：

（代码位置：资源包\TM\sl\22\Travel\app\Home\views.py）

```
01    def user_login(f):
02        """
03        登录装饰器
04        """
05        @wraps(f)
06        def decorated_function(*args, **kwargs):
07            if "user_id" not in session:
08                return redirect(url_for("home.login"))
09            return f(*args, **kwargs)
10
11        return decorated_function
```

如果用户已经登录，继续判读用户是否已经收藏了该景区。如果已经收藏，则直接设置 ok 等于 0；如果尚未收藏，则将 user_id 和 scenic_id 写入 collect 表中，并且设置 ok 等于 1。最后，导入 json 模块，返回 json 格式数据。

再次回到 index.html 模板 Ajax 的 success()函数。如果 res.ok 等于 1，则提示"收藏成功"，然后将 info.html 页面"收藏"按钮中的文字更改为"已收藏"；如果 res.ok 等于 0，则提示"您已收藏"。首次收藏运行效果如图 22.23 所示。再次收藏的运行效果如图 22.24 所示。

图 22.23　首次收藏的运行效果

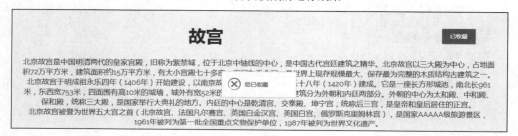

图 22.24　再次收藏的运行效果

22.6.4　查看收藏景区功能实现

1. 查看收藏景区

用户收藏完景区后，可以单击顶部导航"我的收藏"链接查看所有收藏的景区。"我的收藏"页面 URL 地址为 127.0.0.1:5000/collect_list/，也需要访问权限，所以需要在路由文件中添加@user_login 装饰器。具体代码如下：

（代码位置：资源包\TM\sl\22\Travel\app\Home\views.py）

```
01   @home.route("/collect_list/")
02   @user_login
03   def collect_list():
04       page = request.args.get('page', 1, type=int)              # 获取 page 参数值
05       # 根据 user_id 删选 Collect 表数据
06       page_data = Collect.query.filter_by(user_id = session['user_id']).order_by(
07           Collect.addtime.desc()
08       ).paginate(page=page, per_page=3)                         # 使用分页方法
09       return render_template('home/collect_list.html',page_data=page_data)  # 渲染模板
```

上述代码中，由于要查看当前用户的收藏景区情况，因此需要设置筛选条件为 user_id = session['user_id']。然后使用 order_by()方法根据添加时间降序排列，最后使用 paginate()函数生成分页。

模板文件关键代码如下：

（代码位置：资源包\TM\sl\22\Travel\app\templates\collect_list\info.html）

```
01  <div class="row">
02    <div class="col-sm-12">
03      {% if not page_data.items %}
04        <div class="txt1" style="padding: 20px">暂时没有收藏景区！</div>
05      {% else %}
06      <div class="row">
07        {% for v in page_data.items %}
08        <div class="col-sm-4">
09          <div class="thumb4">
10            <div class="thumbnail clearfix">
11              <figure>
12                <a href="{{url_for('home.info',id=v.scenic.id)}}">
13                  <img src="{{url_for('static',filename='uploads/'+ v.scenic.logo)}}" >
14                </a>
15              </figure>
16              <div class="caption">
17                <div class="txt1">{{ v.scenic.title }}</div>
18                <div class="txt3 clearfix">
19                  <div class="left_side">
20                    <div class="nums">{{ v.scenic.address }}</div>
21                  </div>
22                  <div class="right_side">
23                    <a href="javascript:;" value={{v.id}}>取消收藏</a></div>
24                </div>
25              </div>
26            </div>
27          </div>
28        </div>
29        {% endfor %}
30      </div>
31      {% endif %}
32    </div>
33  </div>
34      {% if page_data.items %}
35      <div class="page" style="text-align: center;">
36        {{ pg.page(page_data,'home.collect_list') }}
37      </div>
38      {% endif %}
```

上述代码中，首先判断是否有收藏的数据，如果不存在，则提示"暂时没有收藏景区！"；如果存在，则通过 SQLAlchemy 管理 scenic 表，使用"v.scenic."属性的方式获取相应的景区数据。接下来，显示分页，如果没有景区数据，则不显示分页。运行效果如图 22.25 所示。

图 22.25　查看收藏景区效果

2. 取消收藏景区

取消收藏景区功能与收藏景区类似，也使用 Ajax 异步提交方式完成。当用户单击"取消收藏"按钮时，获取该景区 ID，然后提交到 URL 地址 127.0.0.1:5000/collect_cancle/中，执行取消收藏景区的逻辑。具体代码如下：

（代码位置：资源包\TM\sl\22\Travel\app\templates\collect_list\info.html）

```
01   <script src="{{ url_for('static',filename='layer/layer.js') }}"></script>
02   <script>
03       $(document).ready(function () {
04           $(".collect-cancle").click(function () {              # 触发单击事件
05               var id = $(this).attr("value");                   # 获取景区 ID
06               $.ajax({
07                   url: "{{ url_for('home.collect_cancel') }}",  # 提交 URL
08                   type: "GET",                                  # 提交方式为 GET
09                   data:{id: id},                                # 传递参数
10                   dataType: "json",                             # 设置数据类型为json
11                   success: function (res) {                     # 操作成功后执行
12                       if (res.ok == 1) {
13                           layer.msg("取消收藏！",{icon:1,time:1000},function(){  # 弹出提示信息
14                               window.location.reload();         # 重新加载页面
15                           });
16                       } else {
17                           layer.msg("取消收藏失败！",{icon:2,time:2000});       # 弹出提示信息
18                       }
19                   }
20               })
21           });
22       });
23   </script>
```

以上 JavaScript 代码与收藏景区类似，这里不再赘述，重点看 URL 地址 127.0.0.1:5000/collect_cancel/中的方法。

（代码位置：资源包\TM\sl\22\Travel\app\Home\views.py）

```
01    @home.route("/collect_cancel/")
02    @user_login
03    def collect_cancel():
04        """
05        收藏景区
06        """
07        id = request.args.get("id", "")              # 获取景区 ID
08        user_id = session["user_id"]                 # 获取当前用户 ID
09        # 查找 collect 表，判断收藏记录是否存在
10        collect = Collect.query.filter_by(id=id,user_id=user_id).first()
11        if collect :                                 # 如果存在
12            db.session.delete(collect)               # 删除数据
13            db.session.commit()                      # 提交数据
14            data = dict(ok=1)                        # 将数据写入字典中
15        else :
16            data = dict(ok=-1)                       # 将数据写入字典中
17        import json                                  # 导入 json 模块
18        return json.dumps(data)                      # 返回 json 数据
```

上述代码中，首先接收 Ajax 传递过来的景区 ID，然后使用 session.get()函数获取当前用户的 ID，再根据条件查找 collect 表数据，接着删除数据，最后返回 json 数据。

运行结果如图 22.26 所示。

图 22.26　取消收藏效果

22.7　关于我们模块设计

关于我们模块主要包括"关于我们"和"联系我们"两个页面。"关于我们"页面主要用于对公司的相关介绍，以静态页面为主；"联系我们"页面主要是通过表单提交用户填写的意见和建议。我们重点介绍"联系我们"页面。

"联系我们"的 URL 地址为 127.0.0.1:5000/contact/，关键代码如下：

（代码位置：资源包\TM\sl\22\Travel\app\Home\views.py）

```
01  @home.route("/contact/",methods=["GET", "POST"])
02  def contact():
03      """
04      联系我们                                              
05      """
06      form = SuggetionForm()                               # 实例化 SuggetionForm 表单
07      if form.validate_on_submit():                        # 判断用户是否提交表单
08          data = form.data                                 # 接收用户提交的数据
09          # 为属性赋值
10          suggestion = Suggestion(
11              name = data["name"],
12              email=data["email"],
13              content = data["content"],
14          )
15          db.session.add(suggestion)                       # 添加数据
16          db.session.commit()                              # 提交数据
17          flash("发送成功！", "ok")                        # 用 flask 存储发送成功消息
18      return render_template('home/contact.html',form=form)  # 渲染模板，并传递表单数据
```

上述代码中，设置 GET 和 POST 两种方式访问 URL 地址。这与登录和注册的功能类似。当以 GET 方式访问时，只执行渲染模板。模板页面关键代码如下：

（代码位置：资源包\TM\sl\22\Travel\app\templates\collect_list\contact.html）

```
01  <div class="col-sm-6">
02      <h3>意见建议</h3>
03      <div id="note"></div>
04      <div id="fields">
05  {% for msg in get_flashed_messages(category_filter=["ok"]) %}
06          <div class="alert alert-success alert-dismissible">
07              <h4><i class="icon fa fa-check"></i> 操作成功</h4>
08              {{ msg }}
09          </div>
10  {% endfor %}
11      <form id="ajax-contact-form" class="form-horizontal" action="" method="post" novalidate>
12          <div class="form-group">
13              <label>{{ form.name.lable}}</label>
14              {{ form.name }}
15              {% for err in form.name.errors %}
16                  <div class="notification_error">{{ err }}</div>
17              {% endfor %}
18          </div>
19
20          <div class="form-group">
21              <label >{{ form.email.label }}</label>
22              {{ form.email }}
```

```
23              {% for err in form.email.errors %}
24                  <div class="notification_error">{{ err }}</div>
25              {% endfor %}
26          </div>
27          <div class="row">
28            <div class="col-sm-12">
29              <div class="form-group">
30                  <label >{{ form.content.label }}</label>
31                  {{ form.content }}
32                  {% for err in form.content.errors %}
33                  <div class="notification_error">{{ err }}</div>
34              {% endfor %}
35              </div>
36            </div>
37          </div>
38              {{ form.csrf_token }}
39              {{ form.submit }}
40      </form>
41    </div>
42  </div>
```

需要注意的是，上述代码中使用 form.csrf_token 生成一个隐藏字段，即 CSRF 令牌。运行结果如图 22.27 所示。

图 22.27　意见建议运行效果

当用户单击"发送消息"按钮提交表单时，将以 POST 方式访问 URL 地址，执行 if 语句中的代码。提交表单时，首先要检测表单，在 SuggetionForm 类中已经设置了表单数据的验证规则。关键代码如下：

（代码位置：资源包\TM\sl\22\Travel\app\Home\forms.py）

```
01  class SuggetionForm(FlaskForm):
02      """
```

```
03          意见建议
04          """
05      name = StringField(
06          label="姓名",
07          validators=[
08              DataRequired("姓名不能为空！")
09          ],
10          description="姓名",
11          render_kw={
12              "placeholder": "请输入姓名！",
13              "class" : "form-control"
14          }
15      )
16      email = StringField(
17          label="邮箱",
18          validators=[
19              DataRequired("邮箱不能为空！")
20          ],
21          description="邮箱",
22          render_kw={
23              "type"          : "email",
24              "placeholder": "请输入邮箱！",
25              "class" : "form-control"
26          }
27      )
28      content = TextAreaField(
29          label="意见建议",
30          validators=[
31              DataRequired("内容不能为空！")
32          ],
33          description="意见建议",
34          render_kw={
35              "class": "form-control",
36              "placeholder": "请输入内容！",
37              "rows" : 7
38          }
39      )
40      submit = SubmitField(
41          '发送消息',
42          render_kw={
43              "class": "btn-default btn-cf-submit",
44          }
45      )
```

当直接提交表单时，提示错误的验证信息，运行结果如图 22.28 所示。当填写的信息被通过验证时，运行效果如图 22.29 所示。

图 22.28　表单验证效果

图 22.29　建议提交成功效果

22.8　后台模块设计

对于动态网站而言，网站后台起着至关重要的作用，因为我们需要在后台对数据实现增删改查等操作，以便管理所有前台显示的动态数据。e 起去旅行网站后台使用了 BootStrap 主题模板 AdminLTE，其页面美观大方，布局合理，可扩展性强。

后台模块包括管理员管理、会员管理、地区管理、景区管理、游记管理和日志管理等。由于篇幅有限，我们重点对景区管理做详细介绍，对于其他管理模块只做简单介绍和效果展示。

22.8.1　管理员登录功能实现

在后台登录页面中填写管理员账户和密码，单击"登录"按钮，即可实现管理员登录。当没有输入账户和密码，单击"登录"按钮时，运行效果如图 22.30 所示；当输入一个不存在的账号，单击"登录"按钮时，运行效果如图 22.31 所示；当输入正确的账号和密码时，即可进入后台控制面板页面，运行效果如图 22.32 所示。

图 22.30　验证是否为空

图 22.31　验证账号是否存在

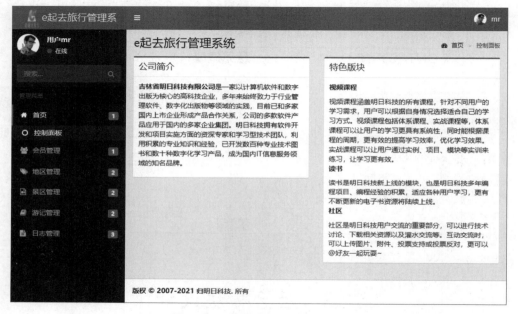

图 22.32　后台控制面板页面效果

在后台控制面板左侧显示了所有功能菜单，访问每个链接都需有管理员权限，需要判断管理员是否登录，可以定义一个 admin_login()作为装饰器来判断是否登录。关键代码如下：

（代码位置：资源包\TM\sl\22\Travel\app\Admin\views.py）

```
01  def admin_login(f):
02      """
03      登录装饰器
04      """
05      @wraps(f)
06      def decorated_function(*args, **kwargs):
07          if "admin" not in session:
08              return redirect(url_for("admin.login"))
09          return f(*args, **kwargs)
```

```
10
11              return decorated_function
```

上述代码中，判断 session 中是否有 admin 值。如果有，则表示已经登录，否则表示未登录，页面跳转至登录页。

22.8.2　景区管理功能实现

景区管理功能作为 e 起去旅行网站的核心模块，包括添加景区、景区列表、编辑景区、删除景区等功能。下面分别介绍这 4 个功能。

1. 添加景区

添加景区页面主要显示景区表单，表单包括的内容及满足条件如下。

- ☑　景区名称：输入框，不能为空。
- ☑　所属地区：下拉列表，从 area 表中筛选数据。
- ☑　景区地址：输入框，不能为空。
- ☑　星级：下拉列表，1～5 级。
- ☑　是否推荐：单选按钮，如果设置推荐，将在前台首页推荐景区中显示。
- ☑　是否热门：单选按钮，如果设置热门，将在前台首页推荐地区中显示。
- ☑　封面：文件域，上传图片格式为 jpg 或 pgn。
- ☑　景区简介：文本域，不能为空。
- ☑　景区内容：文本编辑器，不能为空。

由于上述字段的验证规则较多，可以使用 WTForms 扩展方便地实现表单的验证，在后台 form.py 文件中设置验证规则，关键代码如下：

（代码位置：资源包\TM\sl\22\Travel\app\Admin\forms.py）

```
01    from flask_wtf import FlaskForm
02    from flask_wtf.file import   FileAllowed
03    from wtforms import StringField, PasswordField, SubmitField, FileField, TextAreaField,
04                        RadioField,SelectField
05    from wtforms.validators import DataRequired, ValidationError
06    from app.models import Admin
07    class ScenicForm(FlaskForm):
08        title = StringField(
09            label="景区名称",
10            validators=[
11                DataRequired("景区名称不能为空！")
12            ],
13            description="景区名称",
14            render_kw={
15                "class": "form-control",
16                "placeholder": "请输入景区名称！"
17            }
18        )
```

```
19      address = StringField(
20          label="景区地址",
21          validators=[
22              DataRequired("景区地址不能为空！")
23          ],
24          description="景区地址",
25          render_kw={
26              "class": "form-control",
27              "placeholder": "请输入景区地址！"
28          }
29      )
30      star = SelectField(
31          label="星级",
32          validators=[
33              DataRequired("请选择星级！")
34          ],
35          coerce=int,
36          choices=[(1, "1 星"), (2, "2 星"), (3, "3 星"), (4, "4 星"), (5, "5 星")], default=5,
37          description="星级",
38          render_kw={
39              "class": "form-control",
40          }
41      )
42
43      logo = FileField(
44          label="封面",
45          validators=[
46              DataRequired("请上传封面！"),
47              FileAllowed(['jpg', 'png'], '请上传 jpg 或 png 格式图片!')
48          ],
49          description="封面",
50      )
51
52      is_hot = RadioField(
53          label = '是否热门',
54          description="是否热门",
55          coerce = int,
56          choices=[(0, '否'), (1,'是')], default=0,
57      )
58      is_recommended = RadioField(
59          label = '是否推荐',
60          description="是否推荐",
61          coerce = int,
62          choices=[(0, '否'), (1,'是')], default=0,
63      )
64      introduction = TextAreaField(
65          label="景区简介",
66          validators=[
67              DataRequired("简介不能为空！")
68          ],
```

```
69              description="简介",
70              render_kw={
71                  "class": "form-control",
72                  "rows": 5
73              }
74          )
75      content = TextAreaField(
76          label="景区内容",
77          validators=[
78              DataRequired("景区内容不能为空！")
79          ],
80          description="景区内容",
81          render_kw={
82              "class": "form-control ckeditor",
83              "rows": 10
84          }
85      )
86      area_id = SelectField(
87          label="所属地区",
88          validators=[
89              DataRequired("请选择标签！")
90          ],
91          coerce=int,
92          description="所属地区",
93          render_kw={
94              "class": "form-control",
95          }
96      )
97      submit = SubmitField(
98          '添加',
99          render_kw={
100             "class": "btn btn-primary",
101         }
102     )
```

上述代码中，title 和 address 字符串输入框的验证与前台登录注册模块相同。start 下拉列表需要设置 SelectField() 的 choices 属性，将下拉列表 value 值和文本写入字典中，此外还可以使用 default 设置默认值。例如，"choices=[(1, "1 星"), (2, "2 星"), (3, "3 星"), (4, "4 星"), (5, "5 星")], default=5,"。

由于设置下拉列表的 value 值为整型，如 "1" 表示 1 星。因此还要设置一个属性，即 coerce=int。运行效果如图 22.33 所示。

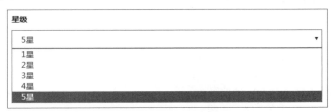

图 22.33　下拉列表运行效果

    logo 文件上传框需要设置 FileField()的 FileAllowed()方法，设置允许上传的文件类型。is_hot 和 is_recommended 单选按钮的设置与 SelectField 下拉列表相同。此外，值得注意的是，area_id 也是一个下拉列表，但是由于地区数据需要从 area 表中筛选，ScenicForm 类中没有设置该属性，后面实例化 ScenicForm 类后会动态设置。

    下面来看路由文件，添加景区方法的关键代码如下：

    （代码位置：资源包\TM\sl\22\Travel\app\Admin\views.py）

```
01  @admin.route("/scenic/add/", methods=["GET", "POST"])
02  @admin_login
03  def scenic_add():
04      """
05      添加景区页面
06      """
07      form = ScenicForm()                                                   # 实例化 ScenicForm 类
08      form.area_id.choices = [(v.id, v.name) for v in Area.query.all()]     # 为 area_id 添加属性
09      if form.validate_on_submit():
10          data = form.data
11          # 判断景区是否存在
12          scenic_count = Scenic.query.filter_by(title=data["title"]).count()
13          # 判断是否有重复数据
14          if scenic_count == 1 :
15              flash("景点已经存在！", "err")
16              return redirect(url_for('admin.scenic_add'))
17
18          file_logo = secure_filename(form.logo.data.filename)              # 确保文件名安全
19          if not os.path.exists(current_app.config["UP_DIR"]):              # 如果目录不存在
20              os.makedirs(current_app.config["UP_DIR"])                     # 创建目录
21              os.chmod(current_app.config["UP_DIR"], "rw")                  # 设置权限
22          logo = change_filename(file_logo)                                 # 更改名称
23          form.logo.data.save(current_app.config["UP_DIR"] + logo)          # 保存文件
24          # 为 Scenic 类属性赋值
25          scenic = Scenic(
26              title=data["title"],
27              logo=logo,
28              star=int(data["star"]),
29              address = data["address"],
30              is_hot = int(data["is_hot"]),
31              is_recommended = int(data["is_recommended"]),
32              area_id = data["area_id"],
33              introduction=data["introduction"],
34              content=data["content"],
35          )
36          db.session.add(scenic)                                            # 添加数据
37          db.session.commit()                                               # 提交数据
38          addOplog("添加景区"+data["title"])                                # 添加日志
39          flash("添加景区成功！", "ok")                                     # 使用 flash 保存添加成功信息
40          return redirect(url_for('admin.scenic_add'))                      # 页面跳转
41      return render_template("admin/scenic_add.html", form=form)            # 渲染模板
```

上述代码中，首先实例化 ScenicForm 类，然后设置 form.area_id.choices 的属性值。这里从 area 表中获取包含 id 和 name 的全部数据，并以列表格式赋值。接下来，判断是否提交表单，如果没有提交表单，则只渲染添加景区模板；如果提交表单，则先验证表单数据是否满足条件，验证通过后再执行添加景区的业务逻辑。

添加景区时，首先需要根据标题查找 scenic 表，判断标题是否已经存在，防止重复添加，然后单独处理文件上传内容。主要步骤如下。

（1）判断文件存储目录是否存在，不存在则创建该目录。

（2）调用 change_filename()自定义方法创建一个唯一的文件名。

（3）使用 save()方法存储表单。

添加景区模板关键代码如下：

（代码位置：资源包\TM\sl\22\Travel\app\Templates\admin\scenic_add.html）

```
01  <form role="form" method="post" enctype="multipart/form-data">
02      <div class="box-body">
03          {% for msg in get_flashed_messages(category_filter=["err"]) %}
04              <div class="alert alert-danger alert-dismissible">
05                  <button type="button" class="close"
06                          data-dismiss="alert" aria-hidden="true">×
07                  </button>
08                  <h4><i class="icon fa fa-ban"></i> 操作失败</h4>
09                  {{ msg }}
10              </div>
11          {% endfor %}
12          {% for msg in get_flashed_messages(category_filter=["ok"]) %}
13              <div class="alert alert-success alert-dismissible">
14                  <button type="button" class="close"
15                          data-dismiss="alert" aria-hidden="true">×
16                  </button>
17                  <h4><i class="icon fa fa-check"></i> 操作成功</h4>
18                  {{ msg }}
19              </div>
20          {% endfor %}
21          <!-- 景区名称 -->
22          <div class="form-group">
23              <label for="input_title">{{ form.title.label }}</label>
24              {{ form.title }}
25              {% for err in form.title.errors %}
26                  <div class="col-md-12">
27                      <p style="color: red">{{ err }}</p>
28                  </div>
29              {% endfor %}
30          </div>
31          <!-- 所属地区 -->
32          <div class="form-group">
33              <label for="input_area_id">{{ form.area_id.label }}</label>
```

```
34          {{ form.area_id }}
35          {% for err in form.area_id.errors %}
36              <div class="col-md-12">
37                  <p style="color: red">{{ err }}</p>
38              </div>
39          {% endfor %}
40      </div>
41      <!-- 景区地址 -->
42      <div class="form-group">
43          <label for="input_title">{{ form.address.label }}</label>
44          {{ form.address }}
45          {% for err in form.address.errors %}
46              <div class="col-md-12">
47                  <p style="color: red">{{ err }}</p>
48              </div>
49          {% endfor %}
50      </div>
51      <!-- 景区星级 -->
52      <div class="form-group">
53          <label for="input_star">{{ form.star.label }}</label>
54          {{ form.star }}
55          {% for err in form.star.errors %}
56              <div class="col-md-12">
57                  <p style="color: red">{{ err }}</p>
58              </div>
59          {% endfor %}
60      </div>
61      <!-- 是否推荐 -->
62      <div class="form-group">
63          <label for="input_is_recommended">
64          {{ form.is_recommended.label}}</label>
65              <div class="radio">
66                  {{ form.is_recommended }}
67              </div>
68      </div>
69      <!-- 是否热门 -->
70      <div class="form-group">
71          <label for="input_is_hot">
72          {{ form.is_hot.label}}</label>
73              <div class="radio">
74                  {{ form.is_hot }}
75              </div>
76      </div>
77      <!-- 封面 -->
78      <div class="form-group">
79          <label for="input_logo">{{ form.logo.label }}</label>
80          {{ form.logo }}
81          {% for err in form.logo.errors %}
82              <div class="col-md-12">
```

```
83                    <p style="color: red">{{ err }}</p>
84                </div>
85            {% endfor %}
86        </div>
87        <!-- 景区简介 -->
88        <div class="form-group">
89            <label for="input_introduction">{{ form.introduction.label }}</label>
90            {{ form.introduction }}
91            {% for err in form.introduction.errors %}
92                <div class="col-md-12">
93                    <p style="color: red">{{ err }}</p>
94                </div>
95            {% endfor %}
96        </div>
97        <!-- 景区内容 -->
98        <div class="form-group">
99            <label for="input_content">{{ form.content.label }}</label>
100           {{ form.content }}
101           {% for err in form.content.errors %}
102               <div class="col-md-12">
103                   <p style="color: red">{{ err }}</p>
104               </div>
105           {% endfor %}
106       </div>
107   </div>
108   <div class="box-footer">
109       {{ form.csrf_token }}
110       {{ form.submit }}
111   </div>
112 </form>
113 {% block js %}
114   <script src="{{ url_for('static',filename='ckeditor/ckeditor.js') }}"></script>
115   <script>
116   $(document).ready(function(){
117       $("#g-4").addClass("active");
118       $("#g-4-1").addClass("active");
119   });
120   // 使用 CKEditor 文本编辑器
121   CKEDITOR.replace('content', {
122       filebrowserUploadUrl: '/admin/ckupload/',    // 设置文件上传路径
123   });
124
125   </script>
126 {% endblock %}
```

　　上述代码中，使用了 CKEditor 文本编辑器替换原来的文本框。首先引入 ckeditor.js 文件，然后使用 CKEDITOR.replace()方法设置替换的区域以及 CKEditor 文件上传的路径。运行结果如图 22.34 所示。

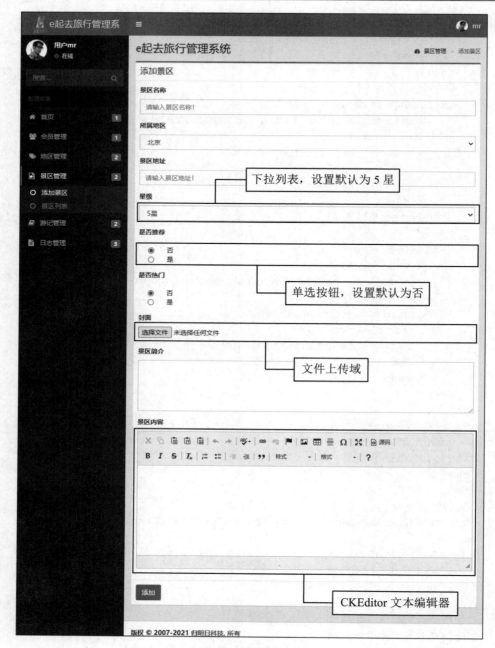

图 22.34　添加景区

2. 景区列表

添加完景区后，可以在景区列表页中查看添加结果。景区列表 URL 地址为 127.0.0.1:5000/admin/
scenic/list/，关键代码如下：

（代码位置：资源包\TM\sl\22\Travel\app\Admin\views.py）

```
01    @admin.route("/scenic/list/", methods=["GET"])
```

428

```
02    @admin_login
03    def scenic_list():
04        """
05        景区列表页面
06        """
07        title = request.args.get('title','',type=str)              # 获取查询标题
08        page = request.args.get('page', 1, type=int)               # 获取 page 参数值
09        if title :                                                 # 根据标题搜索景区
10            page_data = Scenic.query.filter_by(title=title).order_by(
11                Scenic.addtime.desc()                              # 根据添加时间降序
12            ).paginate(page=page, per_page=5)                      # 分页
13        else :                                                     # 显示全部景区
14            page_data = Scenic.query.order_by(
15                Scenic.addtime.desc()                              # 根据添加时间降序
16            ).paginate(page=page, per_page=5)                      # 分页
17        return render_template("admin/scenic_list.html", page_data=page_data)  # 渲染模板
```

运行结果如图 22.35 所示。

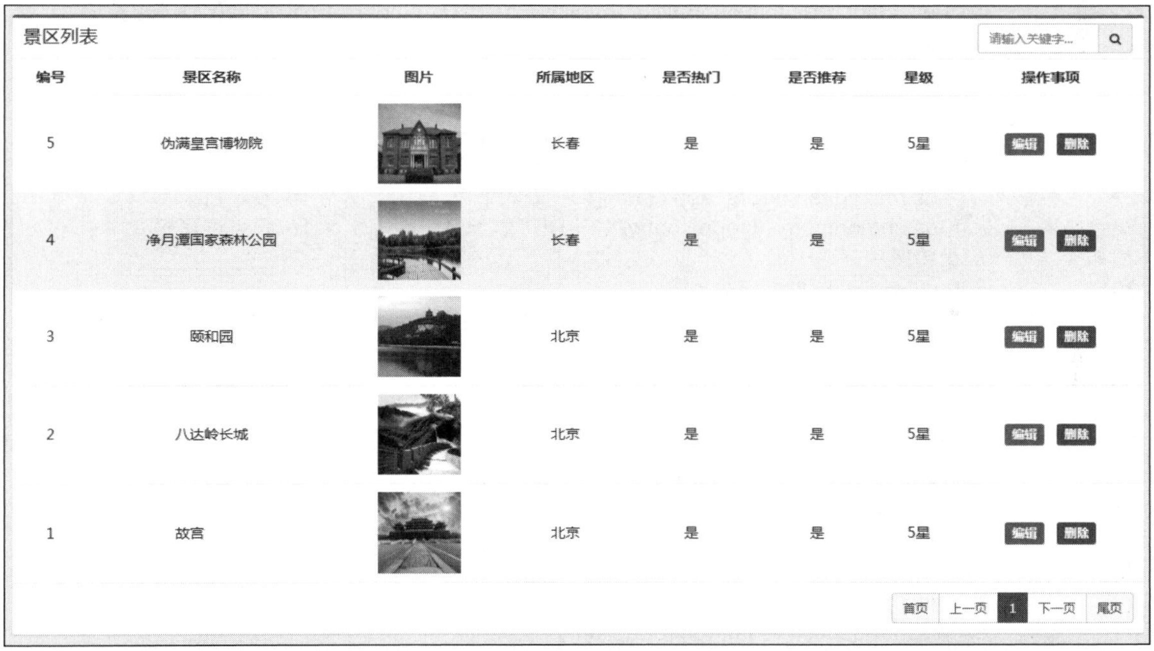

图 22.35　景区列表效果

3．编辑景区

添加完景区后，如果发现填写错误，可以通过编辑景区功能来更改景区信息。编辑景区的 URL 地址为 127.0.0.1:5000/admin/scenic/edit/<int:id>/，关键代码如下：

（代码位置：资源包\TM\sl\22\Travel\app\Admin\views.py）

```
01    @admin.route("/scenic/edit/<int:id>/", methods=["GET", "POST"])
02    @admin_login
```

```
03    def scenic_edit(id=None):
04        """
05        编辑景区页面
06        """
07        form = ScenicForm()                                              # 实例化 ScenicForm 类
08        form.area_id.choices = [(v.id, v.name) for v in Area.query.all()]   # 为 area_id 添加属性
09        form.submit.label.text = "修改"                                  # 修改提交按钮的文字
10        form.logo.validators = []                                        # 初始化为空
11        scenic = Scenic.query.get_or_404(int(id))                        # 根据 ID 查找景区是否存在
12        if request.method == "GET":                                      # 如果以 GET 方式提交，获取所有景区信息
13            form.is_recommended.data = scenic.is_recommended
14            form.is_hot.data = scenic.is_hot
15            form.area_id.data = scenic.area_id
16            form.star.data = scenic.star
17            form.content.data = scenic.content
18            form.introduction.data = scenic.introduction
19        if form.validate_on_submit():                                    # 如果提交表单
20            data = form.data                                             # 获取表单数据
21            scenic_count = Scenic.query.filter_by(title=data["title"]).count()   # 判断标题是否重复
22            # 判断是否有重复数据
23            if scenic_count == 1:
24                flash("景点已经存在！", "err")
25                return redirect(url_for('admin.scenic_edit', id=id))
26            if not os.path.exists(current_app.config["UP_DIR"]):         # 判断目录是否存在
27                os.makedirs(current_app.config["UP_DIR"])                # 创建目录
28                os.chmod(current_app.config["UP_DIR"], "rw")             # 设置读写权限
29            # 上传图片
30            if form.logo.data.filename != "":
31                file_logo = secure_filename(form.logo.data.filename)     # 确保文件名安全
32                scenic.logo = change_filename(file_logo)                 # 更改文件名
33                form.logo.data.save(current_app.config["UP_DIR"] + scenic.logo)    # 保存文件
34            # 属性赋值
35            scenic.title = data["title"]
36            scenic.address = data["address"]
37            scenic.area_id = data["area_id"]
38            scenic.star = int(data["star"])
39            scenic.is_hot = int(data["is_hot"])
40            scenic.is_recommended = int(data["is_recommended"])
41            scenic.introduction = data["introduction"]
42            scenic.content = data["content"]
43
44            db.session.add(scenic)                                       # 添加数据
45            db.session.commit()                                          # 提交数据
46            flash("修改景区成功！", "ok")
47            return redirect(url_for('admin.scenic_edit', id=id))         # 跳转到编辑页面
48        return render_template("admin/scenic_edit.html", form=form, scenic=scenic)   # 渲染模板
```

上述代码与新增景区的代码基本相似，这是在渲染模板时要传递当前 ID 的景区数据。运行结果如图 22.36 所示。

图 22.36　编辑景区页面效果

4．删除景区

当不再需要一个景区时，可以使用删除景区功能。删除景区的 URL 地址为 127.0.0.1:5000/admin/scenic/edit/<int:id>/，关键代码如下：

```
01   @admin.route("/scenic/del/<int:id>/", methods=["GET"])
02   @admin_login
03   def scenic_del(id=None):
```

```
04      """
05          删除景区
06      """
07      scenic = Scenic.query.get_or_404(id)              # 根据景区 ID 查找数据
08      db.session.delete(scenic)                         # 删除数据
09      db.session.commit()                               # 提交数据
10      flash("删除景区成功", "ok")                         # 使用 flash 存储成功信息
11      addOplog("删除景区"+scenic.title)                  # 添加操作日志
12      return redirect(url_for('admin.scenic_list', page=1))  # 渲染模板
```

上述代码中，首先查找景区是否存在，如果存在，则使用 delete() 方法删除景区。然后使用 commit() 方法提交数据。最后，使用 addOplog() 自定义方法添加操作日志，记录删除的数据。

22.8.3　地区管理功能实现

添加景区时，需要选择所在地区，所以需要在"地区管理"菜单中添加地区。地区管理也包括添加地区、编辑地区、地区列表和删除地区等功能。地区列表运行效果如图 22.37 所示。

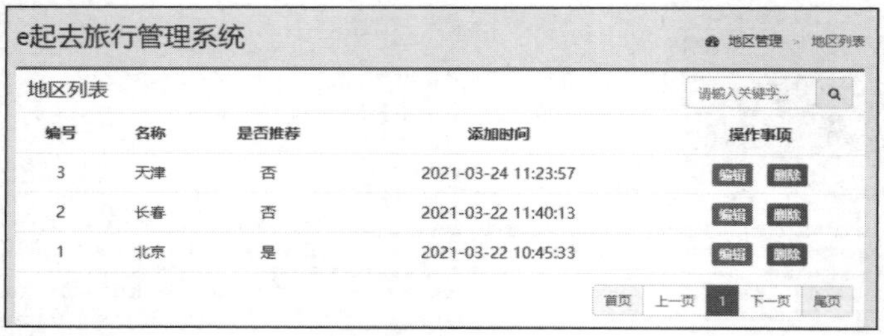

图 22.37　地区列表效果

22.8.4　游记管理功能实现

添加完景区后，可以为景区添加多个游记，这就需要使用游记管理功能。游记管理功能包括添加游记、编辑游记、游记列表和删除游记等。添加游记时，需要选择所属景区，运行效果如图 22.38 所示。游记列表运行效果如图 22.39 所示。

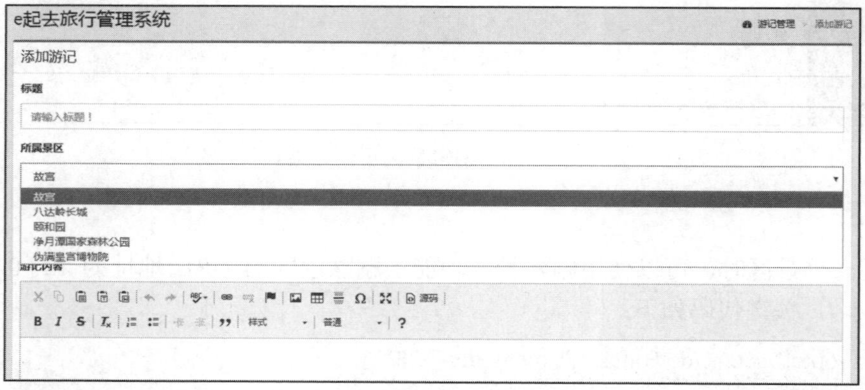

图 22.38　添加游记效果

图 22.39　游记列表效果

22.8.5　会员管理功能实现

　　作为后台管理员，需要知道前台哪些用户注册了网站，这就需要会员管理功能。会员管理功能包括会员列表、会员详细信息和意见建议等功能。会员列表信息如图 22.40 所示。

图 22.40　会员列表效果

　　如果会员信息较多，在列表中无法全部展示，则可以单击"查看"按钮，查看会员的详细信息，运行效果如图 22.41 所示。

图 22.41　查看详情

22.8.6　日志管理功能实现

　　日志管理主要记录与操作日志相关的内容。日志管理包含的功能和作用如下。

☑ 操作日志：主要记录管理员新增和删除地区、景区、游记的操作。

☑ 管理员登录日志：主要记录管理员登录后台的信息，包括登录时间和登录 IP 等。

☑ 会员登录日志：主要记录前台会员登录的信息。

操作日志列表运行效果如图 22.42 所示。

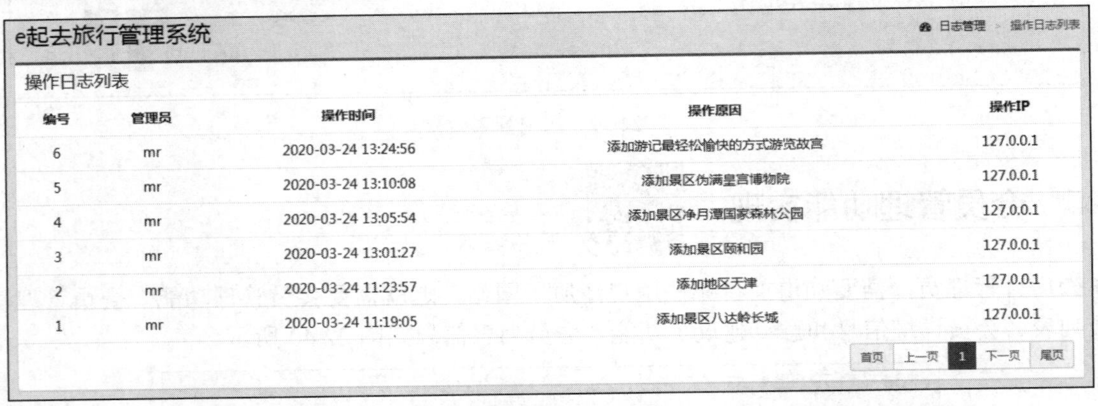

图 22.42 操作日志运行效果

管理员登录日志运行效果如图 22.43 所示。

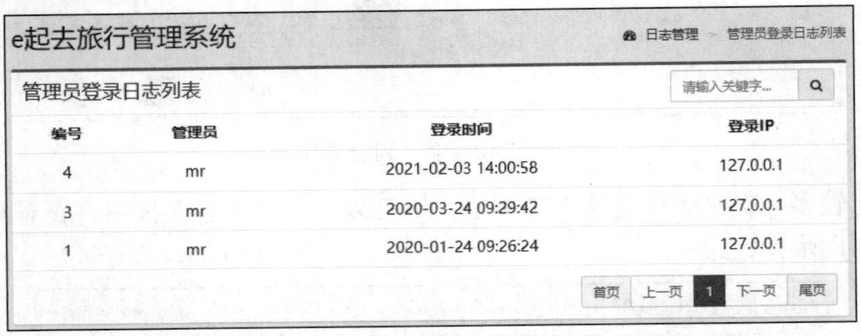

图 22.43 管理员登录日志运行效果

会员登录日志运行效果如图 22.44 所示。

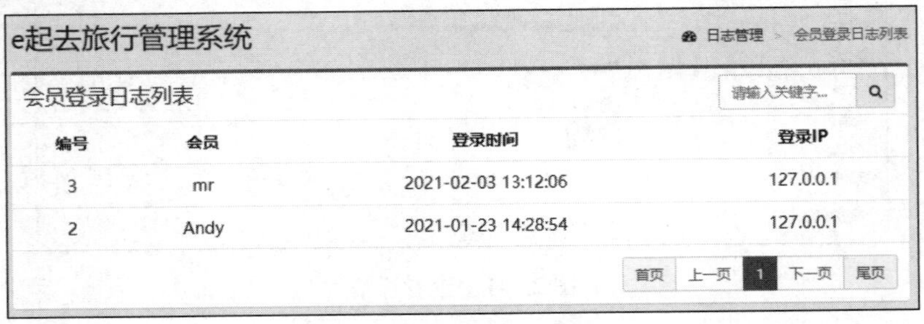

图 22.44 会员登录日志运行效果

第 23 章

AI 图像识别工具

随着深度学习算法的兴起和普及，人工智能领域取得了令人瞩目的成绩。如今在 AI 图像识别领域更是发展迅速。通过 AI 图像识别可以将以前只能人工完成的任务转换为由计算机自动完成。例如，只要扫一扫身份证、银行卡或驾驶证就可以自动提取其中的信息。本章将编写一个 AI 图像识别工具，实现自动识别这些信息。

本章知识架构及重难点如下。

23.1　需 求 分 析

如果在一张图片中获取图片上的相关信息，将是一件很麻烦的事情，那么本章将通过 Python 与 PyQt5+百度 AI 开放平台的开放接口来实现简单的识别图片上的信息项目——AI 图像识别工具。本项目可以识别银行卡图片、动物图片、植物图片、通用票据图片、营业执照图片、身份证图片、车牌号图片、驾驶证图片、行驶证图片、车型、Logo 图片等识别图片中的相关信息。

23.2　系 统 设 计 流 程

AI 图像识别工具的设计流程图如图 23.1 所示。

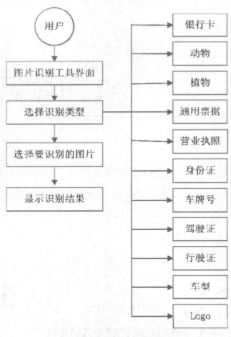

图 23.1　设计流程图

23.3　系统开发必备

23.3.1　系统开发环境

本系统的软件开发及运行环境具体如下。

☑　操作系统：Windows 10 及以上。

☑　虚拟环境：virtualenv。

☑　开发工具：PyCharm / Sublime Text 3 等。

☑　第三方模块：urllib、urllib.request、Base64、json、PyQt5。

☑　API 接口：百度 API 接口。

23.3.2　文件夹组织结构

AI 图像识别工具的文件夹结构比较简单，只包括
一个程序编码文件、界面 UI 文件和初始化文件，具体
的文件夹组织结构如图 23.2 所示。

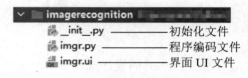

图 23.2　文件夹组织结构

23.4 开发前的准备工作

在开发 AI 图像识别工具项目时，首先使用 PyQt5 搭建界面，然后使用 Base64、urllib、urllib.request 3 种模块来实现获取百度 API 接口信息，最后使用 json 模块解析返回的 json 类型数据。

23.4.1 申请百度 AI 接口

图像识别主要使用百度 AI 开放平台申请的接口，申请地址为 http://ai.baidu.com/。访问该申请地址后，单击菜单栏中的"控制台"，然后单击"图像识别"，如图 23.3 所示。

图 23.3 单击"图像识别"

单击"图像识别"后会提示进入登录页面，如图 23.4 所示。

图 23.4 登录页面

登录成功后进入控制台，依次单击"产品服务"→"全部产品"→"图像识别"，如图 23.5 所示。

图 23.5　图像识别

进入"图像识别"页面后选择"创建应用"，添加应用名称，然后根据项目需求可以选中多个接口权限（默认仅有图像识别权限），最后单击"立即创建"按钮，完成应用的创建，并进入"应用列表"页面，在该页面中查看项目中需要使用的 API Key、Secret Key 的值，如图 23.6 所示。

	应用名称	AppID	API Key	Secret Key	创建时间	操作
1	图像识别工具			****** 显示		报表 管理 删除

图 23.6　查询应用 API Key、Secret Key

 误区警示

申请百度 AI 接口的 Key 后，不要将创建的应用删除，如果删除了，那么再使用已经申请到的 Key 将抛出异常。

23.4.2　urllib、urllib.request 模块

urllib 是 Python 内置的 HTTP 请求库，是 Python 的一个获取 URL（uniform resource locators，统一资源定位符），可以用来抓取远程的数据。urllib.request 为请求块。

导入 urllib 库，然后使用 urllib.request 请求，代码如下：

```
01    port urllib.request
02    client_id 为官网获取的 AK，client_secret 为官网获取的 SK
03    st = 'https://aip.baidubce.com/oauth/2.0/token?grant_type=client_credentials&client_id=' + API_KEY +
```

```
'&client_secret=' + SECRET_KEY
04   发送请求
05   quest = urllib.request.Request(host)
06   添加请求头
07   quest.add_header('Content-Type', 'application/json; charset=UTF-8')
08   获取返回内容
09   sponse = urllib.request.urlopen(request)
10   读取返回内容
11   ntent = response.read().
```

说明

以上网络请求的目标地址为百度 AI 图像识别工具的接口，详细信息可以参考官网中的 API 文档。

23.4.3　json 模块

JSON（JavaScript Object Notation）是一种轻量级的数据交换格式。Python 3.x 可以使用 json 模块来对 JSON 数据进行编解码。

1．json 模块的常用方法

☑　json.dump()：将 Python 数据对象以 JSON 格式数据流的形式写入文件中。

☑　json.load()：解析包含 JSON 数据的文件为 Python 对象。

☑　json.dumps()：将 Python 数据对象转换为 JSON 格式的字符串。

☑　json.loads()：将包含 JSON 的字符串、字节以及字节数组解析为 Python 对象。

2．json 的使用

导入 json 库，然后使用 json 解析 JSON 格式数据，代码如下：

```
01   import json
02   # Python 字典类型转换为 JSON 对象
03   data1 = {
04       'no' : 1,
05       'name' : 'Runoob',
06       'url' : 'http://www.runoob.com'
07   }
08   json_str = json.dumps(data1)
09   print ("Python 原始数据：", repr(data1))
10   print ("JSON 对象：", json_str)
11   # 将 JSON 对象转换为 Python 字典
12   data2 = json.loads(json_str)
13   print ("data2['name']: ", data2['name'])
14   int ("data2['url']: ", data2['url'])
```

执行以上代码，输出结果如下：

```
Python 原始数据：  {'name': 'Runoob', 'no': 1, 'url': 'http://www.runoob.com'}
JSON 对象：  {"name": "Runoob", "no": 1, "url": "http://www.runoob.com"}
```

```
data2['name']:   Runoob
data2['url']:    http://www.runoob.com
```

23.5　AI 图像识别工具的开发

23.5.1　根据项目设计制作窗体

在设计 AI 图像识别工具的主窗体时，首先需要创建主窗体外层，然后依次添加分类选择部分、图片选择部分、选择的图片显示区域、显示识别结果部分、复制识别结果部分。设计顺序如图 23.7 所示。

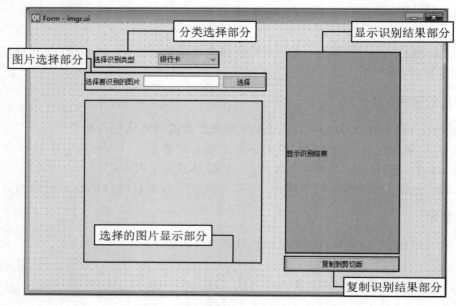

图 23.7　AI 图像识别工具的主窗体

23.5.2　添加分类

根据原型分析分类有银行卡、植物、动物、通用票据、营业执照、身份证、车牌号、驾驶证、行驶证、车型、Logo 等分类。需要添加分类到控件 QComoBox 中，代码如下：

```
01  # 设置下拉控件选项内容
02  self.comboBox.setItemText(0, _translate("Form", "银行卡"))
03  self.comboBox.setItemText(1, _translate("Form", "植物"))
04  self.comboBox.setItemText(2, _translate("Form", "动物"))
05  self.comboBox.setItemText(3, _translate("Form", "通用票据"))
06  self.comboBox.setItemText(4, _translate("Form", "营业执照"))
07  self.comboBox.setItemText(5, _translate("Form", "身份证"))
```

440

```
08    self.comboBox.setItemText(6, _translate("Form", "车牌号"))
09    self.comboBox.setItemText(7, _translate("Form", "驾驶证"))
10    self.comboBox.setItemText(8, _translate("Form", "行驶证"))
11    self.comboBox.setItemText(9, _translate("Form", "车型"))
12    self.comboBox.setItemText(10, _translate("Form", "Logo"))
```

添加分类运行效果如图 23.8 所示。

23.5.3　选择识别的图片

图 23.8　添加分类

选择识别图片的功能是指，在主窗体中，单击"选择"按钮后，弹出选择框进行选择图片，选择图片后显示图片路径以及图片预览效果，同时可以根据选择的分类进行图像的识别，实现步骤如下。

（1）为按钮添加单击事件，代码如下：

```
01    # 为按钮添加单击事件
02    self.pushButton.clicked.connect(self.openfile)
```

（2）实现新建 openfile 按钮单击事件方法，在该方法中打开文件选择对话框查找图片，返回选择的图片并做相应的处理，包括显示图片、设置显示图片路径、调用创建的 typeTp() 方法根据选择的类型进行图片识别，代码如下：

```
01    # 打开文件选择对话框方法
02    def openfile(self):
03        # 启动选择文件对话空，查找 jpg 和 png 图片
04        self.download_path = QFileDialog.getOpenFileName(self.widget1, "选择要识别的图片", "/", "Image
Files(*.jpg *.png)")
05        # 判断是否选择图片
06        if not self.download_path[0].strip():
07            # 没有选择图片
08            pass
09        else:
10            # 选择图片执行以下内容
11            # 设置图片路径
12            self.lineEdit.setText(self.download_path[0])
13            # pixmap 解析图片
14            pixmap = QPixmap(self.download_path[0])
15            # 等比例缩放图片
16            scaredPixmap = pixmap.scaled(QSize(311, 301), aspectRatioMode=Qt.KeepAspectRatio)
17            # 设置图片
18            self.image.setPixmap(scaredPixmap)
19            # 根据选择的类型做相应的图片处理
20            self.image.show()
21            # 判断选择的类型
22            self.typeTp()
23            pass
```

（3）实现分类方法 typeTp()，用于根据选择的类型进行图片识别，代码如下：

```
01    #  根据选择的类型做相应的图片处理
02    def typeTp(self):
03        #  银行卡识别
04        if self.comboBox.currentIndex() == 0:
05            self.get_bankcard(self.get_token())
06            pass
07        #  植物识别
08        elif self.comboBox.currentIndex() == 1:
09            self.get_plant(self.get_token())
10            pass
11        #  动物识别
12        elif self.comboBox.currentIndex() == 2:
13            self.get_animal(self.get_token())
14            pass
15        #  通用票据识别识别
16        elif self.comboBox.currentIndex() == 3:
17            self.get_vat_invoice(self.get_token())
18            pass
19        #  营业执照识别
20        elif self.comboBox.currentIndex() == 4:
21            self.get_business_licensev(self.get_token())
22            pass
23        #  身份证识别
24        elif self.comboBox.currentIndex() == 5:
25            self.get_idcard(self.get_token())
26            pass
27        #  车牌号识别
28        elif self.comboBox.currentIndex() == 6:
29            self.get_license_plate(self.get_token())
30            pass
31        #  驾驶证识别
32        elif self.comboBox.currentIndex() == 7:
33            self.get_driving_license(self.get_token())
34            pass
35        #  行驶证识别
36        elif self.comboBox.currentIndex() == 8:
37            self.get_vehicle_license(self.get_token())
38            pass
39        #  车型识别
40        elif self.comboBox.currentIndex() == 9:
41            self.get_car(self.get_token())
42            pass
43        # Logo 识别
44        elif self.comboBox.currentIndex() == 10:
45            self.get_logo(self.get_token())
46            pass
47        pass
```

运行程序，选择要识别的图片的效果如图 23.9 所示。

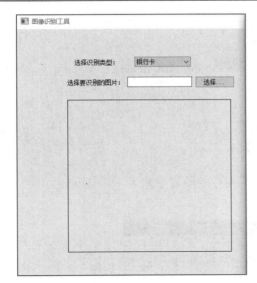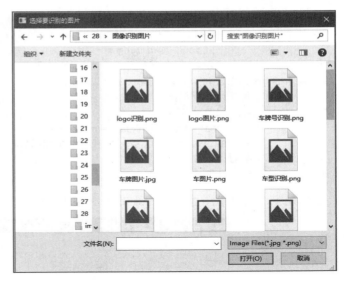

图 23.9　选择要识别的图片

23.5.4　银行卡图像识别

本节将以银行卡图像识别为例，介绍如何使用百度 AI 接口进行图像识别，首先访问百度接口，然后返回相应的数据，并使用 json 处理返回的结果，最后显示识别结果，代码如下：

```
01  # 银行卡图像识别
02  def get_bankcard(self, access_token):
03      request_url = "https://aip.baidubce.com/rest/2.0/ocr/v1/bankcard"
04      # 以二进制方式打开图片文件
05      f = self.get_file_content(self.download_path[0])
06      img = base64.b64encode(f)
07      params = {"image": img}
08      params = urllib.parse.urlencode(params).encode('utf-8')
09      request_url = request_url + "?access_token=" + access_token
10      request = urllib.request.Request(url=request_url, data=params)
11      request.add_header('Content-Type', 'application/x-www-form-urlencoded')
12      response = urllib.request.urlopen(request)
13      content = response.read()
14      if content:
15          # 解析返回数据
16          bankcards = json.loads(content)
17          # 输出返回结果
18          strover = '识别结果：\n'
19          # 捕捉异常，用于判断是否返回正确的信息
20          try:
21              # 判断银行卡类型
22              if bankcards['result']['bank_card_type']==0:
23                  bank_card_type='不能识别'
24              elif bankcards['result']['bank_card_type']==1:
```

```
25                bank_card_type = '借记卡'
26            elif bankcards['result']['bank_card_type'] == 2:
27                bank_card_type = '信用卡'
28            strover += ' 卡号：{} \n  银行：{} \n  类型：{} \n'.format(bankcards['result']['bank_card_number'],
bankcards['result']['bank_name'],bank_card_type)
29        # 提示错误原因
30        except BaseException:
31            error_msg = bankcards['error_msg']
32            strover += '   错误：\n {} \n '.format(error_msg)
33        # 显示识别结果
34        self.label_3.setText(strover)
```

运行程序，银行卡图像识别的效果如图 23.10 所示。

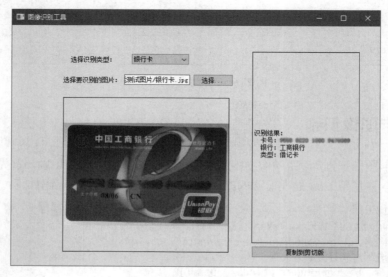

图 23.10　银行卡图像识别

23.5.5　植物图像识别

上面有了银行卡识别的基础，接下来实现植物图片识别，代码如下：

```
01   # 植物识别
02   def get_plant(self, access_token):
03       request_url = "https://aip.baidubce.com/rest/2.0/image-classify/v1/plant"
04       # 以二进制方式打开图片文件
05       f = self.get_file_content(self.download_path[0])
06       # 转换图片
07       img = base64.b64encode(f)
08       # 拼接图片参数
09       params = {"image": img}
10       params = urllib.parse.urlencode(params).encode('utf-8')
11       # 请求地址
12       request_url = request_url + "?access_token=" + access_token
```

444

Python 应用实战系列

◎ 入门快：杜绝晦涩难懂的模型+公式，通过实例学，一看就懂，马上能用

◎ 技术准：Pandas + Matplotlib + Seaborn + NumPy + Scikit-Learn，紧跟行业热点技术，满足招聘面试要求

◎ 实战强：248 个应用示例，20 个综合案例，4 个项目案例，循序渐进，实战为王

◎ 项目真：基于真实行业场景，不枯燥，让技术快速落地

（以《Python 数据分析从入门到精通》为例）

◎ 当前流行技术+10个真实软件项目+完整开发过程

◎ 94集教学微视频，手机扫码随时随地学习

◎ 160小时在线课程，海量开发资源库资源

◎ 项目开发快用思维导图

（以《Java项目开发全程实录（第4版）》为例）

```
13          #  发送请求传递图片参数
14          request = urllib.request.Request(url=request_url, data=params)
15          #  添加访问头部
16          request.add_header('Content-Type', 'application/x-www-form-urlencoded')
17          #  接收返回内容
18          response = urllib.request.urlopen(request)
19          #  读取返回内容
20          content = response.read()
21          #  内容判断
22          if content:
23              plants = json.loads(content)
24              strover = '识别结果：\n'
25              try:
26                  i = 1
27                  for plant in plants['result']:
28                      strover += '{}  植物名称：{} \n'.format(i, plant['name'])
29                      i += 1
30              except BaseException:
31                  error_msg = plants['error_msg']
32                  strover += '  错误：\n {} \n '.format(error_msg)
33              self.label_3.setText(strover)
```

运行程序，植物图像识别的效果如图 23.11 所示。

图 23.11　植物图像识别

23.5.6　复制识别结果到剪贴板中

通过前述步骤我们获取到了图像的识别结果，接下来实现将识别结果复制到剪贴板中，该功能在 Python 中很好实现。

（1）为按钮添加单击事件，代码如下：

```
01    # 为按钮添加单击事件
02    self.pushButton_2.clicked.connect(self.copyText)
```

（2）定义 copyText()方法，该方法可以实现将识别结果复制到剪贴板中，代码如下：

```
01    # 定义 copyText()方法，以实现复制文字到剪贴板中
02    def copyText(self):
03        # 复制文字到剪贴板中
04        clipboard = QApplication.clipboard()
05        # 设置复制的内容
06        clipboard.setText(self.label_3.text())
```